"十三五"国家重点出版物出版规划项目
现代机械工程系列精品教材

机电传动控制

第 2 版

主　编　芮延年
副主编　邢占文　顾德仁　周宏志　丁跃浇
参　编　王传洋　陆晓春　蒋澄灿　刘鑫培
主　审　闻邦椿

U0257918

机械工业出版社

本书根据机电类控制专业课程教学大纲要求编写，属于专业技术基础课程用书。它从机电传动控制出发，介绍了机电传动控制的数学模型、传感器技术、继电接触控制系统设计、现代电动机驱动与控制技术、可编程序控制器原理、单片微型计算机原理、智能控制和机电传动控制设计范例等内容。

本书内容丰富，叙述深入浅出，不但可作为高等院校机械工程、电气工程、电子工程等相关专业的教材或参考书，而且可供从事机电传动控制的工程技术人员参考。

图书在版编目（CIP）数据

机电传动控制/芮延年主编. —2 版. —北京：机械工业出版社，2019.12（2024.6 重印）

"十三五"国家重点出版物出版规划项目　现代机械工程系列精品教材
ISBN 978-7-111-63972-5

Ⅰ.①机…　Ⅱ.①芮…　Ⅲ.①电力传动控制设备-高等学校-教材
Ⅳ.①TM921.5

中国版本图书馆 CIP 数据核字（2019）第 224737 号

机械工业出版社（北京市百万庄大街 22 号　邮政编码 100037）
策划编辑：刘小慧　责任编辑：刘小慧　陈文龙　任正一
责任校对：樊钟英　封面设计：张　静
责任印制：郜　敏
北京富资园科技发展有限公司印刷
2024 年 6 月第 2 版第 3 次印刷
184mm×260mm · 22.25 印张 · 551 千字
标准书号：ISBN 978-7-111-63972-5
定价：54.80 元

电话服务　　　　　　　　　网络服务
客服电话：010-88361066　　机 工 官 网：www.cmpbook.com
　　　　　010-88379833　　机 工 官 博：weibo.com/cmp1952
　　　　　010-68326294　　金 书 网：www.golden-book.com
封底无防伪标均为盗版　机工教育服务网：www.cmpedu.com

前　言

近年来，随着科学技术不断的发展和进步，特别是电子技术、传感器技术、电力电子技术和计算机技术的迅速发展及应用，机电传动控制技术的发展进入了新的时期，开始向数字化、智能化方向发展。

随着《中国制造2025》对机电传动控制技术提出了新要求以及智能制造技术的发展，国内从事机电传动控制的人员和研究成果不断增多。在新产品设计中，机电传动控制技术的应用也在不断增加，智能控制技术也在不断发展。

为了适应时代发展的要求，本书在第1版基础上做了如下改动：在第三章传感器技术中新增了机器人传感器、智能传感器；将第五章改编为现代电动机驱动与控制技术；新增了第八章智能控制；在第九章机电传动控制设计范例中新增了智能控制实例。

本书注重系统性，书中内容涵盖了整个机电系统所涉及的多个知识点，并通过大量实例分析，使读者能对相关知识融会贯通。本书同时吸收了近年来机电传动控制领域的最新研究成果，注重先进性与实用性。

全书共九章，主要内容如下：

第一章概论，主要介绍机电传动控制系统基本概念及系统设计的基本方法。

第二章机电传动控制的数学模型，主要介绍机电传动控制系统设计中数学模型的概念、机械传动系统、电气传动系统以及机电系统相似模拟系统等的数学建模方法。

第三章传感器技术，主要介绍常用传感器的工作原理及接口设计技术。

第四章继电接触控制系统设计，主要介绍继电接触控制系统设计的方法与技巧。

第五章现代电动机驱动与控制技术，主要介绍步进电动机、伺服电动机、直线电动机的工作原理及基本控制方法。

第六章可编程序控制器原理，主要介绍可编程序控制器（PLC）的基本原理、指令系统和编程技术与方法。

第七章单片微型计算机原理，主要介绍单片机基本原理、单片机扩展与接口技术。

第八章智能控制，主要介绍模糊控制、神经网络控制和专家控制等控制技术。

第九章机电传动控制设计范例，主要通过产品开发设计实例，介绍机电传动控制的设计方法与过程。

本书在编写时参阅了许多国内外同行撰写的相关资料，在此谨致谢意。相比第1版，本书对编写人员进行了调整，并邀请中国科学院闻邦椿院士主审。其中，苏州大学芮延年教授、王传洋教授合作编写第一章、第二章、第八章和第九章（部分）；苏州大学邢占文博士编写第三章、第四章和第五章；苏州远志科技有限公司顾德仁高级工程师和陆晓春工程师合作编写第六章和第九章（部分）；苏州中瑞智创三维科技有限公司周宏志博士和湖南理工学院丁跃浇教授合作编写第七章和第九章（部分）。全书由芮延年教授统稿。在本书编写过程中，苏州大学蒋澄灿博士、刘鑫培研究生为本书的插图及整理做了大量工作，在此表示衷心的感谢！

由于时间仓促，加上编者水平有限，错漏及不足之处在所难免，敬请读者批评指正。

编　者

目　　录

第一章 概述

第一节 机电传动控制目的和任务

机电传动控制又称电力传动控制或电力拖动控制，它的基本目的是将电能转化为机械能，并通过对其控制完成生产工艺过程的要求。

在现代工业中，为了实现生产过程自动化的要求，机电传动不仅包括拖动生产机械的电动机，而且还包含控制电动机的一整套控制系统，也就是说，现代机电传动控制是由各种传感与检测元件、信息处理元件和控制元件组成的自动控制系统。根据现代化生产的要求，机电传动控制系统所要完成的任务，从广义上讲，就是要使生产机械设备、生产线、车间，甚至整个工厂都实现自动化以及智能化。

随着科学技术的发展，对机电传动控制系统提出了越来越高的要求，例如，新一代CNC系统就是以"高速化、高精度、高效率、高可靠性"为满足生产急需而诞生的。它采用32位或者64位CPU结构，以多总线连接，高速数据传递。因而，在相当高的分辨力（$0.1\mu m$）情况下，系统仍有高速度（$100m/min$），可控铣削加工中心及联动坐标达16轴，并且有丰富的图形功能和自动程序设计功能。如瑞士米克朗五轴联动的主轴转速最高可达到$60000r/min$，重复定位精度$1\mu m$；用于电子元器件贴装的高速贴片机的贴片速度可达2000片/min。又如，法国IBAG公司的磁悬浮轴承支承的高速主轴最高转速可达$15\times10^4r/min$，加工中心换刀速度快达$1.5s$等，这些高性能都是依靠机电传动控制来实现的。

第二节 机电传动控制系统的发展

自从以电动机作为原动机以来，伴随着机电传动控制技术的发展，机电传动控制技术的发展经历了以下几个阶段：

一、继电接触器控制

最早的自动控制是20世纪20~30年代出现的传统继电接触器控制，它可以实现对控制对象的起动、停车、调速、自动循环以及保护等控制。该方式的优点包括所使用的控制器件结构简单、价廉、控制方式直观、易掌握、工作可靠、易维护等，因此，在设备控制上得到了广泛的应用。但是，经过长期使用，人们发现这种控制方式存在许多不足之处，如体积大、功耗大、控制速度慢、改变控制程序困难。由于采用有触点控制，在控制系统复杂时可靠性降低。所以，不适合生产工艺及流程经常变化的控制场合。

二、顺序控制器控制

20世纪60年代，随着半导体技术的发展，出现了顺序控制器。它是继电器和半导体元件综合应用的控制装置，具有程序改变容易、通用性好等优点，被广泛用于组合机床、自动生产线上。后来随着微电子技术和计算技术的发展，电气控制技术的发展出现了两个分支：可编程序控制器和数字控制技术。今天它们已成为典型的机电一体化技术和产品。

三、可编程序控制器（PLC）

可编程序控制器（PLC）是计算机技术与继电接触器控制技术相结合的产物。它是以微处理器为核心，以顺序控制为主的控制器，不仅具有顺序控制器的特点，而且还具有微处理器的运算功能。PLC的设计以工业控制为目标，因而具有功率级输出、接线简单、通用性好、编程容易、抗干扰能力强、工作可靠等一系列优点。它一经问世就以强大的生命力，大面积地占领了传统的控制领域。PLC的一个发展方向是微型、简易、价廉，以适应单机控制和机电一体化相结合的控制器，使PLC更广泛地取代传统的继电接触器控制；而它的另一个发展方向是大容量、高速、高性能，实现PLC与管理计算机之间的通信网络，形成多层分布控制系统，对大规模复杂控制系统能进行综合控制。

四、数字控制技术（NC）

电气控制技术发展的另一个分支为数字控制技术，它是通过数控装置（专用或通用计算机）实现控制的一种技术，它最典型的产品就是数控装置。它集高效率、高柔性、高精度于一身，特别适合多品种、小批量的加工自动化。最初的数控装置实质上是一台专用计算机，由固定的逻辑电路来实现专门的控制运算功能，进行插补运算。

在数字控制的基础上，又出现了以下几种高级的电气控制方式。

五、计算机数字控制技术（CNC）

计算机数字控制技术（CNC）将数控装置的运算功能采用小型通用计算机来实现，运算功能更强，加工中心机床采用的就是这种控制技术。

六、加工中心机床（MC）

加工中心机床是采用计算机数字控制技术，集铣床、镗床、钻床三种功能于一体的加工机床。它配有刀库和自动换刀装置，大大提高了加工效率，是多工序自动换刀数控机床。

七、自适应数控机床（AC）

自适应数控机床可针对加工过程中加工条件的变化（材料变化、刀具磨损、切削温度变化等），做自动适应调整，使加工过程处于合理的最佳状态。自适应数控机床基于最优控制及自适应控制理论，可在扰动条件下实现最优。

八、柔性制造系统（FMS）

柔性制造系统将一群数控机床与工件、刀具、夹具以及自动传输线、机器人、运输装置相配合，并由一台中心计算机（上位机）统一管理，使生产多样化，生产机械赋予柔性，可实现多级控制。FMS 是适应中小批量生产的自动化加工系统，有些较大的 FMS 由一些很小的 FMS 组成，而这些较小的 FMS 就称为柔性加工单元。

九、计算机集成制造系统（CIMS）

柔性制造系统虽具有柔性，但不能保证"及时生产"（边设计边生产），因为缺少计算机辅助设计等环节。在柔性制造系统基础上，再加上计算机辅助设计环节，使设计与制造一体化，便形成了计算机集成制造系统。它是用计算机对产品的初始构思设计、加工、装配和检验的全过程实行管理，从而保证生产既多样化，又能"及时生产"，从而使整个生产过程完全自动化。CIMS 是根据系统工程的观点将整个车间或工厂作为一个系统，用计算机对产品的设计、制造、装配和检验的全过程实行管理和控制。因此，只要在 CIMS 中输入所需产品的有关信息和原始材料，就可以自动地输出经过检验合格的产品。可以说，CIMS 是机电传动控制发展的方向。

综上所述，可以看到当今的机电传动控制技术是微电子、电力电子、计算机、信息处理、通信、检测、过程控制、伺服传动、精密机械及自动控制等多种技术相互交叉、相互渗透、有机结合而成的一种机电一体化综合性技术。

第三节　机电一体化系统的基本要素和功能

根据机电一体化系统的要求不同，其相应的结构、功能和控制系统也不同。但它们通常都是由五大要素与功能组成的，即机械装置（结构功能）、执行装置（驱动功能和能量转换功能）、传感器与检测装置（检测功能）、动力源（运转功能）、信息处理与控制装置（控制功能），如图 1-1 所示。

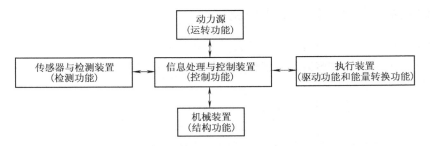

图 1-1　控制系统五大要素与功能

一、机械装置（结构功能）

机械是由机械零件组成的、能够传递运动并完成某些有效工作的装置。机械由输入部分、转换部分、传动部分、输出部分及安装固定部分等组成。通用的传递运动的机械零件有齿轮、齿条、链条、链轮、蜗杆、蜗轮、带、带轮、曲柄及凸轮等零件和部件组成。两个零件互相接触并相对运动就形成了运动副。由若干运动副组成的具有确定运动的装置称为机构。就传动而言，机构就是传动链。

为了实现机电一体化系统整体最佳的目标，从系统动力学方面来考虑，传动链越短越好。因为在传动副中存在"间隙非线性"，根据理论分析，这种间隙非线性会影响系统的动态性能和稳定性。另外，传动件本身的转动惯量也会影响系统的响应速度及系统的稳定性。数控机床中之所以存在"半闭环控制"，其原因就在于此。

据此，提出了"轴对轴传动（d-d 传动）"，如电动机直接传动机床的主轴，轴就是电动机的转子，从而出现了各种电主轴。这对执行装置提出了更高的要求：如机械装置、执行装置及驱动装置之间的协调与匹配问题。必须保留一定的传动件时，应在满足强度和刚度的前提下，力求传动装置细、小、巧，这就要求采用特种材料和特种加工工艺。

二、执行装置（驱动功能和能量转换功能）

执行装置包括以电、气压和液压等作为动力源的各种元器件及装置。例如，以电作为动力源的直流电动机、直流伺服电动机、三相交流异步电动机、变频三相交流电动机、三相交流永磁伺服电动机、步进电动机、比例电磁铁、电磁粉末离合器/制动器、电动调节阀及电磁泵等；以气压作为动力源的气动马达和气缸；以液压作为动力源的液压马达和液压缸等。

选择执行装置时，要考虑执行装置与机械装置之间的协调与匹配，如在需要低速、大推力或大转矩的场合下，可考虑选用液压缸或液压马达。

为了实现机电传动控制系统整体最佳的目标，实现各个要素之间的最佳匹配，已经研制出将电动机与专用控制芯片、传感器或减速器等合为一体的装置，如德国西门子公司的变频器与电动机一体化的高频电动机，日本东芝公司的电动机和传感器一体化的永磁电动机等。

近年来，出现了许多新型驱动装置，如压电驱动器、超声波驱动器、静电驱动器、机械化学驱动器、光热驱动器、光化学驱动器、磁致伸缩驱动器、磁性流体驱动器、形状记忆合金驱动器等。特别是一些微型驱动器的出现，如直径为 0.1mm 的静电驱动器，这些新的机电传动技术的出现大大促进了微电子机械的发展。

三、传感器与检测装置（检测功能）

传感器是从被测对象中提取信息的器件，用于检测机电传动控制系统工作时所要监视和控制的物理量、化学量和生物量。大多数传感器是将被测的非电量转换为电信号，用于显示和构成闭环控制系统。

传感器的发展趋势是数字化、集成化和智能化。为了实现机电传动控制系统的整体优化，在选用或研制传感器时，要考虑传感器与其他要素之间的协调与匹配。例如，集传感检测、变送、信息处理及通信等功能为一体的智能化传感器，已广泛用于现场总线控制系统。

四、动力源（运转功能）

动力或能源是指驱动电动机的"电源"、驱动液压系统的液压源和驱动气压系统的气压源。驱动电动机常用的"电源"包括直流调速器、变频器、交流伺服驱动器及步进电动机驱动器等。液压源通常称为液压站，气压源通常称为空压站。使用时应注意动力与执行器、机械部分的匹配。

五、信息处理与控制装置（控制功能）

机电传动控制系统的核心是信息处理与控制。机电传动控制系统的各个部分必须以控制论为指导，由控制器（继电器、可编程序控制器、微处理器、单片机、计算机等）实现协调与匹配，使整体处于最优工况，实现相应的功能。在现代机电一体化产品中，机电传动系统中控制部分的成本已占总成本的 50%。特别是近年来微电子技术、计算机技术的迅速发展，目前，越来越多的控制器使用具有微处理器、计算机的控制系统，输入/输出、通信功能也越来越强大。

第四节　控制系统的基本概念

一、控制系统的基本工作原理

控制系统通常由控制装置（控制器）和被控对象两大部分组成。其中，被控对象是指系统中需要加以控制的机器、设备或生产过程；控制器是指能够对被控对象产生控制作用的设备总体。控制系统的任务就是使被控制的物理量按照预先给定的控制规律变化。控制系统的控制有人工控制和自动控制。

如果控制的任务直接由人工来完成，那么就称为人工控制，如图 1-2 所示。

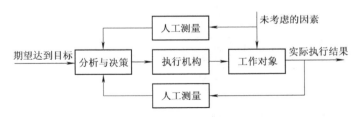

图 1-2　人工控制系统框图

如果控制的任务在没有人直接参与的情况下由一些自动控制装置来完成，那么就称为自动控制。用技术装置和工程描述语言对图 1-2 进行替换，就得到如图 1-3 所示的自动控制系统框图。

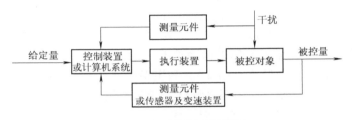

图 1-3　自动控制系统框图

通常，工作对象对应被控对象；实际执行结果对应被控量；期望达到目标对应给定量；分析与决策对应实现比较/计算功能的控制装置或计算机系统；人工测量对应测量元件或传感器及变速装置；执行机构对应操纵改变被控对象物理参量的执行装置。

从图 1-2 和图 1-3 中可以看出，控制装置应具备的三种基本功能是测量、计算和执行，并分别由相应的元器件来完成；系统控制的来源有三个，即给定量、干扰和被控量，是完成控制的主要依据。通过以上的分析，可以得出自动控制的基本步骤：按给定量进行操纵、测量元件将误差反馈给控制装置，控制装置按干扰造成的偏差进行补偿控制。其中，无反馈补偿控制装置的系统为开环控制方式，有反馈补偿控制装置的系统属于闭环控制方式。下面以实例来分别介绍这两种控制方式及其特点。

1. 开环控制系统

如果系统的输出量和输入量之间没有反馈作用，输出量对系统的控制过程不发生影响，这样的系统称为开环控制系统。图 1-4 所示为数控线切割机的进给系统，由输入装置产生的输入电信号 x_i 经控制器的处理、计算发出脉冲信号控制步进电动机的转角，再经过齿轮传动及滚珠丝杠驱动工作台做直线运动。该系统中对工作台的实际位移没有测量，更没有把输出量反馈到控制器中去，系统只是单方向地依一定的程序或规律实现控制，对应于每一个输入量有一个输出量，因而该系统是一个开环控制系统。这个系统的工作台位移精度取决于输入信号和组成系统的各环节的工作精度，而各种干扰因素也将对其有明显的影响。

开环控制系统的职能框图如图 1-5 所示。开环控制系统具有一些优点，如系统结构比较简单、成本低、响应速度快、工作稳定。但是，当系统输出量有误差时，系统无法自动调整。因此，如果系统的干扰因素和元器件特性变化不大，或可预先估计其变化范围并可预先加以补偿，采用开环控制系统具有一定的优越性，并能达到相当高的精度。

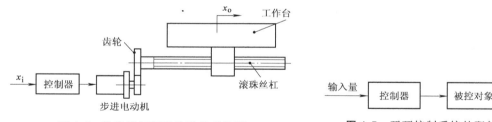

图 1-4 数控线切割机的进给系统图   图 1-5 开环控制系统的职能框图

2. 闭环（反馈）控制系统

如果系统的输出量与输入量之间具有反馈联系，即输出量对系统的控制过程有直接影响，这样的系统称为闭环控制系统。

反馈是指对系统的被控制量进行测量，并加以处理（取其一部分或全部信息等）后，再返回输入端与系统给定量进行比较的过程。如果反馈量对给定量起增强作用，则称为正反馈；反之，如果反馈量对给定量起减弱作用，则称为负反馈。通常，控制系统采用负反馈。基于负反馈基础上的"检测偏差并用以消除偏差"的控制原理，称为反馈控制原理。这种系统的信号传递路线构成闭合回路（闭环），利用反馈控制原理组成的系统称为反馈控制系统。下面我们通过几个例子来说明闭环（反馈）控制系统。

（1）炉温闭环（反馈）控制系统   炉温闭环（反馈）控制系统的工作原理如图 1-6 所示。其控制任务是使炉温保持恒定。

该系统的控制原理如下：假设系统在开始工作时，经过事先设定，这时炉温正好等于设定温度，此时与炉温对应的电压 U_t 与设定温度对应的电压 U_r 相等，即 $U_t = U_r$，故 $\Delta U = U_r -$

$U_t = 0$，电动机、阀门都静止不动，燃油流量保持不变，燃油炉处于恒温状态，保持设定温度。

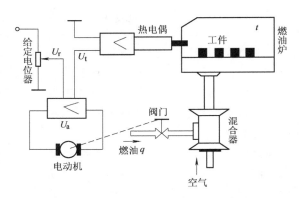

如果这时负载（工件的数目）突然增大或燃油流量减小，则炉温开始下降，经过热电偶转换得到的与炉温对应的电压 U_t 减小，故 $\Delta U > 0$（ΔU 是个很小的量，不足以起动电动机）。因此经过放大器放大为 U_a 起动电动机正转，使阀门开度增大，从而增大燃油流量，炉温渐渐回升，直至重新等于设定温度（此时 $U_t = U_r$，$\Delta U = 0$）。可见，该系统在负载增大的情况下仍能保持设定温度。

图 1-6 炉温闭环（反馈）控制系统的工作原理图

再来看看相反的情况。如果负载（工件的数目）突然减小或燃油流量增大，则炉温开始上升，经过热电偶转换得到与炉温相对应电压的 U_t 增大，故 $\Delta U < 0$，电动机反转，使阀门开度减小，从而减小燃油流量，炉温渐渐下降，直至重新等于设定温度（此时，$U_t = U_r$，$\Delta U = 0$）。可见，系统在此情况下也能保持设定温度。

通过以上对该系统控制原理的分析，不难得出以下结论：该系统是通过测量炉温与给定温度的偏差值来进行控制工作的，故称为按偏差调节的控制系统。同时也能明确：该系统的被控对象是燃油炉；被控量是炉温；设定装置是给定电位器；测量变送装置是热电偶；干扰是负载大小、环境温度、燃油压力等；执行装置是电动机、阀门。由此可得到如图 1-7 所示的炉温控制系统原理框图。

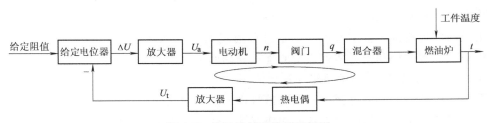

图 1-7 炉温控制系统原理框图

在图 1-7 中，系统所传递的信号存在一个如图所示的闭合回路，而且反馈信号经过变换后与给定信号相减以便得到偏差信号，所以这类反馈（将检测出来的输出量送回系统的输入端，并与输入信号比较的过程称为反馈）又称为负反馈。

（2）液位控制系统 液位控制系统的工作原理如图 1-8 所示。其控制任务是使水池的液位保持恒定。先进行系统控制原理分析：假设经过事先设定，系统在开始工作时液位 h 正好等于设定高度 H，$\Delta h = H - h = 0$，浮子带动连杆位于电位器 0 电位，故电动机、阀门 L_1 都静止不动，进水量保持不变，液面高度 h 保持为设定高度 H。

如果这时由于阀门 L_2 突然开大，出水量增大，则液位开始下降，$\Delta h > 0$，浮子下移，此时连杆上移，电动机正转，使阀门 L_1 开度增大，从而增加进水量，液位渐渐上升，直至重新等于设定高度。如果这时由于阀门 L_2 突然关小，出水量减小，则液位开始上升，$\Delta h<0$，此时浮子上移，此时连杆下移，电动机反转，使阀门 L_1 开度减小，从而减少进水量，液位渐渐下降，直至重新等于设定高度。可见，系统在此两种情况下都能保持设定高度。

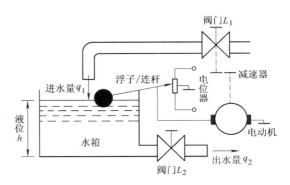

图 1-8 液位控制系统工作原理图

通过以上分析可以得出：此系统是通过测量液面实际高度与设定液面高度的偏差值来进行控制工作的，也是按偏差调节的控制系统。同时也能明确：该系统的被控对象是水箱；被控量是液面高度；设定装置是电位器；测量变送装置是浮子/连杆；干扰是出水量；执行装置是电动机、减速器、阀门 L_1。这样就得到了图1-9所示的液位控制系统的原理框图。从图1-9可以看出，液位控制系统也存在负反馈环节。

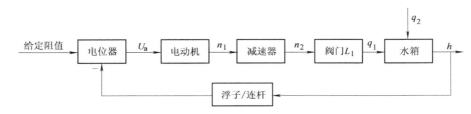

图 1-9 液位控制系统原理框图

3. 复合控制系统

如果在输出和输入之间同时存在开环控制和闭环控制的系统，则称之为复合控制系统。它实质上是在闭环控制系统的基础上，用开环通路提供一个补偿的输入作用，如图1-10所示。这种系统兼有开环和闭环两种系统的优点，因而可大大提高系统的性能。

图1-10a所示为按输入作用补偿的复合控制系统，图1-10b所示为按扰动作用补偿的复合控制系统。这两种系统通过开环补偿通道将输入信号或扰动量的变化及时、直接地传递给控制系统，可使系统有更高的控制精度和快速性，并可改善系统其他动态性能指标。有时称这两种复合控制系统为前馈（顺馈）控制系统。

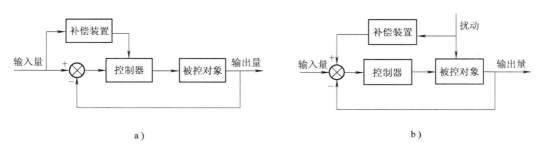

a）   b）

图 1-10 复合控制系统图

a）按输入作补偿   b）按扰动作补偿

二、闭环控制系统的基本组成

对于各种用于自动控制的闭环控制系统，尽管功能、结构的复杂程度不同，采用的元件和能量形式有各种类型，但它们都采用了负反馈工作原理。相同的工作原理，决定了它们必然有类似组成形式。就其大体结构和组成而言，可分为"控制装置"和"被控对象"两个部分。它们各有其相对的独立性，但二者必须紧密结合，才能获得完善的控制性能。一般说来，一个典型的闭环控制系统的基本组成、元件类型和功用及其相互关系可用图 1-11 所示的职能框图来表示。

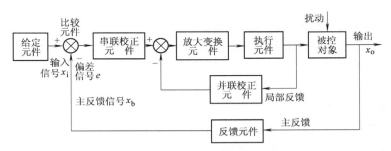

图 1-11 典型闭环控制系统的职能框图

现将典型闭环控制系统的组成元件及功用说明如下：

1. 给定元件

用来产生输入信号（输入量）$x_i(t)$的元件。例如数控机床进给系统的输入装置、恒温箱控制系统的给定电位器就是给定元件。

2. 反馈元件

用来测量被控制量（输出量）的实际值，并经过处理，转换为与输出量有一定函数关系的反馈量的元件。这种反馈量可以是输出量本身，或是与输出量成比例，或是输出量的其他函数。反馈量与输入量应是相同的物理量，才能进行比较。前述例子中的热电偶、电位器等均为此类元件。反馈元件大多是将非电量转换为电量的元件。

3. 比较元件

它是用来对输入信号和反馈信号进行比较，进而得出偏差信号的元件。比较元件实际上是信号综合环节（可以相减或相加），它往往不是一个专门的物理元件，如前炉温控制系统中的比较电路等。而自整角机、旋转变压器等则是专门的物理比较元件。

4. 放大变换元件

它是对偏差信号进行信号放大和功率放大的元件。如电压、电流整流调压装置和电液伺服阀等。

5. 执行元件

它接收放大变换元件发出的控制信号，直接驱动被控对象工作运行。如调压器、直流电动机等均为此类元件。

6. 被控对象

它是控制系统需要进行控制的装置、设备或过程等。被控对象中要进行控制的物理量称为被控制量（输出量）。例如前述例子中的燃油炉、水箱等。

7. 校正元件

它是为改善系统的性能而加入系统的辅助元件，而不是闭环控制系统必须具有的元件。串联在系统前向通道内的校正元件称为串联校正装置；接成反馈形式的校正元件称为并联校正装置。常用的电子调节器、测速发电机等均可作为此类元件。

除了被控对象以外，上述的给定元件、反馈元件、比较元件、放大变换元件、执行元件、校正元件等一起组成了控制系统的控制部分。因此，可以说控制系统一般是由控制部分和被控对象两大部分组成的。

▌三、控制系统的基本类型

随着自动化技术的飞速发展和控制理论的日趋完善，自动控制系统在广泛应用的同时也日趋复杂，出现了各式各样的系统。为了研究方便，下面从不同的角度对系统进行分类。而分类的目的是在对系统分析、设计之前，从不同的角度来认识系统，以便于选择恰当的分析方法和设计手段。

1. 按给定量的特征分类

按给定量的特征分类，自动控制系统可分为以下几种：

（1）恒值给定控制系统　其特征是给定量一经设定就维持不变。系统的主要任务是当被控量在扰动作用下偏离给定量时，通过系统的控制作用尽快地恢复到给定量。即使由于系统本身的原因不能完全恢复，误差也应该控制在规定的允许范围内。注意，若生产工艺要求被控量改变，可通过改变给定量来实现，但这种改变是控制系统根据工艺要求重新设定的过程，而且一经设定，长时间不再变化，即生产工艺要求不会频繁改变。因此，对被控量能否快速而准确地跟踪给定量的变化可不作为重点研究。分析和研究该类系统的重点应放在系统能否有效、快速地克服干扰量对被控量的影响，使被控量维持在给定量上。这类系统有恒速（直流电动机调速系统）、恒温（炉温自动控制系统）、恒压、恒流、恒定液位等。

（2）随动控制系统　其也称作伺服系统，特征是给定量是变化的，而且其变化规律是未知的。系统的主要任务是使被控量快速、准确地随给定量的变化而变化。因此，分析和研究这类系统的重点应放在系统被控量跟踪输入信号变化而变化的能力上。例如轮船的电动舵机系统就是一个位置随动系统。

（3）程序控制系统　其特征是给定量按事先设定的规律变化。系统的主要任务是使被控量随给定的变化规律变化。因此，在设计该类控制系统时需要先设计一个给定器，用来产生按一定规律变化的信号，作为系统的给定量。这类系统有仿形机床、程序控制机床等。

2. 按系统中元件的特性分类

按自动控制系统中元件的特性分类，可分为以下几种：

（1）线性控制系统　其特点是系统中所有元件都是线性元件，分析这类系统时可以应用叠加原理，即当有多个信号同时作用于系统时，系统总输出为每个输入信号单独作用于系统的输出之和。同时，该类系统的状态和性能可以用线性微分方程来描述。

（2）非线性控制系统　其特点是系统中含有一个或多个非线性元件，分析这类系统时不能应用叠加原理，该类系统的动态特性用非线性微分方程来描述。实际应用的自动控制系统都不同程度地存在非线性。严格地说，任何物理系统的特性都是非线性的，但是有些非线性系统在允许的误差范围内，将非线性化元件进行线性化处理后，这样就可以使用线性控制理论来研究。

3. 按系统中信号的形式分类

按自动控制系统中信号的形式来分类，可分为以下几种：

（1）连续控制系统　系统中的运动状态和各个部分所传输的信号都是连续变化模拟量的系统称为连续控制系统。前述的炉温控制系统、液位控制系统等大多数的闭环控制系统都属于此类。连续控制系统分为线性系统和非线性系统。能够用线性微分方程描述的系统称为线性系统；不能够用线性微分方程描述的系统称为非线性系统。

（2）离散控制系统　系统中某一处或数处信号是以脉冲序列或数码形式传递的系统称为离散控制系统。若用采样开关将连续信号转换为脉冲形式的系统，称为脉冲控制系统；而对于用模/数（A/D）转换器将连续信号转换为数字信号并用数字控制器或数字计算机进行控制和信号处理的系统，称为数字控制系统或称计算机控制系统。离散控制系统在分析问题的方法上与连续控制系统有明显的不同，连续控制系统用微分方程来描述系统的运动状态，可采用拉普拉斯变换方法研究系统的特性；而离散控制系统用差分方程来描述系统的运动状态，可采用 z 变换方法研究系统的动态特性。

四、自动控制系统的基本要求

不同的控制系统，由于其工作方式及完成的任务要求不同，其评价的性能指标也不完全一样。但是一个控制系统要很好地工作，一般应满足稳定性、快速性和准确性三点基本要求。

1. 稳定性

控制系统能够正常工作的首要条件是稳定，这是对控制系统提出的最基本的要求。一般情况下，系统的输出量在没有外作用时处于某一稳定平衡状态，当系统受到外作用（输入量或扰动量）以后，系统的输出量偏离原来的平衡状态。简单说来，如果在输入量的作用下，系统的输出量能够达到一个新的平衡状态，或扰动量去掉以后系统的输出量能够恢复到原来的平衡状态，则系统是稳定的，如图 1-12 所示；如果在输入量的作用下，系统的输出量不能够达到一个新的平衡状态，或扰动量去掉以后系统的输出量不能够恢复到原来的平衡状态，而呈现持续振荡或发散振荡状态，则系统是不稳定的，如图 1-13 所示。

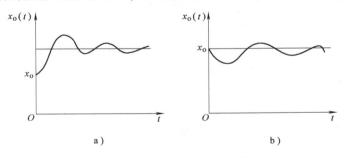

图 1-12　稳定系统的时间响应曲线

a）在输入量作用下的过渡过程曲线　b）在扰动量作用下的过渡过程曲线

稳定性包括两方面的含义：一是系统是稳定的，这就是系统的绝对稳定性，前面定义的稳定性就是这个含义；二是系统的稳定程度，即系统工作应考虑到满足一定的稳定性裕量，

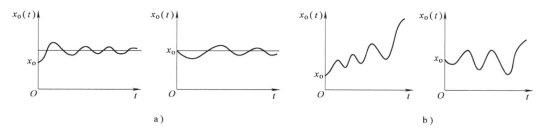

图 1-13 不稳定系统的时间响应曲线

a）等幅振荡曲线 b）发散振荡曲线

以免系统工作时因参数可能发生的变化而使系统失去稳定性，这就是系统的相对稳定性。

稳定性是系统本身的一种特性，由系统的结构及组成元件的参数所决定。由于系统包含储能元件，当系统的各个参数选取不当时，将会引起系统的持续振荡或发散振荡，从而使系统失去了正常的工作能力。当系统的结构不合理，如系统的主反馈回路接成正反馈时，就会使系统的偏差越来越大而无法正常工作。

2. 快速性

控制系统的快速性是指当系统实际输出量与输出量的期望值之间产生偏差时，消除这种偏差的快慢程度。快速性有两方面的含义：一是系统对输入量的响应速度，它表现为当输入量施加以后，系统输出量跟随输入量变化的迅速程度；二是振荡衰减的快慢程度，它表现为系统输出量跟随输入量变化的瞬态响应过程（过渡过程）结束的迅速程度。一般情况下，快速性好的系统能够快速复现变化的输入量，消除偏差的过渡过程时间短，因而具有较好的动态性能。当然，并不是在所有的情况下，系统响应速度越快越好，实际工作中要具体情况具体分析。

3. 准确性

控制系统的准确性是用系统的稳态误差来衡量的。稳态误差是指输入量作用系统以后，当过渡过程结束时，输出量的实际值与输出量的期望值之间的差值。稳态误差是衡量系统工作性能的重要指标，其值越小，则控制系统的准确性越好，控制精度越高。

不同的控制系统对稳、准、快这三方面的要求是有所侧重的。例如，恒值系统对稳定性要求严格，随动系统对响应的快速性要求较高，而程序控制系统则对响应的准确性要求较高。另外，同一个控制系统的稳、准、快这三方面的要求是相互制约的。提高系统响应的快速性，可能会引起振荡，使稳定性变差；改善系统的稳定性，控制过程又可能过于迟缓，甚至使控制精度降低。

第五节 机电一体化系统的设计方法

机电一体化系统是由相互制约的五大要素组成的具有一定功能的整体，不但要求每个要素具有高性能和高功能，更强调它们之间的协调与配合，以便更好地实现预期的功能（特别是在机电一体化传动系统的设计中，存在着机电有机结合如何实现，机、电、液传动如何匹配，机电一体化传动系统如何进行整体优化等问题），以达到系统整体最佳的目标。

一、模块化设计方法

机电一体化系统由相互制约的五大要素的功能部件组成，也可以设计成由若干功能子系统组成，而每个功能部件或功能子系统又包含若干组成要素。这些功能部件或功能子系统经过标准化、通用化和系列化，就成为功能模块。每一个功能模块可视为一个独立体，在设计时只需了解其性能规格，按其功能来选用，而无须了解其结构细节。

作为机电一体化产品或设备要素的电动机、传感器和微型计算机等都是功能模块的实例。再如交流伺服驱动模块（AMDR）就是一种以交流电动机（AM）或交流伺服电动机（ASM）为核心的执行模块，它以交流电源为其主工作电源使交流电动机的机械输出（转矩、转速）按照控制指令的要求而变化。

在新产品设计时，可以把各种功能模块组合起来，形成所需的产品。采用这种方法可以缩短设计与研制周期，节约工装设备费用，降低生产成本，也便于生产管理、使用和维护。

二、柔性化设计方法

将机电一体化产品或系统中完成某一功能的检测传感元件、执行元件和控制器做成机电一体化的功能模块，如果控制器具有可编程的特点，则该模块就称为柔性模块。例如，采用继电器可以实现位置控制，但这种控制是刚性的，一旦运动改变时难以调节。若采用伺服电动机驱动，则可以使机械装置简化，且利用电子控制装置可以进行复杂的运动控制以满足不同的运动和定位要求，采用计算机编程还可以进一步提高该驱动模块的柔性。

三、取代设计方法

取代设计方法又称为机电互补设计方法。该方法的主要特点是利用通用或专用电子器件取代传统机械产品中的复杂机械部件，以便简化结构，获得更好的功能和特性。

1）用电力电子器件或部件与电子计算机及其软件相结合取代机械式变速机构。如用变频调速器或直流调速装置代替机械减速器、变速箱。

2）用 PLC（可编程序控制器）取代传统的继电器控制柜，大大地减小了控制模块的质量和体积，并具有柔性化，PLC 便于嵌入机械结构内部。

3）用电子计算机及其控制程序取代凸轮机构、插销板、拨码盘、步进开关、时间继电器等，以弥补机械技术的不足。

4）用数字式、集成式或智能式传感器取代传统的传感器，以提高检测精度和可靠性。智能传感器是把敏感元件、信号处理电路与微处理器集成在一起的传感器。集成式传感器有集成式磁传感器、集成式光传感器、集成式压力传感器和集成式温度传感器等。

取代设计方法既适合于旧产品的改造，也适合于新产品的开发。例如，可用单片机应用系统（微控制器）、可编程序控制器（PLC）和驱动器取代机械式变速机构、凸轮机构、离合器，代替插销板、拨码盘、步进开关、时间继电器等。又如采用多机驱动的传动机构代替单纯的机械传动机构，可省去许多机械传动件，如齿轮、带轮、轴等。其优点是可以在较远的距离实现动力传动，大幅度提高设计自由度，增加柔性，有利于提高传动精度和性能。这就需要开发相应的同步控制、定速比控制、定函数关系控制及其他协调控制软件。

四、融合设计方法

融合设计方法是把机电一体化产品的某些功能部件或子系统设计成该产品所专用的。用这种方法，可以使该产品各要素和参数之间的匹配问题考虑得更充分、更合理、更经济，更能体现机电一体化的优越性。融合设计方法还可以简化接口，使彼此融为一体。例如，在激光打印机中就把激光扫描镜的转轴与电动机轴制成一体，使结构更加简单、紧凑。在金属切削机床中，把电动机轴与主轴部件制成一体，是驱动器与执行机构相结合的又一实例。

特别是在大规模集成电路和微型计算机不断普及的今天，完全能够设计出传感器、控制器、驱动器、执行机构与机械本体完全融为一体的机电一体化产品。融合设计方法主要用于机电一体化新产品的设计与开发。

五、系统整体优化设计方法

系统整体优化设计方法是以优化的工艺为主线，以控制理论为指导，以计算机应用为手段，以系统整体最佳为目标的一种综合设计方法。

系统整体优化设计方法涉及多种技术和理论。技术方面主要包括微电子技术、电力电子技术、计算机技术、信息处理技术、通信与网络技术、传感检测技术、过程控制技术、伺服传动技术及精密机械技术；理论方面主要包括经典控制理论、现代控制理论、智能控制理论、信息论及运筹学等。

上述各种技术和理论均有专门的教科书或书籍加以介绍。系统整体设计法的难点是要求工程技术人员能够将上述各种技术和理论相互交叉、相互渗透和有机结合起来，做到融会贯通和综合运用。

习题与思考题

1-1 机电传动控制的目的和任务是什么？

1-2 机电传动控制系统的发展经历了哪几个阶段，目前在工业控制中哪些技术占主导地位，今后发展的方向是什么？

1-3 简述机电一体化系统的基本要素和功能。

1-4 自动控制与人工控制的主要区别是什么？是不是自动控制一定比人工控制好？

1-5 简述开环控制和闭环控制的优缺点。

1-6 机电一体化系统的设计常用哪几种方法？

第二章 机电传动控制的数学模型

第一节 概　　述

机电传动控制系统设计过程中，一个很重要的问题是系统动力学模型的建立，主要涉及机械传动系统、电气传动系统等建模问题。建模的方法很多，本章主要介绍分析建模法，即所有模型都建立在相应物理定律的基础上。通过对典型系统建模的讨论，使读者能够掌握机电传动控制系统数学模型建立的一般方法。

一、数学模型的概念

1. 数学模型

控制过程是一个动态过程，即当系统的输入量发生变化时，由于系统的能量只能连续变化，从而使系统呈现出从初始状态向新稳定状态的过渡过程。

数学模型是系统动态特性的数学描述。由于在过渡过程中，系统中的各变量要随时间而变化，所以在描述系统动态特性的数学模型中，不仅会出现这些变量本身，而且也包含这些变量的各阶导数。所以，系统的动态特性方程式就是微分方程式，它是表示系统数学模型的最基本形式。

2. 建立数学模型的意义

在研究与分析一个机电传动控制系统时，不仅要定性地了解系统的工作原理及特性，而且还要定量地描述系统的动态性能。通过定量的分析与研究，找到系统的内部结构及参数与系统性能之间的关系。这样，在系统不能按照预先期望的规律运行时，便可通过对模型的分析，适当地改变系统的结构和参数，使其满足规定性能的要求。另外，在设计一个系统的过程中，对于给定的被控对象及控制任务，可以借助数学模型来检验设计思想，以构成完整的系统。这些都离不开数学模型。

3. 建立数学模型的一般原则

实际的机电传动控制系统是比较复杂的，因为组成系统的各个环节有非线性和时变性的特点，各个环节之间具有关联性，除此之外还有很多其他的内外因素。因此，系统的数学模型是变系数的非线性偏微分方程，求解这些方程是非常困难的，有时甚至是不可能的。

为便于问题的分析，需要对实际模型做简化处理，如将时变参数定常化，将非线性参数线性化，使分布参数集中等。简化后的模型通常是一个线性常微分方程式。求解线性常微分方程比求解变系数非线性的偏微分方程要容易得多。

分析系统时，结果的准确程度完全取决于数学模型与给定实际系统的近似程度。如果简化后的数学模型与实际系统模型的出入很大，那么控制系统也就失去了它应有的控制作用。但这绝不意味着数学模型越复杂越好，一个合理数学模型的建立，应该在模型的准确性和简化性之间进行折中，既不能过分强调准确性而使系统过于复杂，也不能片面追求简化性而使分析结果与实际出入过大。这是在建立系统数学模型过程中要特别注意的问题。

二、机电传动控制系统数学模型的种类

描述机电传动控制系统静、动态特性的数学模型，按其讨论域可分为时域模型、复数域模型和频域模型。

时域模型包括微分方程、差分方程和状态方程，其特点是在时间域中对控制系统进行描述，具有直观、准确的优点，并且可以提供系统时间响应的全部信息。不足之处是当系统的结构改变或某个参数变化时，就要重新列写并求解微分方程，不便于对系统的分析和设计。

复数域模型包括系统传递函数和结构图。传递函数不仅可以表征系统的动态性能，还可以用来研究系统的结构或参数变化对系统性能的影响。

频域模型主要描述系统的频率特性。频率特性与系统的参数及结构密切相关，例如对于二阶系统，频率特性与过渡过程性能指标有确定的对应关系，对于高阶系统，两者也存在近似关系，故可以用研究频率特性的方法，把系统参数和结构的变化与过渡过程指标联系起来。相对于时域和复数域模型来说，频域模型中的频率特性有明确的物理意义，很多部件的频率特性都可以用实验的方法来确定，这对于难以从分析其物理规律着手来列写动态方程的部件和系统有很大的实际意义。

三、微分方程

1. 微分方程的一般形式

对于单输入-单输出线性定常连续系统，系统微分方程具有下列一般形式

$$a_0 \frac{d^n}{dt^n} c(t) + a_1 \frac{d^{n-1}}{dt^{n-1}} c(t) + \cdots + a_{n-1} \frac{d}{dt} c(t) + a_n c(t)$$

$$= b_0 \frac{d^m}{dt^m} r(t) + b_1 \frac{d^{m-1}}{dt^{m-1}} r(t) + \cdots + b_{m-1} \frac{d}{dt} r(t) + b_m r(t) \tag{2-1}$$

式中　$c(t)$——系统输出量；

　　　$r(t)$——系统输入量；

$a_i (i=0, 2, \cdots, n)$ 和 $b_i (j=0, 2, \cdots, m)$——与系统结构和参数有关的常系数。

设 $r(t)$ 和 $c(t)$ 及其各阶导数在 $t=0$ 时的值均为零，即零初始条件，则对式 (2-1) 中各项分别求拉普拉斯变换，并令 $C(s)=L[c(t)]$，$R(s)=L[r(t)]$，可得到的代数方程为

$$[a_0 s^n + a_1 s^{n-1} + \cdots + a_{n-1} s + a_n] C(s) = [b_0 s^m + b_1 s^{m-1} + \cdots + b_{m-1} s + b_m] R(s)$$

由定义得系统传递函数

$$G(s) = \frac{C(s)}{R(s)} = \frac{b_0 s^m + b_1 s^{m-1} + \cdots + b_{m-1} s + b_m}{a_0 s^n + a_1 s^{n-1} + \cdots + a_{n-1} s + a_n} = \frac{M(s)}{N(s)} \tag{2-2}$$

式中
$$M(s) = b_0 s^m + b_1 s^{m-1} + \cdots + b_{m-1} s + b_m ;$$
$$N(s) = a_0 s^n + a_1 s^{n-1} + \cdots + a_{n-1} s + a_n 。$$

2. 机电传动控制系统微分方程的建立

建立机电传动控制系统的微分方程时，一般先由系统原理电路图画出系统结构图，并分别列写出组成系统各元件的微分方程；然后，消去中间变量便得到描述系统输出量与输入量关系的微分方程。列写元件微分方程的步骤可归纳如下：

1）根据元件的工作原理及其在控制系统中的作用，确定其输入量和输出量。

2）分析元件工作中所遵循的物理规律或化学规律，列写相应的微分方程。

3）消去中间变量，得到输出量与输入量之间关系的微分方程便是元件时域的数字模型。一般情况下，应将微分方程写为标准形式，即与输入量有关的项写在方程的右端，与输出量有关的项写在方程的左端，方程两端变量的导数项均按降幂排列。

列写系统各元件的微分方程时，一是应注意信号传送的单向性，即前一个元件的输出是后一个元件的输入，一级一级地单向传送；二是应注意前后连接的两个元件中，后级对前级的负载效应，例如，无源网络输入阻抗对前级的影响，齿轮系统对电动机转动惯量的影响等。

四、传递函数

1. 基本概念

在控制工程中，表示系统或环节输入输出关系的代表性函数是传递函数。零初始条件下，其定义为

$$传递函数\ G(s) = \frac{输出量的拉普拉斯变换}{输入量的拉普拉斯变换}$$

所谓拉普拉斯变换，是一种将微分方程变换为代数方程的方法，可以使微分方程的求解简化，它把时间函数 $f(t)$ 变换为复数 s 的函数 $F(s)$。其定义式为

$$F(s) = L[f(t)] = \int_0^\infty f(t) e^{-st} dt$$

根据这个定义确定的拉普拉斯变换有如下性质：

$f(t)$ 时间微分拉普拉斯变换

$$L\left\{\frac{df(t)}{dt}\right\} = sF(s) - f(0)$$

式中　$f(0)$——初始值。

若将 $f(0)$ 及其各阶导数设为 0，即在零初始条件下，则有

$$\frac{df}{dt} \to sF(s) \qquad \frac{d^2 f}{dt^2} \to s^2 F(s)$$

利用这个性质，使微分方程经拉普拉斯变换后，变成 s 的代数方程。

各种函数 $f(t)$ 的拉普拉斯变换 $F(s)$，以及从 $F(s)$ 到时间函数的逆拉普拉斯变换都以拉普拉斯变换表的形式给出。

2. 传递函数的性质

1）传递函数是复变量 s 的有理真分式函数，具有复变函数全部性质，所有系数均为

实数。

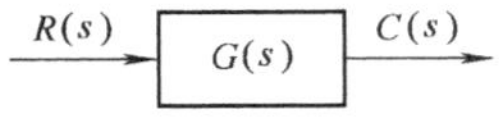

2）传递函数是一种用系统参数表示输出量与输入量之间关系的表达式，它只取决于系统或元件的结构和参数，而与输入量的形式无关，也不反映系统内部的任

图 2-1　传递函数

何信息。因此，可以用图 2-1 的结构图来表示一个具有传递函数 $G(s)$ 的线性系统。图 2-1 表明，系统输入量与输出量的因果关系可以用传递函数联系起来。

3）传递函数与微分方程有相通性。传递函数分子多项式系数及分母多项式系数，分别与相应微分方程的右端及左端微分算符多项式系数相对应。故将微分方程的算符 $\dfrac{\mathrm{d}}{\mathrm{d}t}$ 用复数 s 置换便得到传递函数；反之，将传递函数多项式中的变量 s 用微分算符 $\dfrac{\mathrm{d}}{\mathrm{d}t}$ 置换便得到微分方程。例如，由传递函数

$$G(s) = \frac{C(s)}{R(s)} = \frac{b_1 s + b_2}{a_0 s^2 + a_1 s + a_2}$$

可得 s 的代数方程：

$$(a_0 s^2 + a_1 s + a_2) C(s) = (b_1 s + b_2) R(s)$$

用微分算符 $\dfrac{\mathrm{d}}{\mathrm{d}t}$ 置换 s 便得到

$$a_0 \frac{\mathrm{d}^2}{\mathrm{d}t^2} c(t) + a_1 \frac{\mathrm{d}}{\mathrm{d}t} c(t) + a_2 c(t) = b_1 \frac{\mathrm{d}}{\mathrm{d}t} r(t) + b_2 r(t)$$

4）传递函数 $G(s)$ 的拉普拉斯反变换是脉冲响应 $g(t)$。脉冲响应（也称脉冲过渡函数）$g(t)$ 是系统在单位脉冲 $\delta(t)$ 输入时的输出响应，此时 $R(s) = L[\delta(t)] = 1$，$C(s) = L[g(t)]$。

由拉普拉斯反变换 δ 得 　　　　　　$g(t) = L^{-1}[C(s)]$

而 　　　　　　　　　　　　　　　$C(s) = R(s) G(s)$

所以 　　　　　　　　　　　　　$g(t) = L^{-1}[R(s) G(s)]$

又因为 　　　　　　　　　　　$R(s) = L[\delta(t)] = 1$

故有 　　　　　　　　　　　　$g(t) = L^{-1}[G(s)]$

3. 传递函数的物理含义

传递函数是在零初始条件下定义的。控制系统的零初始条件有两方面的含义：

1）输入量是在 $t \geqslant 0$ 时才作用于系统，因此，在 $t = 0^-$ 时输入量及其各阶导数均为零。

2）输入量加于系统之前，系统处于稳定的工作状态，即输出量及其各阶导数在 $t = 0^-$ 时的值也为零，现实的工程控制系统多属此类情况。

因此，传递函数可表征控制系统的动态性能，并可用来求解出输入量给定时系统的零初始条件响应。

五、系统结构图

在控制工程中，结构图指描述系统各元件之间信号传递关系的数学图形。结构图表示系统输入变量与输出变量之间的因果关系以及系统中各变量所进行的运算，是控制工程中描述复杂系统的一种非常简便的方法。

1. 结构图的组成

控制系统的结构图由多组信号组成，它包括四个基本单元。

（1）信号线　带有箭头的直线，箭头表示信号的传递方向，在直线旁边标有传递函数或像函数，如图 2-2a 所示。线上信号标记为时间函数。

（2）引出点（测量点）　引出点表示信号引出或测量的位置，同一位置引出的信号特性完全相同，如图 2-2b 所示。

（3）比较点（综合点）　比较点表示两个或两个以上的信号相加/减运算，"+"表示信号相加，有时"+"可以省略不写；"−"表示信号相减，如图 2-2c 所示。

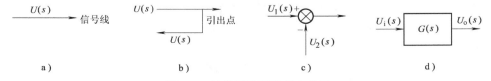

图 2-2　结构图的四种基本单元

（4）环节　表示信号进行的数学转换，方框中写入元件或系统的传递函数，如图 2-2d 所示，显然方框的输出变量就等于输入变量与传递函数的乘积，即 $U_o(s) = G(s)U_i(s)$。

2. 结构图的等效变换

（1）串联结构图的等效变换　图 2-3a 所示的串联结构图可等效变换为图 2-3b，串联变换后总的传递函数为每个串联环节传递函数的乘积，即

$$G(s) = G_1(s)G_2(s)\cdots G_{n-1}(s)G_n(s) \tag{2-3}$$

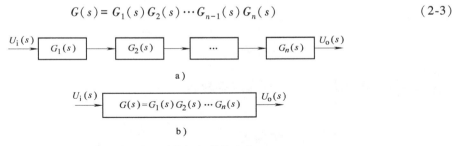

图 2-3　串联结构图的等效变换

（2）并联结构图的等效变换　图 2-4a 所示的并联结构图可以等效变换为图 2-4b，并联变换后总的传递函数等于各个并联环节传递函数之和，即

$$G(s) = G_1(s) + G_2(s) + \cdots + G_n(s) \tag{2-4}$$

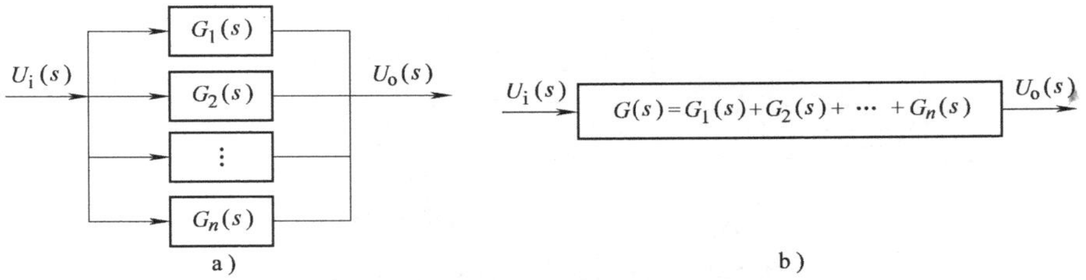

图 2-4　并联结构图的等效变换

（3）反馈环节的等效结构图　图 2-5a 所示的反馈环节可以等效变换为 2-5b 所示的结构

图，输入输出之间的关系为

$$U_{\mathrm{i}}(s) \mp B(s) = E(s) \tag{2-5}$$

$$E(s) G(s) = U_{\mathrm{o}}(s) \tag{2-6}$$

$$U_{\mathrm{o}}(s) H(s) = B(s) \tag{2-7}$$

式（2-5）中，"−"表示负反馈，"+"表示正反馈。

将式（2-7）代入式（2-5）得

$$U_{\mathrm{i}}(s) \mp U_{\mathrm{o}}(s) H(s) = E(s) \tag{2-8}$$

将式（2-8）代入式（2-6）得

$$\left[U_{\mathrm{i}}(s) \mp U_{\mathrm{o}}(s) H(s) \right] G(s) = U_{\mathrm{o}}(s) \tag{2-9}$$

化简式（2-9）得

$$\frac{U_{\mathrm{o}}(s)}{U_{\mathrm{i}}(s)} = \frac{G(s)}{1 \pm G(s) H(s)} \tag{2-10}$$

式中　$G(s)$——前向通道的传递函数；

　$G(s) H(s)$——闭环系统的开环传递函数。

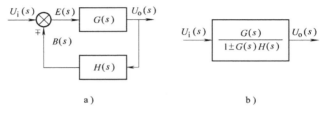

a)　　　　　　　　　　b)

图 2-5　反馈环节

第二节　机械传动系统数学模型

一、机械移动系统数学模型

机械移动系统的基本元件是质量、阻尼和弹簧，建立机械移动系统数学模型的基本方程是牛顿第二定律。下面举例说明机械平移系统的建模方法。

例 1　图 2-6a 所示为组合机床动力滑台铣平面。

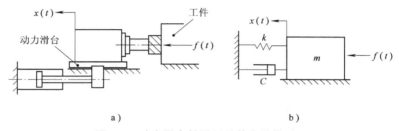

a)　　　　　　　　　　b)

图 2-6　动力滑台铣平面及其力学模型

设动力滑台的质量为 m，液压缸的刚度为 k，黏性阻尼系数为 C，外力为 $f(t)$。若不计动力滑台与支承之间的摩擦力，则系统可以简化为图 2-6b 所示的力学模型。由牛顿第二定

律可知，系统的运动方程为

$$m\ddot{x} + C\dot{x} + kx = f(t) \tag{2-11}$$

对式（2-11）取拉普拉斯变换，得到系统的传递函数为

$$\frac{X(s)}{F(s)} = \frac{1}{ms^2 + Cs + k} \tag{2-12}$$

例 2　图 2-7 为车辆减振装置的力学模型。根据牛顿第二定律，系统运动方程为

$$m\frac{d^2x(t)}{dt^2} = F(t) - kx(t) - C\frac{dx(t)}{dt} \tag{2-13}$$

式中　m——质量；

　　　C——阻尼系数；

　　　k——弹簧刚度。

对式（2-13）进行拉普拉斯变换，得系统传递函数为

$$\frac{X(s)}{F(s)} = \frac{1}{ms^2 + Cs + k} \tag{2-14}$$

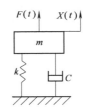

图 2-7　车辆减振装置的力学模型

由式（2-14）可看出，其系统传递函数和动力滑台的传递函数一样。根据此式可画出系统传递函数框图，如图 2-8 所示。

例 3　图 2-9 所示为车辆振动系统的简化模型。

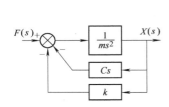

图 2-8　系统传递函数框图

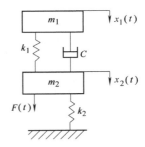

图 2-9　车辆振动系统的简化模型

根据牛顿定理，可建立系统运动方程，车体振动方程为

$$m_1\frac{d^2x_1}{dt^2} = -C\left(\frac{dx_1}{dt} - \frac{dx_2}{dt}\right) - k_1(x_1 - x_2) \tag{2-15}$$

式中　m_1——车体质量；

　　　x_1——车体位移；

　　　C——减振器阻尼系数；

　　　k_1——弹簧刚度。

车轮振动方程为

$$m_2\frac{d^2x_1}{dt^2} = F(t) - C\left(\frac{dx_2}{dt} - \frac{dx_1}{dt}\right) - k_1(x_2 - x_1) - k_2x_2 \tag{2-16}$$

式中　m_2——车轮质量；

　　　x_2——车轮位移；

k_2——减振器阻尼系数。

对式（2-15）和式（2-16）进行拉普拉斯变换，可得

$$m_1 s^2 X_1(s) = -Cs[X_1(s)-X_2(s)]-k_1[X_1(s)-X_2(s)] \tag{2-17}$$

$$m_2 s^2 X_2(s) = F(s) = Cs[X_2(s)-X_1(s)]-k_1[X_2(s)-X_1(s)]-k_2 X_2(s) \tag{2-18}$$

由式（2-17）和式（2-18）可画出系统传递函数框图，如图 2-10a、b 所示。根据等效变换规则，图 2-10c 中 $G_1(s)$ 和 $G_2(s)$ 可由下式计算：

$$G_1(s) = \frac{1}{(m_2 s^2 + k_2)} \tag{2-19}$$

$$G_2(s) = \frac{Cs + k_1}{m_1 s^2 + Cs + k_1} \tag{2-20}$$

由图 2-10c 可得

$$[F(s)+m_1 s^2 X_1(s)]G_1(s) = X_2(s) \tag{2-21}$$

$$X_2(s)G_2(s) = X_1(s) \tag{2-22}$$

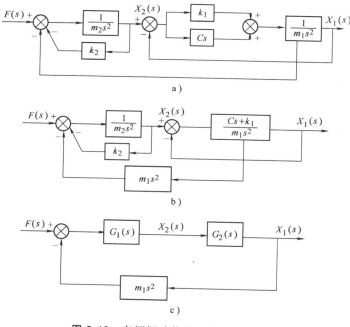

图 2-10 车辆振动传递函数系统框图

联立式（2-21）和式（2-22）求解，可得出以作用力 $F(s)$ 为输入，分别以 $X_1(s)$ 和 $X_2(s)$ 为输出位移的传递函数为

$$\frac{X_1(s)}{F(s)} = \frac{G_1(s)G_2(s)}{1+m_1 s^2 G_1(s)G_2(s)}$$

$$\tag{2-23}$$

$$= \frac{Cs+k_1}{m_1 m_2 s^4 + (m_1+m_2)Cs^3 + (m_1 k_1 + m_1 k_2 + m_2 k_1)s^2 + Ck_2 s + k_1 k_2}$$

$$\frac{X_2(s)}{F(s)} = \frac{G_1(s)}{1+G_1(s)\,G_2(s)\,m_1 s^2} \tag{2-24}$$

$$= \frac{m_1 s^2 + Cs + k_1}{m_1 m_2 s^4 + (m_1+m_2)\,Cs^3 + (m_1 k_1 + m_1 k_2 + m_2 k_1)\,s^2 + Ck_2 s + k_1 k_2}$$

二、机械转动系统数学模型

机械转动系统的基本元件是转动惯量、阻尼器和弹簧。建立机械转动系统数学模型的基本方程仍是牛顿第二定律。下面举例说明机械转动系统的建模方法。

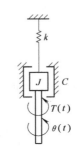

图 2-11　扭摆工作原理

例 4　简单扭摆的工作原理如图 2-11 所示，图中，J 为摆锤的转动惯量；C 为摆锤与空气间的黏性阻尼系数；k 为扭簧的弹性刚度；$T(t)$ 为加在摆锤上的扭矩；$\theta(t)$ 为摆锤转角。则系统的运动方程为

$$J\ddot{\theta} + C\dot{\theta} + k\theta = T(t) \tag{2-25}$$

对式（2-25）取拉普拉斯变换，得系统的传递函数为

$$\frac{\theta(s)}{T(s)} = \frac{1}{Js^2 + Cs + k} \tag{2-26}$$

例 5　图 2-12a 所示为电动机—齿轮理想传动系统，其中，电动机产生的转矩 M 通过齿轮传动比 i 带动负载。设 J_1、b_1、J_2、b_2 分别是电动机轴和负载轴上的转动惯量和阻尼系数，并忽略转轴上的弹性变形，则得到图 2-12b 的二轴自由体图。

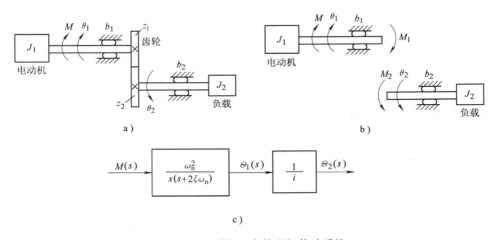

图 2-12　电动机—齿轮理想传动系统

根据电动机与负载间的力矩平衡关系，可得下列运动方程

$$\begin{cases} J_1\ddot{\theta}_1 + b_1\dot{\theta} = M - M_1 \\ J_2\ddot{\theta}_2 + b_2\dot{\theta} = M_2 \end{cases} \tag{2-27}$$

式中　M_1 和 M_2——两个齿轮 z_1 和 z_2 的传递力矩。

假设动力传递过程中无功率损耗，则有

$$M_1\dot{\theta}_1 = M_2\dot{\theta}_2 \tag{2-28}$$

因为 $i = \dfrac{\dot{\theta}_1}{\dot{\theta}_2}$，故式（2-28）可写成

$$\frac{\dot{\theta}_1}{\dot{\theta}_2} = \frac{M_2}{M_1} = i \tag{2-29}$$

代入式（2-27）可得

$$\left(J_1 + \frac{J_2}{i^2}\right)\ddot{\theta}_1 + \left(b_1 + \frac{b_2}{i^2}\right)\dot{\theta}_1 = M \tag{2-30}$$

可见，负载转动惯量 J_2 折算到电动机轴上为 $\dfrac{J_2}{i^2}$，负载的阻尼系数也以同样方式折算，设

$$\omega_n^2 = \frac{1}{J_1 + \dfrac{J_2}{i^2}} \quad 2\xi\omega_n = \frac{b_1 + \dfrac{b_2}{i^2}}{J_1 + \dfrac{J_2}{i^2}}$$

则相应传递函数可写成下列形式，其框图如图 2-12c 所示。

$$\begin{cases} G_1(s) = \dfrac{\Theta_1(s)}{M(s)} = \dfrac{\omega_n^2}{s(s + 2\xi\omega_n)} \\ G_2(s) = \dfrac{\Theta_2(s)}{\Theta_1(s)} = \dfrac{1}{i} \end{cases} \tag{2-31}$$

第三节 电气传动系统数学模型

一、电路网络模型

电路网络是建立电路系统数学模型的基础，电路网络包括无源电路网络和有源电路网络两部分，建立电路网络动态模型的依据是电工学方面的物理定律。电路系统与机械系统所讨论的微分方程形式完全相同，为了分析方便，常使用复阻抗的概念来建立电路系统数学模型，这时电阻用 R 表示，电感用 Ls 表示，而电容用 $\dfrac{1}{Cs}$ 表示，这样可用算子为 s 的代数方程直接代替复杂的微分方程，从而方便地得到电路网络系统的传递函数。

这里先介绍电路网络动态结构图的概念。

对于图 2-13 所示的 RC 网络，利用动态结构图能形象直观地表明输入信号在系统或元件中的传递过程。因此，用动态结构图求传递函数显得简单、方便。

由图 2-13 可知，RC 网络的微分方程组为

$$u_i - u_o = Ri \quad u_o = \frac{1}{C}\int_0^t i\mathrm{d}t$$

将上式进行拉普拉斯变换可得

$$U_i(s) - U_o(s) = RI(s) \qquad (2\text{-}32)$$

$$U_o(s) = \frac{I(s)}{Cs} \qquad (2\text{-}33)$$

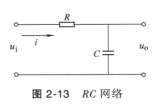

图 2-13　RC 网络

式（2-32）可写成

$$\frac{U_i(s) - U_o(s)}{R} = I(s) \qquad (2\text{-}34)$$

式（2-32）的框图如图 2-14 所示，式（2-33）的框图如图 2-15 所示。

将图 2-14 和图 2-15 合并可得 RC 网络动态结构图，如图 2-16 所示。由图可写出 RC 网络的传递函数为

$$\frac{U_o(s)}{U_i(s)} = \frac{1}{RCs+1} \qquad (2\text{-}35)$$

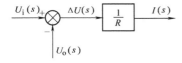

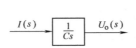

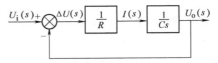

图 2-14　式（2-32）框图　　**图 2-15**　式（2-33）框图　　**图 2-16**　RC 网络动态结构图

对于图 2-17a 所示的 RC 无源网络，可用复阻抗概念直接建立电路网络数学模型

$$I_1 = \frac{U_i - U_o}{R_i} \quad I_2 = Cs(U_i - U_o)$$

$$I = I_1 + I_2 \quad U_o = IR_2$$

根据以上关系式可建立 RC 无源网络动态结构图，如图 2-17b 所示。由图可得出系统传递函数为

$$\frac{U_o(s)}{U_i(s)} = \frac{\left(Cs+\dfrac{1}{R_1}\right)R_2}{1+\left(Cs+\dfrac{1}{R_1}\right)R_2} = \frac{R_1R_2Cs+R_2}{R_1R_2Cs+R_1R_2} \qquad (2\text{-}36)$$

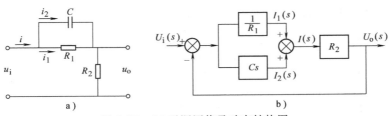

图 2-17　RC 无源网络及动态结构图

图 2-18 所示为一种有源带通滤波器。图中，设中间变量有 $i_1(t)$、$i_2(t)$、$i_3(t)$、$i_4(t)$

和 $u_a(t)$，则有如下方程组

$$U_i(s) - U_A(s) = I_1(s)R_1$$

$$I_1(s) = I_2(s) + I_3(s) + I_4(s)$$

$$I_2(s) = \frac{U_A(s)}{R_2}$$

$$I_3(s) = U_A(s)sC_1$$

$$I_4(s) = [U_A(s) - U_o(s)]sC_2$$

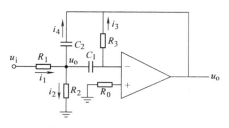

图 2-18 有源带通滤波器

消去中间变量 $I_1(s)$、$I_2(s)$、$I_3(s)$、$I_4(s)$ 和 $U_A(s)$，得该网络传递函数为

$$\frac{U_o(s)}{U_i(s)} = -\frac{\dfrac{R_2R_3}{R_1+R_2}C_1 s}{\dfrac{R_1R_2R_3}{R_1+R_2}C_1C_2 s^2 + \dfrac{R_1R_2}{R_1+R_2}(C_1+C_2)s + 1} \tag{2-37}$$

二、控制电动机数学模型

电动机是机电传动控制系统中重要的动力元件之一，在数学建模时既要考虑电动机内部的电磁相互作用，又要考虑电动机带有负载的情况。电动机分直流电动机和交流电动机两大类，直流电动机的控制技术已经比较成熟，交流电动机的控制技术近年来也发展很快。

1. 电枢控制式直流电动机模型

图 2-19 所示为电枢控制式直流电动机的原理图。对于电枢回路，有下述关系

$$e_i(t) = R_a i_a(t) + L_a \frac{di_a(t)}{dt} + e_m(t) \tag{2-38}$$

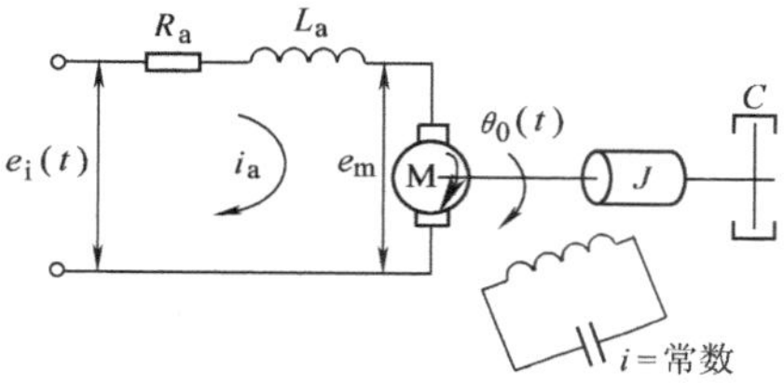

图 2-19 电枢控制式直流电动机的原理图

式中 $e_i(t)$——电动机电枢输入电压；

　　　　R_a——电枢绕组电阻；

　　　　$i_a(t)$——电枢绕组电流；

　　　　L_a——电枢绕组电感；

　　　　$e_m(t)$——电动机感应电动势。

电动机转矩 $M(t)$ 与电枢电流 $i_a(t)$ 成正比。设电动机转矩常数为 K_T，则有

$$M(t) = K_T i_a(t) \tag{2-39}$$

电动机感应电动势与角速度成正比。设反电动势常数为 K_e，则有

$$e_m(t) = K_e \frac{d\theta_o(t)}{dt} \tag{2-40}$$

式中 $\theta_o(t)$——电动机输出转角。

根据力的平衡原理，有

$$M(t) = J \frac{d^2\theta_o(t)}{dt^2} + C \frac{d\theta(t)}{dt} \tag{2-41}$$

式中 J——电动机及负载折算到电动机轴上的转动惯量；

C——电动机及负载折算到电动机轴上的阻尼系数。

将式（3-36）~式（3-39）联立，消去中间变量可得

$$L_a J \dddot{\theta}_o(t) + (L_a C + R_a J)\ddot{\theta}_o(t) + (R_a C + K_T K_e)\theta_o(t) = K_T e_i(t) \tag{2-42}$$

对上式取拉普拉斯变换可得系统传递函数

$$\frac{\theta_o(s)}{E_i(s)} = \frac{K_T}{s\left[L_a J s^2 + (L_a C + R_a J)s + (R_a C + K_T K_e) \right]} \tag{2-43}$$

由于 L_a 通常较小，故式（2-43）可近似简化为

$$\frac{\theta_o(s)}{E_i(s)} = \frac{\dfrac{K_T}{R_a C + K_T K_e}}{s\left(\dfrac{R_a J}{R_a C + K_T K_e}s + 1 \right)} = \frac{K_m}{s(T_m s + 1)} \tag{2-44}$$

式中 T_m——电动机的时间常数，$T_m = \dfrac{R_a J}{R_a C + K_T K_e}$；

K_m——电动机的增益常数，$K_m = \dfrac{K_T}{R_a C + K_T K_e}$。

若忽视阻尼系数 C 的影响，则传递函数可进一步简化为

$$\frac{\theta_o(s)}{E_i(s)} = \frac{\dfrac{1}{K_e}}{s\left(\dfrac{R_a J}{K_T K_e}s + 1 \right)} = \frac{K_m}{s(T_m s + 1)} \tag{2-45}$$

式中 $K_m = \dfrac{1}{K_e}$；

$T_m = \dfrac{R_a J}{K_T K_e}$。

2. 磁场控制式直流电动机模型

图 2-20 所示为磁场控制式直流电动机原理图。对输入回路有

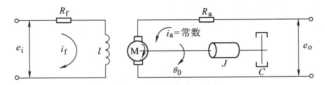

图 2-20 磁场控制式直流电动机原理图

$$e_i(t) = L_f \frac{di_f(t)}{dt} + R_f i_f(t) \tag{2-46}$$

式中 $e_i(t)$——励磁绕组输入电压；

$L_f(t)$——励磁绕组电感；

$i_f(t)$——励磁绕组电流；

R_f——励磁绕组电阻。

由于电动机转矩 $M(t)$ 与电枢电流 i_a 和气隙磁通的乘积成正比，i_a 为常量，R_a 为电枢电路的电阻，而磁通与励磁电流成正比，故转矩 $M(t)$ 与励磁电流 $i_f(t)$ 成正比。所以有

$$M(t) = K_T i_f(t) \tag{2-47}$$

式中　K_T——电动机转矩常数。

根据力的平衡方程有

$$M(t) = J\ddot{\theta}_o(t) + C\dot{\theta}_o(t) \tag{2-48}$$

将式（2-46）~式（2-48）联立，消去中间变量 $i_f(t)$、$M(t)$，经拉普拉斯变换得传递函数为

$$\frac{\theta_o(s)}{E_i(s)} = \frac{\dfrac{K_T}{R_f C}}{s\left(\dfrac{L_f}{R_f}s+1\right)\left(\dfrac{J}{C}s+1\right)} \tag{2-49}$$

通常，由于 $\dfrac{L_f}{R_f} \ll \dfrac{J}{C}$，因此传递函数可化简为

$$\frac{\theta_0(s)}{E_i(s)} = \frac{\dfrac{K_T}{R_f C}}{s(Js/C+1)} = \frac{K_m}{s(T_m s+1)} \tag{2-50}$$

式中　$K_m = \dfrac{K_T}{R_f C}$；

　　　　$T_m = \dfrac{J}{C}$。

3. 直流发电机模型

图 2-21 所示为直流发电机的原理图。图中，$e_i(t)$ 为输入控制电压；$e_o(t)$ 为发电机输出电压；R_f、R_g 为电阻；L_f、L_g 为电感；$i_f(t)$、$i_g(t)$ 为电流；Z_L 为负载阻抗；$e_L(t)$ 为负载电压。对于输入回路，根据基尔霍夫定律有

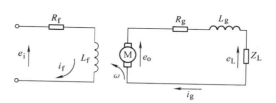

图 2-21　直流发电机的原理图

$$e_i(t) = R_f i_f(t) + L_f \frac{di_f(t)}{dt} \tag{2-51}$$

当发电机的转轴恒速转动时，发电机输出电压 $e_o(t)$ 可认为与控制电流 $i_f(t)$ 成正比，即

$$e_o(t) = K_g i_f(t) \tag{2-52}$$

式中　K_g——常数。

将式（2-51）、式（2-52）联立，消去中间变量 $i_f(t)$，取拉普拉斯变换后可得系统传递函数为

$$\frac{E_o(s)}{E_i(s)} = \frac{\dfrac{K_g}{R_f}}{\dfrac{L_f}{R_f}s+1} = \frac{K_m}{T_m s+1} \tag{2-53}$$

式中　　$K_m = \dfrac{K_g}{R_f}$；

　　　　$T_m = \dfrac{L_f}{R_f}$。

第四节　机电系统相似模型

在机电系统分析中，可以发现许多机械系统和电路系统具有相似性，这使得对机械系统的研究可以转化为电路系统的研究。这种转化的基础是求出机械系统的等效电路以进行电路模拟，因此，机电模拟法是一种十分有效的分析评估方法。

机电模拟法可以在分析中充分利用电路分析的理论规律对系统进行理论研究，并且相应的电子元器件和电气仪表容易得到，组成实验电路也可以方便地进行实验研究。所以机电模拟法在振动系统、换能器系统等场合的分析中得到了较广泛的应用。

如果机械系统和电气系统的运动微分方程在数学表达式的结构上相同，则称它们具有相似性。相似性是建立等效电路的前提，等效电路可用基尔霍夫定律建立，而运动微分方程中的相应项也是可以类比的。

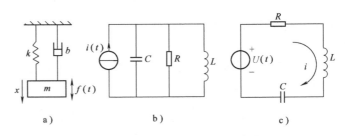

图 2-22　机械网络和电网络相似性

下面以单自由度振动系统为例，研究机电系统的相似性。

图 2-22a 所示的机械网络是单自由度质量-弹簧-阻尼系统，在外力 $f(t)$ 作用下产生位移 x。应用达朗贝尔原理，作用在质量 m 上的所有外力总和为零，即

$$m\frac{d^2x}{dt^2}+b\frac{dx}{dt}+kx-f(t)=0 \tag{2-54}$$

式中　　m——质量；

　　　　b——阻尼系数；

　　　　k——弹簧刚度；

　　$f(t)$——力。

所以机械网络的运动微分方程为

$$m\frac{d^2x}{dt^2}+b\frac{dx}{dt}+kx=f(t) \tag{2-55}$$

因速度 $v = \dfrac{\mathrm{d}x}{\mathrm{d}t}$，式（2-55）也可写成

$$m \frac{\mathrm{d}v}{\mathrm{d}t} + bv + k\int v\mathrm{d}t = f(t) \tag{2-56}$$

再看图 2-22b 所示的电网络，应用基尔霍夫电流定律，即在任一回路中，流入任一节点的电流的总和等于离开这节点的电流总和，即得到该电网络的电流方程为

$$C \frac{\mathrm{d}U}{\mathrm{d}t} + \frac{1}{R}U + \frac{1}{L}\int U\mathrm{d}t = i(t) \tag{2-57}$$

式中　　C——电容；

　　　　R——电阻；

　　　　L——电感；

　　$i(t)$——电流源；

　　　　U——电压。

对比式（2-56）和式（2-57）可见，两个方程形式相同，也就是在数学上是等同的，故用这两个方程描述的机械网络和电网络是相似的，对方程的相应项进行比较，应有电流 $i(t)$—力 $f(t)$、电容 C—质量 m、节点电压 U—速度 v、电感的倒数 $\dfrac{1}{L}$—弹簧刚度 k、导纳 $\dfrac{1}{R}$—阻尼系数 b 之间可进行类比。再对比图 2-22a、b 的机械网络和电网络，它们分别通过力源和电流源作用于网络，所以这种相似性称为电流-力模拟或质量-电容模拟，也可称为导纳模型。

对于 2-22c 所示的电网络，应用基尔霍夫电压定律，即闭合回路的所有电压代数和为零，则该电网络的电压方程为

$$L \frac{\mathrm{d}i}{\mathrm{d}t} + Ri + \frac{1}{C}\int i\mathrm{d}t = U(t) \tag{2-58}$$

可见式（2-56）与式（2-58）形式相同，这表明由这两个方程所表示的系统也是相似的，也就是说激励电压 $U(t)$—激励力 $f(t)$、电感 L—质量 m、回路电流 i—速度 v、电容的倒数 $\dfrac{1}{C}$—弹簧刚度 k、电阻 R—阻尼系数 b 之间可以相互模拟。由于两个网络的激励源分别是力源和电压源，所以这种相似性称为电压-力模拟、质量-电感模拟或阻抗型模拟。表 2-1 列出了两种机电模拟方式及机电参数的对应关系。

表 2-1　机电模拟变换表

机械系统	电 系 统	
	电压-力模拟	电流-力模拟
达朗贝尔原理	基尔霍夫电压定律	基尔霍夫电流定律
自由度	回路	节点
力的施加	开关闭合	开关闭合

（续）

机械系统	电系统	
	电压-力模拟	电流-力模拟
f 力（N）	U 电压（V）	i 电流（A）
m 质量（kg）	L 电感（H）	C 电容（F）
x 位移（m）	Q 电荷（C）	$\varphi = \int v \mathrm{d}t$
$\dot{x}$ 速度（m/s）	i 回路电流（A）	U 节点电压（V）
b 阻尼系统（N·s/m）	R 电阻（Ω）	$\dfrac{1}{R}$ 电导
k 弹簧刚度（N/m）	$\dfrac{1}{C}$ 电容倒数	$\dfrac{1}{L}$ 电感倒数
耦合元件	两回路共用元件	节点间元件

一般说来，在拟定机械系统的等效电路时，应遵循如下原则：若力是以串联方式作用于机械系统，则与这些力相应的电路元件处于并联；若力是并联作用，则电路中相应元件处于串联。

此外，为了使电模拟完全等效于所研究的机械系统，还要注意用无因次分析求出正确的比例因子，以使机械系统和电气系统彼此间完全等同。从无因次分析中可以得出以下几个无因次的量

$$\frac{m_1}{m_2} = \frac{L_1}{L_2} \quad \frac{k_1}{k_2} = \frac{C_1}{C_2} \quad \omega \sqrt{\frac{m}{k}} = \omega_e \sqrt{LC}$$

$$\frac{f}{kx} = UC/q \quad \frac{b^2}{km} = \frac{R^2 C}{L}$$

建立了机电参数的模拟关系后，就可以把电模拟应用到复杂系统的分析中去，研究机电系统的相似性，下面举例说明。

例 6　对图 2-23 所示机械平移系统进行力-电压相似变换，求出系统运动方程式。

解：如图 2-23 所示，选择右方向为参考方向的正方向（如 x_1、x_2 和力 F 所示方向）；由于 m_1 和 m_2 刚度相同，可视为一个质量（m_1+m_2）；选择两个连接点①和②；参考地为阴影线部分。

从图 2-23 可见，系统有两个连接点，故该机械系统的相似电路应有两个独立的闭合回路。

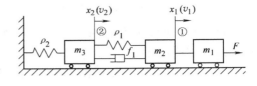

图 2-23　机械平移系统

第一个回路相应于连接点①，由相似于连接点①上的电压源 u（力源 F），电感 L_1、L_2（质量 m_1、m_2），电容 C（弹簧 ρ_1）和电阻 R_1（阻尼器 f_1）所组成。第二个回路相应于连接点②，由相似于连接点②上的电感 L_3（质量 m_3），电容 C_0、C_1（弹簧 ρ_1、ρ_2）和电阻 R_1（阻尼器 f_1）所组成。可以看到 R_1 和 C_1 是两个回路共有的，所以 R_1 和 C_1 应串联在两个回路的公共支路上，由图 2-24a 所示的相似电路，很容易列出它的回路方程：

$$(L_1 + L_2)\frac{\mathrm{d}i_1}{\mathrm{d}t} + R_1(i_1 - i_2) + \frac{1}{C_1}\int(i_1 - i_2)\mathrm{d}t = u \tag{2-59}$$

$$L_3 \frac{\mathrm{d}i_2}{\mathrm{d}t} + R_1(i_2 - i_1) + \frac{1}{C_1}\int(i_2 - i_1)\mathrm{d}t + \frac{1}{C_0}\int i_2 \mathrm{d}t = 0 \qquad (2\text{-}60)$$

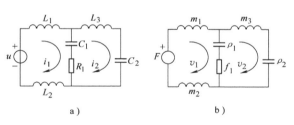

图 2-24 图 2-23 力-电压相似模拟电路

再利用力-电压相似变换表进行相似量的变换，便可得到机械系统的运动方程式。同样，由图 2-24b 可直接写出机械系统的运动方程

$$(m_1 + m_2)\frac{\mathrm{d}v_1}{\mathrm{d}t} + f_1(v_1 - v_2) + \frac{1}{\rho_1}\int(v_1 - v_2)\mathrm{d}t = F \qquad (2\text{-}61)$$

$$(m_1 + m_2)\frac{\mathrm{d}v_1}{\mathrm{d}t} + f_1(v_1 - v_2) + \frac{1}{\rho_1}\int(v_1 - v_2)\mathrm{d}t + \frac{1}{\rho_0}\int v_2 \mathrm{d}t = 0 \qquad (2\text{-}62)$$

例 7 仍以图 2-23 所示机械系统为例，应用力-电流相似，写出机械系统的运动方程式。

解： 选择图中的两个连接点①和②，与之相对应，在相似电路中有节点 1 和 2。按照力-电流相似变换规则，节点 1 和地之间的电位差（速度）为 v_1，节点 2 与地之间的电位差（速度）为 v_2，两节点间的电位差（速度差）为 $v_1 - v_2$。与节点 1 相连的有电流源（力源）F，无源元件有电容（质量）m_1、m_2，电导（阻尼器）f_1 以及电感（弹簧）ρ_1；与节点 2 相连的有电容（质量）m_3 电感（弹簧）ρ_0、ρ_1 以及电导（阻尼器）f_1。节点 1 和 2 之间为电感（弹簧）ρ_1 和电导

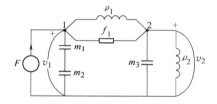

图 2-25 图 2-22 力-电流相似模拟电路

（阻尼器）f_1 并联。这样就构成了如图 2-25 所示的相似电路图。图中，电气元件的参数皆用相似的机械参数来标注。

对此电路图用基尔霍夫电流定律，可列出节点方程。对节点 1，有

$$(m_1 + m_2)\frac{\mathrm{d}v_1}{\mathrm{d}t} + f_1(v_1 - v_2) + \frac{1}{\rho_1}\int(v_1 - v_2)\mathrm{d}t =$$

$$F - \frac{1}{\rho_1}\int(v_1 - v_2)\mathrm{d}t - f_1(v_1 - v_2) + m_3\frac{\mathrm{d}v_2}{\mathrm{d}t} + \frac{1}{\rho_0}\int v_2 \mathrm{d}t = 0$$

可以看到，得到的运动方程式与前面导出的结果相同，这就表明无论是利用力-电压相似，还是应用力-电流相似，皆可获得机械系统的相似电路图。

例 8 图 2-26 所示为录音机三电动机走带传动系统，以此为例进行机电模拟，该系统采用了三个电动机，即磁带的送带、收带和走带各采用一个电动机，这种方式在传动结构上较为简单。

图 2-26 中，J_1 为送带电动机、带盘和磁带盘的等效转动惯量，J_2、J_4 为导带柱转动惯

量，J_3 为走带电动机的转动惯量，J_5 是收带电动机、带盘和磁带盘的等效转动惯量，$C_{m1} \sim C_{m5}$ 为各段磁带的力顺。

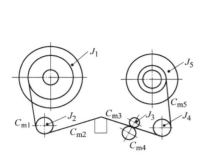

图 2-26　录音机三电动机走带传动系统

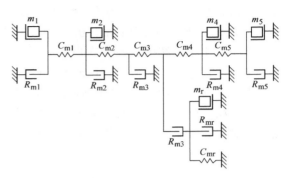

图 2-27　等效传动系统

采用电流-力模拟方式对该传动系统进行机电模拟，首先得出其等效环节的传动系统图，如图 2-27 所示。从图中可以看出，各段磁带以串联方式形成整个磁带走带过程，而各等效环节的等效质量 m_i 和等效力导 R_{mi} 共同作用于该段磁带。R_{mi} 为磁头处力导。

以图 2-27 为基础进行电流-力模拟，则质量 m 对应于电容 C，力导 R_m 对应电阻 R，力顺 C_m 对应于电感 L，就得到图 2-28 所示的电模拟等效电路。

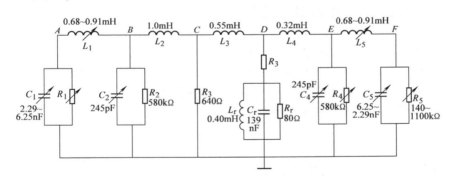

图 2-28　电模拟等效电路

图中，R_X 对应于 R_{mx}，原走带传动系统的转动惯量、刚度和阻尼可通过计算或测量得到，这样其等效电路中的元件参数就可以选取下列比例系数 μ、ν 求取，即

$$\frac{C}{m} = \mu \qquad \frac{L}{C_m} = \nu \tag{2-63}$$

同样可得到其他机电参数的对应比例关系：

$$\beta = \sqrt[4]{\frac{\nu}{\mu}} \qquad \frac{R}{R_m} = \beta^2 \qquad \frac{\omega_m^2}{\omega_e^2} = \frac{f_m^2}{f_e^2} = \mu\nu \tag{2-64}$$

和

$$\frac{U}{\dot{x}} = \beta \qquad \frac{i}{F} = \frac{1}{\beta} \tag{2-65}$$

式中　ω_m, f_m ——机械系统的圆频率和频率；

　　　ω_e, f_e ——等效电路的圆频率和频率；

　　　U, i ——等效电路的电压源和电流源；

$\dot{x}$，F——机械系统的速度和力。

这样，等效电路就成为一个实际的电路系统，通过测量电阻 R_X 两端的电压，画出频率-电压曲线，再依上述比例对应关系，就可以对录音机走带传动系统的固有频率进行分析和计算了，在此基础上可进行谐振分析。

此外，走带系统中，各环节的偏心等因素将对抖晃率指标产生影响。抖晃率是录音机的一个重要性能指标，机械偏心在走带过程造成附加速度变化 $\Delta\dot{x}$，对照式（2-64）可知，在等效电路中将以干扰电源 ΔU 的形式出现，因此，只要在等效电路的各电感处串接相应的干扰电源 ΔU_i（电压值通过偏心量按对应比例关系 $\Delta U_i = \beta\Delta\dot{x}_i$ 求得），再测量电阻 R_X 两端的电压，就可以计算各偏心对抖晃率的影响，抖晃率的有效值由下式求出

$$\left.\frac{\overline{\Delta\dot{x}}}{\dot{x}_0}\right|_i = \left.\frac{\Delta\overline{U}_x}{\beta\dot{x}_0}\right|_i \tag{2-66}$$

式中 $\overline{\Delta\dot{x}}$——第 i 个环节偏心造成的附加速度有效值；

$\dot{x}_0$——走带平均速度；

$\Delta\overline{U}_x$——在有干扰电压 $\Delta\overline{U}_x$ 作用下的 R_X 两端电压值。

各偏心引起的抖晃率可用力和速度合成法得出总抖动指标，以对走带特性进行评估。

第五节　机电一体化系统模型

数控伺服系统是非常典型的机电一体化控制系统，这里以数控位移伺服系统为例，介绍机电一体化控制系统的数学模型。数控位移伺服系统的原理如图 2-29 所示，这个系统由伺服电动机、机械传动、反馈传感器及放大器等几个典型环节组成。下面先分析典型环节的数学模型，然后再得到整个系统的数学模型。

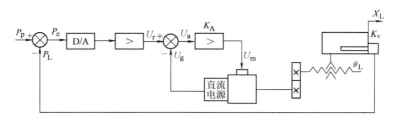

图 2-29　数控位移伺服系统原理图

一、直流伺服电动机

图 2-30 所示为直流伺服电动机原理图。

根据基尔霍夫定律有

$$L_m\frac{di_m}{dt} + R_m i_m + U_b = U_m \tag{2-67}$$

式中 L_m——电动机绕组电感；

i_m——电动机绕组电流；

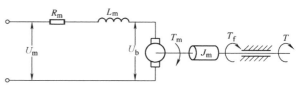

图 2-30　直流伺服电动机原理图

R_{m}——电动机绕组电阻；

U_{b}——电动机反电动势；

U_{m}——电动机输入电压。

其中，反电动势 U_{b} 与电动机的角速度 $\dfrac{\mathrm{d}\theta}{\mathrm{d}t}$ 成正比，即

$$U_{\mathrm{b}} = k_{\mathrm{v}}\frac{\mathrm{d}\theta}{\mathrm{d}t} \tag{2-68}$$

式中 k_{v}——比例系数。

电动机输出转矩 T_{m} 与电动机电流 i_{m} 成正比，即

$$T_{\mathrm{m}} = k_{\mathrm{v}} i_{\mathrm{m}} \tag{2-69}$$

式中 k_{v}——比例系数。

设摩擦转矩为黏性摩擦，阻尼系数为 k_{f}，则摩擦转矩 T_{f} 为

$$T_{\mathrm{f}} = k_{\mathrm{f}}\frac{\mathrm{d}\theta_{\mathrm{m}}}{\mathrm{d}t} \tag{2-70}$$

电动机转动平衡方程为

$$T_{\mathrm{m}} - T_{\mathrm{f}} - T = J_{\mathrm{m}}\frac{\mathrm{d}^2\theta}{\mathrm{d}t^2} \tag{2-71}$$

式中 T——负载转矩；

J_{m}——电动机转动惯量。

将式（2-68）代入式（2-67），将式（2-69）、式（2-70）再代入式（2-71），可得

$$L_{\mathrm{m}}\frac{\mathrm{d}i_{\mathrm{m}}}{\mathrm{d}t} + R_{\mathrm{m}}i_{\mathrm{m}} + k_{\mathrm{v}}\frac{\mathrm{d}\theta_{\mathrm{m}}}{\mathrm{d}t} = U_{\mathrm{m}} \tag{2-72}$$

$$J_{\mathrm{m}}\frac{\mathrm{d}^2\theta_{\mathrm{m}}}{\mathrm{d}t^2} + k_{\mathrm{f}}\frac{\mathrm{d}\theta_{\mathrm{m}}}{\mathrm{d}t} = k_{\mathrm{v}}i_{\mathrm{m}} - T \tag{2-73}$$

负载转矩 T 由电动机所驱动的负载决定

$$T = \frac{T_{\mathrm{L}}}{i} \tag{2-74}$$

式中 i——齿轮传动比；

T_{L}——丝杠轴驱动转矩，T_{L} 可由下式计算

$$T_{\mathrm{L}} = k_{\mathrm{L}}\left(\frac{1}{i}\theta_{\mathrm{m}} - \frac{2\pi}{L}x_{\mathrm{L}}\right) \tag{2-75}$$

式中 k_{L}——丝杠轴等效刚度；

L——丝杠导程；

x_{L}——工作台位移。

将式（2-74）、式（2-75）代入式（2-73），并对式（2-71）、式（2-72）进行拉普拉斯变换，有

$$U_{\mathrm{m}}(s) = L_{\mathrm{m}}(s)I_{\mathrm{m}}(s) + R_{\mathrm{m}}I_{\mathrm{m}}(s) + k_{\mathrm{v}}s\theta_{\mathrm{m}}(s) \tag{2-76}$$

$$kI_{\mathrm{m}}(s) = J_{\mathrm{m}}s^2\theta_{\mathrm{m}}(s) + f_{\mathrm{m}}s\theta_{\mathrm{m}}(s) + \frac{k_{\mathrm{L}}}{i^2}\theta_{\mathrm{m}}(s) - \frac{k_{\mathrm{L}}2\pi}{iL}x_{\mathrm{L}}(s) \tag{2-77}$$

将式（2-76）进行拉普拉斯变换可得

$$I_m(s) = \frac{U_m(s) - k_v s\theta_m(s)}{L_m(s) + f_m} \qquad (2\text{-}78)$$

将式（2-78）进行拉普拉斯变换可得

$$s\theta_m(s) = \frac{kI_m(s) - \dfrac{k_L}{i}\left[\dfrac{\theta_m(s)}{i} - \dfrac{2\pi}{L}Z_L(s)\right]}{J_m s + f_m} \qquad (2\text{-}79)$$

二、机械传动链

机械传动链原理如图 2-31 所示，它由齿轮传动和丝杠螺母传动组成。

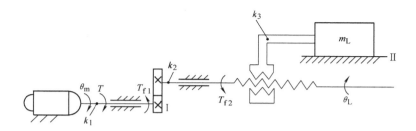

图 2-31 机械传动链原理图

这里引入等效刚度的概念，等效刚度就是仅对其中一个轴列出力矩平衡方程式，而将其余各轴的刚度都折合到这根轴的刚性系数上来计算。例如，对图示的传动链，仅对丝杠轴列出力矩平衡方程，这时，丝杠轴的等效刚度为

$$K_1 = \frac{1}{\dfrac{1}{k_1 i^2} + \dfrac{1}{k_3\left(\dfrac{L}{2\pi}\right)^2 + \dfrac{1}{k_2}}} \qquad (2\text{-}80)$$

式中　i——齿轮传动比，$i = z_2/z_1$；

　k_1，k_2——轴Ⅰ和轴Ⅱ的扭转刚度；

　　k_3——工作台推杆刚度；

　　L——丝杠导程。

同理可给出等效转动惯量

$$J_L = J_1 i^2 + J_2 + m\left(\frac{1}{2\pi}\right)^2 \qquad (2\text{-}81)$$

式中　J_1、J_2——轴Ⅰ和轴Ⅱ的转动惯量；

　　m——工作台质量；

　　J_L——轴Ⅰ和轴Ⅱ的等效转动惯量。

等效阻尼系数为

$$f_L = f_1 i^2 + f_2 + f_3\left(\frac{1}{2\pi}\right)^2 \qquad (2\text{-}82)$$

式中　f_1，f_2——轴Ⅰ和轴Ⅱ的黏性摩擦系数；

　　　　f_3——工作台移动时的黏性摩擦系数。

　　轴Ⅱ的转矩平衡方程为

$$T = J_L \frac{d^2\theta_L}{dt^2} + f_L \frac{d\theta_L}{dt} \tag{2-83}$$

式中

$$T = k_L \left(\frac{\theta_m}{i} - \theta_L \right) \tag{2-84}$$

又因

$$x_L = \frac{\theta_L}{2\pi} L \tag{2-85}$$

将式（2-84）代入式（2-83），再将式（2-83）代入式（2-82），可得

$$k_L \theta_m = J_L \frac{2\pi i d^2 x_L}{L dt^2} + f_L \frac{2\pi i dx_L}{L dt} + k_L \frac{2\pi i}{L} x_L \tag{2-86}$$

对式（2-85）进行拉普拉斯变换，可得以 θ_m 为输入、以 x_L 为输出的系统传递函数为

$$G(s) = \frac{Z_L(s)}{\theta_m(s)} = \frac{L}{2\pi i} \frac{k_L}{J_L s^2 + f_L s + k_L} \tag{2-87}$$

式中　$Z_L(s)$——x_L 的拉普拉斯变换。

　　故系统输出为

$$Z_L(s) = \theta_m(s) \frac{L}{2\pi i} \frac{\dfrac{k_L}{J_L}}{s^2 + \dfrac{f_L s}{J_L} + \dfrac{k_L}{J_L}} \tag{2-88}$$

由图 2-31 还可得

$$U_m(s) = [U_e(s) - U_R(s)] k_a \tag{2-89}$$
$$U_e(s) = [P_p(s) - P_L(s)] k_1 \tag{2-90}$$
$$U_R(s) = k_1 s \theta_m(s) \tag{2-91}$$
$$P_L(s) = k_P Z_L(s) \tag{2-92}$$

由式（2-77）~式（2-91）即可得出数控伺服系统框图，如图 2-32a 所示。

　　为了对系统框图进行简化，设

$$G_1 = \frac{k}{L_m s + R_m} \tag{2-93}$$

$$G_2 = \frac{1}{J_m s + f_m} \tag{2-94}$$

$$G_3 = \frac{C_2}{C_3} \frac{k_L}{J_1 s^2 + f_L s + k_L} \tag{2-95}$$

式中　$C_2 = \dfrac{1}{i}$；

　　　　$C_3 = \dfrac{2\pi}{L}$；

$$C_1 = \frac{k_L}{i}。$$

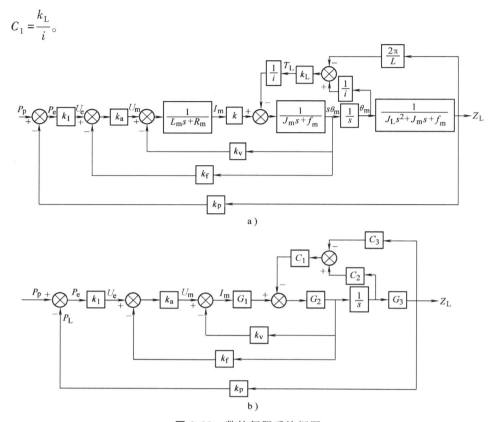

a)

b)

图 2-32　数控伺服系统框图

则图 2-32 又可以再简化为图 2-33，简化步骤如图 2-33 所示。

图中，

$$G_4 = \frac{G_2}{1 + G_2 \dfrac{C_1}{s}(C_2 - C_3 G_3)} \tag{2-96}$$

由系统框图可以推得，该系统是一个高阶系统，它的闭环传递函数分母上 s 的阶数高达 6 阶。在工程实际中，常忽略某些次要因素，从而使系统模型简化。在本系统中，当负载较小时，可以认为 $J_L = 0$，从而有 $G_1 = \dfrac{k}{R_m}$。这样，在图 2-33 中

$$\frac{G_1 G_4}{1 + G_1 G_4 k_v} = \frac{\dfrac{k}{R_m} G_2}{1 + \dfrac{k}{R_m} G_2 k_v} = \frac{k_1'}{s + k_2'} \tag{2-97}$$

式中　$k_1' = \dfrac{k}{R_m J_m}$；

$$k_2' = \frac{f_m + \dfrac{k k_v}{R_m}}{J_m};$$

$$k_3' = \frac{C_2}{C_3}\text{。}$$

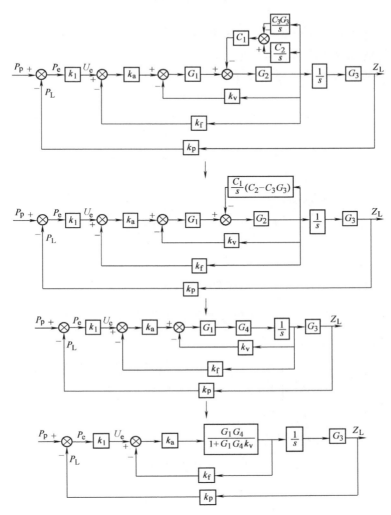

图 2-33　再简化框图

则可得到图 2-34。由框图可得数控伺服系统的闭环传递函数为

$$G_B(s) = \frac{k_1 k_a k_1' k_3'}{s^2 + (k_2 + k_1 k_f)s + k_1 k_a k_1' k_3' k_p} \tag{2-98}$$

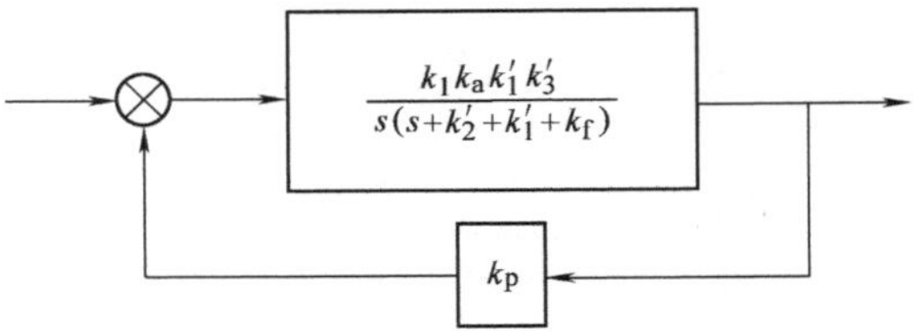

图 2-34　数控伺服系统简化框图

习题与思考题

2-1 简述机电传动控制的数学建模的意义以及其数学模型的种类。

2-2 简述传递函数的物理含义与作用。

2-3 求图 2-35 所示电路网络的传递函数。

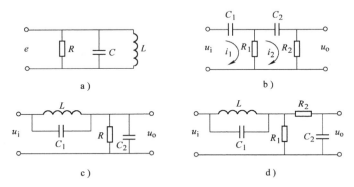

图 2-35 习题 3 图

2-4 求图 2-36 所示机械平移系统的传递函数，并画出它们的动态结构框图。

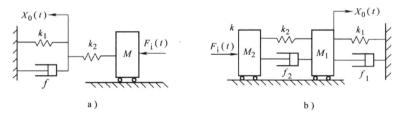

图 2-36 习题 4 图

第三章　传感器技术

第一节　概述

在机电传动控制系统中，有各种不同的物理量（如位移、压力、速度等）需要控制和监测，如果没有传感器对原始的各种参数进行精确而可靠的检测，那么对机电传动系统的各种控制都是无法实现的。因此，能把各种不同的非电量转换成电量的传感器，便成为机电传动控制系统中不可缺少的组成部分。本章重点介绍机电传动控制系统中常用传感器的基本工作原理、结构和性能。

一、传感器及其组成

1. 传感器的定义

传感器是一种以一定的准确度将被测量（物理量、化学量、生物量等）转换为与之有确定对应关系的、易于精确处理和测量的某种物理量（如电量）的测量部件或装置。

目前，由于电子技术的进步，使电学量具有便于传输、转换、处理、显示等特点，因此，通常传感器是将非电量输入转换成电量输出。

2. 传感器的组成

传感器一般是由敏感元件、转换元件和基本转换电路三部分组成的，如图3-1所示。

图 3-1　传感器的组成

（1）敏感元件　直接感受被测量，并以确定关系输出一物理量。如弹性敏感元件将力转换为位移或应变输出。

（2）转换元件　将敏感元件输出的非电物理量（如位移、应变、发光强度等）转换成电路参数量（如电阻、电感、电容等）。

（3）基本转换电路　将电路参数量转换成便于测量的电量，如电压、电流、频率等。实际的传感器，有的很简单，有的则较复杂。有些传感器（如热电偶）只有敏感元件，感受被测量时直接输出电动势；有些传感器由敏感元件和转换元件组成，无需基本转换电路，如压电式加速度传感器；还有些传感器由敏感元件和基本转换电路组成，如电容式位移传感器；有些传感器，转换元件不止一个，要经过若干次转换才能输出电量。大多数传感器是开环系统，但也有个别传感器是带反馈的闭环系统。

二、传感器的静态特性

传感器转换被测量的数值处在稳定状态时，传感器的输出-输入关系称为传感器的静态特性。传感器静态特性的主要技术指标有线性度、灵敏度、迟滞、重复性、分辨力、零漂和准确度。

1. 线性度

传感器的静态特性是指在静态标准条件下，利用一定等级的标准设备，对传感器进行往复循环测试，得到输出-输入特性（列表或画曲线）。通常希望这个特性（曲线）为线性，这会对标定和数据处理带来方便。但是，实际的输出-输入特性只能接近线性，与理论直线往往有一定的偏差。实际曲线与其两端连线（称理论直线）之间的偏差称为传感器的非线性误差。取其中最大值与输出满刻度值之比作为评价线性度（或非线性误差）的指标，即

$$\gamma_L = \pm \frac{\Delta_{max}}{y_{FS}} \times 100\% \qquad (3-1)$$

式中　γ_L——线性度（非线性误差）；

Δ_{max}——最大非线性绝对误差；

y_{FS}——输出满刻度值。

2. 灵敏度

传感器在静态标准条件下，输出变化对输入变化的比值称灵敏度，用 S 表示，即

$$S = \frac{\Delta y}{\Delta x} \qquad (3-2)$$

式中　Δy——输出量的变化量；

Δx——输入量的变化量；

S——灵敏度，对于线性传感器来说，S 为常数。

3. 迟滞

传感器在输入量增加的过程（正行程）和减少的过程（反行程）中，同一输入量时其输出的差别，也可以说特性曲线的不重合程度，称之为迟滞。迟滞误差一般以满量程输出 y_{FS} 的百分数表示。迟滞特性一般由实验方法确定

$$\gamma_H = \frac{\Delta H_m}{y_{FS}} \times 100\% \qquad (3-3)$$

式中　ΔH_m——输出值在正、反行程间的最大差值。

4. 重复性

传感器在同一条件下，被测输入量按同一方向做全量程连续多次重复测量时，所得输出-输入曲线的不一致程度，称重复性。重复性也用实验方法确定，常用绝对误差表示。重复性误差用满量程输出的百分数表示，即

近似计算：

$$\gamma_R = \pm \frac{\Delta R_m}{y_{FS}} \qquad (3-4)$$

精确计算：

$$\gamma_{\mathrm{R}} = \pm \frac{2 \sim 3}{y_{\mathrm{FS}}} \sqrt{\sum_{i=1}^{m} \frac{y_i - \overline{y}}{n - 1}} \tag{3-5}$$

式中　ΔR_{m}——输出最大重复性误差；

　　　y_i——第 i 次测量值；

　　　$\overline{y}$——测量值的算术平均值；

　　　n——测量次数。

5. 分辨力

传感器能检测到的最小输入增量称为分辨力，在输入零点附近的分辨力称为阈值。

6. 零漂

传感器在零输入状态下，输出值的变化称零漂，零漂可用相对误差表示，也可用绝对误差表示。

7. 准确度

表示测量结果与被测"真值"的接近程度，准确度一般用极限误差来表示，或用极限误差与满量程之比按百分数给出。

三、传感器的动态特性

传感器测量静态信号时，由于被测量不随时间变化，测量和记录过程不受时间限制。而实际中，大量的被测量是随时间变化的动态信号，传感器的输出不仅需要精确地显示被测量的大小，还要显示被测量时间变换的规律，即被测量的波形。传感器能测量动态信号的能力用动态特性表示。动态特性是指传感器测量动态信号时，输出对输入的响应特性。

动态特性好的传感器，其输出量随时间的变化规律将再现输入量随时间的变化规律，即它们具有相同的时间函数。但是，除了理想情况外，实际传感器的输出信号与输入信号不会具有相同的时间函数，由此引起动态误差。

四、传感器的性能指标

传感器的主要性能指标见表 3-1。

表 3-1　传感器的主要性能指标

项　目	相 应 指 标
测量范围	在允许误差极限范围内被测量值的范围
量程	传感器允许测量的上、下极限值代数差
过载能力	传感器在不引起规定性能指标永久改变的条件下允许超过测量范围的能力
灵敏度	灵敏度、分辨力、阈值、满量程输出
静态精度	准确度、线性度、重复性、迟滞、灵敏度误差
频率特性	幅相频特性、频率响应范围、临界频率
阶跃特性	超调量、临界速度、调整时间（固有频率、时间常数、阻尼比、动态误差）
温度	工作温度范围、温度误差、温度漂移、温度系数、热滞后
振动冲击	允许各向抗冲击振动的频率、振幅及加速度、冲击振动所允许的误差
可靠性	工作寿命、平均无故障时间、保险期、疲劳特性、绝缘电阻、耐压
其他	抗潮湿、抗腐蚀、抗电磁干扰能力等
使用条件	电源、安装方式、使用与维修情况
价格	性价比

对于不同的传感器，应根据实际需要，确定其主要性能参数。有些指标可要求低些或不考虑，但关键指标一定要严格要求，这样不但使传感器成本低，还能达到较高的精度。一般选用传感器时，应主要考虑的因素：高准确度、低成本，应根据实际要求合理确定静态精度和成本的关系，尽量提高准确度、降低成本；高灵敏度应根据需要合理确定；工作可靠、稳定性好、抗腐蚀性好、抗干扰能力强；动态测量应具有良好的动态特性；结构简单、小巧，使用维护方便、功耗低等。

第二节　位移传感器

位移测量是线位移测量和角位移测量的总称，位移测量在机电传动控制中应用十分广泛，速度、加速度、力、压力、转矩等参数的测量都是以位移测量为基础的。

直线位移传感器主要有电感式传感器、差动变压器传感器、电容式传感器、感应同步器和光栅传感器。角位移传感器主要有电容式传感器、旋转变压器和光电编码盘等。

一、电感式传感器

电感式传感器是基于电磁感应原理，将被测非电量转换为电感量变化的一种结构型传感器。按其转换方式的不同，可分为自感型和互感型两大类。

1. 自感型电感式传感器

自感型电感式传感器可分为可变磁阻式和涡流式两类。

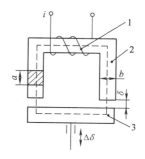

图 3-2　可变磁阻式
电感传感器
1—线圈　2—铁心
3—活动衔铁

（1）可变磁阻式电感传感器　典型的可变磁阻式电感传感器的结构如图 3-2 所示，主要由线圈、铁心和活动衔铁组成。在铁心和活动衔铁之间保持一定的空气隙 δ，被测位移构件与活动衔铁相连，当被测构件产生位移时，活动衔铁随着移动，空气隙 δ 发生变化，引起磁阻变化，从而使线圈的电感值发生变化。当线圈通以励磁电流时，其自感 L 与磁路的总磁阻 R_m 有关，即

$$L=\frac{W^2}{R_m} \tag{3-6}$$

式中　W——线圈匝数；

R_m——总磁阻。

如果空气隙 δ 较小，而且不考虑磁路的损失，则总磁阻为

$$R_m=\frac{l}{\mu A}+\frac{2\delta}{\mu_0 A_0} \tag{3-7}$$

式中　l——铁心导磁长度（m）；

μ——铁心磁导率（H/m）；

A——铁心导磁截面面积（m²），$A=a\times b$；

δ——空气隙（m），$\delta=\delta_0\pm\Delta\delta$；

μ_0——空气磁导率（H/m），$\mu_0=2\pi\times10^{-7}\text{H/m}$；

A_0——空气隙导磁截面面积（m^2）。

由于铁心的磁阻与空气隙的磁阻相比是很小的，计算时铁心的磁阻可忽略不计，故有

$$R_m \approx \frac{2\delta}{\mu_0 A_0} \tag{3-8}$$

将式（3-8）代入式（3-6），得

$$L = \frac{W^2 \mu_0 A_0}{2\delta} \tag{3-9}$$

式（3-9）表明，自感 L 与空气隙 δ 的大小成反比，与空气隙导磁截面面积 A_0 成正比。当固定 A_0 不变、改变 δ 时，L 与 δ 成非线性关系，此时传感器的灵敏度为

$$S = \frac{dL}{d\delta} = - \frac{W^2 \mu_0 A_0}{2\delta^2} \tag{3-10}$$

由式（3-10）可知，传感器的灵敏度与空气隙 δ 的二次方成反比，δ 越小，灵敏度越高。由于 S 不是常数，故会出现非线性误差，同变极距型电容式传感器类似。为了减小非线性误差，通常规定传感器应在较小间隙的变化范围内工作。在实际应用中，可取 $\frac{\Delta\delta}{\delta_0} \leqslant 0.1$。这种传感器适用于较小位移的测量，一般为 $0.001 \sim 1mm$。此外，这类传感器还常采用差动式接法。

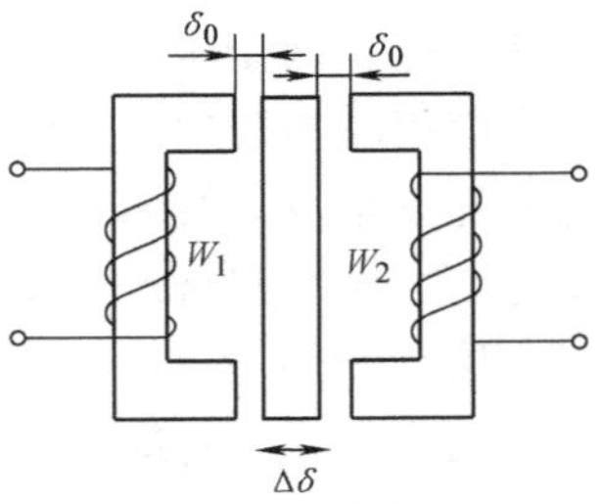

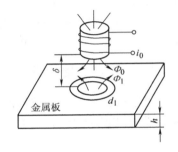

图 3-3 可变磁阻差动式传感器

图 3-3 所示为可变磁阻差动式传感器，它由两个相同的线圈、铁心及活动衔铁组成。当活动衔铁接近中间位置（位移为零）时，两线圈的自感 L 相等，输出为零。当衔铁有位移 $\Delta\delta$ 时，两个线圈的间隙分别为 $\delta_0 + \Delta\delta$、$\delta_0 - \Delta\delta$，这表明一个线圈自感增加，而另一个线圈自感减小，将两个线圈接入电桥的相邻臂时，其输出的灵敏度可提高一倍，并改善了线性特性，消除了外界干扰。

可变磁阻式传感器还可做成改变空气隙导磁截面面积的形式，当固定 δ，改变空气隙导磁截面面积 A_0 时，自感 L 与 A_0 呈线性关系。

（2）涡流式传感器 涡流式传感器利用的是金属导体在交流磁场中的涡流效应。涡流式传感器可分为高频反射式和低频透射式两种：

1）高频反射式涡流传感器。如图 3-4 所示，高频（>1MHz）激励电流 i_0 产生的高频磁场作用于金属板的表面，由于趋肤效应，在金属板表面将形成涡电流。与此同时，该涡流产生的交变磁场又反作用于线圈，引起线圈自感 L 或阻抗 Z_L 的变化，其变化与距离 δ、金属板的电阻率 ρ、磁导率 μ、激励电流 i_0 及角频率 ω 等有关，若只改变距离 δ 而保持其他参数不变，则可将位移的变化转换为线圈自感的变化，通过测量电路转换为电压输出。高频反射式涡流传感器多用于位移测量。

2）低频透射式涡流传感器。低频透射式涡流传感器的工作原理如图 3-5 所示，发射线圈 W_1 和接收线圈 W_2 分别置于被测金属材料板的上、下方。由于低频磁场趋肤效应小、渗

图 3-4 高频反射式涡流传感器

透深，当低频（音频范围）电压 u_1 加到线圈 W_1 的两端后，所产生磁力线的一部分透过金属材料板，使线圈 W_2 产生感应电动势 u_2。但由于涡流消耗部分磁场能量，使感应电动势 u_2 减小，当金属材料板越厚时，损耗的能量越大，输出电动势 u_2 越小。因此，u_2 的大小与金属材料板的厚度及材料的性质有关。试验表明，u_2 随材料厚度 h 的增加按负指数规律减小。因此，若金属材料板的性质一定，则利用 u_2 的变化即可测量其厚度。

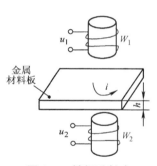

图 3-5 低频透射式
涡流传感器

2. 互感型差动变压器式电感传感器

互感型电感式传感器利用的是互感 M 的变化来反映被测量的变化。这种传感器实质是一个输出电压的变压器。当变压器一次线圈输入稳定交流电压后，二次线圈便产生感应电压输出，该电压随被测量的变化而变化。

互感型差动变压器式电感传感器是常用的互感型电感式传感器，其结构形式有多种，以螺管形应用较为普遍，其结构及工作原理如图 3-6 所示。传感器主要由线圈、铁心和活动衔铁三个部分组成。线圈包括一个一次线圈和两个反接的二次线圈，当一次线圈输入交流激励电压时，二次线圈将产生感应电动势 e_1 和 e_2。由于两个二次线圈极性反接，所以传感器的输出电压为两者之差，即 $e_y = e_1 - e_2$。活动衔铁能改变线圈之间的耦合程度。输出 e_y 的大小随活动衔铁的位置而变。当活动衔铁的位置居中时，即 $e_1 = e_2$，则 $e_y = 0$；当活动衔铁上移时，即 $e_1 > e_2$，则 $e_y > 0$；当活动衔铁下移时，即 $e_1 < e_2$，则 $e_y < 0$。活动衔铁的位置往复变化，其输出电压 e_y 也随之变化。

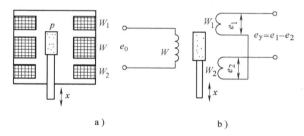

图 3-6 互感型差动变压器式电感传感器
a）结构示意图 b）工作原理图

差动变压器式电感传感器输出的电压是交流电压，如用交流电压表指示，则输出值只能反映铁心位移的大小，而不能反映移动的极性；交流电压输出存在一定的零点残余电压，零点残余电压是由两个二次线圈的结构不对称，铁磁材质不均匀，线圈间分布电容等原因所形成的。所以，即使活动衔铁位于中间位置时，输出也不为零。鉴于这些原因，差动变压器的后接电路应采用既能反映铁心位移极性、又能补偿零点残余电压的差动直流输出电路。

差动变压器传感器具有准确度高达 $0.1\mu m$ 量级、线圈变化范围大（可扩大到 $\pm 100mm$，视结构而定）、结构简单、稳定性好等优点，被广泛应用于直线位移及其他压力、振动等参量的测量。图 3-7 所示为电感测微仪所用的差动型位移传感器的结构图。

二、电容式传感器

电容式传感器是将被测物理量转换为电容量变化的装置。根据物理学可知，由两个平行板组成的电容器的电容量为

$$C = \frac{\varepsilon \varepsilon_0 A}{\delta}$$

$$(3-11)$$

式中　ε——极板间介质的相对介电系数，空气中 $\varepsilon = 1$；

　　　　ε_0——真空中介电常数，$\varepsilon_0 = 8.85 \times 10^{-13} \mathrm{F/m}$；

　　　　δ——极板间距离（m）；

　　　　A——两极板相互覆盖面积（m^2）。

　　式（3-11）表明，当被测量使 δ、A 或 ε 发生变化时，都会引起电容 C 的变化。若仅改变其中某一个参数，则可以建立起该参数和电容量变化之间的对应关系，因而电容式传感器分为极距变化型、面积变化型和介质变化型三类，如图 3-8 所示。前两种应用较为广泛，都可用作位移传感器。

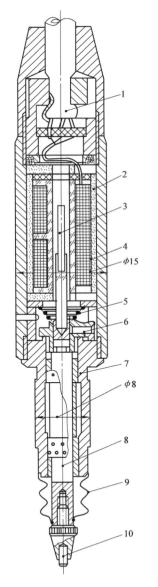

图 3-7　差动型位移传感器的结构图

1—引线　2—固定瓷筒　3—衔铁　4—线圈　5—测力弹簧

6—防转销　7—钢球导轨　8—测杆　9—密封套　10—测端

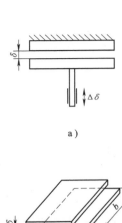

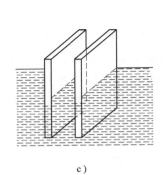

图 3-8　电容式传感器

a）极距变化型　b）面积变
化型　c）介质变化型

1. 极距变化型电容式传感器

根据式（3-11），如果两极板相互覆盖面积及极间介质不变，则电容量 C 与极距 δ 成非线性关系（见图3-9）。当极距有一微小变化量 $\mathrm{d}\delta$ 时，引起电容的变化量 $\mathrm{d}C$ 为

$$\mathrm{d}C = -\varepsilon\varepsilon_0 \frac{A}{\delta^2}\mathrm{d}\delta$$

由此可得，传感器的灵敏度为

$$S = \frac{\mathrm{d}C}{\mathrm{d}\delta} = -\varepsilon\varepsilon_0 A \frac{1}{\delta^2} \tag{3-12}$$

可以看出，灵敏度 S 与极距二次方成反比，极距越小，灵敏度越高，显然，这将引起非线性误差。为了减小这一误差，通常规定传感器只能在较小的极距变化范围内工作，以获得近似的线性关系，一般取极距变化范围为 $\frac{\Delta\delta}{\delta_0} \approx 0.1$ ，δ_0 为初始间隙。实际应用中，常采用差动式，以提高灵敏度、线性度以及克服外界条件对测量准确度的影响。

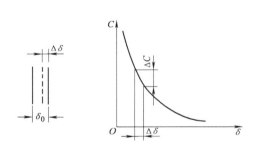

图 3-9 极距变化型电容式传感器

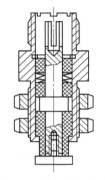

图 3-10 极距变化型电容式传感器的结构

图3-10所示为极距变化型电容式传感器的结构。原则上讲，电容式传感器仅需一块极板和引线，因而传感器结构简单、极板形式可灵活多变，为实际应用带来了方便。

极距变化型电容式传感器的优点是可以用于非接触式动态测量，对被测系统影响小，灵敏度高，适用于小位移（数百微米以下）的精确测量。但这种传感器有非线性特性，传感器的电容对灵敏度和测量准确度影响较大，与传感器配合的电子线路也比较复杂，使其应用范围受到一定限制。

2. 面积变化型电容式传感器

面积变化型电容式传感器可用于测量线位移及角位移。图3-11所示为测量线位移时两种面积变化型电容式传感器的测量原理和输出特性。

对于平面型极板，当动板沿 X 方向移动时，覆盖面积发生变化，

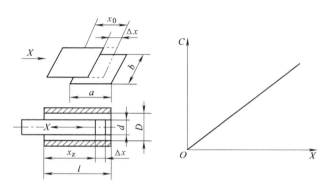

图 3-11 面积变化型电容式传感器

电容量也随之变化。电容量为

$$C = \frac{\varepsilon\varepsilon_0 bx}{\delta} \tag{3-13}$$

式中　b——极板宽度。

其灵敏度为

$$S = \frac{\mathrm{d}C}{\mathrm{d}x} = \frac{\varepsilon\varepsilon_0 b}{\delta} = 常数 \tag{3-14}$$

对圆柱形极板，其电容量为

$$C = \frac{2\pi\varepsilon\varepsilon_0 x}{\ln\dfrac{D}{d}} \tag{3-15}$$

式中　D——圆筒孔径；

　　　d——圆柱外径。

其灵敏度为

$$S = \frac{\mathrm{d}C}{\mathrm{d}x} = \frac{2\pi\varepsilon\varepsilon_0}{\ln\dfrac{D}{d}} \tag{3-16}$$

面积变化型电容式传感器的优点是输出与输入呈线性关系，但灵敏度较极距变化型低，适用于较大线位移和角位移的测量。

三、光栅数字传感器

光栅是一种新型的位移检测元件，它把位移变成数字量的位移-数字转换装置。它主要用于高精度直线位移和角位移的数字检测系统。其测量准确度高（可达±1μm）。

光栅是在透明的玻璃上，均匀地刻出许多明暗相间的条纹，或在金属镜面上均匀地刻画出许多间隔相等的条纹，通常线条的间隙和宽度是相等的。以透光玻璃为载体的称为透射光栅，以不透射光金属为载体的称为反射光栅。根据光栅外形又可分为直线光栅和圆光栅。

测量装置由标尺光栅和指示光栅组成，两者的光刻密度相同，但体长相差很多，其结构如图 3-12 所示。光栅条纹密度一般为每毫米 25、50、100、250 条等。

把指示光栅平行地放在标尺光栅上面，并且使它们的刻线相互倾斜一个很小的角度 θ，这时在指示光栅上就出现几条较粗的明暗条纹，称为莫尔条纹。它们沿着与光栅条纹几乎成垂直的方向排列，如图 3-13 所示。

光栅莫尔条纹的特点是起放大作用。当倾斜角 θ 很小时，莫尔条纹间距 B 与光栅的栅距 W 之间有如下关系

$$B = ab = \frac{bc}{\sin\dfrac{\theta}{2}} \approx \frac{W}{\theta}$$

式中　θ——倾斜角（rad）；

　　　B——间距（mm）；

　　　W——栅距（mm）。

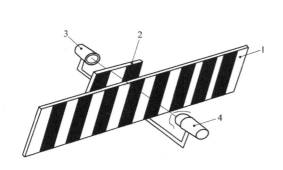

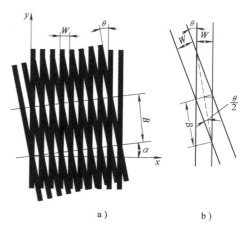

图 3-12　光栅测量原理
1—标尺光栅　2—指示光栅　3—光源　4—光电器件

图 3-13　莫尔条纹
a）莫尔条纹　b）放大图

若 $W = 0.01$mm，把莫尔条纹的宽度调成 10mm，则放大倍数相当于 1000 倍，即利用光的干涉现象把光栅间距放大 1000 倍，因而大大减轻了电子线路的负担。

光栅可分透射光栅和反射光栅两种。透射光栅的线条刻制在透明的光学玻璃上，反射光栅的线条刻制在具有强反射能力的金属板上，一般用不锈钢。

光栅测量系统的基本构成如图 3-14 所示。光栅移动时产生的莫尔条纹明暗信号可用光电器件接收、图 3-14 中的 a、b、c、d 是四块光电池，产生的信号，相位彼此差 90°，对这些信号进行适当的处理后，即可变成光栅位移量的测量脉冲。

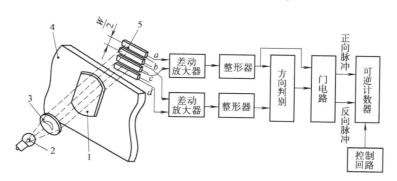

图 3-14　光栅测量系统的基本构成
1—指示光栅　2—光源　3—聚光镜　4—标尺光栅　5—光电池组

四、感应同步器

感应同步器是一种应用电磁感应原理制造的高精度检测元件，有直线和圆盘式两种，分别用作检测直线位移和转角。

直线感应同步器由定尺和滑尺两部分组成。定尺一般为 250mm，上面均匀分布节距为 2mm 的绕组；滑尺长 100mm，表面布有两个绕组，即正弦绕组和余弦绕组，如图 3-15 所示。当余弦绕组与定尺绕组相位相同时，正弦绕组与定尺绕组错开 1/4 节距。

圆盘式感应同步器如图 3-16 所示，其转子相当于直线感应同步器的滑尺，定子相当于定尺，而且定子绕组中的绕组也错开 1/4 节距。

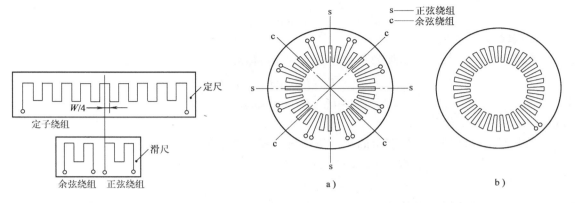

图 3-15　直线感应同步器绕组图形　　　　**图 3-16　圆盘式感应同步器绕组图**

感应同步器根据其励磁绕组供电电压形式不同，分为鉴相测量方式和鉴幅测量方式。

1. 鉴相测量方式

所谓鉴相，就是指根据感应电动势的相位来鉴别位移量。如果将滑尺的正弦绕组和余弦绕组分别供给幅值、频率均相等，但相位相差 90° 的励磁电压，即 $U_A = U_m \sin\omega t$，$U_B = U_m \cos\omega t$ 时，则定尺上的绕组由于电磁感应作用产生与励磁电压同频率的交变感应电动势。

图 3-17 说明了感应电动势幅值与定尺和滑尺相对位置的关系。如果只给余弦绕组 1 加交流励磁电压 U_m，则绕组 1 中有电流通过，因而在绕组 1 周围产生交变磁场。在图中 A 位置，定尺绕组和绕组 1 完全重合，此时磁通交链最多，因而感应电动势幅为最大。在图中 B 位置，定尺绕组交链的磁通相互抵消，因而感应电动势幅值为零。滑尺继续滑动的情况见图中 C、D、E 位置。可以看出，滑尺在定尺上滑动一个节距，定尺绕组感应电动势变化一个周期，即

$$e_1 = KU_m \cos\theta \qquad (3-17)$$

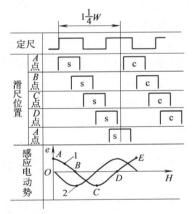

图 3-17　感应电动势与两绕组相对位置关系

1—由正弦绕组（s）励磁的感应电动势曲线
2—由余弦绕组（c）励磁的感应电动势曲线

式中　K——滑尺和定尺的电磁耦合系数；

　　　θ——滑尺和定尺相对位移的折算角。

若绕组的节距为 W，相对位移为 l，则

$$\theta = \frac{l}{W} 360° \qquad (3-18)$$

同样，当仅对正弦绕组 2 施加交流励磁电压 U_m 时，定尺绕组感应电动势为

$$e_2 = -KU_m \sin\theta \qquad (3-19)$$

对滑尺上两个绕组同时加励磁电压，则定尺绕组上所感应的总电动势为

$$e = e_1 + e_2 = KU_m \cos\theta - KU_m \sin\theta = KU_m \sin\omega t \cos\theta - KU_m \cos\omega t \sin\theta \qquad (3-20)$$

从式（3-20）可以看出，感应同步器把滑尺相对定尺的位移 l 的变化转成感应电动势相角 θ 的变化。因此，只要测得相角 θ，就可以知道滑尺的相对位移

$$l = \frac{\theta}{360°} W \tag{3-21}$$

2. 鉴幅测量方式

在滑尺的两个绕组上施加频率和相位均相同，但幅值不同的交流励磁电压 U_s 和 U_c 为

$$U_s = U_m \sin\theta_1 \sin\omega t \tag{3-22}$$

$$U_c = U_m \cos\theta_1 \sin\omega t \tag{3-23}$$

式中 θ_1——指令位移角。

设此时滑尺绕组与定尺绕组的相对位移角为 θ，则定尺绕组上的感应电动势为

$$e = KU_s\cos\theta - KU_c\sin\theta = KU_m(\sin\theta_1\cos\theta - \cos\theta_1\sin\theta)\sin\omega t \tag{3-24}$$

$$= KU_m\sin(\theta_1 - \theta)\sin\omega t$$

式（3-24）把感应同步器的位移与感应电动势幅值 $KU_m\sin(\theta_1 - \theta)$ 联系起来，当 $\theta = \theta_1$ 时，$e = 0$。这就是鉴相测量方式的基本原理。

五、角数字编码器

编码器是把角位移或直线位移转换成电信号的一种装置，前者称码盘，后者称码尺。按照读出方式，编码器可分为接触式和非接触式两种。接触式编码器采用电刷输出，以电刷接触导电区或绝缘区来表示代码的状态是"1"还是"0"；非接触式编码器的接收敏感元件是光敏元件或磁敏元件，采用光敏元件时以透光区和不透光区表示代码的状态是"1"还是"0"，而磁敏元件是用磁化区和非磁化区表示"1"或"0"。

按照工作原理不同，编码器可分为增量式和绝对式两类。增量式编码器是将位移转换成周期性变化的电信号，再把这个电信号转变成计数脉冲，用脉冲的个数表示位移的大小。绝对式编码器的每一个位置对应一个确定的数字码，因此它的示值只与测量的起始和终止位置有关，而与测量的中间过程无关。

1. 增量式码盘

增量型回转编码原理如图 3-18 所示。这种码盘有两个通道 A 与 B（即两组透光和不透光部分），其相位差 $90°$，相对于一定的转角得到一定的脉冲，将脉冲信号送入计数器。则计数器的计数值就反映了码盘转过的角度。

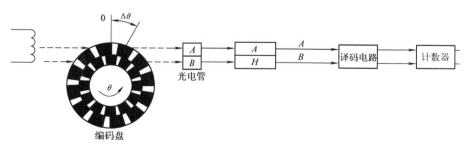

图 3-18 增量型回转编码原理

测量角位移时，单位脉冲对应的角度为

$$\Delta\theta = \frac{360°}{m} \tag{3-25}$$

式中　m——码盘的孔数，增加孔数 m 可以提高测量精度。

若 n 表示计数脉冲，则角位移的大小为

$$\alpha = n\Delta\theta = \frac{360°}{m}n \tag{3-26}$$

为了判别旋转方向，采用两套光电转换装置。一套用来计数，另一套用来辨向，回路输出信号相差 1/4 个周期，使两个光电元件的输出信号正相位上相差 90°，作为细分和便辨向的基础。为了提供角位移的基准点，在内码道内边再设置一个基准码道，它只有一个孔。其辅助脉冲用来使计数器归零或作为每移动过 360° 时的计数值。

增量式码盘制造简单，可按需要设置零位。但测量结果与中间过程有关，抗振、抗干扰能力差，测量速度受到限制。

2. 绝对式码盘

（1）二进制码盘　图 3-19 所示为一个接触式四位二进制码盘，涂黑点部分为导电区，空白部分为绝缘区，所有导电部分连在一起，都取高电位。每一同心圆区域为一个码道，每一个码道上都有一个电刷，电刷经电阻接地，4 个电刷沿一固定的径向安装，电刷在导电区为 "1"，在绝缘区为 "0"，外圈为低位，内圈为高位。若采用 n 位码盘，则能分辨的角度为

$$\Delta\theta = \frac{360°}{2^n} \tag{3-27}$$

位数 n 越大，分辨力越高，测量越精确。当码盘与轴一起转动时，电刷上将出现相应的电位，对应一定的数码。码盘的精度取决于码盘本身的制造精度和安装精度，任何装配误差都会引起计数误差，从而使码盘的实际输出精度低于码道数目给出的精度。由图 3-19 可以看出，当码盘由 h（0111）向 i（1000）过渡时，此时 4 个码道的电刷需要同时变位。如果由于电刷位置安装不准或码盘制作不精确，任何一个码道的电刷超前或滞后，都会使读数产生很大误差，例如本应为 i（1000），由于最高位电刷滞后，则输出数据为 A（00000），这种误差一般称为 "非单值性误差"，应避免发生。但码盘的制作和安装又不可避免地会有公差，为了消除非单值性误差，通常采用双电刷读数或循环码编码。

（2）循环码盘　采用双电刷码盘虽然可以消除非单值性误差，但它需要一个附加的外部逻辑电路，同时使电刷个数增加一倍。当位数很多时，会使结构复杂化。并且电刷与码盘的接触摩擦，影响它的使用寿命，运动时电刷的跳动限制了它的最高转动速度和在振动条件下工作。因此，为了克服上述缺点，一般采用循环码盘。

循环码的特点是从任何数转变到相邻数时只有一位发生变化，其编码方法与二进制不同。利用循环码的这一特点编制的码盘如图 3-20 所示。由图看出，当读数变化时只有一位数发生变化，例如电刷在 h 和 i 的交界面上，当读 h 时，若仅高位超前，则读出的是 i，h 和 i 之间只相差一个单位值。这样即使码盘制作、安装不准，产生的误差也不会超过一个最低单位数，与二进制码盘相比，其制造和安装要简单得多。

循环码是一种无权码，因而不能直接输入计算机进行运算，直接显示也不符合日常习惯，所示还必须把它转换成二进制码。循环码与二进制码的转换关系式为

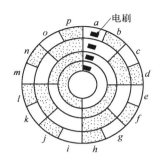

图 3-19 接触式四位二进制码盘

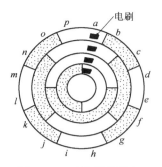

图 3-20 四位循环码盘

$$C_n = R_n \qquad C_i = R_i \oplus C_{i+1} \tag{3-28}$$

式中 $\oplus$ ——不进位相加；

　　C_n、R_n——二进制、循环码的最高位。

　　式（3-28）表明，由循环码 R 变成二进制码 C 时，最高位不变，此后从高位开始依次求出其余各位，即本位循环码 R_i 与已经求得的相邻高位二进制码 C_{i+1} 做不进位相加，结果就是本位二进制码 C_i。实际应用中，大多数采用循环码非接触式的光电码盘，因为这种码盘无磨损、寿命长、精度高，抗振、抗干扰能力都很强，测量结果与中间过程无关，所以允许被测对象以很高的速度工作。

第三节　速度与加速度传感器

一、速度传感器

1. 直流测速机

　　直流测速机是一种测速元件，实际上它就是一台微型的直流发电机。根据定子磁极励磁方式的不同，直流测速机可分为电磁式和永磁式两种。如以电枢的结构不同来分，有无槽电枢、有槽电枢、空心杯电枢和圆盘电枢等。

　　测速机的结构有多种，但原理基本相同。图 3-21 所示为永磁式测速机原理电路图。恒定磁通由定子产生，当转子在磁场中旋转时，电枢绕组中即产生交变的电动势，经换向器和电刷转换成与转子速度成正比的直流电动势。

　　直流测速机的输出特性曲线如图 3-22 所示。从图中可以看出，当负载电阻 $R_L = \infty$ 时，其输出电压 U_0 与转速 n 成正比。随着负载电阻 R_L 变小，其输出电压下降，而且输出电压

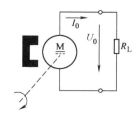

图 3-21　永磁式测速机原理

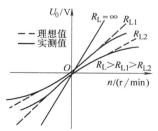

图 3-22　直流测速机输出特性曲线

与转速之间并不能严格保持线性关系。由此可见，对于要求精度比较高的直流测速机，除采取其他措施外，负载电阻 R_L 应尽量大。

直流测速机的特点是输出斜率大、线性好，但由于有电刷和换向器，构造和维护比较复杂，摩擦转矩较大。直流测速机在机电传动控制系统中，主要用作测速和校正元件。在使用中，为了提高检测灵敏度，尽可能把它直接连接到电动机轴上。有的电动机本身就设有测速机。

2. 光电式转速传感器

光电式转速传感器是由装在被测轴上的带缝隙圆盘、光源、光电器件和指示缝隙盘组成，如图 3-23 所示。光源发生的光通过缝隙圆盘和指示缝隙盘照射到光电器件上。当缝隙圆盘随被测轴转动时，由于圆盘上缝隙间距与指示缝隙的间距相同，因此圆盘每转一周，光电器件输出与圆盘缝隙数相等的电脉冲，根据测量时间 t 内的脉冲数 N，则可测出转速为

$$n = \frac{60N}{Zt} \tag{3-29}$$

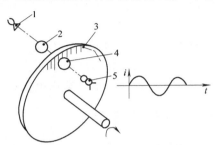

式中　Z——圆盘上的缝隙数；

　　　n——转速（r/min）；

　　　t——测量时间（s）。

一般取 $Zt = 60 \times 10^m$（$m = 0，1，2，\cdots$），利用

两组缝隙间距 W 相同，位置相差 $\left(\dfrac{i}{2} + \dfrac{1}{4}\right)W$（$i$ 为正

图 3-23　光电式转速传感器原理

1—光源　2—透镜　3—带缝隙圆盘

4—指示缝隙盘　5—光电器件

整数）的指示缝隙和两个光电器件，则可辨别出圆盘的旋转方向。

二、加速度传感器

作为加速度检测元件的加速度传感器有多种形式，它们的工作原理都是利用惯性质量受加速度所产生的惯性力而造成的各种物理效应，进一步转化成电量，去间接度量被测加速度。常用的有应变式、压电式和电磁感应式等。

电阻应变式加速度传感器的结构原理如图 3-24 所示。它由重块、悬臂梁、应变片和阻尼液体等构成。当有加速度时，重块受力，悬臂梁弯曲，按梁上固定的应变片之变形便可测出力的大小，在已知质量的情况下即可算出被测加速度。壳体内灌满的黏性液体作为阻尼之用。这一系统的固有频率可以做得很低。

压电加速度传感器的结构原理如图 3-25 所示。使用时，传感器固定在被测物体上，感

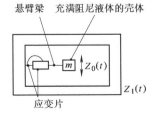

图 3-24　电阻应变式加速度传感器的结构原理

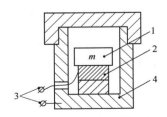

图 3-25　压电加速度传感器的结构原理

1—重块　2—压电元件　3—接线　4—座

受该物体的振动，惯性质量块产生惯性力，使压电元件产生变形。压电元件产生的变形和由此产生的电荷与加速度成正比。压电加速度传感器可以做得很小，重量很小，故对被测机构的影响很小。压电加速度传感器的频率范围广、动态范围宽、灵敏度高，应用较为广泛。

第四节　力、压力和转矩传感器

　　在机电传动控制领域里，力、压力和转矩是很常用的机械参量。近年来，各种高精度力、压力和转矩传感器的出现，更以其惯性小、响应快、易于记录、便于遥控等优点得到了广泛的应用。按其工作原理可分为弹性式、电阻应变式、位移式和相位差式等。其中，电阻应变式传感器应用最为广泛。

　　电阻应变片式的力、压力和转矩传感器工作原理是，利用弹性敏感器元件（弹性元件）将被测力、压力或转矩转换为应变、位移等，然后通过粘贴在其表面的电阻应变片换成电阻值的变化，经过转换电路输出电压或电流信号。

一、测力传感器

　　测力传感器按其量程大小和测量精度不同而有很多规格品种，它们的主要差别是弹性元件的结构形式不同，以及应变片在弹性元件上粘贴的位置不同。通常，力传感器的弹性元件有柱形、筒形、环形、梁式和轮辐式等。

1. 柱形或筒形弹性元件

　　如图3-26所示，这种弹性元件结构简单，可承受较大的载荷，常用于测量较大力的拉（压）力传感器中，但其抗偏心载荷、侧向力的能力差，制成的传感器高度大，应变片在柱形和筒形弹性元件上的粘贴位置及接桥方法如图3-26所示。这种接桥方法能减少偏心载荷引起的误差，且能增加传感器的输出灵敏度。

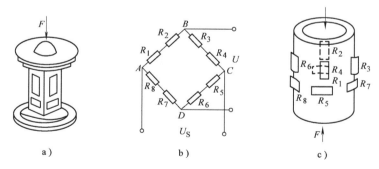

图3-26　柱形和筒形弹性元件组成的测力传感器

a）柱形　b）电桥　c）筒形

　　若在弹性元件上施加一压缩力 F，则筒形弹性元件的轴向应变 ε_1 为

$$\varepsilon_1 = \frac{\sigma}{E} = \frac{F}{EA} \tag{3-30}$$

用电阻应变仪测出的指示应变为

$$\varepsilon = 2(1+\mu)\varepsilon_1 \tag{3-31}$$

式中　　F——作用于弹性元件上的载荷；

　　　　E——圆筒材料的弹性模量；

　　　　μ——圆筒材料的泊松系数；

　　　　A——筒体截面面积，$A = \pi (D_1 - D_2)^2 / 4$（$D_1$ 为筒体外径，D_2 为筒体内径）。

2. 梁式弹性元件

梁式弹性元件的特点是结构简单、容易加工、粘贴应变片方便、灵敏度较高，适用于测量小载荷的传感器中。图 3-27 所示为一截面悬臂梁弹性元件，在其同一截面正反两面粘贴应变片，组成差动工作形式的电桥输出。

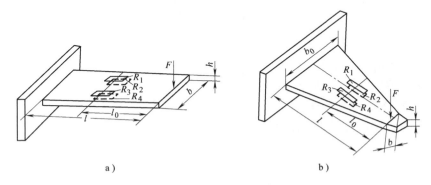

图 3-27　梁式弹性元件

a）等截面梁　b）等强度梁

若梁的自由端有一被测力 F，则应变片感受的应变为

$$\varepsilon = \frac{bl_0}{Ebh^2} F \tag{3-32}$$

式中　　l_0——应变片中心处距受力点距离；

　　　　b——悬臂梁宽度；

　　　　h——悬臂梁厚度；

　　　　E——悬臂梁材料的弹性模量。

电桥输出为

$$U_{SC} = K \varepsilon U_0 \tag{3-33}$$

式中　　K——应变片的灵敏系数。

3. 双孔形弹性元件

图 3-28a 所示为双孔形悬臂梁，图 3-28b 所示为双孔 S 形弹性元件。它们的特点是粘贴应变片处的应变大，因而传感器的输出灵敏度高，同时其他部分截面面积大、刚度大，故线性好，并且抗偏心载荷和侧向力能力好。通过差动电桥可进一步消除偏心载荷和侧向力的影响，因此，这种弹性元

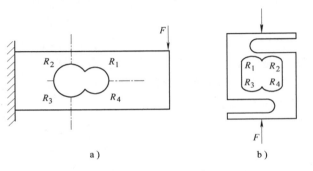

图 3-28　双孔形弹性元件测力传感器示意图

a）双孔形悬臂梁　b）双孔 S 梁

件被广泛地应用在高精度、小量程的力传感器中。

双孔形弹性元件粘贴应变片处的应变与载荷之间的关系常用标定式试验确定。

4. 梁式剪切弹性元件

这种弹性元件的结构与普通梁式弹性元件基本相同，只是应变片粘贴位置不同。应变片受的应变只与梁所承受的剪切力有关，而与弯曲应力无关。因此，它具有对拉伸和压缩载荷相同的灵敏度，适用于同时测量拉力和压力的传感器。此外，它与梁式弹性元件相比，线性好、抗偏心载荷和侧向力的能力强，其结构和粘贴应变片的位置如图 3-29 所示。

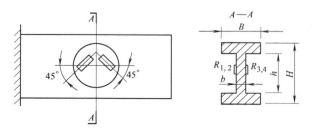

应变片一般粘贴在矩形截面梁中间盲孔两侧，与梁的中性轴成 45°方向上。该处的截面为工字形，以使剪切应力在截面上的分布比较均匀，且数值较大，粘贴应变片处的应变与被测力 F 之间的关系近似为

图 3-29　梁式剪切弹性元件

$$\varepsilon = \frac{F}{2bhG} \tag{3-34}$$

式中　G——弹性元件的剪切模量；

　b、h——粘贴应变片处梁截面的宽度和高度。

■ 二、压力传感器

压力传感器主要用于测量气体和流体压力，有时也用于测量土壤压力。测量的压力范围一般为 $10^4 \sim 10^7\,\mathrm{Pa}$。按传感器所用弹性元件不同可分为膜式、筒式、组合式等多种形式。

1. 膜式压力传感器

它的弹性元件为四周固定的等截面圆形薄板，又称平膜板或膜片。其一表面承受被测分布压力，另一侧面粘贴有应变片。应变片接成桥路输出，如图 3-30 所示。

应变片在膜片上的粘贴位置根据膜片受压后的应变分布状况来确定，通常将应变片分别粘贴于膜片的中心（切向）和边缘（径向）。因为这两种应变最大符号相反，接成全桥电路后，传感器输出最大。应变片可采用专制的圆形应变花。

膜片上粘贴应变片处的径向应变 ε_{r} 和切向应变 ε_{t} 与被测力 F 之间的关系为

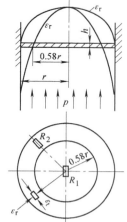

$$\varepsilon_{\mathrm{r}} = \frac{3F}{8h^2E}(1-\mu^2)(r^2-3x^2) \tag{3-35}$$

图 3-30　膜式压力传感器

$$\varepsilon_{\mathrm{t}} = \frac{3F}{8h^2E}(1-\mu^2)(r^2-x^2) \tag{3-36}$$

式中　x——应变片中心与膜片中心的距离；

　　　h——膜片厚度；

　　　r——膜片半径；

　　　E——膜片材料的弹性模量；

　　　μ——膜片材料的泊松比。

为保证膜式传感器的线性度小于 3%，在一定压力作用下，要求

$$\frac{r}{h} \leqslant 4\sqrt{3.5\frac{E}{F}} \tag{3-37}$$

2. 筒式压力传感器

它的弹性元件为薄壁圆筒，筒的底部较厚。这种弹性元件的特点是，圆筒受到被测压力后外表面各处的应变是相同的。因此应变片的粘贴位置对所测应变没有影响。如图 3-31 所示，工作应变片 R_1、R_3 沿圆周方向粘贴在筒壁，温度补偿应变片 R_2、R_4 粘贴在筒底外壁上，并接成全桥电路，这种传感器适用于测量较大压力。

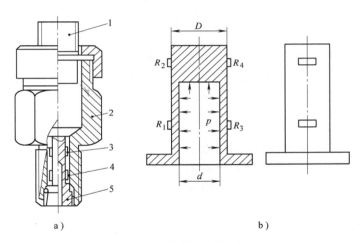

图 3-31　筒式压力传感器

a）结构示意图　b）筒式弹性元件

1—插座　2—基体　3—补偿应变片　4—工作应变片　5—应变筒

对于薄壁圆筒（壁厚与臂的中面曲率半径之比<1/20），筒壁上工作应变片处的切向应变 ε_t 与被测压力 F 的关系为

$$\varepsilon_t = \frac{(2-\mu)d}{2(D-d)}F \tag{3-38}$$

对于厚壁圆筒（壁厚与中面曲率半径之比>1/20），则有

$$\varepsilon_t = \frac{(2-\mu)d^2}{2(D^2-d^2)E}F \tag{3-39}$$

式中　F——压力；

　　d、D——圆筒的内径、外径；

E——圆筒材料的弹性模量；

μ——圆筒材料的泊松系数。

三、转矩传感器

由材料力学得知，一根圆轴在转矩 M_n 作用下，表面剪应力为

$$\tau = M_n W_n \tag{3-40}$$

式中　　W_n——圆轴抗扭断面模量（对于实心轴，$W_n = \pi d^3/16$；对于空心轴，$W_n = \pi(D_0^3 - a d_0^3)/16$）；

　　　　d——实心轴直径，$d = d_0/D_0$；

　　　　D_0——空心轴外径；

　　　　d_0——空心轴内径。

在弹性范围内，剪应变为

$$\gamma = \frac{\tau}{G} = \frac{M_n W_n}{G} \tag{3-41}$$

式中　G——剪切弹性模量。

在测量转矩时，应变片可直接贴在传动轴上，但需要注意下列问题：

剪应变是角应变。应变片不能直接测得剪应变。但是当我们在轴的某一点上沿轴线成 45° 和 135° 的方向贴片，可以通过这两方向上测得的应变值算得剪应变值

$$\gamma = \varepsilon_{45} - \varepsilon_{135} \tag{3-42}$$

式中　ε_{45}——沿轴线 45° 贴片测得的应变值；

　　　ε_{135}——沿轴线 135° 贴片测得的应变值。

这两个应变片分别接在电桥相邻的两个桥臂中，从电桥的加减特性可知，应变仪的读数就是剪应变值，再根据标定曲线就可换算得转矩值。

图 3-32 所示为电阻应变转矩传感器。它的弹性元件是一个与被测转矩轴相连的转轴，转轴上贴有与轴线成 45° 的应变片，应变片两两相互垂直，并接成全桥工作的电桥。

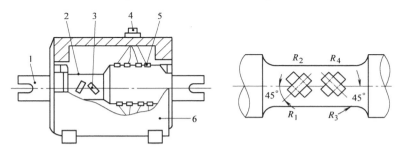

图 3-32 电阻应变转矩传感器

1—承扭轴　2—弹性元件　3—应变片　4—接线插座　5—集流刷子　6—壳体

由于检测对象是旋转的轴，所以应变片的电阻变化信号要通过集流装置引出才能进行测量，转矩传感器已将集流装置安装在内部，所以只需将传感器直接相连就能测量转轴的转矩，使用非常方便。

第五节 位置传感器

位置传感器和位移传感器不一样，它所测量的不是一段距离的变化量，而是通过检测，确定是否已到某一位置。因此，它只需要产生能反映某种状态的开关量就可以了。位置传感器分接触式和接近式两种。所谓接触式位置传感器，就是能获取两个物体是否已接触信息的一种传感器；而接近式位置传感器是用来判别在某一范围内是否有某一物体的一种传感器。

一、接触式位置传感器

这类传感器用微动开关之类的触点器件便可构成，它分以下两种。

1. 由微动开关制成的位置传感器

它用于检测物体位置，有如图 3-33 所示的几种构造和分布形式。

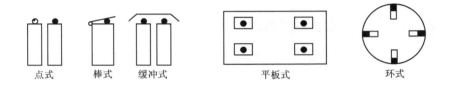

点式   棒式   缓冲式   平板式   环式

图 3-33 微动开关制成的位置传感器

2. 二维矩阵式配置的位置传感器

如图 3-34 所示，它一般用于机器人手掌内侧。在手掌内侧常安装有多个二维触觉传感器，用以检测自身与某一物体的接触位置、被握物体的中心位置和倾斜度，甚至还可识别物体的大小和形状。

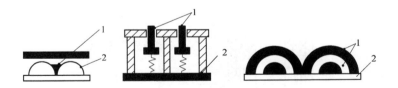

图 3-34 二维矩阵式配置的位置传感器
1—柔性电极   2—柔软绝缘体

二、非接触式位置传感器

非接触式位置传感器按其工作原理，主要分为电磁式、光电式、静电容式、气压式和超声波式。其基本工作原理可用图 3-35 表示出来。这里重点介绍前两种较常用的非接触式位置传感器。

1. 电磁式传感器

当一个永磁铁或一个通有高频电流的线圈接近一个铁磁体时，它们的磁力线分布将发生变化，因此，可以用另一组线圈检测这种变化。当铁磁体靠近或远离磁场时，它所引起的磁通量变化将在线圈中感应出一个电流脉冲，其幅值正比于磁通的变化率。变磁路气隙式电感传感器就是其中一种，图 3-36 所示为变磁路气隙式电感传感器的结构。活动衔铁和铁心都由截面面积相等的高导磁材料做成，线圈绕在铁心上，衔铁和铁心间有一气隙 δ。当活动衔铁做纵向位移时，气隙 δ 发生变化，从而使铁心磁路中的磁阻发生变化，磁阻的变化将使线圈的电感量发生变化。这样，活动衔铁的位移量与线圈的电感量之间存在一定的对应关系，只要测出线圈的电感变化，就可以得知位移量的大小。

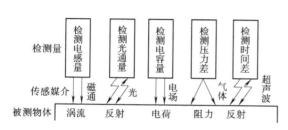

图 3-35 非接触式位置传感器分类与原理

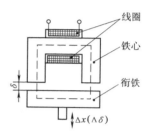

图 3-36 变磁路气隙
式电感传感器结构

2. 光电式传感器

这种传感器具有体积小、可靠性高、检测位置精度高、响应速度快、易与 TTL 及 CMOS 电路兼容等优点，它分透光型和反射型两种。

在透光型光电传感器中，发光器件和接收器件相对放置，中间留有间隙。当被测物体到达这一间隙时，发射光被遮住，从而接收器件（光敏元件）便可检测出物体已经到达。这种传感器的结构如图 3-37a 所示。

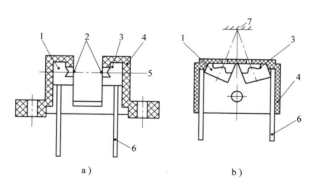

a)   b)

图 3-37 光电传感器结构

a）透光式光电开关 b）反射式光电开关

1—发光器件 2—窗 3—接收器件 4—壳体 5—光轴 6—导线 7—反射物

反射型光电传感器发出的光经被测物体反射后再落到接收器件上，它的基本情况大致与透射型传感器相似，但由于是检测反射光，所以得到的输出电流较小。另外，对于不同的物体表面，信噪比也不一样，因此，设定限幅电平就显得非常重要。图 3-37b 所示为这种传感器的结构，它的结构和透射型传感器大致相同，只是接收器件的发射极电阻阻值较大，且为可调，这主要是因为反射型光电传感器的光电流较小且有很大的分散性。

第六节　红外与图像传感器

一、红外辐射的基本知识

一切温度高于绝对零度的物体都在不停地辐射红外线。研究表明，红外线是从物质内部发射出来的，物质是由原子、分子组成的，它们按一定的规律不停地运动着，其运动状态也不断变化，因而不断地向外辐射能量，这就是热辐射现象，红外辐射的物理本质就是热辐射。这种辐射的量主要由这个物体的温度和材料本身的性质决定。

根据电磁学理论，物质内部带电粒子的变速运动都会发射或吸收电磁辐射，如 γ 射线、X 射线、紫外线、可见光、红外线、微波、无线电波等都是电磁辐射。可以把这些辐射按其波长（或频率）的次序排列成一个连续谱，称为电磁波谱。电磁辐射具有波动性，它们在真空中具有相同的传播速度，称为光速 c。光速 c 与电磁波的频率 ν、波长 λ 的关系是 $\nu\lambda = c$。

红外线有一些与可见光不一样的特性：

1）人的眼睛对红外线不敏感，因此必须用对红外线敏感的红外探测器才能接收到。

2）红外线的光量子能量比可见光小，例如 $10\mu m$ 波长的红外光子的能量大约是可见光光子能量的 $1/20$。

3）红外线的热效应比可见光要强得多。

4）红外线更易被物质所吸收，但对于薄雾来说，长波红外线更容易通过。

在电磁波谱中，红外辐射只占有小部分波段。整个电磁波谱包括 20 个数量级的波长范围，可见光谱的波长范围为 $0.38\sim0.75\mu m$，而红外波段为 $0.75\sim1000\mu m$。因此，红外光谱区比可见光谱区含有更丰富的内容。

在红外技术领域中，通常把整个红外辐射波段按波长分为 4 个波段，见表 3-2。

表 3-2　红外辐射波分类与波长

名　称	波长范围/μm	简　称	名　称	波长范围/μm	简　称
近红外	0.75~3	NIR	远红外	6~15	FIR
中红外	3~6	MIR	极远红外	15~1000	XIR

二、红外探测器分类

红外探测器的主要功用就是检测红外辐射的存在、测定它的强弱，并将其转变为其他形式的能量，多数情况是转变为电能，以便应用。按红外探测器工作机理区分，可分为热探测器和光子探测器两大类。

1. 热探测器

热探测器吸收红外辐射后产生温升，然后伴随发生某些物理性能的变化。测量这些物理性能的变化就可测量出它吸收的能量或功率。下面介绍几种常用的热探测器。

（1）热敏电阻 热敏物质吸收红外辐射后，温度升高，阻值发生变化。阻值变化的大小与吸收的红外辐射能量成正比。利用热敏物质吸收红外辐射后电阻发生变化而制成的红外探测器叫作热敏电阻。热敏电阻常被用来测量热辐射，所以又常称其为测辐射热传感器。

（2）测辐射热电偶 测辐射热电偶是基于温差电效应制成的热探测器，在材料 A 和 B 的连接点上粘上涂黑的薄片，形成接收辐照的光敏面，在辐照作用下产生温升，称为热端；材料 A 和 B 与导线形成的连接点保持同一温度，形成冷端；在两个导线间（输出端）产生开路的温差电动势。这种现象称为温差电现象。利用温差电现象制成的感温元件称为温差电偶（也称热电偶）。温差电动势的大小与接头处吸收的辐射功率或冷热两接头处的温差成正比，因此，测量热电偶温差电动势的大小就能推知接头处所吸收的辐射功率，或冷热两接头处的温差。热电偶的缺点是热响应时间较长。

（3）热释电探测器 压电类晶体中的极性晶体，如硫酸三甘肽（TGS）、钽酸锂（$LiTaO_3$）和铌酸锶钡（$Sr_1Ba_xNb_2O_6$）等，具有自发的电极化功能，当接收到红外辐照时，温度升高，在某一晶轴方向上能产生电压。电压大小与吸收的红外辐射功率成正比，这种现象被称为热释电效应。所以，称极性晶体为热释电晶体。热释电晶体自发极化的弛豫时间很短，约为 10^{-12}s。因此，热释电晶体具有温度变化响应快的特点。热释电红外探测器探测率高，属于热探测器中最好的，因此，得到了广泛应用。

（4）气体探测器 气体在体积保持一定的条件下吸收红外辐射后会引起温度升高、压强增大，压强增加的大小与吸收红外辐射功率成正比，由此，可测量被吸收的红外辐射功率。利用上述原理制成的红外探测器叫作气体探测器。

2. 光子探测器

光子探测器吸收光子后发生电子状态的改变，从而引起几种电学现象。这些现象统称为光子效应。测量光子效应的大小可测定被吸收的光子数。利用光子效应制成的探测器称为光子探测器。光子探测器有下列 3 种。

（1）光电子发射（外光电效应）器件 当光入射到某些金属、金属氧化物或半导体表面时，如果光子能量足够大，能使其表面发射电子，这种现象统称为光电子发射，属于外光电效应。利用光电子发射制成的器件称为光电子发射器件。

（2）光电导探测器 利用半导体的光电导效应制成的红外探测器叫作光电导探测器（简称 PC 器件），目前，它是应用最广的一类光子探测器。已制出响应波段为 $3 \sim 5\mu m$ 和 $8 \sim 14\mu m$ 或更长的多种红外探测器。

（3）光伏探测器 利用光伏效应制成的红外探测器称为光伏探测器（简称 PV 器件）。如果 PN 结上加反向电压，则结区吸收光子后反向电流会增加。从表面看，这种情况有点类似于光电导探测器，但实际上它是光伏效应引起的，这就是光敏二极管。

热探测器与光子探测器在使用场合上主要区别如下：

1）热探测器一般在室温下工作，不需要制冷；多数光子探测器只有工作在低温条件下才有优良的性能。工作于 $1 \sim 3\mu m$ 波段的 PbS 探测器主要在室温下工作，但适当降低工作温度，检测品的性能会相应提高，在干冰温度下工作性能最好。

2）热探测器对各种波长的红外辐射均有响应，是无选择性探测器；光子探测器只对小于或等于截止波长的红外辐射才有响应，是有选择性的探测器。

3）热探测器的响应率比光子探测器的响应率低 1~2 个数量级，响应时间比光子探测器长得多。

三、热释电型红外传感器

1. 热释电效应

若使某些强电介质物质的表面温度发生变化，在这些物质表面上就会产生电荷的变化，这种现象称为热释电效应，是热电效应的一种。

在钛酸钡一类的晶体上，上下表面设置电极，在上表面加以黑色膜，若有红外线间歇地照射，其表面稳度升高 ΔT，其晶体内部的原子排列将产生变化，引起自发极化电荷 ΔQ，设元件的电容为 C，则元件两极的电压为 $\Delta Q/C$。

需注意的是，热释电效应产生的表面电荷不是永存的，只要一出现，很快便会与空气中的各分子相结合。因此，用热释电效应制成的红外传感器，往往在它的元件前面加机械式的周期遮光装置，以使此电荷周期性出现。

2. 热释电效应红外线光敏元件的材料

热释电型红外线光敏元件的材料较多，其中以压电陶瓷和陶瓷氧化物居多。由钽酸锂（LiTaO$_3$）、硫酸三甘肽（TGS）及钛锆酸铅（PZT）制成的热释电型红外传感器目前应用较广。

近年来开发的具有热释性能的高分子薄膜——聚偏二氟乙烯（PVF$_2$），已被用于红外成像器件、火灾报警传感器等。

3. 热释电红外传感器的结构及特性

热释电红外传感器的外形结构如图 3-38 所示，图 3-39 所示为其内部结构。传感器由敏感元件、场效应晶体管、高阻电阻、滤光片等组成，并向壳内充入保护气封装起来。

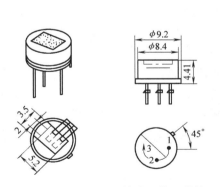

图 3-38 热释电红外传感器外形结构

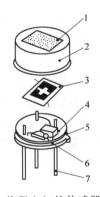

图 3-39 热释电红外传感器内部结构

1—滤光片 2—管帽 3—敏感片
4—FET 5—管座 6—高阻电阻 7—引线

（1）敏感元件 敏感元件是用红外线热释电材料 PZT（或其他材料）制成很小的薄片，再在薄片两面镀上电极，构成两个反相串联的有极性的小电容。这样，当入射的能量顺序地射到两个元件时，由于是两个元件反相串联，故其输出是单个元件的两倍；由于两个元件反相串联，对于同时输入的能量会相互抵消。由于双元件红外敏感元件具有上面的特性，可以防止因太阳光等红外线所引起的误差或误动作；由于周围环境温度的变化会影响整个敏感元件的温度变化，两个元件产生的热释电信号互相抵消，起到补偿作用。

（2）场效应晶体管及高阻值电阻 R_g 热释电红外传感的输出阻抗很高，可达 $10^{13}\Omega$，同时其输出电压信号又极微弱，因此，需要进行阻抗变换和信号放大才能应用。热释电红外传感器电路如图 3-40 所示，场效应晶体管用来构成源极跟随器，高阻值电阻 R_S 的作用是释放栅极电荷，使场效应晶体管安全工作。

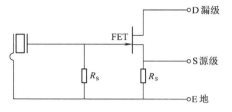

图 3-40　热释电红外传感器电路

（3）滤光片（FT）　一般热释电红外传感器在 $0.2\sim20\mu m$ 光谱范围内的灵敏度是相对平坦的。由于不同检测的需要，要求光谱响应范围向狭窄方向发展，所以采用不同材料的滤光片作为窗口，使其具有不同用途。如用于人体探测和防盗报警的热释电红外传感器。为了使其对人体最敏感，要求滤光片能有效地选取人体的红外辐射。

根据维恩位移定律，对于人体温（约 36℃），其辐射的最长波长 $\lambda_m = 2898 \div 309\mu m \approx 9.4\mu m$，也就是说，人体辐射在 $9.4\mu m$ 处最强，红外滤波片选 $7.5\sim14\mu m$ 波段为宜。

四、固态图像传感器

图像传感器是利用光电器件的光电转换功能，将其感光面上的光像转换为与光像成相应比例关系的电信号"图像"的一种功能器件。光导摄像管就是一种图像传感器。

固态图像传感器是利用光敏单元的光电转换功能，将投射到光敏单元上的光学图像转换成电信号"图像"的一种装置。图 3-41 所示光导摄像管与固态图像传感器的原理比较。如图 3-41a 所示，当入射光像信号照射到摄像管中间电极表面时，其上将产生与各点照射光量成比例的电位分布，若用电子束扫描中间电极，负载 R_L 上便会产生变化的放电电流。由于光量不同而使负载电流发生变化，这恰是所需的输出电信号。所用电子束的偏转或集束，是靠电磁场或电场控制实现的。而图 3-41b 所示固态图像传感器的输出信号的产生，不需外加扫描电子束，它可以直接由自扫描半导体衬底上的像素而获得。这样的输出电信号与其相应像素的位置对应，无疑更准确些，且再生图像失真度极小。显然，光导摄像管等图像传感器会由于扫描电子束偏转畸变或聚焦变化等原因引起再生图像的失真。因此，失真度极小的固

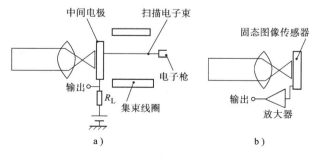

图 3-41　光导摄像管与固态图像传感器的原理比较
a）光导摄像管　b）固态图像传感器

态图像传感器，非常适合测试技术及图像识别技术。此外，固态图像传感器与光导摄像管相比，还具有体积小、重量小、坚固耐用、抗冲击、耐振动、抗电磁干扰能力强以及耗电少等许多优点。但是，并非在所有方面固态图像传感器都优越于光导摄像管。例如，在分辨率及图像质量方面，固态图像传感器都还赶不上光导摄像管。

1. 固态图像传感器敏感器件

固态图像传感器敏感器件（Charge Coupled Devices，CCD）图像传感器是一种大规模集成电路光电器件，又称为电荷耦合器件，简称 CCD 器件。CCD 图像传感器是在 MOS 集成电路技术基础上发展起来的一种新型半导体传感器。由于 CCD 图像传感器具有光电信号转换、信息存储、转换（传输）、输出、处理，以及电子快门等一系列功能，而且尺寸小、工作电压低、寿命长、坚固耐冲击以及电子自扫描等优点。目前的应用已遍及航天、遥感、工业、农业、天文、通信等军用及民用领域。

（1）CCD 的基本结构和工作原理　CCD 是一种高性能光电图像传感器件，它由若干个电荷耦合单元组成，其基本单元是 MOS（金属-氧化物-半导体）电容器结构，如图 3-42a 所示。

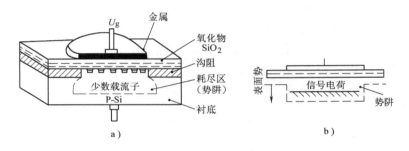

图 3-42　CCD 单元结构

a）MOS 电容器剖面图　b）有信号电荷势阱图

由图 3-42 可知，CCD 器件是以 P 型（或 N 型）半导体为衬底，在其上覆盖一层厚度约 120mm 的 SiO_2 层，再在 SiO_2 表面依一定次序沉积一层金属电极而构成 MOS 的电容式转移器件。这样一个 MOS 结构称为光敏元或一个像素。根据不同应用要求，将 MOS 阵列加上输入、输出结构就构成了 CCD 器件。

（2）电荷存储的原理　所有电容器都能存储电荷，MOS 光敏元也不例外，但其方式不同。现以其结构中的 P 型硅半导体为例，当在其金属电极（或称栅极）上加正偏压 U_g 时（衬底接地），正电压 U_g 超过 MOS 管的开启电压，由此形成的电场穿过氧化物（SiO_2）薄层，在 Si-SiO_2 界面处的表面势能发生相应地变化，半导体内的电子吸引到界面处来，从而在表面附近形成一个带负电荷的耗尽区，也称为表面势阱。对带负电的电子来说，耗尽区是个势能很低的区域。如果此时有光照射在硅片上，在光子作用下，半导体硅产生了电子-空穴对，由此产生的光生电子就被附近的势阱所吸收，势阱内所吸收的光生电子数量与入射到该势阱附近的光强成正比，存储了电荷的势阱被称为电荷包，而同时产生的空穴被电场排斥出耗尽区。图 3-42b 所示为已存储信号电荷——光生电子的示意图。在一定条件下，所加电压 U_g 越大，耗尽区就越深。这时，Si 表面吸收少数载流子的表面势（半导体表面对于衬底的电势差）也就越大，同时 MOS 光敏元所能容纳的少数载流子电荷量也越大。

（3）电荷转移　CCD 器件与其他半导体器件相比较，它是以电荷为信号的，不像其他器件以电流或电压为信号，故掌握 CCD 工作原理的关键在于了解电荷怎样转移或传输。CCD 器件的基本结构是彼此非常靠近的一系列 MOS 光敏元，这些光敏元用同一的半导体衬底制成，其上面的氧化层也是均匀、连续的，在氧化层上排列互相绝缘且数目不等的金属电极。相邻电极之间仅隔极小的距离，以保证相邻势阱耦合及电荷转移。任何可移动的电荷信号都将力图向表面势阱大的位置移动。

此外为保证信号电荷按确定方向和确定路线转移，在 MOS 光敏元阵列上所加的各路电压脉冲即时钟脉冲，是严格满足相位要求的。下面具体说明电荷在相邻两栅极间的转移过程。

现以三相时钟脉冲为例，把 MOS 光敏元电极分为三相，在图 3-43b 中，MOS 光敏元电极序号 1、4 由时钟脉冲 ϕ_1 控制，2、5 由时钟脉冲 ϕ_2 控制，3、6 由时钟脉冲 ϕ_3 控制。图 3-43a 为三相时钟脉冲随时间变化的波形图，图 3-43b 为三相时钟脉冲控制转移存储电荷的过程。在 $t=t_1$ 时，ϕ_1 相处于高电平，ϕ_2、ϕ_3 相处于低电平。因此，在电极 1、4 下面出现势阱，存入电荷。到 $t=t_2$ 时，ϕ_2 相也处于高电平，电极 2、5 下面出现势阱。由于相邻电极之间的间隙小，电极 1、2 及 4、5 下面的势阱互相连通，形成大势阱。原来在电极 1、4 下的电荷向电极 2、5 下势阱方向转移。接着 ϕ_1 电压下降，势阱相应变浅。当 $t=t_3$ 时，更多的电荷转移到电极 2、5 下势阱内；$t=t_4$ 时，只有 ϕ_2 相处于高电平，信号电荷全部转移到电极

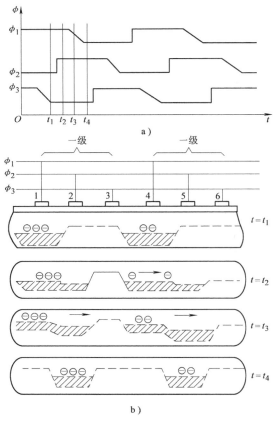

图 3-43　电荷转移过程
a）三相时钟脉冲波形　b）电荷转移过程

2、5 下面的势阱中。依此下去，信号电荷可按事先设计的方向，在时钟脉冲控制下从一端移位到另一端。实现电荷移动的驱动脉冲有二相、四相脉冲，相应地称为二相 CCD 和四相 CCD。

2. CCD 技术的应用

CCD 应用技术是光、机、电和计算机相结合的高新技术的应用，其主要应用如下。

（1）CCD 用于一维尺寸测量　CCD 用于一维尺寸测量的技术是非常有效的非接触检测技术，被广泛地应用于各种加工件在线检测和高精度、高速度的检测技术领域。由 CCD 图像传感器、光学系统、计算机数据采集和处理系统构成的 CCD 光电尺寸检测仪器的使用范围和优越性是现有机械式、光学式、电磁式测量仪器都无法比拟的。这与 CCD

本身所具有的高分辨率、高灵敏度、像素位置信息强、结构紧凑及其自扫描的特性密切相关。这种测量方法往往无须配置复杂的机械运动机构，从而减少了产生误差来源，使测量更准确、更方便。下面以 CCD 玻璃管尺寸测控仪为例，讨论 CCD 用于尺寸测量的技术。

以线阵 CCD 图像传感器为核心的玻璃管尺寸测控仪用于控制玻璃管生产线，对玻璃管外圆直径及壁厚尺寸进行实时监测，并根据测试结果对生产过程进行控制，以便提高产品的合格率。该测量仪器的技术指标如下：

1）测量范围为 $\phi20mm$ 和 $\phi28mm$。

2）测量精度为外径 ϕ（20±0.3）mm 和 ϕ（28±0.4）mm，壁厚（1.2±0.05）mm 和（2±0.07）mm。

3）显示内容为实测玻璃管直径、壁厚值、上下偏差及超差报警。

4）过程控制为玻璃管拉制速度、吹气量及合格品筛选控制信号的输出。

玻璃管尺寸测控仪的系统原理框图如图 3-44 所示。

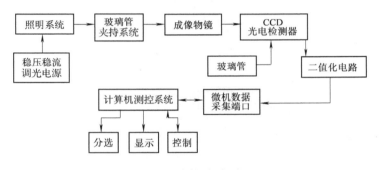

图 3-44 系统原理框图

整个系统由照明系统、玻璃管夹持系统、成像物镜、CCD 光电检测系统和计算机测控系统等构成。稳压稳流调光电源为照明系统提供稳定的照明光，被照明的玻璃管经成像物镜成像在线阵 CCD 的光敏阵列面上。由于透射率的不同，玻璃管的像在上下边缘处形成两条暗带，中间部分的透射光相对较强，形成亮带。两条暗带最外边的边界距离为玻璃管外径所成像的大小，中间亮带宽度反映了玻璃管内径像的大小，而暗带宽则是玻璃管的管壁所成的像。

（2）工业内窥镜电视 在质量控制、测试及维护检验中，正确地识别裂缝、应力、焊接整体性及腐蚀等缺陷是非常重要的。但传统光纤内窥镜的光纤成像瑕疵却常使检查人员难以判断是真正的瑕疵，还是图像不清造成的结果。

运用 CCD 电子成像技术的工业内窥镜电视，可以在易于观察的电视荧光屏上看到一个清晰的、真实色彩的放大图像。根据这个明亮且分辨率高的图像，检查人员能快速而准确地进行检查工作。在这种工业内窥镜电视中，利用电子成像的办法，不但可以提供比光纤更清晰且分辨率更高的图像，而且能在探测步骤及编制文件方面提供更大的灵活性。这种视频电子成像系统最适用于检查焊接、涂装或密封，检查孔隙、阻塞或磨损，寻查零件的松动及振动。在过去，内表面的检查，只能靠成本昂贵的拆卸检查，而现在则可迅速地得到一个非常清晰的图像。此系统可为多个观察人员在电视荧光屏上提供悦目的大型图像，也可制成高质量的录像带及照相文件。

CCD 工业内窥镜电视的原理如图 3-45 所示。利用发光二极管（黑白探头）或导光束（彩色探头）对被检区进行照明（照明窗）。探头前部的透镜把被检物体成像在 CCD 器件上。

CCD 把光信号变为电信号。电信号由导线传出。此信号经过放大、滤波及时钟分频等电路，并经图像处理器把模拟电信号变成数字化信号加以处理，最后输出给监视器、录像机或计算机。换用不同的探头即可得到高质量的彩色或黑白图像。由于发光强度是自动控制的，所以可使探测区获最佳照明状态。经过伽马校正，可以进一步把图像黑暗部分的细节加以放大。

CCD 工业内窥镜电视的结构如图 3-46 所示。它包括一只观察探头、一台图像处理器及一台用以显示图像的电视监视器及录像机。在此系统中，用一只安装于探头端部的非常小的 CCD 传感器来代替光纤。CCD 器件像一部小型的电视摄像机将 CCD 上的图像由光信号变成电信号，把这个电信号经过放大、图像处理器等电路处理后直接送入直观的监视器中进行观察。

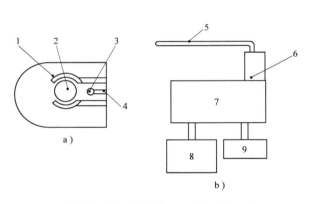

图 3-45　CCD 工业内窥镜电视的原理

a）探测头放大图　b）电窥镜电视原理

1—照明窗　2—透镜　3—CCD 器件　4—导线　5—探

测头　6—时钟分频电路　7—图像处理器　8—监视器　9—录像机

图 3-46　CCD 工业内
窥镜电视的结构

这种 CCD 工业内窥镜电视有如下特点：

1）高分辨率。这种内窥镜能显示明亮且高分辨率的图像。分辨率高于每毫米 12 线，用光纤的内窥镜电视仅为每毫米 5 线。用 CCD 器件代替成像面后，能消除光纤固有的模糊不清缺点，所得的高分辨率图像可改善检查准确度，减少检验人员的视觉疲劳。

2）景深更大。景深是指在像平面上获得清晰图像的空间深度。CCD 工业内窥镜电视比传统的光纤内窥镜电视有更大的景深，即有更大的清晰图像的空间深度，可以节省移动探头及使探头对焦的时间。

3）不会发生纤维束折断的弊端。长期使用光纤内窥镜，会因弯曲拐折使光纤折断，像素消失而成黑点，产生"黑白点混成灰色"效应，使图像区域出现空档，因而有可能导致漏检重点检验部位的后果。而 CCD 工业内窥镜电视不用成像束，CCD 器件用电导体传送图像信息。这些电导体是专为严苛的工业环境而设计的，工作寿命长得多。

4）图像更容易观察。在电视监视器上观察放大图像，可以有更精确的检查结果。因在荧光屏上观察，消除了目视观察的视觉疲劳，可以在荧光屏前站着或坐着进行检查。

5）可多人观察。在检查测试过程中，可以多人观察监视器。此外，还可以传送到远方观察。在检查过程中，可将图像录入磁带，以便事后讨论、入档及进一步研究。

6）可做真实的彩色检查。在识别腐蚀、焊接区域烧穿及化学分析的缺陷时，准确的彩色再现往往是很重要的。光纤内窥镜有断丝和图像恶化等缺点，而 CCD 内窥镜不会老化，彩色再现极佳。

7）方便而高质量的文件编制。可以直接用录像机录下图像、名字或号码等信息，由键盘控制录像带，以便综合记录保存，并可以使图像在荧光屏中定格，以便拍照。

CCD 工业内窥镜电视能提供精确的图像，而且操作方便，因而非常适用于质量控制、常规维护工作及遥控目测检验等领域。在航空航天方面，常用来检查主火箭引擎，检查飞行引擎的防热罩、飞行引擎，监视固体火箭燃料的加工操作等。

第七节　机器人传感器

机器人传感器可以定义为一种能把机器人目标物特性（或参量）变换为电量输出的装置。机器人通过传感器可获得类似于人类的知觉。

机器人的发展方兴未艾，其应用范围日益扩大，人们要求它能从事越来越复杂的工作，对变化的环境能有更强的适应能力，更精确的定位和控制，所以，传感器的应用不仅是十分必要的，而且对传感器提出了更高的要求。

机器人传感器可分为内部检测传感器和外界检测传感器两大类。

内部检测传感器以机器人本身的坐标轴来确定其位置，安装在机器人自身中用来感知它自己的状态，以调整和控制其行动。内部检测传感器通常由位置、速度、加速度及压力传感器等组成。

外界检测传感器用于使机器人获取周围环境、目标物的状态特征等信息，使机器人与环境能发生交互作用，从而使机器人对环境有自校正和自适应能力。外界检测传感器通常包括触觉、接近觉、视觉、听觉、嗅觉、味觉等传感器，表 3-3 列出了这些传感器的分类和功能。

一、触觉传感器

触觉是人类感觉的一种，它通常包括热觉、冷觉、痛觉、触压觉和力觉等。机器人触觉，实际上是人类触觉的某些模仿。它是有关机器人和对象物之间直接接触的感觉，包含的内容较多，通常指以下几种：

1）触觉。机器人手指与被测物是否接触，接触图形的检测。

2）压觉。垂直于机器人和对象物接触面上的压力感觉。

3）力觉。机器人动作时各自由度力的感觉。

表 3-3　机器人外界检测传感器的分类和功能

传感器	检测内容	检测器件	应　　用
触觉传感器	接触 把握力 荷重 分布压力 多元力 力矩 滑动	限制开关 应变计、半导体感压元件 弹簧变位测量器 导电橡胶、感压高分子材料 应变计、半导体感压元件 压阻元件、马达电流计 光学旋转检测器、光纤	动作顺序控制 把握力控制 张力控制、指压控制 姿势、形状判别 装配力控制 协调控制 滑动判定、力控制
接近觉传感器	接近 间隔 倾斜	光电开关、LED、激光、红外线 光电晶体管、光电二极管 电磁线圈、超声波传感器	动作顺序控制 障碍物躲避 轨迹移动测定、探索
视觉传感器	平面位置 距离 形状 缺陷	ITV 摄像机、位置传感器 测距器 线图像传感器 面图像传感器	位置决定、控制 移动控制 物体识别、判别 检查、异常检测
听觉传感器	声音 超声波	传声器 超声波传感器	语言控制（人机接口） 移动控制
嗅觉传感器	气体成分	气体传感器、射线传感器	化学成分探测
味觉传感器	味道	离子敏感器、pH 计	化学成分探测

4）滑觉。物体向着垂直于手指把握面的方向移动或变形。

若没有触觉，就不能完好、平稳地抓住纸做的杯子，也不能握住工具。机器人的触觉主要有两方面的功能：

1）检测功能。对操作物进行物理性质检测，如光滑性、硬度等，其目的是感知危险状态，实施自身保护；灵活地控制手指及关节以操作对象物；使操作具有适应性和顺从性。

2）识别功能。识别对象物的形状（如何识别接触到的表面形状）。

1. 触觉传感器

图 3-47 所示为几种典型的触觉传感器。其中，图 3-47a 所示为平板上安装着多点通、通断传感器附着板的装置。这一传感器平常为通态，当与物体接触时，弹簧收缩，上、下板间电流断开。它的功能相当于一开关，即输出"0"和"1"两种信号。可以用于控制机械手的运动方向和范围、躲避障碍物等。

图 3-47b 所示为采用海绵中含碳的压敏电阻传感器，每个元件呈圆筒状。上、下有电极，元件周围用海绵包围。其触觉的工作原理：在元件上加压力时，电极间隔缩小，从而使电极间的电阻值发生变化。

图 3-47c 所示为使用压敏导电橡胶的触觉结构。采用压敏橡胶的触觉，与其他元件相比，其元件可减薄，其中可安装高密度的触觉传感器。另外，因为元件本身有弹性、对操作物体无操作、元件制作与处理容易等，所以，在实用与封装方面都有许多优点。可是，由于导电橡胶有磁滞与响应迟延，故接触电阻的误差较大。

图 3-47d 所示为能进行高密度触觉封装的触觉元件。其工作原理：在接触点与有导电性

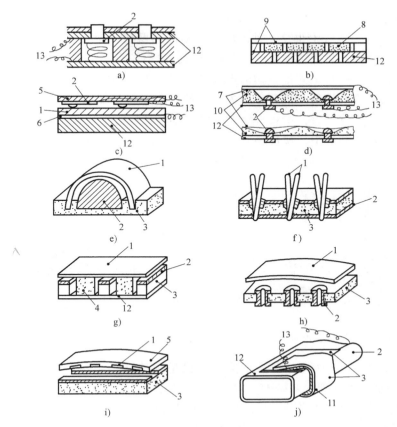

图 3-47 各种触觉传感器

1—导电橡胶　2—金属　3—绝缘体　4—海绵状橡胶　5—橡胶　6—金属箔　7—碳纤维薄膜
8—含碳海绵　9—海绵状橡胶　10—氨基甲酸乙酯泡沫　11—铍青铜　12—衬底　13—引线

的碳纤维薄膜之间留一间隙，加外力时，碳纤维薄膜与氨基甲酸乙酯泡沫产生如图所示的变形，接触点与碳纤维薄膜之间形成导通状态，触觉的复原力是由富有弹性与绝缘性的海绵体——氨基甲酸乙酯泡沫产生的。这种触觉，以极小的力工作，能进行触觉测量。

图 3-47e～i 所示为采用斯坦福研究所研制的导电橡胶制成的触觉传感器。这些传感器与以往的传感器一样，都是利用两个电极的接触实现电路导通产生触觉的。其中，图 6-63f 的触觉部分，相当于人类头发的突起，一旦物体与突起接触，它就会变形，夹住绝缘体的上下金属，成为导通的结构。这是以往传感器所不具备的功能。

图 3-47j 所示触觉传感器的原理：与手指接触进行实际操作时，触觉中除与接触面垂直的作用力外，还有平行的滑动作用力。因此，这种触觉传感器要有较好的耐滑力。人们以提高触觉传感器的接触压力灵敏度作为研制这种传感器的主要目的。用铍青铜箔覆盖手指表面，通过它与手指之间或者手指与绝缘的金属之间的导通来检测触觉。

随着光纤传感器在测量领域不断广泛的应用，在机器人触觉传感器的研究中，光纤传感器也得到了足够的重视。图 3-48 所示为一种触须式光纤触觉传感器装置，其原理是利用光纤微弯曲感生的由芯膜到包层膜的耦合，使光在芯膜中再分配，通过检测一定模式的光功率变化来探测外界对之施加压力的大小。

近年来，为了得到更完善、更拟人化的触觉传感器，人们正在进行所谓"人工皮肤"的研究。这种"皮肤"实际上也是一种由单个触觉传感器按一定形状（如矩阵）组合在一起的阵列式触觉传感器。只是这种传感器密度较大、体积较小、精度较高，特别是接触材料本身即为敏感材料，这些都是其他结构的触觉传感器很难达到的。"人工皮肤"传感器可用于表面形状和表面特性的检测。目前的"人工皮肤"触觉传感器的研究主要着重两个方面：一是选择更为合适的敏感材料，主要有导电橡胶、压电材料、光纤等；二是将集成电路工艺应用到传感器的设计和制造中，使传感器和处理电路一体化，得到大规模或超大规模阵列式触觉传感器。图 3-49 所示为 PVF_2 阵列式触觉传感器。

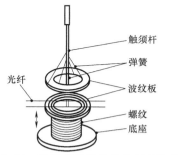

图 3-48 触须式光纤触觉传感器装置

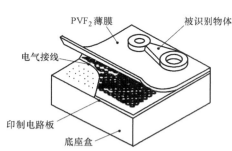

图 3-49 PVF_2 阵列式触觉传感器

触觉信息的处理一般分为两个阶段：第一阶段是预处理，主要是对原始信号进行"加工"；第二阶段则是在预处理的基础上，对已经"加工"过的信号做进一步的"加工"，以得到所需形式的信号。经这两步处理后，信号就可用于机器人的控制了。

2. 压觉传感器

压觉指的是对于手指给予被测物的力，或者加在手指上的外力的感觉。压觉用于握力控制与手的支撑力检测。目前，压觉传感器主要是分布型压觉传感器，即把分散敏感元件设计排列成矩阵式格子。导电橡胶、感应高分子、应变计、光电器件和霍尔元件常被用作敏感元件阵列单元。这些传感器本身相对于力的变化，基本上不发生位置变化，能检测其位移量的压觉传感器具有如下优点：可以多点支撑物体；从操作的观点来看，能牢牢抓住物体。

图 3-50 所示为压觉传感器的原理图，这种传感器是对小型线性调整器的改进。在调整器的轴上安装了线性弹簧，一个传感器有 10mm 的有效行程。在此范围内，将力的变化转换为遵从胡克定律的长度位移，以便进行检测。在一侧手指上，每个 6mm×8mm 的面积分布一个传感器来计算，共排列了 28 个（四行七排）传感器。左右两侧总共有 56 个传感器输出。用四路 A/D 转换器，变速多路调制器对这些输出进行转换然后进入计算机。

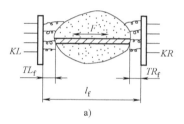

a)

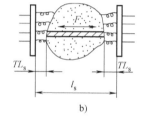

b)

图 3-50 压觉传感器

图 3-50a 给出了手指抓住物体的状态。其中，图 3-50b 所示为手指从图 3-50a 状态稍微握紧的情况；图 3-50a 中斜线部分的压力 F 为

$$F = KR(TR_0 - TR_f) \qquad (3-43)$$

或

$$F = KL(TL_0 - TL_f) \qquad (3-44)$$

式中　TL_0、TR_0、TL_f、TR_f——无负载时和握紧时左右弹簧的长度；

　　　　KL、KR——左右弹簧的刚度。

整个手指所受的压力，可通过将一侧手指的全部传感器上的这种力相加求得。

使用这种触觉传感器，也可能鉴别物体的形状或评价其硬度。也就是说，根据相邻同类传感器的位置移动，判别物体的几何形状，并根据下式计算刚度 K_0。

$$F' - F = KR(TR_0 - TR_s)$$
$$= K_0 \left[(l_f - TR_f - TL_f) - (l_s - TR_s - TL_s) \right]$$

式中　F'——图 3-50a 的斜线部分在图 3-50b 中所受的压力；

TL_s，TR_s——同一位置的左右弹簧的长度；

l_f、l_s——图 3-50a、b 手指基片间的距离。

所以有

$$K_0 = \frac{\Delta TR \cdot KR}{\Delta l - \Delta TR - \Delta TL} \qquad (3-45)$$

或

$$K_0 = \frac{\Delta TL \cdot KL}{\Delta l - \Delta TR - \Delta TL} \qquad (3-46)$$

式中　$\Delta l = l_f - l_s$；

　　　$\Delta TR = TR_0 - TR_s$；

　　　$\Delta TL = TL_f - TL_s$。

3. 力觉传感器

力觉传感器的作用如下：

1）感知是否夹起了工件或是否夹持在正确部位上。

2）控制装配、打磨、研磨抛光的质量。

3）装配中提供信息，以产生后续的修正补偿运动来保证装配质量和速度。

4）防止碰撞、卡死和损坏机件。

触觉是一维力的感觉，而力觉则为多维力的感觉。用于力觉的触觉传感器，为了检测多维力的成分，要把多个检测元件立体地安装在被夹物不同位置上。用于力觉传感器的主要有应变式、压电式、电容式、光电式和电磁式等。由于应变式的价格便宜、可靠性好、易制造，故被广泛采用。机器人力觉传感器主要包括关节力传感器、腕力传感器、基座力传感器等。

（1）关节力传感器　直接通过驱动装置测定力的装置。若关节由直流电动机驱动，则可用测定转子电流的方法来测量关节力；若关节由油压装置带动，则可由测量背压的方法来测定力的大小。这种测力装置的程序中包括对重力和惯性力的补偿。此法的优点是不需分散的传感器，但测量精度和分辨率受手的惯性负载及其位置变化的影响，还要受自身关节不规则的摩擦力矩的影响。

应变式关节力传感器实验装置是在斯坦福机器人上改装进行的。在机器人的第 1、2 关节的谐波齿轮柔轮的输出端安装一个连接输出轴的弹性法兰盘。在其衬套上贴应变片，直接

测出力矩，并反馈至控制系统进行力和力矩的控制。衬套弹性敏感部位厚 2mm、宽 5mm，
其优点不占额外空间，计算方法简单、响
应快。图 3-51 所示为关节力传感器图。

（2）腕力传感器　机器人在完成装配
作业时，通常要把轴、轴承、垫圈及其他
环形零件装入别的零部件中去。其中心任
务一般包括确定零件的重量、将轴类零件
插入孔里、调整零件的位置、拧动螺钉等。
这些都是通过测量并调整装配过程中零件
的相互作用力来实现的。

通常可以通过一个固定的参考点将一
个力分解成三个互相垂直的力和三个顺时

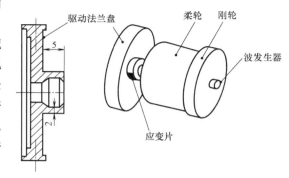

图 3-51　应变式关节力传感器

针方向的力矩，传感器就安装在固定参考点上，此传感器要能测出这六个力（力矩）。因
此，设计这种传感器时要考虑一些特殊要求，如交叉灵敏度应很低，每个测量通道的信号只
应受相应分力的影响，传感器的固有频率应很高，以便使作用于手指上的微小扰动力不致产
生错误的输出信号。这类腕力传感器可以是应变式的、电容式的或压电式的。

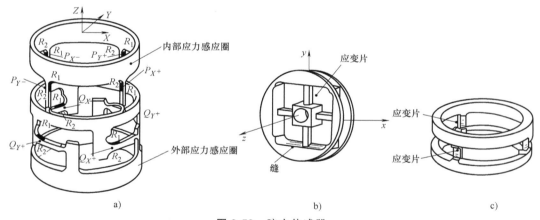

图 3-52　腕力传感器

图 3-52a 所示为一种筒式六自由度腕力传感器。铝制主体呈圆筒状，外侧由 8 根梁支
撑，手指尖与手腕部相连接。指尖受力时，梁受影响而弯曲，从粘贴在梁两侧的 8 组应变片
（R_1 与 R_2 为一组）的信号，就可算出加在 x、y、z 轴上的力与各轴的转矩。图中，P_{x^+}、
P_{x^-}、P_{y^+}、P_{y^-}、Q_{x^+}、Q_{x^-}、Q_{y^+}、Q_{y^-} 为各根梁贴应变片处的应变量。设力为 F_x、F_y、F_z，转
矩为 M_x、M_y、M_z，则力与转矩的关系如下

$$F_x \propto P_{y^+} + P_{y^-} \tag{3-47}$$

$$F_y \propto P_{x^+} + P_{x^-} \tag{3-48}$$

$$F_z \propto Q_{x^+} + Q_{x^-} + Q_{y^+} + Q_{y^-} \tag{3-49}$$

$$M_x \propto Q_{y^+} - Q_{y^-} \tag{3-50}$$

$$M_y \propto -Q_{x^+} + Q_{x^-} \tag{3-51}$$

$$M_z \propto P_{x_+} - P_{x_-} - P_{y_+} + P_{y_-} \qquad (3-52)$$

每根梁上的缩颈部分，是为了减少弯曲刚性，通常应根据应变量进行设计。

图 3-52b 所示为挠性件十字排列的腕力传感器。应变片贴在十字梁上，用铝材切成框架，其内的十字梁为整体结构；为了增强其敏感性，在与梁连接处的框臂上，还要切出窄缝。该传感器可测 6 个自由度的力和力矩。其信号由 16 个应变片组成的 8 个桥式电路输出。

图 3-53c 所示的腕力传感器是在一个整体金属盘上将其侧壁制成按 120° 周向排列三根梁，其上部圆环上有螺钉孔与手腕末端连接，下部盘上有螺孔与挠性杆连接，测量电路排在盘内。

腕力传感器的发展呈现两个趋势：一种是将传感器本身设计得比较简单，但需经过复杂的计算求出传递矩阵，使用时要经过矩阵运算才能提取出六个分量，这类传感器称为间接输出型腕力传感器；另一种则相反，传感器结构比较复杂，只需简单的计算就能提取六个分量，甚至可以直接得到六个分量，这类传感器称为直接输出型腕力传感器。

（3）基座力传感器　此类传感器装在基座上，机械手装配时用来测量安装在工作台上工件所受的力。此力是装配轴与孔的定位误差所产生的。测出力的数据用来控制机器人手的运动。基座力传感器的准确度低于腕力传感器。图 3-53 所示为可分离基座力传感器系统。

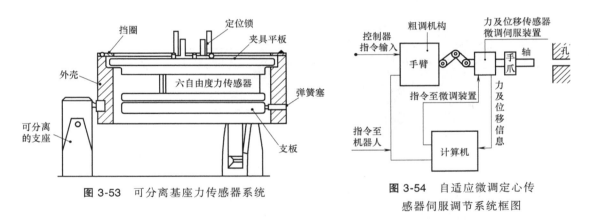

图 3-53　可分离基座力传感器系统　　　图 3-54　自适应微调定心传感器伺服调节系统框图

图 3-54 所示为精密装配的自适应微调定心传感器伺服调节系统框图。该系统将传感器的信号经微型计算机或微处理机进行处理后送至微调伺服装置进行装配校正或传至主机，当手指的力超过阈值时可令手臂制动。

该系统中用于装配作业的机器人，其内部的腕部力传感器可测出操作机械手终端链节与手指间的三个分力及三个力矩。腕部力传感器由一个弹性（或挠性）组件和一个以挠曲应变来测量轴的力和力矩的传感器构成，如图 3-55、图 3-56 所示。图 3-57 所示为此类传感器受力分析示意图。

4. 滑觉传感器

机器人要抓住属性未知的物体时，必须确定自己最适当的握力目标值，因此需检测出握力不够时所产生的物体滑动。利用这一信号，在不损坏物体的情况下，牢牢抓住物体。为此目的设计的滑动检测器，称作滑觉传感器。

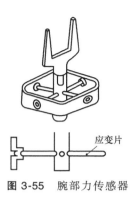

图 3-55 腕部力传感器

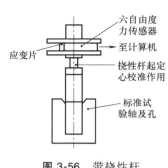

图 3-56 带挠性杆
六自由度力传感器

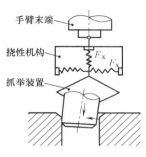

图 3-57 插轴时的
受力分析示意图

图 3-58 所示为利用光学系统的滑觉传感器。用簧片固定在手指主体上作为检测体的滚轴。在手指张开的状态下，手指突出握住面 1mm。闭拢手指握住物体时，簧片弯曲，滚轴后退至手指的握住面，物体被整个手指面握住。滚轴表面贴有胶膜，能顺利地旋转。为检测其旋转位移，采用了位于滚轴内的刻有 30 条狭缝的圆板与光学传感器。

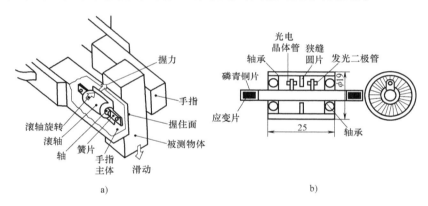

a)   b)

图 3-58 滑筒式滑觉传感器

a）轴向图 b）滚轴剖面图

这样，可以获得对应于滑动位移的电压（脉冲信号）。这种触觉可以遍布于手指的把握面，从而检测出滑动来。可是，如果物体的滑动方向不同，滑动检测的灵敏度就会下降。簧片用磷青铜片制成，表面安装有应变片，这样仍可检测出握力。

图 3-59 所示为一种球形滑觉传感器。该传感器的主要部分是一个如同棋盘一样，相间地用绝缘材料盖住的小导体球。在球表面的任意两个地方安上接触器。接触器触点接触面积小于球面上露出的导体面积。球与被握物体相接触，无论滑动方向如何，只要球一转动，传感器就会产生脉冲输出。应用适当的技术，该球的尺寸可

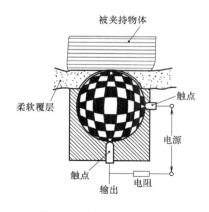

图 3-59 球形滑觉传感器

以做得很小，减小球的尺寸和传导面积可以提高检测灵敏度。

图 3-60 所示为一种利用光纤传感器的强度调制原理做成的可以检测滑觉和压觉信号的传感器。传感器弹性元件的顶端是力的接触面。其内部有一反射镜，面形为抛物面。发射和接收光纤的端面位于抛物面的焦平面附近，其工作原理：当有力作用时，通过弹性元件的变形使发射和接收光纤的端面与反射面之间的距离发生变化，接收光纤所接收的发光强度也随之变化，为了得到滑觉信号，用多根且有一定分布规律的接收光纤，例如按图 3-61 所示以半径 R_1 的圆周分布。

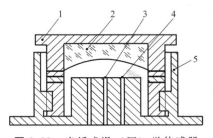

图 3-60 光纤式滑（压）觉传感器
1—弹性元件 2—反射镜 3—发射
光纤 4—接收光纤 5—底座

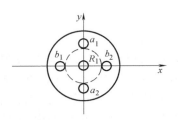

图 3-61 在某一圆周上
分布的接收光纤

建立如图 3-62 所示的坐标系，图 3-62a 表示只有压觉时光反射面随弹性体在 x 轴方向的平移；图 3-62b 表示有滑觉时光反射面随弹性体绕 z 轴的旋转；发射光纤、接收光纤及光反射面之间在几何光学上的对应关系分别如图 3-62c、d 所示。图中，$P_0(x_0, y_0)$ 为出射光锥与反射面的交点，$P_1(x_1, y_1)$ 为反射光线与接收平面的交点。当它绕 z 轴沿逆时针方向旋

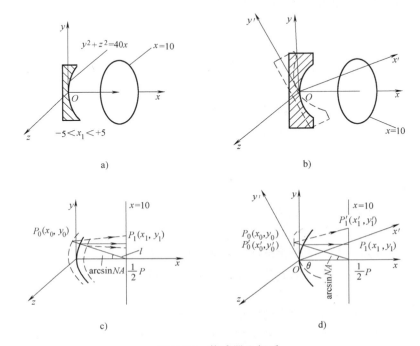

图 3-62 传感器坐标系

转时，图 3-62 中分布在 y 轴正方向的接收光纤 a_1 与 y 轴负方向的接收光纤 a_2 中所接收的光强正好向相反方向变化，根据这一原理来判断滑觉的存在及大小。设计合理的 R_1 及其分布，可使接触面上有压觉和滑觉时，接收光强变化最为敏感。

二、接近觉传感器

接近觉是指机器人能感知相距几毫米至几十厘米内对象物或障碍物的距离、对象物的表面性质等的传感器。其目的是在接触对象前得到必要的信息，以便后续动作。这种感觉是非接触的，实质上可以认为是介于触觉和视觉之间的感觉。

接近觉传感器有电磁式、光电式、电容式、气动式、超声波式、红外线式等类型。

1. 电磁式

将块状的金属置于变化磁场中或在固定磁场中运动时，金属体内就要产生感应电流，这

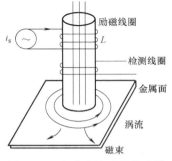

图 3-63　电磁式接近觉传感器

种电流的流线在金属体内是闭合的，称为涡流。涡流的大小随对象物体表面与线圈的距离大小而变化。如图 3-63 所示，高频信号 i_s 施加于邻近金属一侧的励磁线圈 L 上，L 产生的高频电磁场作用于金属板的表面。由于趋肤效应，高频电磁场不能透过具有一定厚度的金属板，而仅作用于表面的薄层内，而金属板表面感应的涡流产生的电磁场又反作用于线圈 L 上，改变了电感的大小（磁场强度的变化也可用另一组检测线圈检测出来），从而感知传感器与被接近物体距离的大小。

这种传感器的精度比较高，响应速度快，而且可以在高温环境下使用。由于工业机器人（如焊接机器人）的工作对象大多是金属部件，所以这种传感器用得较多。

2. 电容式

电容式接近觉传感器的工作原理可用图 3-64 所示的平板电容器来说明。当忽略边缘效应时，平板电容器的电容为

$$C = \frac{\varepsilon A}{d} = \frac{\varepsilon_r \varepsilon_0 A}{d} \qquad (3\text{-}53)$$

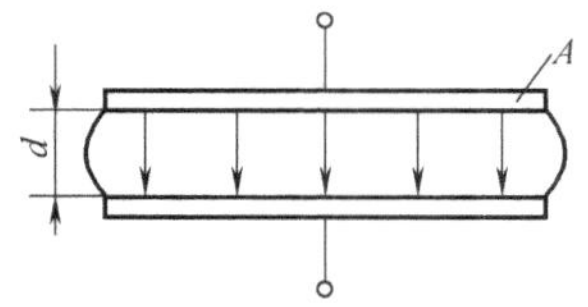

图 3-64　平板电容器

式中　A——极板面积；

　　　d——极板间距离；

　　　ε_r——相对介电常数；

　　　ε_0——真空介电常数，$\varepsilon_0 = 8.85 \times 10^{-12} \mathrm{F \cdot m^{-1}}$；

　　　ε——电容极板间介质的介电常数。

由式（3-53）可知，电容的变化反映了极板间的距离变化，即反映了传感器表面与对象物体表面间距离的变化。将这个电容接在电桥电路中，或者把它当作 RC 振荡器中的元件，都可检测出距离。

电容式接近觉传感器具有对物体的颜色、构造和表面都不敏感且实时性好的优点。但一般的电容式接近觉传感器将传感器本身作为一个极板，被接近物作为另一个极板。这种结构要求障碍物是导体且必须接地，并且容易受到对地寄生电容的影响。

　　下面介绍一种新型的电容式接近觉传感器，其结构与一般的电容式接近觉传感器不同，能检测金属和非金属对象物体。

　　如图 3-65 所示，传感器本体由两个极板构成，其中，极板 1 由一固定频率的正弦波电压激励，极板 2 外接电荷放大器，0 为被接近物，在传感器两极板和被接近物三者间形成一交变电场。当靠近被测对象物时，极板 1、2 之间的电场受到了影响，也可以认为是被接近物阻断了极板 1、2 间连续的电场线。电场的变化引起极板 1、2 间电容 C_{12} 的变化。由于电压幅值恒定，所以电容的变化又反映为极板 2 上电荷的变化。

　　在实际检测时，只需将电容 C_{12} 的变化转化成电压的变化，并导出电压与距离的对应关系，就可以根据实测电压值确定当前距离。这种形式的电容式接近觉传感器在使用时，被检测对象可以是不接地的，另外也能检测非导体物体。

3. 气动式

　　气动式接近觉传感器的原理如图 3-66 所示。由一个较细的喷嘴喷出气流，如果喷嘴靠近物体，则内部压力会发生变化，这一变化可用压力计测量。图中的曲线表示在某种气压源 P_s 的作用下，压力计的压力与距离之间的关系。这种传感器的特点是结构简单，尤其适用于测量微小间隙。

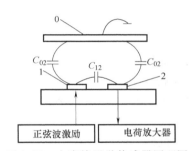

图 3-65　电容接近觉传感器原理图

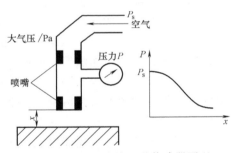

图 3-66　气动式接近觉传感器原理

4. 超声波式、红外线式、光电式

　　超声波式接近觉传感器适用于较长距离和较大物体的探测，例如对建筑物等进行探测，因此，一般把它用于移动机器人的路径探测和躲避障碍物。

　　红外线式接近觉传感器可以探测到机器人是否靠近人类或其他热源，这对安全保护和改变机器人行走路径有实际意义。

　　光电式接近觉传感器的应答性好、维修方便，目前应用较广，但使用环境受到一定的限制（如对象物体颜色、粗糙度、环境亮度等）。

三、视觉传感器

1. 机器人视觉

　　人的视觉是以光作为刺激的感觉，可以认为眼睛是一个光学系统，外界的信息作为影像投射到视网膜上，经处理后传到大脑。视网膜上有两种感光细胞，视锥细胞主要感受白天的景象，视杆细胞感受夜间景象。人的视锥细胞大约有 700 万个，是听觉细胞的 3000 多倍，因此在各种感官获取的信息中，视觉约占 80%。同样对机器人来说，视觉传感器也是最重要的传感器。视觉作用的过程如图 3-67 所示。

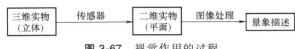

图 3-67　视觉作用的过程

客观世界中，三维实物经由传感器（如摄像机）成为平面的二维图像，再经处理部件给出景象的描述。应该指出，实际三维物体的形态和特征是相当复杂的，由于识别的背景千差万别，而机器人上视觉传感器的视角又时刻在变化，引起图像时刻发生变化，所以机器人视觉在技术上是难度较大的。

机器人视觉系统要能达到实用，至少要满足以下几方面的要求。首先是实时性，随着视觉传感器分辨率的提高，每帧图像所要处理的信息量大增，识别一帧图像往往需要十几秒，这当然无法进入实用。随着硬件技术的发展和快速算法的研究，识别一帧图像的时间可在 1s 左右，这样才可能满足大部分作业的要求。其次是可靠性，因为视觉系统若做出错误识别，轻则损坏工作和机器人，重则可能危及操作人员的生命，所以必须要求视觉系统工作可靠。再次是要求要有柔性，即系统能适应物体的变化和环境的变化，工作对象比较多样，能从事各种不同的作业。最后是价格要适中，一般视觉系统占整个机器人价格的 10% ~ 20% 比较适宜。

在空间中判断物体的位置和形状，一般需要两类信息：距离信息和明暗信息。视觉系统主要用来解决这两方面的问题。当然，作为物体视觉信息来说，还有色彩信息，但它对物体的识别不如前两类信息重要，所以在视觉系统中用得不多。获得距离信息的方法有超声波法、激光反射法、立体摄像法等；而明暗信息主要靠电视摄像机、CCD 固态摄像机来获得。

与其他传感器工作情况不同，视觉系统对光线的依赖性很大。往往需要好的照明条件，以便使物体所形成的图像最为清晰，复杂程度最低，检测所需的信息得到增强，不至于产生不必要的阴影、低反差、镜面反射等问题。

带有视觉系统的机器人还能完成许多作业，例如识别机械零件并组装泵体、汽车轮毂装配作业、小型电机电刷的安装作业、晶体管自动焊接作业、管子凸像焊接作业、集成电路板的装配等。对于特征机器人来说，视觉系统使机器人在危险环境中自主规划，完成复杂的作业成为可能。

2. 视觉传感器

（1）人工网膜　人工网膜是用光电管阵列代替网膜感受光信号。其最简单的形式是 3×3 的光电管矩阵，多的可达 256×256 个像素的阵列，甚至更高。

现以 3×3 阵列为例进行字符识别。像分为正像和负像两种，对于正像，物体存在的部分以 "1" 表示，否则以 "0" 表示，将正像中各点数码减 1 即得负像。以数字字符 1 为例，由 3×3 阵列得到的正、负像如图 3-68 所示，若输入字符 I，则所得正、负像如图 3-69 所示。上述正、负像可作为标准图像储存起来，如果工作时得到数字字符 1 的输入，其正、负像可与已储存的图像进行比较，结果见表 3-4。把正像和负像相关值的和作为衡量图像信息相关

图 3-68　字符 1 的正、负像　　　　　　　图 3-69　字符 I 的正、负像

性的尺度，可见在两者比较中，是 1 的可能性远比是 I 的可能性要大，前者总相关值为 9，等于阵列中光电管的总数，这表示所输入的图像信息与预先存储的图像 1 的信息是完全一致的，由此可判断输入的数字字符是 1，不是 I 或其他。

表 3-4　比较结果

	与 1 比较	与 I 比较
正像相关值	3	3
负像相关值	6	2
总相关值	9	5

（2）光电探测器件　最简单的单个光探测器是光导管和光电二极管，光导管的电阻随所受的光照度而变化，而光电二极管像太阳电池一样是一种光生伏特器件，当"接通"时，能产生与光照度成正比的电流，它可以是固态器件，也可以是真空器件，在检测中用来产生开/关信号，用来检测一个特征式物体的有无。

固态探测器件可以排列成线性阵列和矩阵阵列，使之具有直接测量或摄像的功能，例如要测量的特征或物体以影像或反射光的形式在阵列上形成图像，可以用计算机快速扫描各个单元，把被遮暗或照亮的单元数目记录下来。

固态摄像器件是做在硅片上的集成电路，硅片上有一个极小的光敏单元阵列，在入射光的作用下可产生电子电荷包。硅片上还包含有一个以积累和存储电子电荷的存储单元阵列和一个能按顺序读出存储电荷的扫描电路。

目前用于非接触测试的固态阵列有自扫描光电二极管（SSPD）、电荷耦合器件（CCD）、电荷耦合光电二极管（CCPD）和电荷注入器件（CID），其主要区别在于电荷形成的方式和电荷读出方式不同。

这四种阵列中使用的光敏器件，既有扩散型光电二极管，也有场致光探测器。前者具有较宽的光谱响应和较低的暗电流，后者往往反射损失较大并对某些波长有干扰。

读出机构有数字或模拟移位寄存器，在数字移位寄存器中，控制一组多路开关，将各探测单元中的电荷顺次注入公共母线，产生视频输出信号，由于所有开关都必须连到输出线上，所以它的电容相当大，从而限制了能达到的信噪比。

模拟移位寄存器则是把所有存储的电荷同时从探测单元注入寄存器相应的门电路中去。移位寄存器的作用相当于一个串行存取存储器，电荷包间断地从一个门传输到另一个门。并在输出门检测与每个门相关的电荷，从而产生视频信号输出。因为只有最后一个输出门与输出线相连，所以输出线的电容较小，有较好的信噪比。

目前在机器人视觉中采用的以 CCD 器件占多数，单个线性阵列已达到 4096 单元，CCD 面阵已达到 512×512 及更高。利用 CCD 器件制成的固态摄像机与光导摄像管式的电视摄像机相比，有一系列优点，如较高的几何精度，更大的光谱范围，更高的灵敏度和扫描速率，结构尺寸小，功耗小，耐久可靠等。

四、听觉、嗅觉、味觉及其他传感器

1. 听觉

听觉也是机器人的重要感觉器官之一。由于计算机技术及语音学的发展，现在已经实现用机器代替人耳，通过语音处理及辨识技术识别讲话人，还能正确理解一些简单的语句。然而，由于人类的语言是非常复杂的，无论哪一个民族，其语言的词汇量都非常大，即使是同一个人，他的发音也随着环境及身体状况有所变化，因此，使机器人的听觉具有接近于人耳的功能还相差甚远。从应用的目的来看，可以将识别声音的系统分为两大类：发言人识别系统及语义识别系统。

发言人识别系统的任务，是判别接收到的声音是否是事先指定的某个人的声音，也可以判别是否是事先指定的一批人中哪个人的声音。

语义识别系统可以判别语音是什么字、短语或句子，而不管说话人是谁。

为了实现语音的识别，主要的就是要提取语音的特征。一句话或一个短语可以分成若干个音或音节，为了提取语音的特征，必须把一个音再分成若干个小段，再从每一小段中提取语音的特征。语音的特征很多，每一个字音就可由这些特征组成一个特征矩阵。

识别语音的方法，是将事先指定人声音的每一个字音的特征矩阵存储起来，形成一个标准模式。系统工作时，将接收到的语音信号用同样的方法求出它们的特征矩阵，再与标准模式相比较，看它与哪个模式相同或相近，从而识别该语音信号的含义，这也是所谓模式识别的基本原理。机器人听觉系统中听觉传感器的基本形态与传声器相同，所以在声音的输入端方面问题较少。

2. 嗅觉

嗅觉就是检测空气中的化学成分、浓度等的功能。在放射线、高温煤烟、可燃性气体以及其他有毒气体的恶劣环境下，开发检测放射线、可燃气体及有毒气体的传感觉是很重要的。这对于我们了解环境污染、预防火灾和毒气泄漏报警具有重大的意义。通常嗅觉传感器主要采用气体传感器、射线传感器等来实现。

3. 味觉及其他

味觉检测分为化学传感检测和物理传感检测两类。化学传感检测是指对气体或液体进行化学成分的分析来获得味觉相关数据。化学传感检测味觉的设备有 pH 计、化学分析器等。一般味觉可探测溶于水中的物质，嗅觉探测气体状的物质，而且在一般情况下，当探测化学物质时嗅觉比味觉更敏感。物理传感检测是通过对气体或液体味觉的磁场、发热、噪声和电磁波传感的检测来获得味觉。

总之，机器人传感器是机器人研究中必不可缺的课题。虽然，目前机器人的感觉能力和处理意外事件的能力还非常有限，但可预言，随着新材料、新技术的不断出现，新型实用的机器人传感器将会获得更快的发展。

第八节　智能传感器

一、概述

智能传感器一般是一种带有微处理器且兼有检测、判断与信息处理功能的传感器。智能传感器与传统的传感器相比，有很多特点：

1）它具有判断和信息处理功能，可对测量值进行各种修正和误差补偿，因此提高了测量准确度。

2）可实现多传感器多参数综合测量，扩大了测量与使用范围。

3）它具有自诊断、自校准功能，提高了可靠性。

4）测量数据可以存取，使用方便。

5）具有数字通信接口，能与计算机直接联机。

二、智能传感器的构成

图 3-70 所示为 DTP 型智能压力传感器的结构框图。DTP 型智能压力传感器的基本构成如下：主传感器（压力传感器）、辅助传感器（温度传感器、环境压力传感器）、异步发送/接收器（UART）、微处理器及存储器、地址/数据总线、程控放大器（PFA）、A/D 转换器、D/A 转换器、可调节激励源、电源。

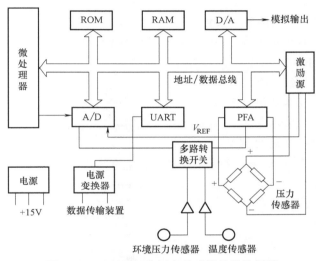

图 3-70　DTP 型智能压力传感器的结构框图

压力传感器以惠斯顿电桥形式组成，可输出与压力成正比的低电平信号，然后由 PFA 进行放大。压力传感器内有一个固态温度传感器，它测量压力传感器的敏感元件的温度变化，以便修正与补偿由于温度变化对测量带来的误差影响。DTP 型智能压力传感器内还有一个气压传感器，用于测量环境气压变化，以便修正气压变化对测量的影响。DTP 型智能压力传感器内还有一个串行输出口，以 RS-232 指令格式传输数据。

三、压阻压力传感器智能化

压阻压力传感器的测量准确度受到非线性和温度的影响。经过研究，利用单片机对其非线性和温度变化产生的误差进行修正，温度变化和非线性引起的误差的 95% 得到修正，在 10~60℃ 范围内，智能压阻压力传感器的准确度几乎保持不变。

1. 智能压阻压力传感器的硬件结构

如图 3-71 所示，其中，压阻压力传感器用于压力测量，温度传感器用来测量环境温度，以便进行温度误差修正，两个传感器的输出经前置放大器放大成 0~5V 的电压信号送至多路转换器，多路转换器将根据单片机发出的命令选择一路信号送到 A/D 转换器，A/D 转换器将输入的模拟信号转换为数字信号并送入单片机，单片机将根据已定程序进行工作。

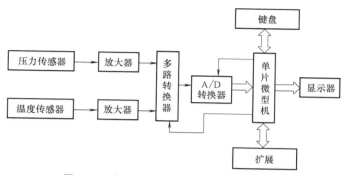

图 3-71 智能压阻压力传感器的硬件结构

2. 智能压阻压力传感器的软件设计

智能压阻压力传感器系统是在软件支持下工作的，由软件来协调各种功能的实现。图 3-72 所示为智能压阻压力传感器的源程序流程图。

3. 非线性与温度误差的修正

由于压阻压力传感器的测量精度受非线性和温度的影响，所以采用单片机对其非线性和温度变化产生的误差进行修正。非线性和温度误差的修正方法有很多，要根据具体情况确定误差修正与补偿方案，通常采用二元线性插值法，对传感器的非线性与温度误差进行综合修正与补偿。

一般可以将传感器的输出作为一个多变量函数来处理，即

$$Z = f(x, y_1, y_2, \cdots, y_n)$$

式中　　　Z——传感器的输出；

　　　　　x——传感器的输入；

$y_1, y_2, \cdots, y_n$——环境参量，如温度、湿度等。

如果只考虑环境温度的影响，可以将传感器输出当作二元函数来处理，这时表达式为

$$u = f(p, T) \text{ 或 } p = f(u, T) \tag{3-54}$$

式中　　p——被测压力；

　　　　u——传感器输出；

　　　　T——环境温度。

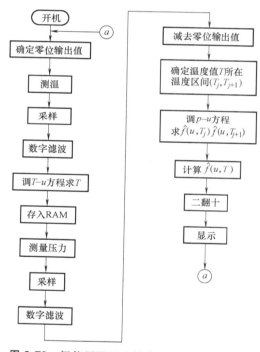

图 3-72 智能压阻压力传感器的源程序流程图

设 $p = f(u, T)$ 为已知二元函数，该函数在图形上呈曲面，但为了推导公式更容易理解，用图 3-73a 所示的平面图形表示。

若选定 n 个 u 的插值点，m 个 T 的插值点，则可把函数 p 划分为 $(n-1)(m-1)$ 个区域。其中，(ij) 区表示于图 3-73b，图中，a、b、c、d 点为选定的差值基点，各点上的变量值和函

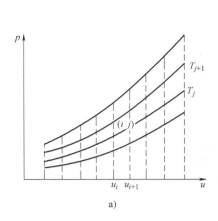 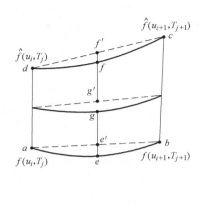

图 3-73　二元线性差值

数值都是已知的，则该区内任何点上的函数值 p 都可用线性插值法逼近，其步骤如下：

1）先保持 T 不变，对误差进行插值，即先沿 ab 线和 cd 线进行插值，分别求得 u 所对应的函数值 $f(u_i, T_j)$ 和 $f(u_i, T_{j+1})$ 的逼近值 $\hat{f}(u_i, T_j)$ 和 $\hat{f}(u_i, T_{j+1})$，显然

$$\hat{f}(u_i, T_j) = f(u_i, T_j) + \frac{f(u_{i+1}, T_{j+1}) - (u_i, T_j)}{u_{i+1} - u_i}(u - u_i) \tag{3-55}$$

$$\hat{f}(u, T_{j+1}) = f(u, T_{j+1}) + \frac{f(u_{i+1}, T_{j+1}) - f(u_i, T_{j+1})}{u_{i+1} - u_i}(u - u_i) \tag{3-56}$$

式（5-55）、式（5-56）的等号右边除 u 外均为已知量，故对落于 (u_i, u_{i+1}) 区间内的任何值 u，都可求得相应函数 $f(u_i, T_j)$ 和 $f(u_{i+1}, T_{j+1})$ 的逼近值 $\hat{f}(u_i, T_j)$ 和 $\hat{f}(u_{i+1}, T_{j+1})$。由图 3-73b 可知，前者为 e、f 点上的值，而后者为 e' 和 f' 点上的值。

2）基于上述结果，再固定 u 不变而对 T 进行插值，即沿 $e'f'$ 线插值，可得

$$\hat{f}(u_i, T_j) = f(u_i, T_j) + \frac{\hat{f}(u_{i+1}, T_{j+1}) - f(u_i, T_j)}{T_{j+1} - T_j}(T_j - T_{j+1}) \tag{3-57}$$

区间的 T 都可根据式（5-57）求得函数 $f(u, T)$ 的逼近值 $\hat{f}(u, T)$。由图 3-73 看出，$f(u, T)$ 是点 g 所对应的值，而 $\hat{f}(u, T)$ 是点 g' 上的值。

4. 实验结果与结论

对传感器进行温度实验，在 T 为 100℃、20℃、30℃、40℃、50℃、60℃时，得到六组输出线输入关系实验数据（略）。通过数据处理得到六个直线回归方程 $P = a + bu$，由此可以得到 $\hat{f}(u, T_j)$、$\hat{f}(u, T_{j+1})$ 和 $\hat{f}(u, T)$，即可以采用线性插法对传感器的非线性和温度影响进行综合修正。实验数据见表 3-5 和表 3-6。

表 3-5　在 60℃ 时修正系数前、后对比

$P_i/10^5$ Pa		0.400	0.600	0.800	1.000	1.200
未修正	P_0	0.434	0.637	0.841	1.045	1.247
	ΔP	0.034	0.037	0.041	0.045	0.047
修正后	P_0	0.399	0.599	0.798	0.999	1.202
	ΔP	-0.001	-0.001	-0.02	-0.001	0.002

注：P_0 为输入压力（10^5 Pa）；P_i 为输出压力（10^5 Pa）；ΔP 为测量压力误差（10^5 Pa）。

表 3-6　$P_1 = 1.200 \times 10^5$ Pa 时修正系数前、后对比

温度/℃		10	20	30	40	50	60
未修正	P_0	1.200	1.209	1.219	1.228	1.238	1.247
	ΔP	0	0.009	0.019	0.028	0.038	0.047
修正后	P_0	1.200	1.200	1.201	1.201	1.202	1.202
	ΔP	0	0	0.001	0.001	0.002	0.002

注：P_0 为输入压力（10^5 Pa）；ΔP 为测量压力误差（10^5 Pa）。

上述实验数据表明，采用二元线性插值法修正非线性和温度误差的效果良好，在 10～60℃ 范围内，误差的绝大部分得到修正与补偿，传感器的准确度基本保持不变。

5. 智能传感器的发展方向与途径

从前面讨论可知，智能传感器是利用微处理器代替一部分脑力劳动，具有人工智能的特点。智能传感器可以由好几块相互独立的模块电路与传感器装在同一壳体里构成，也可把传感器、信号调节电路和微型计算机集成在同一芯片上，形成超大规模集成化的更高智能传感器。例如，将半导体力敏元件、电桥电路、前置放大器、A/D 转换器、微处理器、接口电路、存储器等分别分层次集成在一块半导体硅片上，便构成一体化集成的硅压阻式智能压力传感器，如图 3-74 所示。这里关键是半导体集成技术，即智能化传感器的发展依附于硅集成电路的设计和制造装配技术。

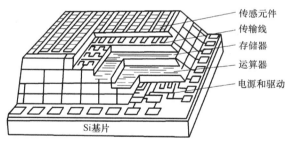

图 3-74　一体化集成的硅压阻式智能压力传感器

应该指出，上面讨论的智能传感器是具有检测、判断与信息处理功能的传感器。还有一种带有反馈环节的传感器，整个传感器形成闭环系统，其本身固有特性可以判断出来，而且根据需要可以将其特性进行改变，它无疑也属于智能传感器的范畴。

智能传感器在美国称为灵巧传感器（Smart Sensor）。这个概念是美国宇航局（NASA）在开发宇宙飞船的过程中产生的。宇宙飞船需要速度、加速度、位置和姿态等传感器，宇航员的生活环境需要温度、气压、空气成分和微量气体传感器，科学观测也要用大量的各种传感器。宇宙飞船观测到的各种数据是很庞大的，处理这些数据需要用超大型计算机，要不丢失数据，并降低成本，必须有能实现传感器与计算机一体化的灵巧传感器。因此，实现数据处理由集中处理变为分散处理，避免使用超大型计算机。

习题与思考题

3-1 简述传感器的定义、基本组成及主要技术指标。

3-2 什么是金属导体的应变效应？电阻应变片由哪几部分组成？各部分的作用是什么？

3-3 简述位移传感器的分类，差动变压器传感器的基本工作原理。

3-4 简述光栅数字传感器的分类及其各自用途。

3-5 简述压电加速度传感器的基本工作原理，举例说明其应用。

3-6 简述应变片构成的测力传感器的工作原理。

3-7 简述位置传感器分类，举例说明其应用。

3-8 简述红外、图像传感器的基本工作原理，举例说明其应用。

3-9 一变极距型电容传感器，其圆形极板半径 $r = 6\text{mm}$，工作初台间隙 $\delta_0 = 0.3\text{mm}$。试求：1）工作时，如果传感器与工件的间隙变化量 $\Delta\delta = \pm2\mu\text{m}$，电容变化量是多少？2）如果测量电路的灵敏度 $S_1 = 1000\text{mV/pF}$，仪表的灵敏度 $S_2 = 5$ 格/mV，在 $\Delta\delta = \pm2\mu\text{m}$ 时，读数仪表的指示变化多少格？

3-10 欲测量液体压力，拟采用电容式、电感式、电阻应变式传感器，绘出可行方案图，并做比较。

3-11 为了节省能源，需要根据自然光的亮度来开关路灯，即只有在夜间或天气很暗的时候才打开路灯，应该用何种器件来控制路灯的开关？

3-12 简述机器人常用传感器有哪些，机器人的腕力是如何测量的。

3-13 简述智能传感器的基本构成。

第四章 继电接触控制系统设计

尽管机电设备种类繁杂，但其电气控制系统的设计原则和方法大体相同。除了极为简易者外，现今的机电设备几乎没有例外地配备有电气控制系统。一台先进的机电设备，其结构和使用效能与其电气自动化的程度密切相关。在机电一体化产品设计中，一方面引用电气、电子、计算机和自动控制技术来改造及完善机电设备的功能；另一方面使机电结构成为系统的控制对象，从而使机械设计和电气设计不可分离，而必须互相参照、互相适应，成为一个整体。因此，机电一体化产品设计者不但要熟悉机械功能，同时也要熟悉电气功能，只有这样才能较好地完成机电一体化产品的设计工作。本章主要介绍常用低压电器和继电接触控制的设计方法。

第一节　常用低压电器

低压电器是电力拖动控制系统、低压供配电系统的基本组成元件，其性能的优劣直接影响着系统的可靠性、先进性和经济性，是机电传动控制技术的基础。因此，必须熟练掌握低压电器的结构、工作原理。

一、电器的基本知识

电器就是根据外界施加的信号和要求，能手动或自动地断开或接通电路，断续或连续地改变电路参数，以实现对电或非电对象的切换、控制、检测、保护、变换和调节。低压电器通常指工作在直流电压 1500V 以下、交流电压 1200V 以下的电器。采用电磁原理完成上述功能的低压电器称为电磁式低压电器。

电器的种类很多，分类方法也很多，常见的分类方法如图 4-1 所示。常用低压电器的分类如图 4-2 所示。

电路中常用的控制元件种类特别多，分类方法也多。控制元件按照动作所需条件分成两大类：手动和自动。

手动操作的控制元件，需要操作者用手直接操纵控制元件动作，如断路器、组合开关、按钮开关、电源插头等。

自动动作的控制元件，其动作是按照指令信号、程序，或者某些物理量（如压力、温度）的变化而自动进行，如继电器、接触器、时间继电器、热继电器、压力继电器、液位计、速度继电器等。

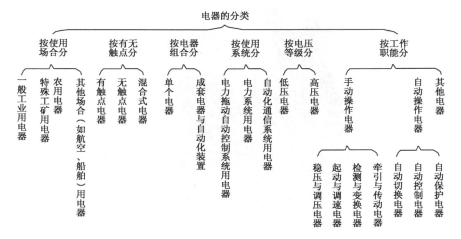

图 4-1　电器的分类

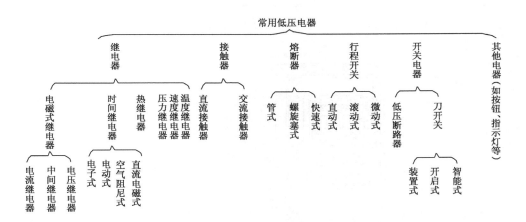

图 4-2　常用低压电器的分类

二、手动控制元件

1. 刀开关

刀开关的种类很多。按照刀片投向分类，刀开关可分为单投和双投两类；按照刀片数量分类，刀开关可分为单极、双极、三极三类；按照基本结构分类，刀开关可分为胶盖瓷底座刀开关、铁壳刀开关等。

刀开关主要用于接通电源和断开电源。刀开关的额定电压一般不超过 500 V，额定电流分为 20A、30A、60A、100A、200A、…、1500A 等。200A 以上的刀开关，底座为理石，所以称为理石刀开关。理石刀开关一般是单投向三极（三个刀片），它主要用于通、断低压（500V 以下）、大电流的三相交流电路。

为了对刀开关结构了解得更清楚，图 4-3～图 4-6 分别给出了胶盖瓷底座刀开关、铁壳刀开关、理石刀开关、杠杆刀开关的结构及电气符号。

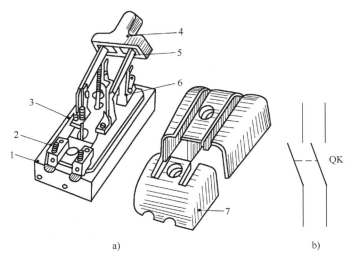

图 4-3 胶盖瓷底座刀开关（单相用）

a）结构 b）电气符号

1—瓷座 2—进线座 3—刀座 4—瓷柄 5—刀片 6—出线座 7—胶盖

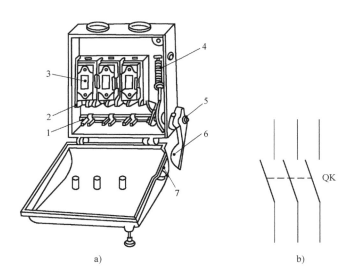

图 4-4 铁壳刀开关

a）结构 b）电气符号

1—刀片 2—刀座 3—熔断器 4—速断弹簧 5—转轴 6—操作手柄 7—凸肋

由图 4-3 可见，胶盖瓷底座刀开关由瓷柄、刀片、刀座、进线座、出线座、瓷座、胶盖等部件组成。

铁壳刀开关的刀座、刀片、熔断器都安装于铁壳箱内，只有操作手柄在铁壳箱外。铁壳刀开关应按如图 4-4 的方向垂直安装，以保证箱盖打开时，箱盖下垂，方便更换开关内部元件。铁壳刀开关一般还设有箱盖的机械联锁机构，即箱盖闭合，才能扳动操作手柄使刀开关闭合，操作手柄扳到使开关断开位置时，箱盖才能开启。

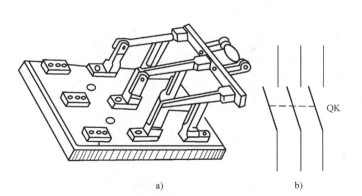

图 4-5 理石刀开关

a）结构　b）电气符号

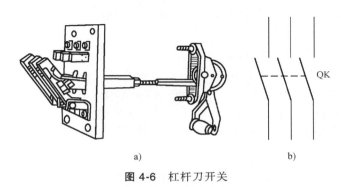

图 4-6 杠杆刀开关

a）结构　b）电气符号

图 4-5 所示的理石刀开关结构与胶盖瓷底座刀开关基本相同，只是理石刀开关没有绝缘盖，其底座为理石。

图 4-6 所示的杠杆刀开关用在动力配电盘上，用于通断低压（380V）大电流的三相交流电路。杠杆刀开关的底座、刀片和刀座部分安装于配电盘的背面，操作手柄安装于配电盘的正面。操作人员隔离带电空间操作，对人身安全特别有利。

刀开关体积较大，操作费力，单位时间内允许的通断次数少。刀开关主要作为电路的电源开关，或者隔离开关使用。刀开关不允许频繁通断，只是在对电气设备检修或电气设备较长时间不使用时，才断开开关，将电源与用电设备隔离开。当电路出现故障，有电火花出现时，必须立即拉断刀开关，使发生故障电路与电源隔离开。

当刀开关切断带有感性负载的电路时，刀片与静插座分离瞬间，在分断的间隙处会产生强烈的电弧。为了防止刀片与静插座接触部位被电弧烧蚀，大电流的刀开关多装有速断刀片，或者采用耐弧材料制造刀片和静插座，或者加装灭弧罩。

2. 组合开关

组合开关是一种结构更紧凑的手动主令开关。它是由装在同一根轴上的单个或多个单极旋转开关叠装在一起组成的，如图 4-7 所示。当旋转轴端手柄或旋钮时，固定在轴上的动触片有规律地脱离（或插入）相应的静触片，从而有规律地断开（或接通）电路。

组合开关有单极、双极和多极等多种。额定电压在 500V 以下，额定电流可分为 10A、25A、60A、100A 等几个等级。常用的组合开关有 HZ1、HZ2、HZ3、HZ4、HZ10 等系列。

普通组合开关的各极是同时接通或同时断开的。这类开关主要用作电源引入使用，有时也用来直接起停那些不需经常起动和停止的小型电动机，如小型砂轮机、冷却液电泵、小型通风机电动机等。

图 4-7 为 HZ2-10/3 型组合开关的结构图和实物接线图。此组合开关是三极二位开关。由图可见，HZ2-10/3 型组合开关分为三层，每层底座上有两个静触片，三层共有六个静触片；旋转轴上带有三个动触片（动触片与轴之间有绝缘隔开）分别置于三层底座中间位置。

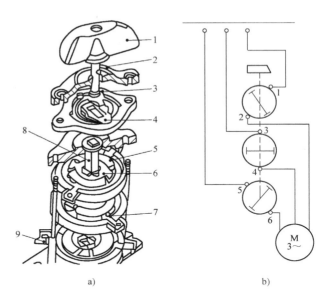

图 4-7　HZ2-10/3 型组合开关

a）组合开关的结构图　b）用组合开关起停电动机的接线图
1—手柄　2—转轴　3—弹簧　4—凸轮　5—绝缘垫板
6—动触片　7—静触片　8—绝缘杆　9—接线柱

当操作手柄置于"0"位置时，三层的动触片与静触片处于断开状态，若将操作手柄左转或右转 90°，都会使三层动触片与静触片接通。这种型号的组合开关也可以顺时针旋转或逆时针转 360°。在旋转过程中，手柄从"0"位开始转动，每转动 90°，开关静动触片的通断就发生一次变化。

3. 万能转换开关

万能转换开关是一种具有更多操作位，能换接更多电路的手动开关。例如 LW6 系列万能转换开关，有 2~12 个操作位，由 1~10 层触点底座叠装而成。每层底座都可以安装三对触点；底座中间的凸凹轮做成不同形状，凸凹轮上带有动触片；所有的凸凹轮都贯穿一根旋转轴上；当轴旋动时，所有的凸凹轮会跟随转动，从而使各层触点有规律地接通或断开。图 4-8 给出了三层、三极五位万能转换开关的结构图和触点通断状态。

图 4-8 所示开关又称为倒顺开关。这种开关经常用于小型三相异步电动机正、反转电路。图中所示万能转换开关有三组触点，操作手柄有五个位置（"0"位、左"Ⅰ"位、左"Ⅱ"位、右"Ⅰ"位、右"Ⅱ"位）。当手柄处于"0"位时，三组触点都处于断开状态。当手柄处于左"Ⅰ"位和右"Ⅰ"位时，使 W1 与 W11、U1 与 U11、V1 与 V11 接通。当手柄处于右"Ⅱ"位和左"Ⅱ"位时，使 W1 与 W11 接通。

4. 按钮开关

按钮开关是电路中最常见，使用最多的控制元件。按钮开关种类很多，体积有大有小，形状有圆有方。按照动作情况可以分为两类：一类是普通按钮开关（不带自锁装置，自动返回式按钮）；另一类是带记忆按钮开关（有自锁装置，不能自动返回）。

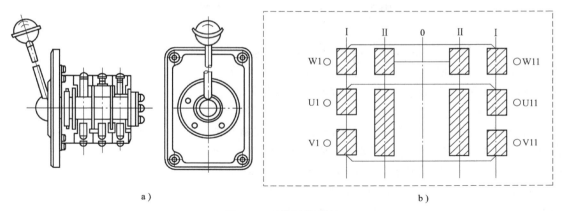

图 4-8　万能转换开关

a）结构图　b）触点通断状态图

普通按钮开关是低压电器产品中最常见的开关。普通按钮开关有单按钮（红色和绿色两种）、双联按钮（红绿两种颜色）、三联按钮（红绿黑三种颜色）和多按钮组合型按钮开关。图 4-9 所示为单按钮和双联按钮开关的结构图。

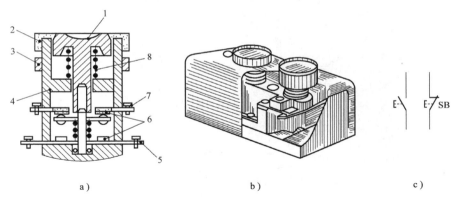

图 4-9　普通按钮开关结构图

a）单按钮剖面图　b）双联按钮　c）电气符号

1—按钮　2—压盖　3—紧固件　4—壳　5、7—接线柱　6—触点　8—复位弹簧

由图 4-9 可见，普通按钮开关的结构很简单。当按压按钮时，按钮开关的联动杆带动动触点先与上层定触点（常闭触点）分开而下移。动触点联片下面的弹簧被压缩。当按钮位移到一定位置时，动触点与下层的定触点（常开触点）闭合，下层触点接通。一旦按钮压力消失，按钮和动触点联片会在其复位弹簧的作用下，自动返回原位：动触点先与下层定触点断开，然后再与上层的定触点闭合。普通按钮开关常见的类型有 LA2、LA18、LA19、LAY 等。普通按钮开关有的还带有指示灯。

带记忆（有自锁机构）按钮开关与普通按钮开关的区别，就在于带记忆按钮开关有自锁机构：自锁按钮开关（记忆按钮）用手按动一次，它的状态就改变一次。例如，自锁按钮开关原始状态为常闭触点闭合、常开触点断开；我们第一次按动按钮，按钮会通过机械机构锁住，常闭触点先断开，常开触点接着闭合，这种状态可以一直保持下去，一直到第二次按动按钮时，按钮开关才恢复为原状态。图 4-10 所示为带记忆按钮开关的电气符号。

目前，电视机、录放机的电源开关就是带记忆按钮开关。带记忆按钮开关的触点通断电流的能力很低，不允许频繁按动，只能用于不频繁动作、通断电流 5A 下的电路中。

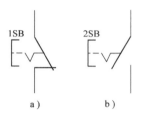

图 4-10 带记忆按钮开关
的电气符号

a）常闭触点 b）常开触点

5. 断路器

断路器（俗称空气开关）主要用作总电源的控制开关。断路器主要分为两种类型：一种是单极，另一种是三极。单极断路器用于通断 220V 交流电源，三极断路器用于通断 380V 三相交流电源。断路器通断电流能力等级为 10A、20A、50A、100A、150A、200A、400A、600A 等。断路器有过载、短路保护等环节。断路器的结构和电气符号如图 4-11 所示。

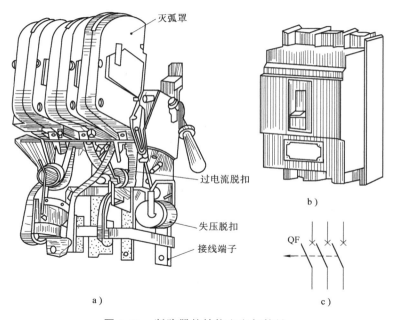

图 4-11 断路器的结构和电气符号
a）DW 型断路器 b）DZ1 型断路器 c）电气符号

由图 4-11 可见，断路器动触点动作是通过杠杆机构操纵的。断路器的脱扣装置能自动动作。当电流过大（电流过载）或电路短路时，脱扣装置会立即动作，从而自动切断负载与电源之间的联系，起到保护电源和保护负载的作用。

XK 系列断路器虽比 DW 系列、DZ 系列断路器体积小，但其通断电流的能力却有很大提高。XK 系列断路器的触点为耐电弧的合金触点。这种触点使用寿命长、耐电弧能力强、通断电流能力大。

虽然手动控制元件种类繁多、样式各异，但是它们的基本结构、动作原理和使用方法不会发生大的变化。只要将以上介绍控制元件的动作原理和结构理解清楚，其他手动控制元件也就很容易理解了。

■ 三、自动控制元件

自动动作的控制元件种类有很多，在机电传动中，最常用的自动控制元件有接触器、中间继电器、控制继电器、热继电器、压力继电器、温度继电器、信号继电器、电流继电器、行程开关和接近开关等。

1. 接触器

接触器是用来接通或分断电动机主电路或其他负载电路的控制电器，用它可以实现频繁的远距离自动控制。由于它体积小、价格低、寿命长、维护方便，所以用途十分广泛。

接触器最主要的用途是控制电动机的起动、反转、制动和调速等，因此它是电力拖动控制系统中最重要，也是最常用的控制电器之一。它具有比工作电流大数倍乃至十几倍的接通和分断能力，但不能分断短路电流。它是一种执行电器，即使在先进的 PLC 应用系统中，一般也不能被取代。

接触器种类有很多，按驱动力不同可分为电磁式、气动式和液压式，以电磁式应用最为广泛。接触器按主触点控制电路中的电流种类可分为交流接触器和直流接触器两大类。虽然两类接触器线圈所加电压不同，但它们的外观、内部结构、动作原理和应用范围是相同的。

交流接触器是最常用的控制元件。交流接触器有 CJ10 系列、CJ20 系列、LCI 系列、3TB 系列、JCX 系列、B 系列等。交流接触器虽然系列较多，结构差别较大，但动作原理相同，都属电磁式。现在就以 CJ10-40 交流接触器为例来说明其动作原理。

CJ10-20、CJ10-40、CJ10-60 三种交流接触器的结构相同，只是体积大小有区别。CJ10-100、CJ10-150 交流接触器与前面三种接触器的结构差别很大。CJ10-100 和 CJ10-150 交流接触器是通过杠杆机构驱动主触点和辅助触点动作，杠杆的驱动力为电磁力。

如图 4-12 所示，CJ10-40 交流接触器的主要动作部件有动触点部件、动铁心和胶木架部件、复位弹簧等，其他部件都是固定不动的。交流接触器有三对主触点（常开触点），有两对常开和两对常闭的辅助触点。当交流接触器的吸引线圈 3 通以交流电流时，静铁心和动铁心同时被磁化，动铁心被吸引动作，动铁心 2 与静铁心 1 闭合。动铁心移动时，带动胶木架和动触点移动，使得接触器的常闭触点 5 断开，常开触点 4 闭合。动铁心移动时压缩复位弹簧，使复位弹簧储存势能；当吸引线圈断电时，复位弹簧迫使动铁心、胶木架、动触点返回初始状态。

CJ20 系列交流接触器与 CJ10 系列接触器的结构基本相同，动作原理相同，但触点材质不同。CJ10 系列交流接触器触点为银合金材质，CJ20 系列交流接触器触点为镍合金材质。CJ20-20、CJ20-40 和 CJ20-60 三种 CJ20 系列交流接触器为后开启式，CJ20-100、CJ20-150 和 CJ20-200 三种 CJ20 系列交流接触器为前开启式。

CJ20 系列接触器的触点耐电弧能力比 CJ10 系列接触器强得多。同电流等级的两个系列接触器相比，CJ20 系列接触器体积比 CJ10 系列接触器体积小得多。

LCI 系列交流接触器和 3TB 系列、B150 系列、B170 系列、JCX 系列等交流接触器都有扩增触点的能力，它们的触点耐电弧能力都优于 CJ10 系列接触器。在同电流等级范围内，这五个系列产品的体积都比 CJ10 系列产品小。

总的来说，五个系列交流接触器的性能比 CJ10 系列和 CJ20 系列交流接触器的性能要好得多。在结构上，3TB 系列、B150 系列、B170 系列、LCI 系列、JCX 系列交流接触器与

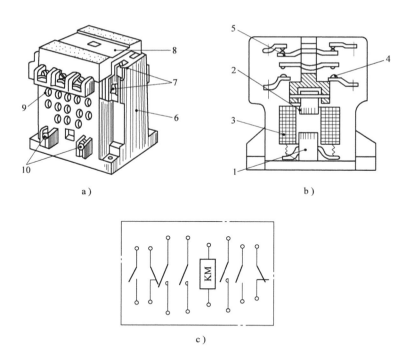

图 4-12   CJ10-40 交流接触器结构和电气图形符号图
a）交流接触器外形图   b）交流接触器结构图   c）电气图形符号图
1—静铁心   2—动铁心   3—吸引线圈   4—常开触点   5—常闭触点   6—外壳
7—辅助触点   8—灭弧装置   9—静触点   10—线圈接线柱

CJ20 系列交流接触器基本相同，动作原理相同，只是辅助触点位置有所不同。例如，LCI 系列接触器的辅助触点（基本型，没有扩增触点）只有一对常开触点和一对常闭触点，而且常开触点在上面，常闭触点在下面。当吸引线圈得电（加电压）时，动铁心带动主触点的动触点下移与定触点闭合，而辅助触点的动触点通过弹簧的作用逆着动铁心移动方向移动。CJ20 系列交流接触器的辅助触点有两对常开触点和两对常闭触点，而且常闭触点在上面，常开触点在下面（正好与 LCI 系列辅助触点位置相反）。当吸引线圈得电时，动铁心带动主触点和辅助触点的动触点一起同方向移动，使常开触点闭合。

为了便于在设计电路时，能比较合适地选择接触器，现将 CJ10 系列和 CJ20 系列交流接触器具体型号与可控制笼型异步电动机的功率关系列于表 4-1，常用各系列接触器主触点通断电流值见表 4-2。

表 4-1   CJ10 系列和 CJ20 系列可控制笼型异步电动机的功率关系

接触器型号	主触点允许的额定电流值/A	可控制笼型异步电动机的功率值/kW		
		220V	380V	500V
CJ10-5	5	1.2	2.2	2.2
CJ10-10 CJ20-10	10	2.2	4	4
CJ10-20 CJ20-20	20	5.5	7.5	7.5

（续）

接触器型号	主触点允许的额定电流值/A	可控制笼型异步电动机的功率值/kW		
		220V	380V	500V
CJ10-40 CJ20-40	40	7.5	10	10
CJ10-60 CJ20-60	60	17	18.5	18.5
CJ10-100 CJ20-100	100	30	45	45
CJ10-150 CJ20-150	150	40	50	50

表 4-2　常用各系列接触器主触点通断电流值

接触器系列	通断电流值/A	接触器系列	通断电流值/A
CJ10 系列	5、10、20、40、60、100、150、200	LCI-D 系列	20、40、63、105、168
CJ20 系列	10、20、40、60、100、150、200	3TB 系列	20、40、63、105、168
B150 系列	20、40、63、105	JCX 系列	20、40、63、105、168
B170 系列	20、40、63、105、168	—	—

2. 中间继电器

中间继电器是根据某种输入信号来接通或断开小电流控制电路，实现远距离控制和保护的自动控制电器，其输入量可以是电流、电压等电量。

中间继电器根据电磁线圈所加电压类型可分为交流中间继电器和直流中间继电器两类。交流中间继电器线圈额定电压有 AC220V 和 AC380V 两种。直流中间继电器线圈额定电压多为 DC110V。中间继电器触点的通断电流能力比信号继电器触点大得多。

在电路中，最常用的中间继电器有 JZ7-44/220V、JZ7-44/380V、JZ7-2/6-220V、JZ7-2/6-380V、JZ7-6/2-220V、JZ7-6/2-380V 等，多数中间继电器触点通断电流为 10A。

中间继电器主要用于传递信号和增扩信号，有时也用中间继电器控制小功率电动机的起动和停止。图 4-13 所示为 JZ7-44 中间继电器的结构和电气符号。

3. 时间继电器（定时器）

时间继电器是时序电路中的关键控制元件。时间继电器可分为气囊式时间继电器、电动式时间继电器、晶体管时间继电器、机械式时间继电器、数字式时间继电器等。

在这些继电器中，数字式时间继电器定时最准确，其次是晶体管时间继电器，其他三种时间继电器的定时精度稍差些。在以工业控制器为核心的控制电路中，时序电路采用数字式时间继电器；在一般电气控制电路中，时序电路多采用其他四种时间继电器。

（1）气囊式时间继电器　图 4-14a 所示为 JS7 系列气囊式时间继电器通电延时的结构原理示意图，它利用空气的阻尼作用来达到延时目的。

当线圈通电后，将衔铁吸下，使衔铁与活塞杆之间有一段距离。在释放弹簧的作用下，活塞杆向下移动，带动表面固定的一层橡皮膜的伞形活塞向下移动。那么活塞上面就形成一个空气稀薄的空间，而活塞下面的空气受到压缩，在空气负压的作用下，活塞不能迅速下移。当空气由进气孔进入活塞上面气室时，活塞才逐渐下移。移到最后位置时，杠杆使微动

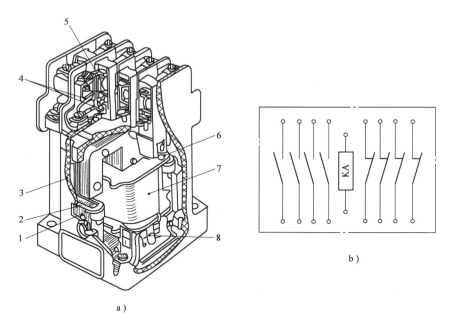

图 4-13 JZ7-44 中间继电器的结构和电气符号

a）结构图 b）电气图形符号

1—静铁心 2—短路环 3—动铁心 4—常开触点 5—常闭触点 6—复位弹簧 7—线圈 8—反作用弹簧（缓冲）

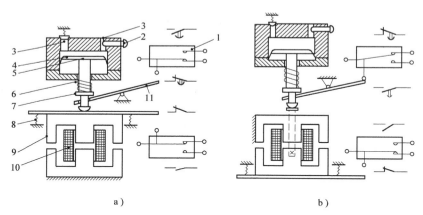

图 4-14 JS7 系列气囊式时间继电器的结构原理图

a）通电延时 b）断电延时

1—微动开关 2—调节螺钉 3—气孔 4—橡皮膜 5—伞形活塞 6—释放弹簧

7—活塞杆 8—复位弹簧 9—衔铁 10—线圈 11—杠杆

开关动作，这样从通电到触点切换为止就形成一段延时时间。通过调节螺钉调节进气孔的大小，就可调节延时时间的长短。当线圈断电时，衔铁在复位弹簧的作用下，气囊内的空气由气孔排出，使活塞迅速复原，各触点恢复到起始位置。

若将图 4-14a 中的铁心倒装一下，就成了如图 4-14b 所示的断电延时继电器。当线圈通电时，各触点立即改变开闭状态；当线圈断电时各触点才延时复位（即常开的延时断开，常闭的延时闭合）。

（2）机械式时间继电器　图 4-15 所示为 DS-110、DS-120 系列时间继电器的结构图。当线圈通电时，衔铁被吸入，使被卡住的一套钟表机构释放，同时切换瞬时触点。拉引弹簧起作用，带动传动机构使得钟表机构运转，经过整定的延时时间后主触点闭合。当线圈断电时，继电器在复位弹簧作用下返回起始位置。通过调节主动、静触点的相对位置，就可改变延时时间的长短。

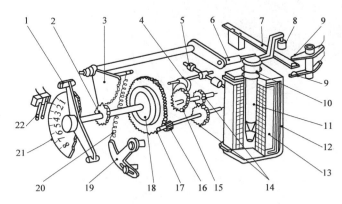

图 4-15　DS-110、DS-120 系列时间继电器的结构图

1—主动触点　2—传动齿轮　3—扇形齿轮　4—摆动卡板　5—平衡锤　6—压杆　7—瞬时动触点　8—绝缘件　9—瞬时静触点　10—返回弹簧　11—衔铁　12—电磁铁　13—线圈　14—钟表机构传动齿轮　15—掣轮　16—小齿轮　17—主齿轮　18—摩擦离合器　19—弹簧检力调节器　20—检力弹簧　21—标度盘　22—主静触点

（3）电动式时间继电器　电动式时间继电器的几对触点在微型控制电动机变速机构带动凸轮轴的作用下，按照触点时间闭合表的延时时间动作。洗衣机电动程序控制器、冰箱定时融霜器、燃油锅炉的点火控制顺序等都为电动式时间继电器控制。由于用途不同，电动式时间继电器的凸轮形状及触点排列也不同，图 4-16 所示为 JS17 系列电动式时间继电器。

（4）电子式时间继电器　电子式时间继电器可分为阻容式和数字式两种。在模拟电子电路中能够延时传输信号的电路很多，它们都利用 RC 充放电延时电路作为基本环节，通过改变 RC 的充放电时间常数来调节延时时间。这类阻容式时间继电器有 JS20、JS11、JS14A、JSJ、JSR1、ST 系列等。而数字式时间继电器是利用计数器延时电路来实现控制的，通过改变输入脉冲信号的频率或改变计数器预置（即拨码盘的数字式时间继电器），来改变延时时间的长短。这类数字式电子继电器有 JS14P、JSS 系列等。

时间继电器的电气符号如图 4-17 所示，其文字符号为 KT。

4. 热继电器

热继电器是在电力拖动电路中保护电动机并避免过载的控制元件，又称为过载保护元件。热继电器的基本结构如图 4-18 所示。

热继电器的发热元件串接于电动机三根电源线中。当电动机在正常额定状态下运行时，热继电器通过的电流在其额定电流值以内，热元件（一般都是双金属片）受热稍有变形（弯曲），热继电器的推动杆不动作，也就是说热继电器不动作。

当电动机超载运行时，电流很大（超过额定电流），此电流使热元件受热后变形大（弯曲程度大），当热元件弯曲变形到一定程度时，变形的热元件推动推动杆（俗称扣板）移动，

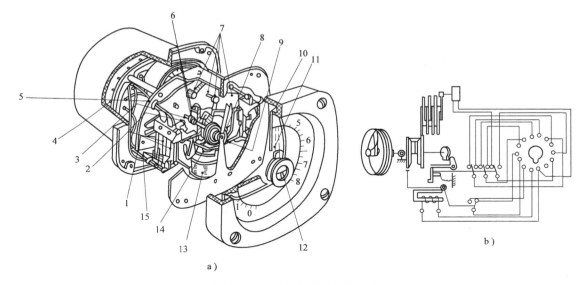

图 4-16 JS17 系列电动式时间继电器

a）外形 b）结构

1—动触点 2—脱扣机构 3—凸轮 4—接线插脚 5—电动机 6—差动齿轮 7—减速齿轮 8—制动板
9—复位游丝 10—刻度盘 11—指针 12—延时调节螺钉 13—线圈 14—衔铁 15—静触点

图 4-17 时间继电器的电气符号

a）通电延时线圈 b）断电延时线圈 c）瞬动常开触点 d）瞬动常闭触点 e）延时闭合常开触点
f）延时断开常闭触点 g）延时断开常开触点 h）延时闭合常闭触点

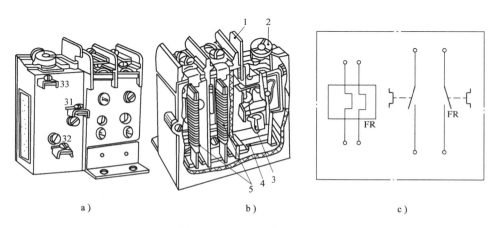

图 4-18 JR10 型热继电器

a）外形 b）结构 c）电气符号

1—复位按钮 2—调整电源装置 3—常闭触点 4—动作机构 5—热元件

使热继电器常闭触点断开；常闭触点断开致使控制电动机起动的接触器断电，接触器主触点断开，使电动机断电停止转动。

热继电器的常开触点是作报警电路用的。当热继电器动作时，常闭触点断开，使电动机断电停转，常开触点闭合，使报警电路通电，报警器件动作（发光、鸣叫等）。

热继电器电流超过额定电流时，它不能立即动作，这是因为热元件有一个热量积累过程。热继电器只能作过载保护用，绝不能作短路保护用。

5. 压力继电器

压力继电器是用压力作为控制信号的电开关，按其动作压力来分，有高压式、低压式、高低压组合式和差压式几类。压力继电器由传感机构、逻辑判别机构和执行机构等组成。图 4-19 是 JY-6535 型低压继电器。波纹管与主调弹簧对置在摆动板的上下两侧，摆动板的左端紧靠在微动开关的按钮上，而其右端则插在限位架的长孔内。限位架上部由幅差调节弹簧钩住，并被拉向上；限位架的下部带有凸钩，当它被支架的上部限制时，限位架就不能再向上移动。

当进入传压细管的压力上升时，波纹管上胀，将使摆动板沿逆时针方向偏转，压缩主调弹簧，同时放松幅差调节弹簧。在摆动板右端上移 ΔS_1 后，由于限位架已被支架钩住，幅差调节弹簧的影响自行消失，此后摆动板继续偏转就与幅差调节弹簧的拉力无关了。当吸入压力升高到调定值的最高限时，

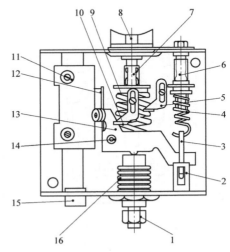

图 4-19　JY-6535 型低压继电器
1—传压细管　2—支架　3—限位架　4—幅差调节弹簧
5—幅差指针　6—幅差调节螺钉　7—调压螺钉
8—调压旋钮　9—主调弹簧　10—调压指针
11—微动开关　12—开关按钮　13—摆动板
14—支点　15—进线孔　16—波纹管

摆动板的右端又要上移一段 ΔS_0 的距离，而摆动板的左端则压动微动开关，这时动触点在弹簧的作用下迅速接通常开触点，断开常闭触点。当吸入压力下降时，摆动板在主调弹簧的张力作用下沿顺时针方向偏转，其右端在限位架的长孔中自由下移，并在移动一段 ΔS_2 的距离后抵达长孔下部边缘，这时幅差调节弹簧的拉力就要阻碍摆动板的继续摆动，使吸入压力进一步降低，动触点才能翻转。当吸入压力降低到调定值的最低限时，摆动板的右端又将下移一段 ΔS_1 的距离，这时摆动板的左端就会将按钮拉回，动触点返回初始状态。

6. 行程开关和接近开关

行程开关又称限位开关，能将机械位移转变为电信号，以控制机械运动。它的种类很多，按运动形式可分为直动式和转动式；按结构可分为直动式、滚动式和微动式；按触点性质可分为有触点式和无触点式。

（1）直动式行程开关　图 4-20 所示为直动式行程开关结构图。其动作原理与控制按钮类似，只是它用运动部件上的撞块来碰撞行程开关的推杆。其触点的分合速度取决于撞块移动的速度。若撞块移动速度太慢，则触点就不能瞬时切断电路，使电弧在触点上停留，时间过长易烧蚀触点。因此，这种开关不宜用在撞块移动速度小于 0.4m/min 的场合。

（2）微动开关　为克服直动式结构的缺点，采用如图 4-21 所示的具有弯片状弹簧的瞬动机构，称之为微动开关。当推杆被压下时，弹簧片发生变形，储存能量并产生位移，当达到预定的临界点时，弹簧片连同动触点产生瞬时动作，从而导致电路的接通、分断或转换。同样，减小操作力时，弹簧片释放能量并产生反向位移，当通过另一临界点时，弹簧片向相反方向跳跃。采用瞬动机构可以使开关触点的转换速度不受推杆压下速度的影响，这样不仅可以减轻电弧对触点的烧蚀，而且也能提高触点动作的准确性。

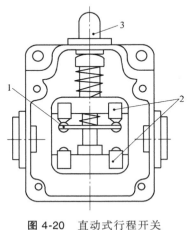

图 4-20　直动式行程开关

1—动触点　2—静触点　3—推杆

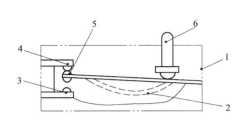

图 4-21　微动开关

1—壳体　2—弹簧片　3—常开触点

4—常闭触点　5—动触点　6—推杆

微动开关的体积小、动作灵敏，适合在小型机构中使用，但由于推杆所允许的极限行程很小，以及开关的结构强度不高，所以，在使用时必须对推杆的最大行程在机构上加以限制，以免压坏开关。

（3）滚轮旋转式行程开关　滚轮旋转式行程开关结构如图 4-22 所示。当滚轮受到向左的外力作用时，上转臂向左下方转动，推杆向右转动，并压缩右边弹簧，同时下面的滚球也很快沿着擒纵件向右转动，小滚轮滚动又压缩弹簧，当滚球走过擒纵件的中点时，盘形弹簧和弹簧都使擒纵件迅速转动，因而使动触点迅速地与右边的静触点分开，并与左边的静触点

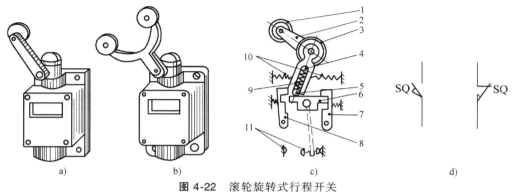

图 4-22　滚轮旋转式行程开关

a）单滚轮　b）双滚轮　c）结构　d）电气符号

1—滚轮　2—上转臂　3—盘形弹簧　4—推杆　5—滚球　6—擒纵件　7—右爪　8—左爪　9、10—弹簧　11—触点

闭合。这样就减少了电弧对触点的烧蚀，并保证了动作的可靠性。这类行程开关适用于低速运动的机械。

行程开关的主要技术参数有额定电压、额定电流、触点转换时间、动作力、动作角度或工作行程、触点数量、结构型式和操作频率等。结构型式中的复位方式有自动复位和非自动复位两种。

一般行程开关由执行元件、操作机构及外壳等部件组成。操作机构可根据不同场合的需要进行变换组合。例如，LX32 系列行程开关采用了 LX31-1/1 型微动开关作为执行元件，配以外壳和操作机构，可组成四种不同的操作方式。较为常用的行程开关有 LX32、LX33 和 LX31 系列，其他常用的还有 LX19、LXW-11、JLXK1、LW2、LX5、LX10 等系列。LX32 系列行程开关技术参数见表 4-3。

表 4-3　LX32 系列行程开关技术参数

额定工作电压/V		额定发热电流/A	额定工作电流/A		额定操作频率/(次·h^{-1})
直流	交流		直流	交流	
220、110、24	380、220	6	0.046(220V 时)	0.79(220V 时)	1200

（4）接近开关　为了克服有触点行程开关可靠性较差、使用寿命短和操作频率低的缺点，可采用无触点式行程开关，也叫接近开关。目前，小功率晶体管和大功率晶闸管无触点电子开关正获得越来越广泛的应用。

接近开关大多由一个高频振荡器和一个整形放大器组成，工作原理框图如图 4-23 所示。高频振荡器振荡后，在开关的感应面上产生交变磁场，当金属物体接近感应面时，金属体产生涡流，吸收了高频振荡器的能量，使高频振荡减弱以致停振。振荡与停振两种不同的状态，由整形放大器转换成二进制的开关信号，从而达到检测位置的目的。

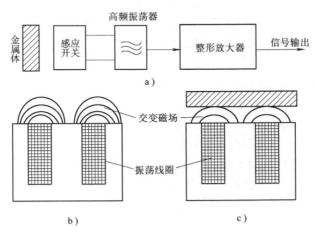

图 4-23　接近开关
a）工作原理框图　b）无金属体接近时　c）金属体接近时

接近开关外形结构多种多样，电子电路装调后用环氧树脂密封，具有良好的防潮、防腐性能。它能无接触、无压力地发出检测信号，灵敏度高、响应频率快、重复定位精度高、使用寿命长，在自动控制系统中已获得广泛应用。LXJ6 系列接近开关技术参数见表 4-4。

表 4-4　LXJ6 系列接近开关技术参数

参数 型号	作用 距离/mm	复位行程 差/mm	额定交流 工作电压 /V	输出能力/mA		重复定位 精度/mm	开关交流 电压降 /V
				长　期	瞬　时		
LXJ6-4/22	4±1	≤2	100~200	30~200mA	1A (t<20ms)	≤±0.15	≤9
LXJ6-6/22	6±1	≤2					

7. 熔断器

熔断器是一种最简单的保护电器，它可以实现过载和短路保护。由于结构简单、体积小、重量轻、维护简单、价格低廉，所以在强电或弱电系统中都获得了广泛的应用。

熔断器按其结构可分为开启式、半封闭式和封闭式三类。开启式很少采用，半封闭式如瓷插式熔断器，封闭式可分为有填料管式、无填料管式及有填料螺旋式等。

熔断器按用途可分为一般工业用熔断器、保护硅元件用快速熔断器、具有两段保护特性及快慢动作熔断器、特殊用途熔断器（如直流牵引用、旋转励磁用以及自复熔断器）等。熔断器主要由熔体和熔器（安装熔体的绝缘管或绝缘底座）组成。熔体的材料有两种：一种是低熔点材料，如铅锡合金、锌等；另一种是高熔点材料，如银、铜等。常将熔体制成丝状或片状。绝缘管具有灭弧作用。使用时，熔断器串联在所保护的电路中，当电路发生过载或短路故障时，如果通过熔体的电流达到或超过了某一定值，熔体自行熔断，切断故障电流，起到保护作用。

电气设备的电流保护主要有两种形式：过载延时保护和短路瞬时保护。过载一般是指 10 倍额定电流以下的过电流，短路则是指超过 10 倍额定电流的过电流。但应注意，过载保护和短路保护绝不仅是电流倍数不同，实际上差异很大。从特性方面来看，过载需要反时限保护特性；短路则需要瞬时保护特性；从参数方面来看，过载要求熔化系数小，发热时间常数大，短路则要求较大的限流系数，较小的发热时间常数，较高的分断能力和较低的过电压。从工作原理分析可知，过载动作的物理过程主要是热熔化过程，而短路则主要是电弧的熄灭过程。

常用的熔断器有瓷插式、螺旋式及管式三种。

（1）瓷插式熔断器　瓷插式熔断器由瓷底座、瓷盖、动静触点及熔丝几部分组成，其外形结构如图 4-24a 所示，电气符号如图 4-24b 所示。

常用的瓷插式熔断器为 RC1A 系列，其主要技术参数见表 4-5。RC1A 系列熔断器结构简单、使用方便，广泛应用于照明和小容量电动机的短路保护。

（2）螺旋式熔断器　螺旋式熔断器主要由瓷帽、瓷套、上/下接线端、底座和熔断管组成，常用的有 RL1 和 RL2 系列。图 4-25a 所示为 RL1 系列熔断器外形，图 4-25b 所示为其结构图。其基本技术参数见表 4-5。RL1 系列熔断器的底座、瓷帽和熔断器（芯子）均由电瓷制成，熔断管内装有一组熔丝或熔片，还装有灭弧用

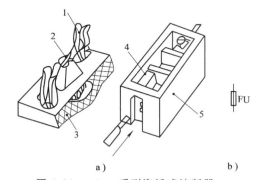

图 4-24　RC1A 系列瓷插式熔断器
a）外形结构　b）电气符号
1—动触点　2—熔丝　3—瓷盖
4—静触点　5—瓷底座

的石英砂。

熔断管上盖有一个熔断指示器。当熔断管中熔丝或熔片熔断时，带红点指示器自动跳出，显示熔丝熔断。使用时先将熔断管带红点的一端插入瓷帽，然后将瓷帽拧入底座，熔断管便可接通电路。在安装螺旋式熔断器时，电气设备接线应接在连接金属螺纹壳上的上接线端，电源线应接在底座上的下接线端。这样连接时，可保证在更换熔断管时，螺纹金属壳不带电。

RL1 系列螺旋式熔断器断流能力大、体积小、更换容易、使用安全可靠，并带有熔断显示装置，常用在电压为 500V、电流为 200 A 的交流电路及电动机控制电路中作过载或短路保护用。

（3）管式熔断器　管式熔断器常分为无填料封闭式和有填料封闭式两种，外形结构如图 4-26、图 4-27 所示。

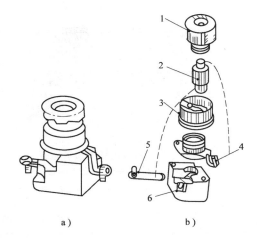

图 4-25　RL1 系列螺旋式熔断器
a）外形　b）结构
1—瓷帽　2—熔断管　3—瓷套　4—上接线端　5—下接线端　6—底座

表 4-5　常用低压熔断器技术参数

类　别	型　号	额定电压/V	额定电流/A	熔体额定电流等级/A
瓷插式熔断器	RC1A 系列	380	5	2，4，5
			10	2，4，6，10
			15	6，10，15，
			30	15，20，25，30
			60	30，40，50，60
			100	50，80，100
			200	100，120，150，200
螺旋式熔断器	RL1 系列	500	15	2，4，5，6，10，15
			60	20，25，30，35，40，50，60
			100	60，80，100
			200	100，125，150，200
	RL2 系列	500	25	2，4，6，10，15，20，25
			60	25，35，50，60
			100	80，100

1）RM10 系列无填料封闭式熔断器为可拆卸式结构，由熔断管、熔体及底座组成，适用于交流 50Hz、额定电压为 380V 或直流额定电压 440V 以下电压电路中作短路保护或过载保护用。

2）RT0 系列有填料封闭管式熔断器主要由熔断管、指示器、石英砂和熔体几部分组成。熔断管采用高频电瓷制成，具有耐热性强、机械强度高等特点。指示器为一机械装置与熔体并联的康铜丝，在熔体熔断后立即烧断，使红色指示件弹出，给出熔体已断的信号。熔体采用网状薄紫铜片，从而获得较好的短路保护和过载保护性能。主要技术参数见表 4-6。

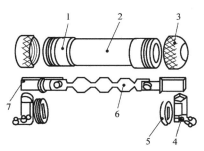

图 4-26 无填料封闭式熔断器

1—黄铜管 2—硬质绝缘管 3—黄铜帽
4—底座 5—夹座 6—熔体 7—插刀

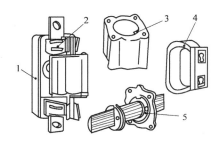

图 4-27 有填料封闭式熔断器

1—底座 2—夹座 3—石英砂填料
4—熔管 5—熔体

表 4-6 RT0 系列熔断器技术参数

额定电流 /A	熔体额定电流/A	极限分断能力/kA		回 路 参 数	
		交流 380V	直流 440V	交流 380V	直流 440V
5 10 15 30 60 100 200	2,4,5 2,4,6,10 6,10,15 15,20,25,30 30,40,50,60 50,80,100 100,120,150,200	50 （有效值）	25	$\cos\Phi = 0.1 \sim 0.2$	$T = 1.5 \sim 20\text{ms}$
15 60 100 200	2,4,5,6,10,15 20,25,30,35,40,50,60 60,80,100 100,125,150,200				
25 60 100	2,4,6,10,15,20,25 25,35,50,60 80,100				

8. 电流互感器

电流互感器的主要作用是将被测试的交流大电流，按比例地变成容易测量的小电流，以便用电流计进行测量。通过电流互感器测量交流大电流时，小量程电流计测得的数值乘电流互感器的电流比，就是电路中被测大电流的实际值。要注意的是，有的电流计和电流互感器是配套使用的，这样电流计的盘面所标值是扩大后的数值，即电流计指针所指示的值就是实际大电流值。

电流互感器一次绕组匝数很少（只有 1 匝或几匝），而二次绕组匝数多。电流互感器一次绕组串接于被测电路中，而二次绕组接电流计。电流互感器的结构外形和电气符号如图 4-28 所示。

图 4-28 所示电流互感器的一次侧只有一个绕组，而二次侧有两个绕组，这种电流互感器标称为在一个铁心上有两个二次绕组的电流互感器。二次侧两个绕组是供不同电流计接线用的。例如，电流互感器标明为 1：5/10，说明二次侧使用的电流计有两种，一种是 1：5

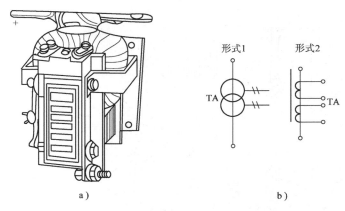

图 4-28 电流互感器 (LQC-0.5 型) 结构外形和电气符号

a) 结构外形 b) 电气符号

的电流计，另一种是 1：10 的电流计。两种电流比不同的电流计只要对应接上电流互感器的二次绕组，所测得的值都是实际电路电流值。

9. 电压互感器

电压互感器是用来将高电压（交流）降为低电压的专用器件。通常电压表的量程不能

满足测量大电压的要求，而扩大电压表的量程又提高了仪表绝缘性能的要求，同时直接用电压表测高电压对人身安全不利，所以在实际中都是通过电压互感器将高电压降为低电压后再进行测量。电压互感器的结构外形和电气符号如图 4-29 所示。

电压互感器一次绕组匝数很多，它并联于被测电压的两根导线上；电压互感器的二次绕组匝数很少，它接于电压表两个接线柱上。在具体使用电压互感器时，其二次绕组绝对不允

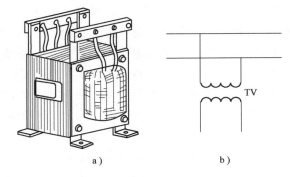

图 4-29 电压互感器结构外形和电气符号

a) 结构外形 b) 电气符号

许短路，因为二次绕组匝数很少，一旦二次绕组短路，其电流特别大，会立即烧毁绕组。在使用电压互感器时，其铁心及二次绕组低电位端必须安全接地，以确保人身安全。

10. 变压器

变压器的种类很多。按照变压器结构分类，可分为单相变压器、单相自耦变压器、三相变压器、三相自耦变压器；按照变压器作用分类，可分为电力变压器、控制变压器、升压变压器、降压变压器、整流变压器等。本节仅介绍机电传动控制常用的单相变压器和三相变压器。

（1）单相变压器（控制变压器） 单相变压器有壳式和心式变压器两种类型，单相壳式变压器用得最多，一般仪器和电路中几乎都有单相壳式变压器。有关单相变压器的结构和电气符号如图 4-30 所示。

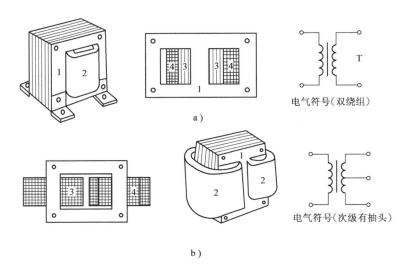

图 4-30　单相变压器的结构和电气符号

a）壳式变压器　b）心式变压器

1—铁心　2—线包　3——次绕组　4—二次绕组

单相变压器二次侧有的只有一个绕组，只输出一种电压；有的二次侧有一个绕组，但有几个抽头引出，可输出几种电压；有的二次侧有多个绕组，分别输出电压。单相变压器二次侧输出的几种电压，其电压值一般为 6.3V、24V、36V、110V 几种。

单相变压器常用于整流电路，又称为单相整流变压器；单相变压器也常用于安全照明（36V 交流电压），这种变压器又称为单相照明变压器，而交流 36V 电压称为安全电压。

（2）三相变压器　三相变压器又常常称为动力变压器或三相电源变压器。三相变压器为心式变压器，它有三个一次绕组和三个二次绕组：一个一次绕组与一个二次绕组组成一相绕组；一相绕组套于铁心的同一个心柱上。三相变压器有三个铁心心柱，有三相绕组。三相变压器结构与电气符号如图 4-31 所示。

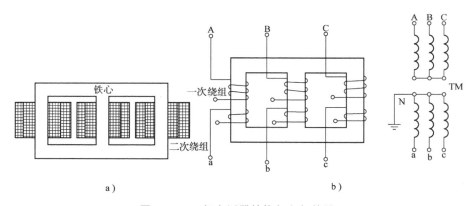

图 4-31　三相变压器结构与电气符号

a）结构示意图　b）Y/Y_0 联结电气符号

三相变压器的一次和二次绕组有以下几种联结方式：D/D-5、Y/D、Y/Y_0-12、D/Y_0。

三相变压器常见的四种联结方式如图 4-32 所示。

在实际选用变压器时，要特别注意变压器的电压等级（一、二次电压值）和变压器的容量。变压器容量是指变压器电压与电流的乘积。单相变压器容量 S 等于一次电压与一次电流的乘积，三相变压器的容量 S（V·A）等于 $\sqrt{3}$ 倍的一次线电压与一次线电流乘积。单相变压器和三相变压器容量的数学表达式分别为

$$S = IU \qquad S = \sqrt{3}\, I_{IN} U_{IN}$$

式中　　U_{IN}——一次线电压（V）；

　　　　I_{IN}——一次线电流（A）。

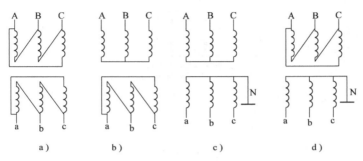

图 4-32　三相变压器一次和二次绕组联结方式

a）D/D-5　b）Y/D　c）Y/Y$_0$-12　d）D/Y$_0$

11. 常用电动机

实际电力拖动系统中，最常用的电动机有三相笼型异步电动机、三相绕线转子异步电动机、单相异步电动机、直流电动机四种类型。下面分别简单介绍这四种电动机。

（1）三相笼型异步电动机　三相笼型异步电动机俗称鼠笼式三相异步电动机。三相笼型异步电动机种类很多，也是使用得最多的。以前经常用 JO2 系列三相笼型异步电动机，目前经常用 Y 系列三相笼型异步电动机。Y 系列三相笼型异步电动机远比 JO2 系列三相笼型异步电动机性能优越，而且体积小、重量轻、效率高。JO2 系列三相笼型异步电动机已停止生产，逐步被 Y 系列三相笼型异步电动机替代。

三相笼型异步电动机具有结构简单、控制电路也简单的特点，所以使用普遍。但三相笼型异步电动机的起动转矩小、起动电流大，这是它的缺点。

三相笼型异步电动机功率超过 3 kW，定子绕组应为三角形联结。三相笼型异步电动机功率在 10kW 以内可以直接全压起动；而功率超过 10kW，则应采取减压起动。三相笼型异步电动机铭牌上都标明了定子绕组联结方式，在具体接线时一定按电动机铭牌标明的联结方式接线，否则电动机不能正常运行。三相笼型异步电动机定子绕组最常见的三种联结方式如图 4-33 所示。

（2）三相绕线转子异步电动机　三相绕线转子异步电动机的定子和定子绕组与笼型异步电动机的定子和定子绕组完全相同，区别在转子。三相绕线转子异步电动机的转子绕组和定子绕组一样也是分为三相绕组，转子绕组一端（三相绕组的尾端或首端）接在一起，而另外的三个端头经过引出线分别接到固定在轴上的三个相互绝缘的集电环上，三个集电环通过电刷与外电路相接通。三相绕线转子异步电动机转子绕组联结方式与电气符号如图 4-34

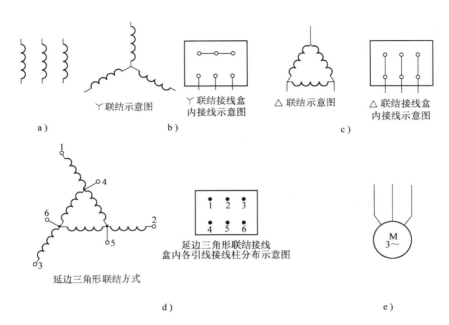

图 4-33 三相笼型异步电动机定子绕组常见的三种联结方式及电动机电气符号

a) 三相绕组示意图　b) 三相绕组丫联结方式　c) 三相绕组△联结方式　d) 大功率三相电动机
三相绕组延边三角形联结方式　e) 三相异步电动机电气符号

所示。可以在转子三相绕组中串入附加电阻，以改善电动机的起动性能和调速特性。电动机起动完毕，转轴上的三个集电环通过电刷短路。

三相绕线转子异步电动机由于转子绕组可以通过集电环和电刷外串电阻提高电动机的起动转矩，所以它被广泛地应用于提升设备。

（3）单相异步电动机（单相笼型异步电动机）　单相异步电动机所使用的电源为单相220V 交流电。它的转子结构与三相笼型异步电动机转子结构相同，但定子绕组却特殊，结构示意图和电气符号如图 4-35 所示。单相异步电动机结构简单、制造成本低、运行噪声小、维护容易，但起动性能差、功率因数和效率低。它多用于起动阻力很小的装置上，如仪器风扇电动机、台式风扇电动机等。

（4）直流电动机　直流电动机有永磁直流电动机、他励直流电动机、并励直流电动机、

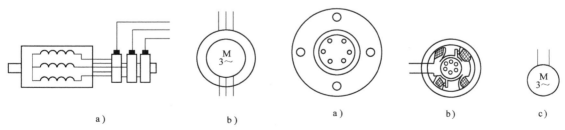

图 4-34 三相绕线转子异步电动机转子
绕组联结方式与电气符号

a) 转子绕组联结方式　b) 电气符号

图 4-35 单相异步电动机结构示意图
和电气符号

a) 分相式单相异步电动机结构示意图　b) 罩极式单向
异步电动机结构示意图　c) 电气符号

串励直流电动机和复励直流电动机共五种类型。图 4-36 所示为直流电动机基本结构图。

图 4-37 所示为五种类型直流电动机的电气符号。永磁、他励和并励直流电动机具有恒转速特性；串励和复励直流电动机的转速随负载阻力增加而降低。直流电动机调速方便，可以通过调压或调磁调速。直流电动机主要用于具有调速或恒转速要求的设备上。

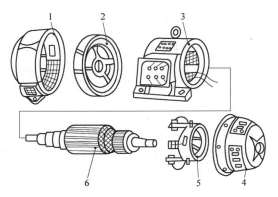

图 4-36　直流电动机基本结构图
1—前端盖　2—风扇　3—机座与磁极
4—后端盖　5—电刷装置　6—电枢

12. 照明灯和信号灯

照明灯有白炽灯、投光灯、聚光灯、泛光灯、普通荧光灯、防爆荧光灯、专用电路事故照明灯等。信号灯是用来作信号指示用，有红色、绿色和黄色等几种。照明灯和信号灯电气符号如图 4-38 所示。

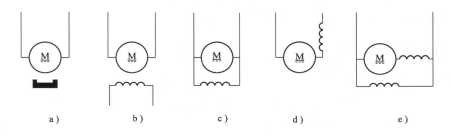

图 4-37　五种类型直流电动机的电气符号
a）永磁直流电动机　b）他励直流电动机　c）并励直流电动机
d）串励直流电动机　e）复励直流电动机

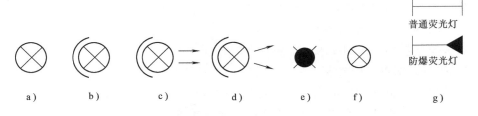

图 4-38　照明灯和信号灯电气符号
a）白炽灯　b）投光灯　c）聚光灯　d）泛光灯　e）专用电路事故照明灯　f）信号灯　g）荧光灯

第二节　电气控制电路设计的基本内容

电气控制电路的设计，是在电气传动形式和控制方案选择的基础上进行的，是所选传动形式和控制方案的具体化。电气控制电路设计的基本内容如下。

一、设计步骤与一般内容

机电设备电气控制电路的一般设计步骤和内容如下：

1）根据生产工艺的要求，拟定技术条件，即设计任务书。

2）选用电气传动形式，确定电气控制方案。

3）选择电动机。

4）设计电气控制原理图。

5）选用电气元件，编制电动机和电气元件明细表。

6）绘制电动机、执行电磁铁、电气控制部件和检测元件的总布置图。

7）设计电气柜、操作台、电气安装板、非标准电器和专用安装零件。

8）绘制装配图和接线图。

9）编写设计计算说明书和使用说明书。

根据机械设备的总体技术要求和电气控制系统的复杂程度不同，以上内容可以适当增减，有些图样资料也可合并或增删。但是，从设计到实施的全过程中，下列四个阶段是必不可少的：拟定技术条件、确定电气传动和控制系统方案、设计电气控制电路和接线图、通过安装接线和调整试车来修改完善和最终完成电气设计。

二、技术条件的拟定

电气控制电路的设计作为机械设备总体设计的组成部分，其技术条件通常以设计技术任务书的形式下达。它是由参与设计的各方面人员根据所设计机械设备的总体技术要求共同讨论拟定的。设计任务书必须注明如下内容：

1）所设计机械设备的型号、用途、工艺过程、技术性能、传动参数和现场工作条件。

2）用户供电电网的种类、电压、频率和容量。

3）有关电气传动的基本特性，如运动部件的数量和用途、负载特性，调速范围和平滑性、电动机的起动、反向和制动要求等。

4）有关电气控制的基本特性，如电气控制的基本方式、自动工作循环的组成、自动控制的动作程序、电气保护要求和联锁条件等。

5）有关操作使用方面的要求，如操作台的布置、操作按钮的设置和作用，测量仪表的种类、显示报警照明等专门要求、起动运行终止规定等。

6）主要电气设备（如电动机、执行电器和行程开关等）的布置草图。

7）机械、液压和气动传动系统的工作特性对有关电气控制部分的要求，以及机械设备总体设计认为应当明确对电气控制系统的其他特定要求。

可见，设计技术任务书就是电气控制电路的技术条件，是电气设计工作中的首要内容和最关键的设计资料，也是整个电气设计的依据。

三、电气传动形式的选用

技术条件拟定以后，就可着手确定电气传动和控制系统的方案。

选用电气传动形式主要确定下述内容：

1. 传动方式

传动方式，即电动机拖动机构的方式。一种方式是单独拖动——一台设备只用一台电动机，通过机械传动链将动力传送到达每个工作机构；另一种方式是分立拖动——一台设备由多台电动机分别驱动各工作机构。例如有些机床，除必要的内在机械联系外，主轴、各刀架、工作台和其他辅助运动机构分别由几个电动机驱动，形成多电动机的传动方式。

分立拖动能使电动机接近工作机构，从而缩短机械传动链，提高传动效率，便于自动化，简化总体结构，是电气传动形式的发展趋势。选用分立拖动方案时，应按工艺过程和机械结构的具体情况确定电动机的数量。

2. 调速性能

机械设备的调速性能要求是由其使用功能决定的。可参考下述意见选用调速方案：

（1）重型或大型设备　主运动和进给运动应尽可能采用无级调速，以利于简化机械结构，降低制造成本，提高机床利用率。

（2）精密机械设备　如坐标镗床、精密磨床、数控机床、加工中心和精密机械手，也应采用无级调速，以保证加工精度和动作的准确性，便于自动控制。

（3）要求具有快速平稳的动态性能和精确定位的设备　如龙门刨床和起吊设备，也应采用无级调速，并具有一定的调速范围。

（4）一般中小型设备　如没有特殊要求的普通机床，应选用简单经济可靠的三相笼型异步电动机，配以适当级数的齿轮变速箱。为了简化结构、扩大调速范围，也可采用双速或多速的笼型异步电动机。

总之，为了达到一定的调速范围，可采用齿轮变速箱、液压调速装置、双速或多速电动机以及电气的无级调速传动方案。电机无级调速，一般可采用晶闸管—直流电动机调速系统。但直流电动机与交流电动机相比，体积大、造价高、可靠性差、维护困难。因此，随着交流变频调速技术的发展，可以通过全面经济技术指标分析，考虑选用交流变频调速方案。

调速范围不同，选用的电力拖动系统也不同，简介如下：

1）调速范围 $D = 2 \sim 3$，调速级数 $\leqslant 2 \sim 4$，一般可采用可变级数的双速或多速笼型异步电动机。

2）调速范围 $D < 3$，且不要求平滑调速时，采用绕线转子异步电动机较为合适。但这种调速只适用于短时负载和重复短时负载，如桥式起重机移行机构的拖动电动机。

3）调速范围 $D = 3 \sim 10$，且要求平滑调速时，在容量不大的情况下，采用带滑差离合器的异步电动机拖动系统较为合理。若需长期在低速运转，也可考虑采用晶闸管直流拖动系统。

4）调速范围 $D = 10 \sim 100$，可采用晶闸管电源的直流拖动系统。

3. 负载特性

工作机械的负载转矩和转速之间的函数关系，称为负载的转矩特性。对于不同机械设备的各个工作机构，负载的性质不同，转矩特性 $[M = f(n)、P = f(n)]$ 也不相同。如机床的主运动为恒功率负载，而进给运动为恒转矩负载。

电动机的调速性质，主要是指它在整个调速范围内转矩 M、功率 P 和转速 n 的关系，是允许恒功率输出还是恒转矩输出。电动机的调速性质必须与工作机械的负载特性相适应。如果恒功率负载条件下选用恒转矩调速，或者恒转矩负载条件下选用恒功率调速，都将会使所选电动机的额定功率增大，并且造成部分转矩得不到充分利用。

4. 起动、制动与反向要求

不同机械设备的各个工作机构，对其起动、制动与反向的要求各不相同，因而需要不同的适用形式。一般的选用形式如下：

（1）由电动机完成起动、制动与反向，一般要比机械方法容易简单　如机床主轴的起动、停止、正反转运动和调整操作等，只要条件允许，最好由电动机完成。

（2）起动方式　凡起动转矩较小的场合，如一般机床主运动系统，原则上可采用任何一种起动方式；起动时往往要克服较大静转矩的场合，如机床辅助运动，在必要时也可选用高起动转矩的电动机，或采用提高起动转矩的措施；对于电网容量不大而起动电流较大的电动机，一定要采取限制起动电流的措施，如串入电阻减压起动等，以免电网电压波动过大而造成事故。

（3）制动方式　传动电动机是否需要制动，视机械设备工作循环的长短而定。某些高效高速机床，为便于测量、装卸工件或更换刀具，宜用电动机制动；若要求迅速制动，可采用反接制动；若要求制动平稳、准确，则宜采用能耗制动；在起吊运输设备中也常采用具有联锁保护功能的电磁机械制动（俗称电磁抱闸）；有些场合也采用再生发电制动（回馈制动）。电动机频繁起动、反向或制动会使过渡过程中的能量损耗增加，导致电动机过热，此场合必须限制电动机的起动或制动电流，或者选用适宜的电动机类型。

（4）反向方式　龙门刨床、电梯等设备常要求起动、制动和反向快速而平稳。而有些机械手、数控机床、坐标镗床除要求起动、制动和反向快速而平稳外，还要求准确定位。这类要求高动态性能的设备，需采用反馈控制系统、步进控制系统及其他较复杂的控制方式。

四、电气控制方案的确定

控制方案应考虑和确定如下内容。

1. 控制方式

（1）继电—接触控制　以机床为例，对于一般普通机床和专用机床，其工作程序往往是固定的，使用中并不需要经常改变原有程序，因此可采用继电—接触控制系统。

这种有触点控制系统，控制电路的接通或分断是通过开关或继电器等触点的闭合或分断来进行控制的。其特点是能够控制较大的功率、控制方法简单、工作稳定、便于维护、成本低。因此在现有的机床控制系统中采用仍相当广泛。

（2）顺序控制器控制　有些机械设备，其工作程序往往需要在一定范围内加以更改，顺序控制器正是满足这种要求的自动化装置。

顺序控制器的主要特征是具有存储器，使其灵活性强，可以很方便地随生产工艺的改变而变更控制程序。因此，顺序控制器不但适合于单机自动化，也适合于自动生产线等自动控制要求；而且具有结构简单、操作维修方便等优点。因此，已在一定范围内取代旧的继电—接触控制系统。

顺序控制器的种类很多，从功能来看，可分为简易顺序控制器和可编程序顺序控制器，后者实际是由计算机来实现顺序控制的，目前发展很快。

（3）数控　数字程序控制系统在机床上的应用已越来越广泛。数控方案具有较好的通用性和灵活性，可提高机床的生产率、缩短生产准备周期、降低生产成本、保证单件和小批产品的质量，特别适于加工普通机床根本加工不了的复杂曲面零件。但是，数控装置比较复杂，制造成本较高，使用和维修的技术要求也高。

（4）微处理机控制　微处理机已进入机床、自动线、机械手等的控制方案，而且发展速度异常迅猛。微处理机在控制功能、灵活性、可靠性、体积小巧等方面已显示了突出的优越性，不但在新机床研制方面，而且在旧机床改造方面，也展示出了强大的潜力。

2. 控制系统的工作方式

确定控制方式之后，还应确定控制系统的工作方式，即从自动循环、半自动循环或手工调整方式中确定一种工作方式。

3. 自动工作循环的组成

为给控制电路原理图的设计提供具体要求和条件，应在控制方案中列出：

1）机床或其他机械设备自动工作循环的简图或说明。

2）行程开关的布置与作用简图或说明。

3）执行电器（如电磁铁或电磁阀）的通断状态与所执行动作的关系表。

4）机床或其他机械设备自动线，还应列出自动线的循环周期表。

4. 联锁条件

机械设备（特别是机床）的各种运动和操作都是互相联系的。为了保证这些运动和操作的互相协调和正常执行，在其电气控制系统中必须严格保证各有关控制电路的电气联锁。如果联锁条件不足，可能导致某些错误动作或发生事故。如果联锁条件重复，又会使控制电路趋于复杂。因此，在复杂控制系统中，对于每一步都应列出有关联锁条件以便设计和检查。

5. 控制电路的电源

当控制系统所用电器的数量较多时，可采用直流低压电源供电。这样，可节省安装空间，便于与无触点元件连接，动作平稳，检修操作安全。

简单的控制回路可直接用电网供电。当控制电器较多、电路分支较复杂、可靠性要求较高时，可采用控制变压器隔离并降压。

五、电动机的选择

机械设备的运动部分多由电动机驱动。因此，正确选择电动机具有重要意义。选择电动机的出发点是符合机械设备的使用条件，即由具体的驱动对象和工作规范来决定。选择原则是保证机械设备和电动机经济、合理、安全、可靠地运行。

1. 电动机结构型式的选择

根据环境条件选择电动机结构形式：

1）在正常环境条件下，一般采用防护式电动机。只有在人员和设备安全有保障的条件下，才能采用开启式电动机。

2）在空气中粉尘较多的场所，宜用封闭式电动机。

3）在湿热带地区或比较潮湿的场所，尽量采用湿热带型电动机。

4）在露天场所，宜用户外型电动机。若有防护措施，也可采用封闭式或防护式电动机。

5）在高温场所，应根据周围环境温度，选用相应绝缘等级的电动机，并加强通风以改善电动机的工作条件，加大电动机的工作容量使其具备温升裕量。

6）在有爆炸危险的场所，应选用防爆型电动机。

7）在有腐蚀性气体的场所，应选用防腐式电动机。

2. 电动机类型的选择

电动机的类型是指电动机的电压级别、电流类型、转速特性和工作原理。如前节所述，电动机类型选择的依据是机械设备的负载特性，在经济的前提下满足机械设备在工作速度、机械性能、速度调节、起制动特性等方面提出的要求。特归纳如下：

1）不需要调速的机械应优先选用笼型异步电动机。

2）对于负载周期性波动的长期工作机械，为了削平尖峰负载，一般都采用带飞轮的电动机。这时应考虑起动条件和充分利用飞轮的作用，宜用绕线转子异步电动机。

3）需要补偿电网功率因数及获得稳定的工作速度时，优先选用同步电动机。

4）只需要几种速度，但不要求调节速度时，选用多速异步电动机。

5）需要大的起动转矩和恒动率调速的机械，如电车、牵引车等，宜用直流串励电动机。

6）起制动和调速要求较高的机械，可选用直流电动机或带调速装置的交流电动机。

7）电动机结构型式应当适应机械结构的要求。

3. 电动机转速的选择

电动机转速的选择应适合机械的要求，并涉及传动装置。另外请注意，电动机的转速是有档次的。如在市电标准频率作用下，由于磁极对数不同，异步电动机的同步转速有3000r/min、1500r/min、1000r/min、750r/min、600r/min等几种。由于存在转差率，其实际转速比同步转速低2%~5%。基于上述理由，选择电动机转速的方法如下：

1）对于不需要调速的高、中转速的机械，一般选用相应转速的电动机，以便与机械转轴直接相连接。

2）对于不需要调速的低转速机械，一般选用稍高转速的电动机，通过减速机构来传动。但电动机转速也不宜过高，以免增大减速机构的难度和造价。一般情况下，可选用同步转速为1500r/min的电动机，因为这个转速下的电动机适应性较强，而且功率因数和效率也较高。

3）对于需要调速的机械，电动机的最高转速应与机械的最高转速相适应，连接方式可选直接传动或者通过减速机构传动。

4. 电动机容量的选择

正确地选择电动机容量具有很重要的意义。如果容量选得过大，虽能保证正常工作，但电动机长期不能满载，得不到充分利用，用电效率和功率因数均低。如果容量选得过小，生产效率不能发挥，长期过载将导致电动机过早损坏，甚至发生烧毁故障。

电动机的容量说明它的负载能力，主要与电动机的允许温升（允许的最高温度）和电动机的最大负载能力有关。实际上，电动机的容量是按带负载时的温升决定的，应让电动机在运行过程中尽量达到允许温升。

电动机容量的选择有两种方法：一种是调查统计类比法，另一种是分析计算法。

（1）调查统计类比法　目前我国机床等一些通用设备的设计制造，常采用调查统计类比法来选择电动机容量。这种方法是对机床或设备主拖动电动机进行实测、分析，找出电动机容量与机床主要数据的关系，再根据这种关系来选择电动机的容量。

（2）分析计算法　这种方法是根据机械设备中对机械传动功率的要求，确定其拖动用电动机功率。也就是已知机械传动的功率，就可计算出电动机功率。

$$P = \frac{P_1}{\eta_1 \eta_2} = \frac{P_1}{\eta_{总}} \tag{4-1}$$

式中　P——机械传动轴上的功率（kW）；

$\quad$ P_1——生产机械效率；

$\quad$ η_1——电动机与生产机械之间的传动效率；

$\quad$ η_2——机械设备总效率。

计算出电动机的功率，仅仅是初步确定的数据，还要根据实际情况进行分析，对电动机进行校验，最后确定其容量。

六、电气电路中的保护措施

电气控制系统必须在安全可靠的条件下满足生产工艺的要求，因此在电路中还必须设有各种保护装置，避免由于各种故障造成电气设备和机械设备的损坏，保证人身安全。保护的内容十分广泛，不同类型的电动机、生产机械和控制电路有着不同的要求。低压电动机最常用的保护措施有短路保护、过电流保护、热保护、零电压和欠电压保护等。

1. 短路保护

因为短路电流会引起电气设备绝缘损坏，并会产生强大的电动作用力，使电动机绕组和电路中的各种电气设备产生机械性损坏，因此，当电路出现短路电流或者出现数值接近短路电流的电流时，必须依靠短路保护装置可靠而迅速地分断电路。这种短路保护装置不应受起动电流的影响而动作。

（1）熔断器保护　由于熔断器的熔体受很多因素的影响，故其动作值不太稳定，所以通常熔断器比较适用于动作准确度要求不高和自动化程度较差的系统中。如小容量的笼型异步电动机及小容量的直流电动机中就广泛使用熔断器。

对直流电动机和绕线转子异步电动机来说，熔断器熔体的额定电流应为 1~1.25 倍电动机额定电流。

对笼型异步电动机（起动电流达 2~3 倍额定电流），熔体的额定电流可选 2~3.5 倍电动机额定电流。

当笼型电动机的起动电流不等于 7 倍额定电流时，熔体的额定电流可按 1/2.5~1/1.6 电动机起动电流来选择。

（2）过电流继电器保护或低压断路器保护　当用过电流继电器或低压断路器作为电动机短路保护时，其线圈动作电流可按下式计算

$$I_{SK} = 1.2 I_{ST}$$

式中　I_{SK}——过电流继电器或低压断路器的动作电流；

$\quad$ I_{ST}——电动机的起动电流。

必须指出，过电流继电器不同于熔断器和低压断路器，它是一个测量元件。过电流的保护要通过执行元件接触器来完成，因此为了能切断短路电流，低压断路器把测量元件和执行元件装在一起。熔断器的熔体本身就是测量和执行元件。

2. 过电流保护

不正确起动和过大的负载转矩常常引起电动机很大的过电流，但由此引起的过电流短路电流小。过大的冲击负载，使电动机流过过大的冲击电流以致损坏电动机的换向器。同时过大的电动机转矩也会使机械传动部件受到损伤，因此要瞬时切断电源。

过电流保护通常用在限流起动的直流电动机与绕线转子异步电动机中，用作过电流保护的过电流继电器的动作值一般为起动电流的 1.2 倍。这里必须指出，在直流电动机和绕线转子异步电动机电路中的过电流继电器亦起着短路保护的作用。

3. 热保护

为了防止电动机因长期超载运行，电动机绕组的温升超过允许值而损坏，所以要采取热保护。这种保护装置最常用的是热继电器。由于热惯性的关系，热继电器不会受电动机短时过载冲击电流或短路电流的影响而瞬时动作。当电路有 8~10 倍额定电流通过时，热继电器需 1~3s 才动作。这样在热继电器未动作之前，可能使热继电器的发热元件和电路中的其他设备烧毁，所以在使用热继电器作热保护的同时，还必须装有熔断器或过电流继电器等短路保护装置。并且熔体的额定电流不应超过 4 倍热继电器发热元件的额定电流，而过电流继电器的动作电流不应超过 6~7 倍热继电器发热元件的额定电流。

如电动机的环境温度比继电器的环境温度高 15~25℃，则选用额定电流小一档的发热元件。如电动机的环境温度比继电器的环境温度低 15~25℃，则要选用大一档的发热元件。

采用热敏电阻作为测量元件，它可以将热敏元件嵌在电动机绕组或其他部件中，以便更准确地测量温升的部位。其功能也是当被测部件达到指定的温升时，切断电路实现保护。

4. 零电压和欠电压保护

电动机正常工作时，如果因为电源电压的消失而使电动机停转，那么在电源电压恢复时，电动机就可能自起动，电动机自起动可能造成事故。对电网来说，许多电动机自起动会引起不允许的过电流及电压降。防止电压恢复时电动机自起动的保护叫作零电压保护。

在电动机运转时，电源电压过分地降低会引起电动机转速下降甚至停转。同时，在负载转矩一定时，电流就要增加。此外，由于电压的降低将引起一些电器的释放，造成电路不正常工作，可能产生事故。因此，需要在电压下降达到最小允许电压值时将电动机电源切断，这就叫欠电压保护。一般采用电压继电器来进行零电压和欠电压保护。电压继电器的吸合电压通常整定为 $(0.8~0.85)U_{RT}$（U_{RT} 为工作电压），继电器的释放电压通常整定为 $(0.5~0.7)U_{RT}$。

七、电气控制电路图的图形、文字符号及绘制原则

电气控制电路是由许多电气元件按一定的要求连接而成的。为了表达生产机械电气控制系统的结构、原理等设计意图，便于电气系统的安装、调试、使用和维修，将电气控制系统中各电气元件及其连接线路用一定的图形表达出来，这就是电气控制系统图。电气控制系统图一般有三种：电气原理图、电器布置图和电气安装接线图。在图上用不同的图形符号来表示各种电气元件，用不同的文字符号来说明图形符号所代表的电气元件的基本名称、用途、主要特征及编号等。各种图有其不同的用途和规定画法，应根据简明易懂的原则，采用统一规定的图形符号、文字符号和标准画法来绘制。

1. 常用电气图形符号和文字符号

电气控制系统图、电气元件的图形符号和文字符号必须符合国家标准规定。国家标准化

管理委员会参照国际电工委员会（IEC）颁布的标准，制定了我国电气设备有关国家标准，电气控制电路中的图形和文字符号必须符合最新的国家标准，一些常用电气图形符号和文字符号见表 4-7。

表 4-7　电气控制电路中常用图形符号和文字符号

名称	图形称号	文字符号	名称	图形称号	文字符号
交流发电机	(G ∼)	GA	步进电动机	(TG)	M
交流电动机	(M ∼)	MA	接地的一般符号		E
三相笼型异步电动机	(M 3∼)	MC	保护接地		PE
三相绕线转子异步电动机	(M 3∼)	MW	接机壳或接地板	或	PU
直流发电机	(G)	GD	单极控制开关		SA
直流电动机	(M)	MD	三极控制开关		SA
直流伺服电动机	(SM)	SM	隔离开关		QS
交流伺服电动机	(SM ∼)	SM	三极隔离开关		QS
直流测速发动机	(TG)	TG	负荷开关		QS
交流测速发动机	(TG ∼)	TG	三极负荷开关		QS

（续）

名称	图形称号	文字符号	名称	图形称号	文字符号
断路器		QF	电流互感器	或	TA
三极断路器		QF	电阻器		R
中间继电器 常开触点		KA	电位器		RP
中间继电器 常闭触点		KA	压敏电阻	U	RV
过电流继电器线圈	$I>$	KI	电容器 一般符号		C
电流表	A	PA	电铃		HA
电压表	V	PV	电磁铁	或	YA
电度表	kWh	PJ	电磁制动器		YB
晶闸管		V	电磁离合器		YC
可拆卸端子	∅	X	照明灯		EL
			信号灯		HL

（续）

名称	图形称号	文字符号	名称	图形称号	文字符号
二极管		VD	位置开关常闭触点		SQ
NPN 晶体管		VT	作双向机械操作的位置开关		SQ
PNP 晶体管		VT	常开按钮		SB
端子	○	X	常闭按钮		SB
控制电路用电源整流器		VC	复合按钮		SB
电抗器	或	L	交流接触器线圈		KM
极性电容器		C	接触器主常开触点		KM
蜂鸣器		HA	接触器主常闭触点		KM
双绕组变压器	或	T	中间继电器线圈		KA
位置开关常开触点		SQ	电压互感器	或	TV

（续）

名称	图形称号	文字符号	名称	图形称号	文字符号
欠电压继电器线圈	$U<$	KV	延时闭合常闭触点		KT
通电延时（缓吸）线圈		KT	延时断开常闭触点		KT
断电延时（缓放）线圈		KT	热继电器热元件		FR
延时闭合常开触点		KT	热继电器常闭触点		FR
延时断开常开触点		KT	熔断器		FU

2. 电气图的绘制原则和基本方法

由于电气控制系统描述的对象复杂，表达形式多种多样，所以表示一项电气工程或一种电气装置的电气控制系统图有多种，有时需要对照起来阅读。电气控制系统图一般包括电气原理图、电器布置图和电气安装接线图三种。

（1）电气原理图　电气原理图是用图形和文字符号，表示电路中各个电气元件的连接关系和电气工作原理，它并不反映电气元件的实际大小和安装位置。现以 CW6132 型卧式车床的电气原理图（见图 4-39）为例来说明绘制电气原理图应遵循的一些基本原则。

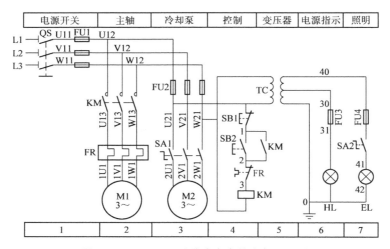

图 4-39　CW6132 型卧式车床的电气原理图

1）电气原理图一般分为主电路、控制电路和辅助电路。主电路包括从电源到电动机的电路，是大电流通过的部分，画在图的左边（见图 4-39 中的 1，2，3 区）。控制电路和辅助电路通过的电流相对较小，控制电路一般为继电器、接触器的线圈电路，包括各种主令电器、继电器、接触器的触点（见图 4-39 中的 4 区）；辅助电路一般指照明、信号指示、检测等电路（见图 4-39 中的 5，6，7 区）。各电路均应尽可能按动作顺序由上至下、由左至右画出。

2）电气原理图中所有电气元件的图形和文字符号必须采用国家规定的统一标准。在图中，电气元件采用分离画法，即同一电器的各个部件可以不画在一起，但必须用同一文字符号标注。对于同类电器，应在文字符号后加数字序号以示区别（见图 4-39 中的 SB1 和 SB2）。

3）在电气原理图中，所有电器的可动部分均按原始状态画出，即对于继电器、接触器的触点，应按其线圈不通电时的状态画出；对于控制器，应按其手柄处于零位时的状态画出；对于按钮、行程开关等主令电器，应按其未受外力作用时的状态画出。

4）动力电路的电源线应水平画出；主电路应垂直于电源线画出；控制电路和辅助电路应垂直于两条或几条水平电源线；耗能元件（如线圈、电磁阀、照明灯和信号灯等）应接在下面一条电源线一侧，而各种控制触点应接在另一条电源线上。

5）应尽量减少线条数量和避免线条交叉。各导线之间有电联系时，应在导线交叉处画实心圆点。根据图面布置需要，可以将图形符号旋转绘制，一般按逆时针方向旋转 90°，但其文字符号不可倒置。

6）在电气原理图上应标出各个电源电路的电压、极性、频率及相数；对某些元器件还应标注其特性（如电阻、电容值等）；不常用的电器（如位置传感器）还要标注其操作方式和功能等。

7）为方便阅图，在电气原理图中可将图分成若干个图区，并标明各图区电路的作用。

（2）电器布置图　电器布置图按其外形形状画出。在图中往往留有 10% 以上的备用面积及导线管（槽）的位置，以供走线和改进设计时用。在图中还需要标注出必要的尺寸。通常将电器布置图与电气安装接线图组合在一起，既起到电气安装接线图的作用，又能清晰地表示出电器的布置情况。CW6132 型卧式车床布置图如图 4-40 所示。

（3）电气安装接线图　电气安装接线图反映电气设备各控制单元内部元件之间的接线关系。图 4-41 所示为 CW6132 型卧式车床的电气安装接线图。绘制电气安装接线图应遵循以下原则：

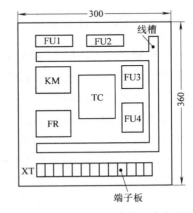

图 4-40　CW6132 型卧式车床布置图

1）各电气元件必须用规定的图形和文字符号绘制。同一电器的各部分必须画在一起，其图形、文字符号和端子板的编号必须与原理图一致。各元件的位置必须与电器布置图相对应。

2）不在同一控制柜、控制屏等控制单元上的电气元件之间必须通过端子板进行连接。

3）电气安装接线图中走线方向相同的导线用线束表示，连接导线应注明导线的规格

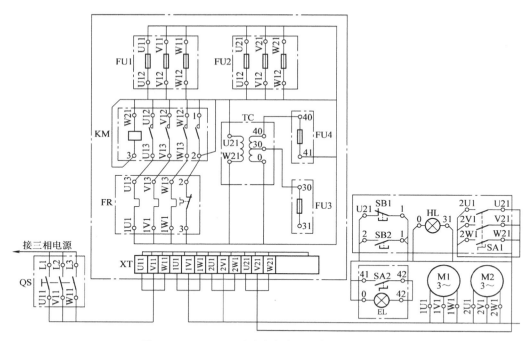

图 4-41 CW6132 型卧式车床的电气安装接线图

（数量、截面面积等）；若采用线管走线，必须留有一定数量的备用导线，还应注明线管尺寸和材料。

第三节 电动机控制电路设计

一、三相笼型感应电动机全压起动控制电路

三相笼型感应电动机具有结构简单、价格便宜、坚固耐用、维修方便等优点，因此，在实际中获得广泛应用。在一般工矿企业中，笼型感应电动机的数量占电力拖动设备总数量的85%左右。笼型感应电动机的起动方式有直接起动与减压起动两种。

笼型感应电动机直接起动是一种简便经济的起动方法。但直接起动时起动电流为电动机额定电流的 4~7 倍，过大的起动电流会造成电网电压明显下降，从而造成起动困难，并影响同一电网中其他负载的正常工作，所以直接起动电动机的容量受到一定限制。通常要根据电动机起动频繁程度、供电变压器容量大小来决定允许直接起动电动机的容量。对于起动频繁的电动机，允许直接起动容量不大于变压器容量的 20%；对于不经常起动的电动机，直接起动容量不大于变压器容量的 30%。通常，容量小于 11 kW 的笼型电动机可采用直接起动。如果没有独立的变压器供电且电动机起动比较频繁，可按经验公式来估算，满足下列关系则可直接起动：

$$\frac{\text{起动电流}\ I_q(\text{A})}{\text{额定电流}\ I_e(\text{A})} \leqslant \frac{3}{4} + \frac{\text{电源总容量}(\text{kV})}{4 \times \text{电动机功率}(\text{kW})} \qquad (4-2)$$

1. 单向旋转控制电路

三相笼型感应电动机单向旋转控制可以用开关或接触器来实现，相应的电路有开关控制电路和接触器控制电路。

（1）开关控制电路　图 4-42 所示为电动机单向旋转全压起动控制电路，其中，主电路由刀开关 QS、熔断器 FU1、接触器 KM 的主触点、热继电器 FR 的热元件和电动机 M 构成。控制电路由热继电器 FR 的常闭触点、停止按钮 SB1、起动按钮 SB2、接触器 KM 辅助触点以及它的线圈组成。

（2）控制电路工作原理　起动时，合上刀开关 QS，主电路引入三相电源。按下起动按钮 SB2，接触器 KM 线圈通电，其常开主触点闭合，电动机接通电源开始全压启动，同时接触器 KM 的辅助常开触点闭合，使接触器 KM 线圈有两条通电路径。这样当松开起动按钮 SB2 后，接触器 KM 线圈仍能通过其辅助触点通电并保持吸合状态。这种依靠接触器本身辅助触点使其线圈保持通电的现象称为自锁。起自锁作用的触点称为自锁触点。

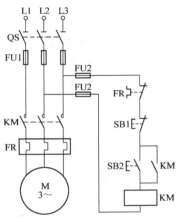

图 4-42　电动机单向旋转
全压起动控制电路

要使电动机停止运转，按停止按钮 SB1，接触器 KM 线圈失电，则其主触点断开。切断电动机三相电源；电动机 M 自动停车，同时接触器 KM 自锁触点也断开，控制电路解除自锁。松开停止按钮 SB1，控制电路又回到起动前的状态。

（3）电路保护环节

1）短路保护：由熔断器 FU1、FU2 分别实现主电路与控制电路的短路保护。

2）过载保护：由热继电器 FR 实现电动机的长期过载保护。当电动机出现长期过载时，串接在电动机定子电路中的发热元件使双金属片受热弯曲，使串接在控制电路中的常闭触点断开，切断 KM 线圈电路，使电动机断开电源，实现保护目的。

3）欠电压和失电压保护：当电源电压严重下降或电压消失时，接触器电磁吸力急剧下降或消失，衔铁释放，各触点复原，断开电动机的电源，电动机停止旋转。一旦电源电压恢复，电动机也不会自行起动，从而避免事故发生，因此，具有自保电路的接触器控制具有欠电压与失电压保护作用。

2. 点动控制电路

生产机械不仅需要连续运转，同时还需要点动控制，如机床工作台的快速移动、电梯检修控制等。图 4-43 所示为电动机点动控制电路，其中，图 4-43b 所示为点动控制电路的基本型，

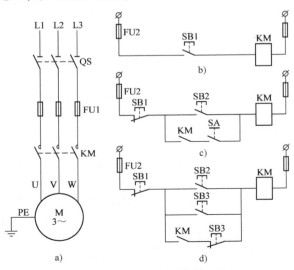

图 4-43　电动机点动控制电路

按下 SB1 按钮，KM 线圈通电吸合，主触点闭合，电动机起动旋转；松开 SB1 时，KM 线圈断电释放，主触点断开，电动机停止旋转。图 4-43b 所示为既可实现电动机连续运转又可实现点动控制的电路，并由手动开关 SA 选择：SA 闭合时为连续控制，SA 断开时则为点动控制。图 4-43c 所示为采用两个按钮分别实现连续与点动的控制电路，其中，SB2 为连续运转起动按钮，SB3 为点动起动按钮，利用 SB3 的常闭触点来断开自保电路，实现点动控制，SB1 为连续运转的停止按钮。

3. 正反转控制电路

各种生产机械常常要求进行上下、左右、前后等相反方向的运动，如机床工作台的往复运动，就要求电动机能逆运行。由电动机原理可知，三相异步电动机的三相电源进线中任意两相对调，电动机即可反向运转。因此可借助正反向接触器改变定子绕组相序来实现正反向工作，其电路如图 4-44 所示。

当误操作即同时按正反向起动按钮 SB2 和 SB3 时，若采用图 4-44b 所示电路，将造成短路故障，如图 4-44a 中虚线所示，因此正反向间需要有一种联锁关系。通常采用图 4-44c 所示的电路，将其中一个接触器的常闭触点串入另一个接触器线圈电路中，则任一接触器线圈先带电后，即使按下相反方向按钮，另一接触器也无法得电，这种联锁通常称为互锁，即两者存在相互制约的关系。图 4-44c 所示的电路要实现反转运行，必须先停止正转运行，再按反向起动按钮才行，反之亦然。所以这个电路称为 "正—停—反" 控制。图 4-44d 所示的电路可以实现不按停止按钮，直接按反向按钮就能使电动机反向工作，所以这个电路称为 "正—反—停" 控制。

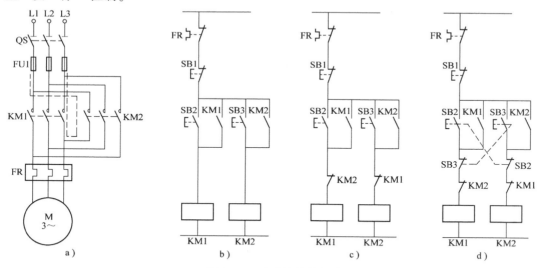

图 4-44　正反转控制电路

a) 主电路　b) 无互锁　c) "正—停—反" 控制　d) "正—反—停" 控制

工程上通常还使用带有机械互锁的可逆接触器，进一步保证两者不能同时通电，提高可靠性。带机械互锁装置的可逆接触器产品很多，如 TE 公司的 LC2-D 系列。

4. 顺序控制电路

生产实践中常要求各种运动部件之间能够按顺序工作。例如车床主轴转动时要求油泵先给齿轮箱提供润滑油，即要求保证润滑泵电动机起动后主拖动电动机才允许起动，也就是控制对象对控制电路提出了按顺序工作的联锁要求。如图 4-45 所示，M1 为润滑泵电动机，M2 为主拖动电动机。将控制润滑泵电动机的接触器 KM1 的常开辅助触点串入控制主拖动电动机的接触器 KM2 的线圈电路中，可以实现按顺序工作的联锁要求。

图 4-46 所示为采用时间继电器的顺序起动控制电路。主电路与图 4-45 中的主电路相同，电路要求电动机 M1 起动 2s 后，电动机 M2 自动起动。可利用时间继电器延时闭合的常开触点来实现。按起动按钮 SB2，接触器 KM1 线圈通电并自锁，电动机 M1 起动，同时时间继电器 KT 线圈也通电。定时 t_s 到，时间继电器延时闭合的常开触点 KT 闭合，接触器 KM2 线圈通电并自锁，电动机 M2 起动，同时接触器 KM2 的常闭触点切断了时间继电器 KT 的线圈电源。

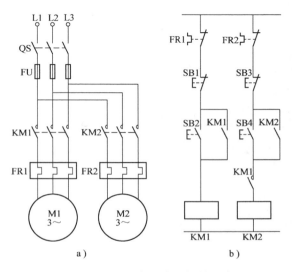

图 4-45 按顺序工作的控制电路

a) 主电路 b) 控制电路

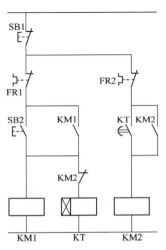

图 4-46 采用时间继电器的顺
序起动控制电路

5. 多地点控制电路

有些机械和生产设备，由于种种原因，常要在两个或两个以上的地点进行操作。例如，重型龙门刨床，有时在固定的操作台上控制，有时需要站在机床四周用悬挂按钮控制；有些场合，为了便于集中管理，由中央控制台进行控制等。

要在两地进行控制，就应该有两组按钮，而且这两组按钮的连接原则必须是，常开按钮要并联，即逻辑"或"的关系；常闭停止按钮应串联，即逻辑"与非"的关系。这一原则也适用于三地或更多地点的控制。多地点控制三相异步电动机起动电路如图 4-47 所示。

在图 4-47 中，其主电路与图 4-42 所示主电

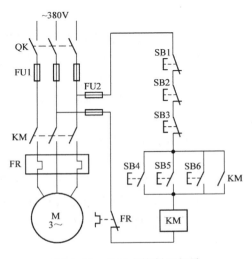

图 4-47 多地点控制三相异
步电动机起动电路

路相同，只是辅助电路不同。在图 4-47 所示的辅助电路中，停止按钮有 SB1、SB2、SB3（这三个按钮可安装于不同的位置），这三个停止按钮中的任何一个按钮一按动都会使 KM 失电，电动机停止转动。在辅助电路有起动按钮 SB4、SB5、SB6 三个（可以安装于不同位置），只要按动 SB4、SB5、SB6 三个按钮中的任何一个，都可以使电动机起动运行。

由于电动机 M 可以用三个按钮控制其起动，而用另外三个停止按钮都可以使电动机停止运行，所以称此种类型电路为多地点控制电路。

6. 自动循环控制电路

在生产实践中，有些生产机械的工作台需要自动往复运动，如龙门刨床、导轨磨床等。图 4-48 所示为最基本的自动往复循环控制电路，它是利用行程开关实现往复运动控制的，这通常称为行程控制。

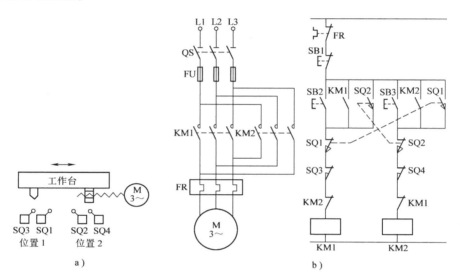

图 4-48 自动往复循环控制电路

a）工作台自动往复循环示意图 b）控制电路

限位开关 SQ1 放在左端需要反向的位置，而 SQ2 放在右端需要反向的位置，机械挡铁要装在运动部件上。起动时利用正向或反向起动按钮，如按正转按钮 SB2，KM1 通电吸合并自锁，电动机作正向旋转并带动工作台左移。当工作台移至左端并碰到 SQ1 时，将 SQ1 压下，其常闭触点断开，切断 KM1 接触器线圈电路，同时，使其常开触点闭合，接通反转接触器 KM2 线圈电路。此时电动机由正向旋转变为反向旋转，带动工作台向右移动，直到压下 SQ2 限位开关，电动机由反转变为正转，工作台向左移动。因此工作台实现自动的往复循环运动。

由上述控制情况可以看出，运动部件每经过一个自动往复循环，电动机要进行两次反接制动，会出现较大的反接制动电流和机械冲击。因此这种电路只适用于电动机容量较小、循环周期较长、电动机转轴具有足够刚性的拖动系统中。另外，在选择接触器容量时，应比一般情况下选择的容量大一些。

除了利用限位开关实现往复循环之外，还可以做限位保护，如图 4-48 中的 SQ3、SQ4 分别为左、右超限限位保护用的行程开关。

机械式行程开关容易损坏，现多用接近开关或光电开关来取代行程开关实现行程控制。

二、三相笼型感应电动机减压起动控制电路

三相笼型感应电动机采用全压起动，控制电路简单、维修方便，但是，不是所有的电动机在任何情况下都可以直接起动的，因为当电源变压器容量不是足够大时，由于电动机的起动电流较大，致使变压器二次电压大幅度下降，这样不但会减小电动机本身的起动转矩，拖长起动时间，甚至使电动机无法起动，同时还影响同一电网其他设备的正常工作，因此不允许采用全压直接起动时，应采用减压起动。

三相笼型感应电动机减压起动方法很多，常用的有定子串电阻或电抗器减压起动，自耦变压器减压起动，Y-D 减压起动，延边三角形减压起动等。尽管方法各异，但目的都是限制电动机起动电流，减小供电电路因电动机起动引起的电压降。当电动机转速上升到接近额定转速时，再将电动机定子绕组电压恢复到额定电压，电动机进入正常运行。下面讨论几种常用的减压起动控制电路。

1. 定子绕组串电阻的减压起动控制

三相笼型感应电动机定子绕组串电阻起动，使绕组电压降低，从而减小起动电流。待电动机转速接近额定转速时，再将串接电阻短接，使电动机在额定电压下运行。这种起动方法由于不受电动机接线形式的限制，设备简单、经济，故获得广泛应用。对于做点动控制的电动机，也常用串电阻减压的方法来限制电动机的起动电流。

图 4-49 所示为定子串电阻减压起动控制电路，其中，图 4-49b 为自动短接电阻减压起动控制电路，图中 KM1 为起动接触器，KM2 为运行接触器，KT 为时间继电器。电路工作情

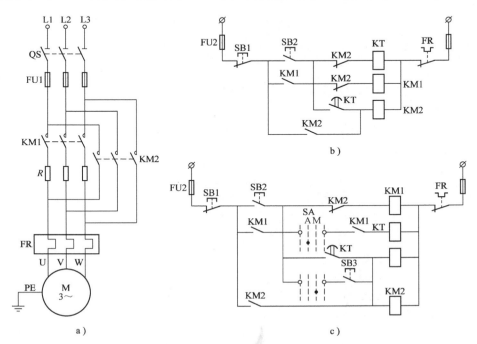

图 4-49　定子串电阻减压起动控制电路

a）主电路　b）自动短接电阻减压起动　c）自动与手动短接电阻减压起动

况：合上电源开关 QS，按下起动按钮 SB2，KM1、KT 线圈同时通电并自保，此时电动机定子串接电阻 R 减压起动。当电动机转速接定额定转速时，时间继电器 KT 动作，其触点 KT 闭合，KM2 线圈通电并自锁，触点 KM2 断开，使 KM1、KT 线圈断电，KM2 主触点短接电阻，KM1 主触点已断开，于是电动机经 KM2 主触点在全电压下进入正运转。图 4-49c 为自动与手动短接电阻减压起动控制电路。图中，SA 为选择开关，当 SA 置于"A"位置时为自动控制，电路情况与图 4-49b 电路完全相同。若 SA 置于"M"位置，则为手动控制，此时将 KT 切除，按下起动按钮 SB2 后，电动机经 KM1 主触点串入电阻 R 减压起动。当电动机转速接近额定转速时，按下加速按钮 SB3，KM2 线圈通电并自锁，电阻 R 被短接，电动机在全电压下运行。

常用的电阻减压起动器有 QJ7 型，用于控制 20kW 电动机的减压起动。由于串接电阻在起动过程中有能量损耗，往往将串接的电阻改成电抗器，其起动情况和串电阻相同，这两种方法在电压降低后的起动转矩与电压二次方成比例地减小，因此适宜于空载或轻载起动。

2. 星形—三角形减压起动控制电路

正常运行时，定子绕组接成三角形的笼型异步电动机，可采用星形-三角形减压起动方式来限制起动电流。因功率在 4kW 以上的三相笼型异步电动机均为三角形联结，故都可以采用星形-三角形减压起动方式。

起动时将电动机定子绕组星形联结，加到电动机的每相绕组上的电压为额定值的 1/3，从而减小了起动电流对电网的影响。当转速接近额定转速时，定子绕组改接成三角形，使电动机在额定电压下正常运转，图 4-50a 所示为星形-三角形转换绕组连接图，星形-三角形减

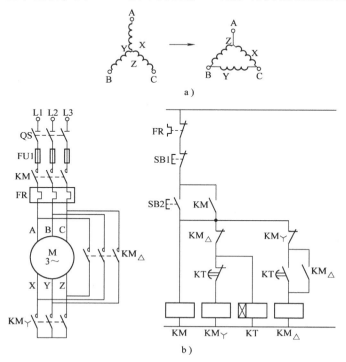

图 4-50　星形-三角形减压起动控制电路

a）星形-三角形转换绕组连接图　b）控制电路

压起动控制电路如图 4-50b 所示。这一电路的设计思想是按时间原则控制起动过程的，待起动结束后按预先整定的时间换接成三角形联结。

当起动电动机时，合上刀开关 QS，按下起动按钮 SB2，接触器 KM、KM△ 与时间继电器 KT 的线圈同时得电，接触器 KM△ 的主触点将电动机接成星形并经过 KM 的主触点接至电源，电动机减压起动。当 KT 的延时时间到后，KM△ 线圈失电，KM△ 线圈得电，电动机主电路换接成三角形联结，电动机投入正常运转。

星形-三角形减压起动的优点在于，星形起动电流只是原来三角形联结直接起动时的 1/3，起动电流约为电动机额定电流的 2 倍，起动电流特性好、结构简单、价格低。缺点是起动转矩也相应下降为原来三角形的直接起动时的 1/3，转矩特性差。因而本电路适用于电动机空载或轻载起动的场合。

3. 自耦变压器减压起动控制电路

在自耦变压器减压起动的控制电路中，电动机起动电流的限制是靠自耦变压器减压来实现的。电路的设计思想也是采用时间继电器完成电动机由起动到正常运行的自动切换。起动时串入自耦变压器，起动结束时自动将其切除。

自耦变压器减压起动控制电路如图 4-51 所示。当起动电动机时，合上刀开关 QS，按下起动按钮 SB2，接触器 KM1、KM3 与时间继电器 KT 的线圈同时得电，KM1、KM3 主触点闭合，电动机定子绕组经自耦变压器接至电源减压起动。当时间继电器 KT 延时时间到后，一方面其常闭的延时触点打开，KM1、KM3 线圈失电，KM1、KM3 主触点断开，将自耦变压器切除；同时，KT 的常开延时触点闭合，接触器线圈 KM2 得电，KM2 主触点闭合，电动机投入正常运转。

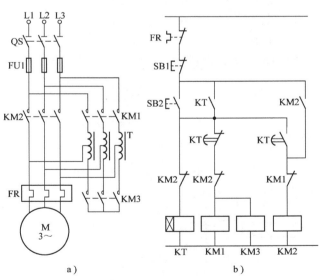

图 4-51 自耦变压器减压起动控制电路
a) 主电路 b) 控制电路

自耦变压器减压起动的优点是，起动时对电网的电流冲击小、功率损耗小，缺点是自耦变压器相对结构复杂、价格较高。这种方式主要用于较大容量的电动机，以减小起动电流对电网的影响。

综合以上几种起动方法可见，一般均采用时间继电器及按照时间原则切换电压，以此实现减压起动。由于这种电路工作可靠，受外界因素（如负载、飞轮转动惯量以及电网电压）的影响较小，所以电动机起动控制电路中多采用时间继电器控制其起动过程。

三、三相感应电动机的制动控制电路

在生产过程中，有些设备电动机断电后由于惯性作用，总要经过一段时间才能停转，这往往不能满足某些生产机械的要求，影响生产效率，造成停机位置不准确、工作不安全等负面作用。如万能铣床、卧式镗床、组合机床等，都要求电动机能迅速停车，这需要对电动机进行制动控制。

制动方法一般有两大类：电磁机械制动和电气制动。电磁机械制动是用电磁铁操纵机械装置来强迫电动机迅速停车，如电磁抱闸、电磁离合器。其工作原理：当电动机起动时电磁抱闸线圈同时得电，电磁铁吸合，使抱闸打开；电动机断电时，电磁抱闸线圈同时断电，电磁铁释放，在弹簧的作用下，抱闸把电动机转子紧紧抱住实现制动。像吊车、卷扬机等这类升降机械就是采用这种方法制动，不但可以提高生产效率，还可以防止在工作中因突然断电或电路故障使重物滑下而造成的事故。电气制动实质上是在电动机转子中产生一个与原来旋转方向相反的电磁转矩，迫使电动机转速迅速下降，如能耗制动、反接制动、电容能耗制动和再生发电制动等。

1. 能耗制动控制电路

所谓能耗制动，就是在电动机脱离三相交流电源之后，给定子绕组上加一个直流电压，即通入直流电流，产生一个静止磁场，利用转子感应电流与静止磁场的作用以达到制动的目的。能耗制动分为单向能耗制动、双向能耗制动及单管能耗制动，可以按时间原则和速度原则进行控制。下面分别进行讨论。

（1）按时间原则控制的单向运转能耗制动控制电路　图 4-52 所示为按时间原则控制的

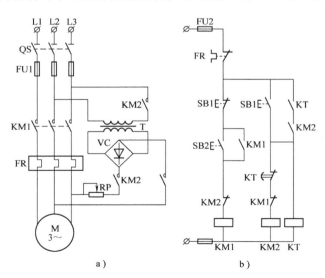

图 4-52　按时间原则控制的单向能耗制动控制电路
a）主电路　b）控制电路

单向能耗制动控制电路。图中，KM1 为单向运转接触器，KM2 为能耗制动接触器，KT 为时间继电器，T 为整流变压器，VC 为桥式整流电路。

电路工作情况：在电动机正常运行的时，若按下停止按钮 SB1，电动机由于 KM1 断电释放而脱离三相交流电源，同时 KM1 闭触点复位，SB1 的常开触点闭合，使制动接触器 KM2 及时间继电器 KT 线圈通电自锁，KM2 主常开触点闭合，电源经变压器和单相整流桥变为直流电并通入电动机的定子，产生静止磁场，产生制动转矩，电动机在能耗制动下迅速停车，电动机停车后，KT 触点延时打开，KM2 失电释放，直流电被切除，制动结束。

能耗制动作用的强弱与通入直流电流的大小和电动机转速有关。在同样的转速下，直流电流越大，制动作用越强，一般直流电流为电动机空载电流的 3~4 倍。

（2）按时间原则控制的双向能耗制动控制电路　图 4-53 所示为按时间原则控制的双向能耗制动控制电路。

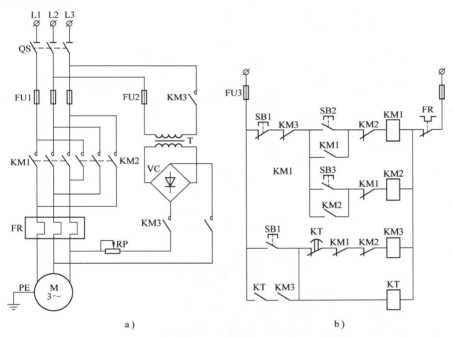

图 4-53　按时间原则控制的双向能耗制动控制电路
a）主电路　b）控制电路

图中，KM1、KM2 为正反转接触器，KM3 为制动接触器，KT 为制动时间继电器。在电动机正向运转过程中，当需要停车时，可按下停止按钮 SB1，KM1 断电，KM3 和 KT 线圈通电并自锁，KM3 常闭触点断开，锁住电动机起动电路；KM3 常开主触点闭合，使直流电压加至定子绕组，电动机进行正向能耗制动。电动机正向转速迅速下降，当速度接近零时，时间继电器 KT 的延时打开触点断开，接触器 KM3 线圈断电。由于 KM3 常开辅助触点的复位，时间继电器 KT 线圈也随之失电，电动机正向能耗制动结束。反向起动与反向能耗制动过程与上述正向情况基本相同。这种电路的缺点是，在能耗制动过程中，一旦因主触点粘连或机械卡住而无法释放，电动机定子绕组会长期通过能耗制动的直流电流，对此，要选择合理接触器和加强电器维修。按时间原则控制的能耗制动，一般适用于负载转速比较稳定的生产机械上。对于那些能够通过传动系统来实现负载速度变换或者加工零件经常更换的生产机械来说，采用按速度原则控制的能耗制动则较为合适。

（3）按速度原则控制的双向能耗制动控制电路 图4-54所示为电动机按速度原则控制的双向能耗制动控制电路，图中，KM1、KM2为正反转接触器，KM3为制动接触器，KS为速度继电器。这里以反向起动和反向制动的工作情况为例说明其工作原理。在反向运转时，若需要停车，按下SB1，KM2失电释放，电动机的三相交流电源被切除，同时KM3线圈通电，直流电通入电动机的定子绕组进行能耗制动，当电动机速度接近零时，KS打开，接触器KM3线圈释电，直流电被切除，制动结束。

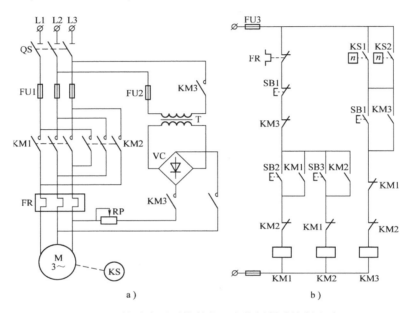

图4-54 按速度原则控制的双向能耗制动控制电路
a）主电路 b）控制电路

能耗制动适用于电动机容量较大、要求制动平稳和起动频繁的场合，它的缺点是需要一套整流装置，而整流变压器的容量随电动机容量的增加而增大，这会使其体积和重量加大。为了简化电路，可采用无变压器单管能耗制动。

（4）无变压器单管能耗制动控制电路 前面介绍的能耗制动电路都需要带整流变压器和单向桥式整流电路，其制动效果较好。对于功率较大的电动机，应采用三相整流电路，但所需设备多、成本高。对于10kW以下电动机，在制动要求不高时，可采用无变压器单管能耗制动控制电路，这样设备简单、体积小、成本低。图4-55所示为无变压器单管能耗制动控制电路，其整流电源为220V，由制动接触器KM2主触点接至电动机定子任意两相绕组，经整流二极管VD接至中性线构成回路，制动时被短接，则只能有单方向制动转矩。

2. 反接制动控制电路

三相感应电动机反接制动有两种情况：一种是在负载转矩作用下使正转接线的电动机出现反转的倒拉反接制动，它往往用在重力负载的场合，这一制动不能实现电动机转速为零。另一种是电源反接制动，即改变电动机电源的相序，使定子绕组中产生与旋转方向相反的旋

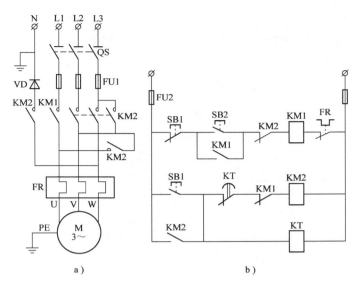

图 4-55　无变压器单管能耗制动控制电路

a）主电路　b）控制电路

转磁场，产生制动转矩，使电动机转速迅速下降，当电动机转速接近零时应迅速切断电源，否则电动机将会翻转。另外，反接制动时，转子与旋转磁场的相对速度接近于两倍的同步转速，所以定子绕组中流过的反接制动电流相当于全电压直接起动时电流的两倍，为了防止绕组过热和减少制动冲击，通常在电动机主电路中串接一定的电阻以限制反接制动电流，这个电阻称为反接制动电阻，反接制动电阻的接线方法有对称和不对称两种，显然，采用对称电阻接法可以在限制制动转矩的同时，也限制了制动电流，而采用不对称制动电阻的接法，只是限制了制动转矩，未加制动电阻的那一相，仍具有较大的电流。因此，反接制动的特点是制动迅速、效果好、冲击大，通常仅适用于 10kW 以下的小容量电动机。

（1）单向反接制动的控制线路　反接制动的关键在于电动机电源相序的改变，且当转速下降接近于零时，能自动将电源切除。为此采用了速度继电器来检测电动机的转速变化。在 120~3000r/min 范围内，速度继电器触点动作，当转速低于 100r/min 时，其触点恢复原位。

图 4-56 所示为单向反接制动控制电路。图中，KM1 为电动机单向旋转接触器，KM2 为反接制动接触器，KS 为速度继电器，R 为反接制动电阻。起动时，按下起动按钮 SB2，接触器 KM1 通电并自锁，电动机 M 通电起动。在电动机正常运转时，速度继电器 KS 的常开触点闭合，为反接制动做好了准备。停车时，按下停止按钮 SB1，常闭触点断开，接触器 KM1 线圈断电，电动机 M 脱离电源，由于此时电动机的惯性转速还很高，KS 的常开触点依然处于闭合状态，所以按下 SB1 时，其常开触点闭合，反接制动接触器 KM2 线圈通电并自锁，其主触点闭合，使电动机定子绕组得到与正常运转相序相反的三相交流电源，电动机进入反接制动状态，转速迅速下降，当电动机转速接近于零时，速度继电器常开触点复位，接触器 KM2 线圈电路被切断，反接制动结束。

（2）可逆运行反接制动控制电路　图 4-57 所示为电动机双向反接制动控制电路。图中，

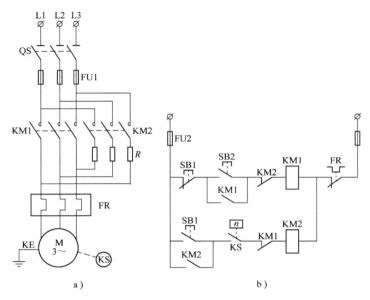

图 4-56　单向反接制动控制电路

a）主电路　b）控制电路

KM1、KM2 为正反转接触器，KM3 为短接反接制动电阻接触器，KA1～KA3 为中间继电器，KS 为速度继电器，其中 KS1 为正转触点，KS2 为反转触点（只为反接制动电阻）。

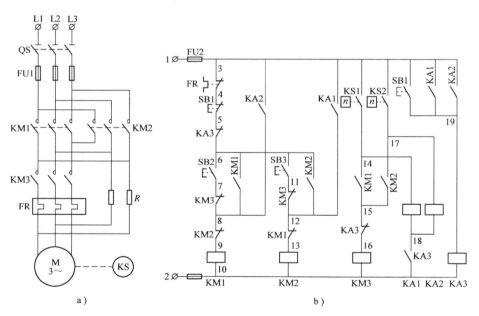

图 4-57　双向反接制动控制电路

a）主电路　b）控制电路

　　电路工作情况：当电动机需要正向运转时，按下起动按钮 SB2，KM1 线圈通电并自锁，电动机串入电阻正向起动，当电动机速度升高到一定值时，速度继电器 KS 的正转常开触点

KS1 闭合，KM3 线圈通电，短接电阻，电动机在全电压下起动并进入正常运行。

当需停车时，按下停止按钮 SB1，使 KM1、KM3 相继断电释放，电动机脱离正相序电源并接入电阻，同时 KA3 线圈通电，其触点 KA3（15-16）再次切断 KM3 电路，确保反接制动电阻 R 接入定子电路，由于惯性，电动机转子转速仍很高，KS1 仍保持闭合，使 KA1 通电，触点 KA1（3-12）闭合使 KM2 通电，电动机串电阻接上反相序电源，实现反接制动；另一对触点 KA1（3-19）闭合，使 KA3 仍通电，确保 KM3 始终处于断电状态，只始终串入。当电动机转速下降到 100r/min 时，KS1 断电，KM2、KA3 同时断电，反接制动结束，电动机停转。电动机反向起动和制动停车过程与正转时相同，故此处不再复述。

电动机反接制动的效果与速度继电器动触点反力弹簧调整的松紧程度有关。当反力弹簧调得过紧，电动机的速度仍很高时，动触点在反力弹簧的作用下断开，切断制动控制电路，使反接制动效果明显减弱。若反力弹簧调得过松，则动触点动作过于迟缓，使电动机制动停止后将出现短时反转现象。

四、三相笼型异步电动机速度控制

在很多领域中，要求三相笼型异步电动机的速度为无级调节，其目的是实现自动控制、节能，以提高产品质量和生产效率。如钢铁行业的轧钢机、鼓风机，机床行业中的车床、机械加工中心等，都要求三相笼型异步电动机可调速。从广义上讲，电动机调速可分为两大类，即定速电动机与变速联轴器配合的调速方式和自身可调速的电动机。前者一般都采用机械式或油压式变速器，电气式只有一种，即电磁转差离合器。其缺点是调速范围小和效率低。后者为电动机直接调速，其调速方法很多，如变更定子绕组极对数的变极调速和变频调速方式。变极调速控制最简单，价格便宜但不能实现无级调速。变频调速控制最为复杂，但性能最好，随着其成本日益降低，目前已广泛应用于工业自动控制领域中。三相笼型异步电动机的转速公式为

$$n = n_0(1-s) = \frac{60f_1(1-s)}{p} \tag{4-3}$$

式中　n_0——电动机同步转速；

　　　p——极对数；

　　　s——转差率；

　　　f_1——供电电源频率。

对三相笼型异步电动机来讲，调速的方法有三种：改变极对数 p 的变极调速、改变转差率 s 的电磁调速和改变电动机供电电源频率 f_1 的变频调速。下面主要介绍变极调速、电磁调速和变频调速三种。

1. 变极调速

变极调速的设计思想是通过接触器触点改变电动机绕组接线方式来达到调速目的。

当电网频率固定时，三相笼型异步电动机的同步转速与它的极对数成反比。因此，只要改变电动机定子绕组极对数，就能改变它的同步转速，从而改变转子转速。在改变定子绕组极对数时，转子极数也必须同时改变。为了避免在转子方面进行变极改接，变极电动机常用笼型转子，因为笼型转子本身没有固定的极数，它的极数由定子磁场极数确定，不用改接。

极对数的改变可用两种方法：一种方法是在定子上装置两个独立的绕组，各自具有不同

的极数；另一种方法是在一个绕组上，用改变绕组的连接来改变极数，或者说改变定子绕组每相的电流方向。由于构造的复杂，通常速度改变的比值为2∶1。如果希望获得更多的速度等级，例如四速电动机，可同时采用上述两种方法，即在定子上装置两个绕组，每一个都能改变极数。

图4-58所示为4/2极的双速电动机定子绕组接线示意图。电动机定子绕组有六个接线端，分别为U1、V1、W1、U2、V2、W2。图4-58a是将电动机定子绕组的U1、V1、W1三个接线端接三相交流电源，而将U2、V2、W2三个接线端悬空，三相定子绕组为三角形联结，此时每个绕组中的①、②线圈相互串联，电流方向如图4-58a中箭头所示，电动机的极数为四极；如果将电动机定子绕组的U2、V2、W2三个接线端子接到三相交流电源上，而将U1、V1、W1三个接线端子短接，则原来三相定子绕组的三角形联结，变成双星形联结，此时每相绕组中的①、②线圈相互并联，电流方向如图4-58b中箭头所示，于是电动机的极数变为二极。注意观察两种情况下各绕组的电流方向。

必须指出，绕组变极后，其相序方向和原来相序方向相反。所以，在变极时，必须把电动机任意两个出线端对调，以保持高速和低速时的转向相同。例如，在图4-58中，当电动机绕组为三角形联结时，将U1、V1、W1分别接到三相电源L1、L2、L3上；当电动机的定子绕组为双星形联结（即由四极变到二极）时，为了保持电动机转向不变，应将V2、U2、W2分别接到三相电源L1、L2、L3上。当然，也可以将其他任意两相对调。

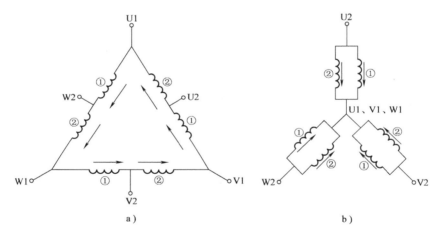

a)　　　　　　　　　　　　　　　b)

图4-58　4/2极的双速电动机定子绕组接线示意图

图4-59所示为4/2极双速异步电动机的控制电路。该电路利用开关S进行高低速转换。当开关S处在低速L位置时，接触器KM3线圈通电，KM3的主触点闭合，将定子绕组的接线端U1、V1、W1接到三相电源上，而此时由于KM1、KM2常开触点不闭合，所以电动机定子绕组为三角形联结，电动机低速运行。在变极时，将电动机的两个出线端U2、W2对调。

当开关S处在高速位置H时，电路的工作情况如下：

1）时间继电器KT首先通电，其瞬动常开触点闭合，接触器KM3线圈通电，主触点闭合，将电动机接成三角形联结做低速起动。

2）经过一段时间延时后，KT延时断开的常闭触点断开，KM3线圈断电，其触点复位。

而 KT 的延时闭合常开触点闭合，使 KM2 的线圈通电，KM2 的主触点闭合将 U1、V1、W1 连在一起，同时通过 KM2 的常开触点闭合使 KM1 线圈通电，KM1 的主触点闭合使电动机以双星形联结高速运行。

　　通过本电路可以实现电动机的变极调速控制。在实际应用中，首先必须正确识别电动机的各接线端子，这一点尤为重要。变极多速电动机主要用于驱动某些不需要平滑调速的生产机械，如冷拔拉管机、金属切削机床、通风机、水泵和升降机等。在某些机床上，采用变极调速与齿轮箱调速配合，可以较好地满足生产机械对调速的要求。

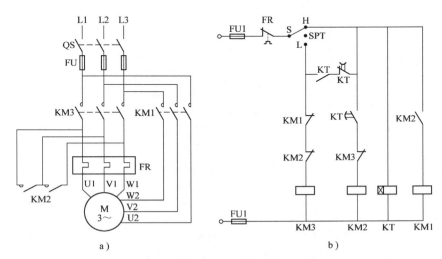

图 4-59　4/2 极双速异步电动机的控制电路

a）主电路　b）控制电路

2. 电磁调速

　　电磁调速异步电动机是一种交流恒转矩无级调速电动机。它由笼型异步电动机、电磁转差离合器、测速发电机和控制装置组成，如图 4-60 所示。电磁调速异步电动机的主要部分是电磁转差离合器，下面具体分析其结构和工作原理。

　　（1）电磁转差离合器的结构　电磁转差离合器实质上就是一台异步电动机。它主要由

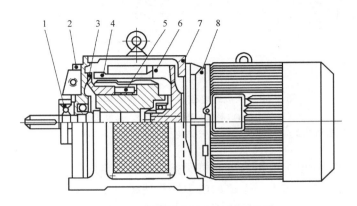

图 4-60　电磁调速异步电动机结构

1—测速发电机　2—端盖　3—托架　4—磁极　5—励磁绕组　6—电枢　7—机座　8—拖动电动机

电枢和磁极两个旋转部分组成。

1）电枢。它是主动部分，是由铸钢制成的空心圆柱体，用联轴器与异步电动机的转子相连接，并随异步电动机一起转动。

2）磁极。磁极由磁极铁心和励磁绕组两部分组成，是从动部分。励磁绕组通过集电环和电刷装置接到直流电源或晶闸管整流电源上。磁极通过联轴器与机械负载直接连接。

电枢和磁极之间在机械上是分开的，各自独立旋转，如图 4-61 所示。

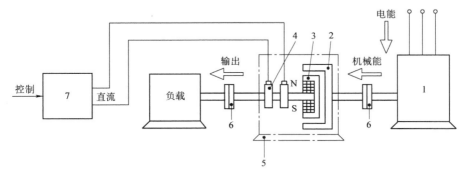

图 4-61　电磁转差调速电动机调速系统
1—异步电动机　2—电枢　3—磁极　4—集电环　5—电磁转差离合器
6—联轴器　7—晶闸管整流器

（2）电磁转差离合器的工作原理　电磁转差离合器由电枢和磁极两部分组成，两者无机械联系，都可自由旋转。电枢由电动机带动，称为主动部分；磁极用联轴器与负载相连，称为从动部分。电枢通常用整块的铸钢加工而成，形状像一个杯子，上面没有绕组。磁极则由铁心和绕组两部分组成，其结构如图 4-62 所示，绕组由晶闸管整流电源励磁。

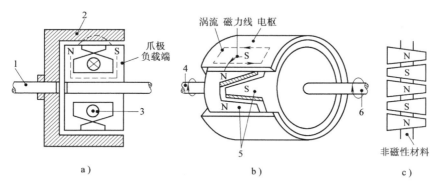

图 4-62　爪极式电磁转差离合器结构示意图
a）结构　b）涡流与转矩方向　c）爪极式磁极
1—电动机轴　2—电枢　3—励磁绕组　4—电枢轴　5—爪极　6—爪极轴

当励磁绕组通以直流电，电枢为电动机所拖动以恒速定向旋转时，在电枢中感应产生涡流，涡流与磁场作用产生电磁力，形成的电磁转矩使磁极跟随电枢同方向旋转。由于磁极的转速由磁极磁场的强弱而定，即由励磁电流大小而定。所以，改变励磁电流的大小，就可改变磁极的转速。

由以上分析可知，当励磁电流为零时，磁极不会跟随电枢转动，这就相当于电枢与磁极"离开"；一旦励磁电流不为零，磁极立刻与电枢"合上"，因此称为"离合器"。同时，它是以电磁感应原理工作的，磁极与电枢之间一定要有转差才能产生涡流与电磁转矩，因此又称为"电磁转差离合器"。又因其工作原理与三相感应电动机相似，所以，又常将它连同拖动它的三相感应电动机统称为"转差电动机"。

3. 变频调速

近些年来，随着控制技术和电力电子技术的发展，变频器的使用越来越广泛。一是由于变频调速的性能好，二是变频器的价格有了大幅度的降低。

变频调速的特点：可以使用标准电动机进行连续调速，改变转速方向可通过电子电路改变相序实现。其优点是起动电流小、加/减速度可调节、电动机可以高速化和小型化、防爆容易、保护功能齐全（如过载保护、短路保护、过电压和欠电压保护）等。

变频调速的应用领域非常广泛。它可应用于风机、泵、搅拌机、挤压机、精纺机和压缩机，原因是节能效果显著。它还可应用于机床，如车床、机械加工中心、钻床、铣床、磨床，主要目的是提高生产效率和质量；它也广泛应用于其他领域，如电动机调速等。

（1）变频器的基本结构原理　根据电源变换的方式，变频调速分为间接变换方式（交—直—交变频）和直接变换方式（交—交变频）。交—交变频是利用晶闸管的开关作用，控制交流电源输出不同频率的交流电供给异步电动机进行调速的一种方法。交—直—交变频是把交流电通过整流器变为直流电，再用逆变器将直流电变为电压、频率可变的交流电供给异步电动机。目前常用的通用变频器就属于交—直—交变频，其基本结构框图如图4-63所示。

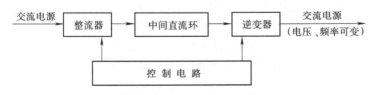

图 4-63 变频器的基本结构框图

由图4-63可知，变频器主要由主电路（包括整流器、中间直流环节、逆变器）和控制电路组成。变频器还有丰富的软件，各种功能主要靠软件来完成。

交—直—交变频还可以分为电压型变频和电流型变频。电压型变频的整流输出经电感电容滤波，具有恒压源特性；电流型变频的整流输出经直流电抗器滤波，具有恒流源特性。

变频器的分类方式有很多，除了按电源变换方式分类外，还可以按逆变器开关方式来分类，可分为PAW方式和PWM方式。PAM控制是Pulse Amplitude Modulation（脉冲振幅调制）控制的简称；PWM控制是Pulse Width Modulation（脉冲宽度调制）控制的简称，是在逆变电路部分同时对输出电压（电流）的幅值和频率进行控制的控制方式。在这种控制方式中，以较高频率对逆变电路的半导体开关器件进行开闭，并通过改变输出脉冲的宽度来达到控制电压（电流）的目的。

目前，变频器中多采用正弦波PWM控制方式，即通过改变PWM输出的脉冲宽度，使输出电压的平均值接近正弦波，这种方式也被称为SPWM控制。

变频器还可以按控制方式分为 U/f（电压频率）控制、转差频率控制和矢量控制三种。

其中，U/f 控制属于开环控制，而转差控制和矢量控制属于闭环控制。三者的主要区别在于 U/f 控制方式中没有进行速度反馈，而转差频率控制方式和矢量控制方式利用了速度传感器的速度闭环控制。

（2）变频器的操作和显示　一台变频器应有可供用户方便操作的操作器和显示变频器运行状况及参数设定的显示器。用户通过操作器对变频器进行设定及运行方式的控制。通用变频器的操作方式一般有三种：数字操作器方式、远程操作器方式和端子操作方式。变频器的操作指令可以由此三处发出。

1）数字操作器方式。新型变频器几乎均采用数字控制，使数字操作器可以对变频器进行设定操作。如设定电动机的运行频率、运转方式、U/f 类型、加/减速时间等。数字操作器有若干个操作键，不同厂商生产的变频器数字操作器有很大的区别，但有四个按键是必不可少的，即运行键、停止键、上升键和下降键。运行键控制电动机的起动，停止键控制电动机的停止，上升键或下降键可以检索设定功能及改变功能的设定值。数字操作器作为人机对话接口，使得变频器参数设定与显示直观清晰，操作简单方便。

在数字操作器上，通常配有 6 位或 4 位数字显示器，它可以显示变频器的功能代码及各功能代码的设定值。在变频器运行前显示变频器的设定值，在运行过程中显示电动机某一参数的运行状态，如电流、频率、转速等。

2）远程操作器方式。远程操作器是一个独立的操作单元，它利用计算机的串行通信功能，不仅可以完成数字操作器所具有的操作功能，而且还可以实现数字操作器不能实现的一些功能。特别是在系统调试时，利用远程操作器可以对各种参数进行监视和调整，比数字操作器功能更强，而且更为方便。

变频器的日益普及，使用场地相对分散，远距离集中控制是变频器应用的趋势，现在的变频器一般都具有标准的通信接口，用户可以利用通信接口在远处（如中央控制室）对变频器进行集中控制，如参数设定、起动/停止控制、速度设定和状态读取等。

3）端子操作方式。变频器的端子包括电源接线端子和控制端子两大类。电源接线端子包括三相电源输入端子、三相电源输出端子、直流侧外接制动电阻用端子以及接地端子。控制端子包括频率指令模拟设定端子、运行控制操作输入端子、报警端子、监视端子。

（3）变频器内部功能框图　图 4-64 所示为变频器内部功能框图。

此变频器共有 20 多个控制端子，分为 4 类：信号输入端子、频率模拟设定输入端子、监视信号输出端子和通信接口端子。

DIN1～DIN6 为数字信号输入端子，一般用于变频器外部控制，其具体功能由相应设置决定。例如，出厂时设置 DIN1 为正向运行、DIN2 为反向运行等，根据需要通过修改参数可改变功能。使用信号输入端子，可以完成对电动机的正反转控制、复位、多级速度设定、自由停车、点动等控制操作。PTCA、PTCB 端子用于电动机内置 PTC 测温保护，为 PTC 传感器输入端。

AIN1、AIN2 为模拟信号输入端子，分别作为频率给定信号和闭环时反馈信号输入。变频器提供了 3 种频率模拟设定方式：外接电位器设定、0～10V 电压设定和 4～20mA 电流设定。当用电压或电流设定时，最大的电压或电流对应变频器输出频率设定的最大值。变频器有两路频率设定通道：开环控制时，只用 AIN1 通道；闭环控制时，使用 AIN2 通道作为反馈输入，两路模拟设定进行叠加。

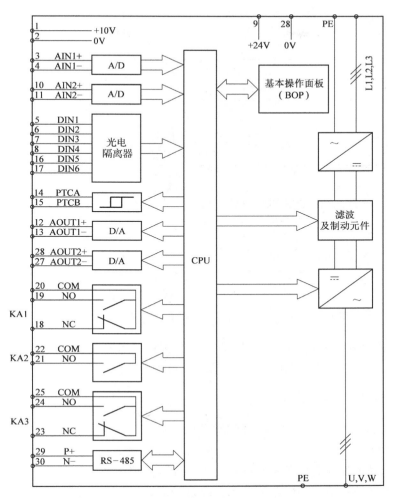

图 4-64　变频器内部功能框图

　　输出信号的作用是指示变频器运行状态，或向上位机提供这些信息。KA1、KA2、KA3 为继电器输出，其功能也是可编程的，如故障报警、状态指示等。AOUT1、AOUT2 端子为模拟信号输出端子，输出 0～20 mA 信号，其功能也是可编程的，用于输出指示运行频率、电流等。

　　P+、N−为通信接口端子，是一个标准的 RS-485 接口。通过此通信接口，可以实现对变频器的远程控制，包括运行/停止及频率设定控制，也可以与端子控制进行组合，完成对变频器的控制。

　　（4）应用举例　图 4-65 所示为变频器应用举例。要求此电路实现电动机的正反转运行、调速和点动功能。根据功能要求，首先要对变频器编程并修改参数。根据控制要求选择合适的运行方式，如线性 U/f 控制、无传感器矢量控制等；频率设定值信号源选择模拟输入。选择控制端子的功能，将变频器 DIN1、DIN2、DIN3 和 DIN4 端子分别设置为正转运行、反转运行、正向点动和反向点动功能。此外，还要设置如斜坡上升时间、斜坡下降时间等参数，更详细的参数设置方法可参见变频器的使用手册。

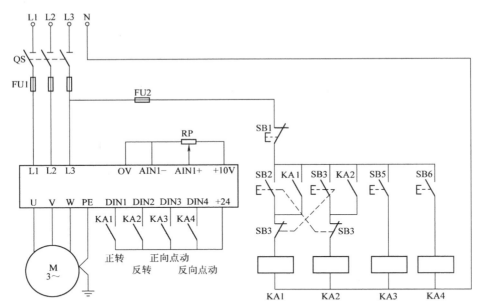

图 4-65 使用变频器的异步电动机可逆调速系统控制电路

在图 4-65 中，SB2、SB3 为正、反转运行控制按钮，运行频率由电位器 RP 给定。SB4、SB5 为正、反向点动运行控制按钮，点动运行频率可由变频器内部设定。SB1 为总停止按钮。

五、电气控制电路的设计方法

设计电气控制电路有经验设计法和逻辑设计法两种。

1. 经验设计法

经验设计法是根据控制任务将控制系统划分为若干控制环节，可以参考典型控制电路进行设计，然后考虑各环节之间的联锁关系，经过补充、修改，综合成完整的控制电路。设计过程中需要注意以下几个基本原则：

1）充分满足生产机械和生产工艺对电气控制电路的要求。

2）控制电路力求简单、经济。

3）保证控制电路工作安全可靠。

下面结合设计实例做具体说明。

（1）设计任务书 某箱体需加工两侧平面，特设计一专用机床。加工的方法是将箱体夹紧在滑台上，两侧平面用左右动力头铣削加工，加工前，滑台应快速移动到加工位置，然后改为慢速进给。滑台速度的改变是由齿轮变速机构和电磁铁来实现的。电磁铁吸合时为快进，电磁铁放开时为慢进。滑台从快速移动到慢速进给应自动变换，切削完毕后要自动停车，由人工操作滑台快速退回。该专用机床共有三台异步电动机，两个动力头电动机均为4.5kW，只需单向运转；滑台电动机功率为 1.1kW，需正反转。

（2）设计控制电路原理图

1）主电路设计 滑台电动机的正反转分别用接触器 KM1 和 KM2 控制。左右铣头的工作情况完全一样，故用接触器 KM3 同时控制，接线时注意它们的转动方向。主电路如图

4-66 所示。

2）控制电路设计　滑台电动机应能正反转，因此选择两个起停单元电路组合成滑台电动机的正反转电路。分别由按钮 SB4、SB5 和 SB2、SB3 控制起动和停止。滑台电动机起动正转后，动力头电动机即可起动；而滑台电动机正转停车后，动力头电动机也应停止。所以应由接触器 KM1 的常开触点控制左右动力头的起、停。以上控制部分电路如图 4-67a 所示。

滑台起动时应当快速移动，即当接触器 KM1 通电时，电磁铁 YA 应吸合；滑台由快速变为慢速时，可用行程开关 SQ3 发出信号，使电磁铁释放；滑台返回时又应快速移动，即当 KM2 通电时，电磁铁又应吸合。但考虑到电磁铁电感大，电流冲击大，因此选择中间继电器 KA 组成电磁铁的控制电路，如图 4-66b 所示。

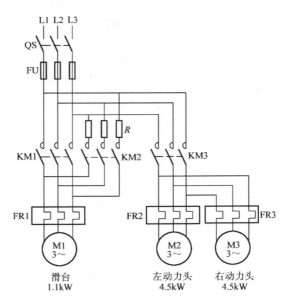

图 4-66　主电路

3）设置联锁保护环节　滑台慢速进给终止时应自动停车，滑台快速返回到原位时也应自动停车。为此，分别用行程开关 SQ1 和 SQ2 进行行程控制。另外，接触器 KM1 和 KM2 之间应能互锁；三台电动机均应采用热继电器（FR1、FR2、FR3）进行过载保护。完整的控制电路如图 4-68 所示。

4）修改完善电路　控制电路初步设计完毕后，可能存在不合理之处，应当仔细校核。以图 4-66 为例说明。

① 接触器 KM1 使用了三对常开辅助触点。但普通常用的 CJ10 系列

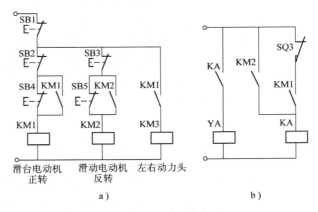

a)　　　　　　　　　　　b)

图 4-67　控制电路草图

接触器只有两对常开辅助触点。因此，必须对此电路进行修改。

② 从电路工作条件可以看到，接触器 KM1 和 KM3 是同时工作和释放的，这两个接触器可采用同一型号的交流接触器，其电磁线圈可并联。修改后的电路如图 4-69 所示。

还可采用另一种方法，即接触器 KM3 线圈依然按图 4-68 所示接法，但用接触器 KM3 的常开辅助触点代替中间继电器 KA 线圈串接 KM1 的常开辅助触点。这样，只需要两对 KM1 常开辅助触点。这样修改后的电路如图 4-70 所示。

2. 逻辑设计法

采用经验设计法设计继电接触控制电路，对于同一工艺要求，往往会设计出各种不同结

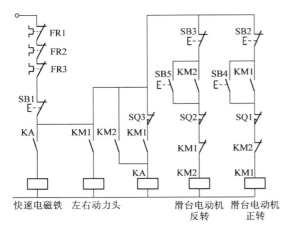

图 4-68 完整的控制电路

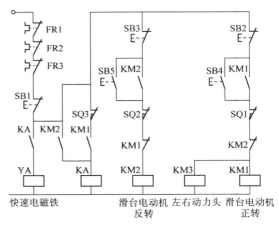

图 4-69 修改后的电路（1）

构的控制电路，并且较难获得最简单的电路结构。这是因为经验设计法一般是把单元控制电路割裂开来设计的，而且往往借用现成的典型电路。而具体的工艺过程总是一个统一的、有着许多特定联系的有机整体。

不难发现，继电接触控制电路的元件都是两态元件，它们只有"通"或"断"两种状态。因此，继电接触控制电路的规律符合逻辑代数运算规律，是可以用逻辑代数加以分析的。我们把继电器、接触器、电磁阀等的线圈通电状态、触点闭合接通状态、按钮和行程开关受压受激状态

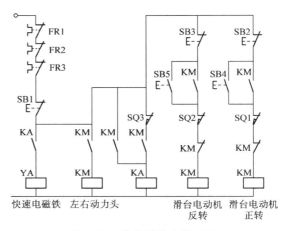

图 4-70 修改后的电路（2）

称为"1"态，用逻辑"1"表示；反之称为"0"态，用逻辑"0"表示。两触点串联是逻辑"与"的关系；两触点并联是逻辑"或"的关系；而同一电器的常开触点与常闭触点的关系就是逻辑"非"的关系。把这些电气元件之间的连接看成逻辑变量之间的关系，表示为逻辑函数关系式，再运用逻辑函数基本公式和运算规律对它们进行简化。然后按简化的逻辑函数式画出相应的电路结构图。最后再做进一步的检查、化简和完善工作，以期获得最佳设计方案。

利用逻辑代数这一数学工具设计电气控制电路的方法，称为逻辑设计法。

例如，某电动机只有在继电器 K1、K2、K3 中任何一个或任何两个继电器动作时才能运转，而在其他任何情况下都不运转，试设计其控制线路。

（1）按工艺要求列出逻辑函数关系式　电动机的运行由接触器 KM 控制。继电器 K1、K2、K3 中任何一个动作时，接触器 KM 动作的条件可写成

$$KM1 = K1 \cdot \overline{K2} \cdot \overline{K3} + \overline{K1} \cdot K2 \cdot \overline{K3} + \overline{K1} \cdot \overline{K2} \cdot K3$$

继电器 K1、K2、K3 中任何两个动作时，接触器 KM 动作的条件可写成

$$KM1 = K2 \cdot K2 \cdot \overline{K3} + K1 \cdot \overline{K2} \cdot K3 + \overline{K1} \cdot K2 \cdot K3$$

因此，接触器动作的条件，即电动机运转的条件为

$$KM = KM1 + KM2 = K1 \cdot \overline{K2} \cdot \overline{K3} + \overline{K1} \cdot K2 \cdot \overline{K3} + \overline{K1} \cdot \overline{K2} \cdot K3 + K1 \cdot K2 \cdot \overline{K3} \qquad (4\text{-}4)$$
$$+ K1 \cdot \overline{K2} \cdot K3 + \overline{K1} \cdot K2 \cdot K3$$

（2）用逻辑代数的基本公式将式（4-4）化简

$$KM = K1(\overline{K2} \cdot \overline{K3} + K2 \cdot \overline{K3} + \overline{K2} \cdot K3) + \overline{K1}(K2 \cdot \overline{K3} + \overline{K2} \cdot K3 + K2 \cdot K3)$$
$$= K1\left[(\overline{K2} + K2)\overline{K3} + \overline{K2} \cdot K3\right] + \overline{K1}\left[K2 \cdot \overline{K3} + (\overline{K2} + K2)K3\right]$$
$$= K1\left[\overline{K3} + \overline{K2} \cdot K3\right] + \overline{K1}\left[K2 \cdot \overline{K3} + K3\right]$$

因为 $\overline{K3} + \overline{K2} \cdot K3 = \overline{K3} + \overline{K2}$、$K2 \cdot \overline{K3} + K3 = K2 + K3$，所以有

$$KM = K1\left[\overline{K3} + \overline{K2}\right] + \overline{K1}\left[K2 + K3\right] \qquad (4\text{-}5)$$

（3）画控制电路 根据式（4-5）画出的控制电路，如图 4-71 所示。

（4）校验 设计出电路后，应校验继电器 K1、K2、K3 在任一给定条件下，电动机都运转，即接触器 KM 的线圈都通电。而在其他条件下，如三个继电器都动作或都不动作时，接触器 KM 不应动作。

上面介绍的是一种没有反馈回路（如自馈回路）、对任何信息都没有记忆的逻辑网络（称组合网路）。此时用逻辑设计法设计的控制电路比较合理，不但能节省元器件数量，获得一种逻辑功能的最简电路，而且方法也不算复杂。如果想用逻辑设计法设计具有反馈回路（即具有记忆功能）的逻辑网络（称时序网络），则需根据工艺过程和元器件动作程序列出时序状态表。然后根据各程序的特点分析，综合进行设计，因而整个设计过程比较复杂，还要涉及一些新概念。可见，用逻辑设计法设计复杂的控制电路，难度较大。

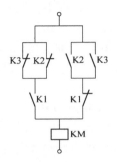

图 4-71 按给定条件用逻辑法设计的控制电路

因此，逻辑设计法一般只作为经验设计法的辅助和补充。尤其是用于简化某一部分电路，或实现某种简单逻辑功能时，是比较方便而又易行的手段；对于不太复杂而又难免带有自馈和交叉互馈环节的继电接触控制电路，一般以采用经验设计法较为简单；但对于某些复杂而又重要的控制电路，逻辑设计法可以获得准确而又简单的控制电路。

六、继电接触控制电路的设计规律

继电接触控制电路有一个共同规律，就是通过触点的"通"和"断"控制电动机和其他电气设备来完成运动机构的动作。即使是复杂的控制系统，很大一部分也是由常开和常闭触点组合而成的。由此可以找到经验设计法和逻辑设计法的共同依据。在举例介绍了两种设计方法之后，有必要再来总结一下共同的设计规律。

1. 常开触点串联

当要求几个条件同时具备，才使电器的线圈通电动作时，可用几个常开触点与线圈串联的方法来实现。如图 4-72a 中，K1、K2、K3 都动作接通时，电器 K 才动作。这种关系就是

逻辑电路中的"与"逻辑。

图4-72b所示为常开触点串联实例,这是自动线各动力头加工完成后恢复原位,使夹具拔销松开的控制电路。在零件加工过程中,各动力头的自动工作循环是由各动力头所属的控制系统自行控制的。必须在所有动力头都进给到终点,相应地接通继电器K1、K2、K3、…、Kn(分别在各自的控制电路中),使各自的触点闭合后,才接通继电器KA9,发出加工完毕的信号。只有所有动力头都退回原位,限位开关SQ1-1、SQ1-2、SQ1-3、…、SQ1-n都被压下,才能接通KA10;同时也压下限位开关SQ2-1、SQ2-2、SQ2-3、…、SQ2-n,使KA12动作,发出使各夹具拔销放松的信号。

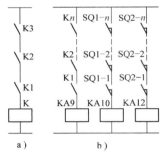

图4-72 常开触点串联实例

2. 常开触点并联

当在几个条件中,只要求具备其中任一条件,所控制电器的线圈就能通电,可用几个常开触点并联,再与线圈串联的方法来实现。如图4-73a所示,只要K1、K2、K3其中任意一个动作,电器K就得电动作。这种关系就是逻辑电路中的"或"逻辑。

图4-73b中的SB3、SB4为两地控制起动按钮。显然,只要其中之一动作,接触器KM就动作。

3. 常闭触点串联

当在几个条件中,只要求具备其中任一条件,被控电器的线圈就断电,可用几个常闭触点与线圈串联的方法来实现。如图4-73b所示,SB1和SB2两个停止按钮,其中一个动作,接触器KM就断电。图4-74中的SB0各停止按钮,也是这种功能。这些SB0是供紧急停车用的,通常分设在自动线的多个地方。

4. 常闭触点并联

当要求几个条件都具备,电器线圈才断电时,可用几个常闭触点并联,再与受控电器线圈串联的办法来实现。

图4-74所示为自动线预停控制电路。自动线预停时,可按"预停"按钮SB3。其中由常闭触点KA3、KA10和KA12组成的并联电路与接触器KM0线圈串联(KM0是自动线控制

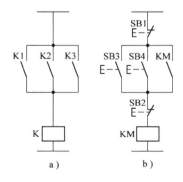

图4-73 串并联实例

a)常开触点并联 b)常开触点并联及常闭触点串联

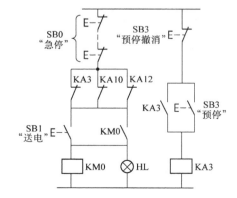

图4-74 自动线预停控制电路

电路送电用接触器），这是为了保证：只有当所有动力头已经退回原位（KA10 动作）、夹具拔销松开（KA12 动作）并已发出"预停"信号（KA3 动作）时，KM0 才能断电释放，将控制电路的电源切断。

5. 保护电器动作规律

一般保护电器应有的功能：既能保证控制电路长期正常运行，又能起到保护电动机及其他电气设备免受不正常运行带来的损伤。因此。它们的动作规律是电路正常运行时，处于"通"状态；一旦电路发生故障，立即转为"断"。

七、继电接触控制电路设计的一般问题

1）应尽量避免许多电器依次动作后才能接通另一电器的现象。在图 4-75a 中，继电器 K1 通电动作后，K2 才能动作，而后 K3 才能接通得电。但在图 4-75b 中，继电器 K2 动作只需经过 K1 动作，而且只需经过一对触点，提高了工作可靠性。

2）在控制电路中，要注意控制电器的线圈和触点位置。各控制电器的线圈应接在电源的同一端，如图 4-76a 所示，继电器、接触器和其他电器的线圈一端统一接在电源的同一侧，这样即使同一电器的两对触点间发生短路故障，也不致引起电源短路，同时便于安装接

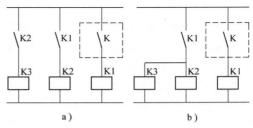

图 4-75　触点的合理使用
a）不合理连接　b）合理连接

线。如图 4-76b 中 KA2 触点在电源两侧，电位不同，若触点断开时产生一对与另一对触点之间的飞弧，则将导致电源短路。图 4-76a 中无此现象。

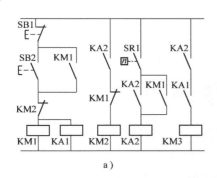 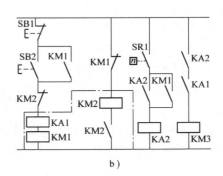

图 4-76　异步电动机单向具有反接制动的控制电路
a）正确　b）不正确

交流电器的线圈不能串联使用。这是因为两个交流电器的线圈串联时，每一个线圈的额定电压必须等于 1/2 的电源电压，但工作时由于两个电器吸合的时间不尽相同，只要一个电器先吸合，其线圈上的电压就增大，而另一电器却达不到所需的动作电压。如图 4-76b 中 KM1 与 KA1 串联使用是错误的。应改为图 4-76a 所示，KM1 与 KA1 并联使用。

3）在控制电路中，应尽量减少电器的触点数。在电气控制电路中，减少触点可提高电路的可靠性。图 4-77 所示为一些触点合并简化的实例。在合并简化工作中，主要着眼点应

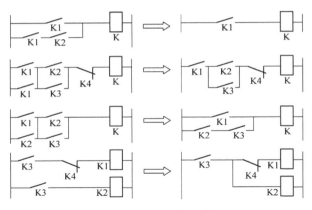

图 4-77　触点化简与合并

放在同类性质触点的合并，或一个触点能完成的动作就不要用两个触点。运用逻辑代数方法可获得最简电路，但要注意，触点的额定电流是否允许及对其他回路的影响。

4）在电气电路原理图中，应考虑各电气元件之间的实际接线情况，尽可能减少实际连线的数量和长度。

图 4-78c、d 的接线方法是不适当的，而图 4-78a、b 是适当的。因为按钮在按钮站或操纵台上，而电器在电器柜中。所以在图 4-78a 中，通向按钮站（起动按钮 SB2、停止按钮 SB1）的实际引线是三根，而图 4-78c 中是四根。在图 4-78b、d 中，考虑起动按钮 SB2 和停止按钮

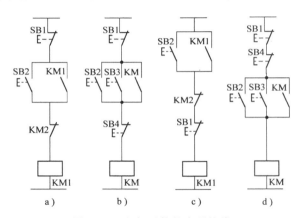

图 4-78　电气元件的合理接线

SB1 在一地，起动按钮 SB3 和停止按钮 SB4 在另一地，所以图 4-78b 中图 4-78d 的实际连线少。

5）控制电路在工作时，除必要的电器通电外，其余电器应尽量不通电，以节约电能。

以异步电动机减压起动的控制电路为例进行分析。若电路如图 4-79a 所示，在电动机起动后，接触器 KM1 和时间继电器 KT 就失去了作用，但一直通电；若接成图 4-79b 所示电路，则起动后可自动切除 KM1 和 KT 的电源。

6）尽量缩减电器的品种与数量，采用标准件且尽可能选用相同型号。

7）在控制电路中应避免出现寄生电路。在控制电路的动作过程中，那种意外接通的电路叫寄生电路（假回路）。图 4-80 所示为一个含有指示灯和热保护的正反向电路。在正常工作时，能完成起动、正反转和停止的操作控制，信号灯可以指示电动机的工作状态。但当电动机过热使热继电器 FR 的触点断开时，电路就出现了寄生电路。如图 4-80 中虚线所示，使正向接触器 KM1 上的电压下降，而不能可靠释放，对电动机起不到热保护作用。如将 FR 移到停止按钮 SB1 处，便可防止出现寄生电路现象。

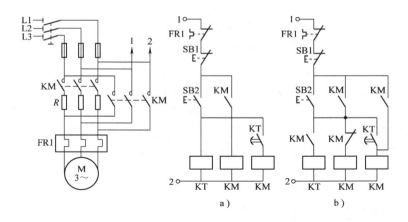

图 4-79　减少通电电器

8）在控制电路中，采用小容量的继电器的触点来接通和断开大容量接触器的线圈时，要计算小容量继电器触点接通和断开的容量。如果容量不够，必须改用容量大的接触器，增加触点数目（增大接通能力用多触点并联，增大分断能力用多触点串联）或加接中间继电器等措施。

9）控制电路各电器触点动作时间要短，且要注意避免竞争现象。图 4-81 所示电路为一个顺序工作的控制电路。工作时，按下起动按钮 SB2，则接触器 KM1 先工作，经一定时间后，即待时间继电器 KT 的延时闭合常开触点闭合后，接触器 KM2 的线圈通电。此时，KM2 常闭触点立即断开，使 KM1 的线圈失电，同时使 KT 释放；同时 KM2 常开触点立即闭合，即 KM2 实现自锁，即使 KT 释放引起其延时闭合常开触点的断开，也不影响 KM2 继续工作。这个控制电路似乎是正确的。

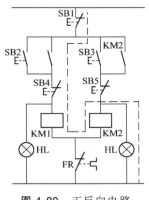

图 4-80　正反向电路

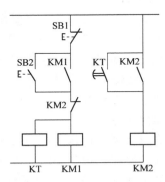

图 4-81　电路的竞争现象

但是，由于触点动作时间不一致，可能使程序不能按预定顺序完成转换，因而发生误动作，这种现象称为竞争。如图 4-81 中，若 KM2 线圈通电后，其常闭触点先断开，而常开触点后闭合（它们发出信号的时间差称为暂态时间），其暂态时间大于 KT 触点释放时间，即出现 KM2 断电（自锁失败），电路就不能进入第二个工作状态。我们在设计中，应该通过动作时间的计算来避免这种情况出现。

10) 控制电路中应含有必要的保护环节，使其出现误操作的情况下也不致造成事故。设计控制电路时应考虑各种联锁保护、油压保护、限位保护，以及电气系统应有的过载、短路、过电流、过电压、失电压、弱磁和热保护，必要时还应考虑设置合闸、断开、事故、安全等的信号指示。

11) 控制电路设计时应考虑操作和维修的方便与安全性，有隔离电器，避免带电检修；控制电路能迅速而又方便地由一种控制方式转换到另一种控制方式；电气元件留有备用触点，必要时留有备用电气元件，以供检修、调整和改接线时使用等。

12) 在设计控制电路时，也应考虑有关操作、故障检查、检测仪表、信号指示、照明等要求，并尽可能方便和简化机械结构。

第四节　常用控制电器的选用

在设计控制电路时，必须合理、正确地选用各种低压控制电器。对于各种常用低压控制电器的结构、原理、作用及基本技术性能已在电工技术课程中介绍过，在此仅介绍其选用原则及注意事项等。

一、按钮、刀开关等元件的选择

1. 按钮

按钮通常用作短时接通或断开小电流控制电路的开关。按钮有各种结构形式，如旋钮式手钮转进行操作，指示灯式按钮内装有信号灯来显示信号，紧急式蘑菇形钮帽以表示紧急操作。按钮的额定电压，交流是 500V、直流是 400V；额定电流是 5~15A。机床经常选用的有 LA2、LA10、LA19、LA20 系列等。按钮的选择主要依据所需触点数、使用场合和颜色，停止按钮一般选用红色。

2. 刀开关

刀开关俗称闸刀开关，主要作用是接通和切断长期工作设备的电源；也用于不经常起/制动的容量（小于 7.5kW）的异步电动机。用于起动异步电动机时，其额定电流不应小于电动机额定电流的 3 倍。一般，刀开关的额定电压不超过 500V，额定电流有 60A、100A、200A、…、1500A 等多种等级。有些刀开关附有熔断器。刀开关的选择主要依据电源种类、电压等级、电动机容量、所需极数及使用场合。

3. 组合开关

组合开关主要用作电源引入开关，所以也称为电源隔离开关；也可以用于起/停 5kW 以下的异步电动机，但每小时的接通次数不宜超过 15~20 次，开关的额定电流一般取电动机额定电流的 1.5~2.5 倍。常用的组合开关为 HZ-10 系列，额定电流分为 10A、25A、60A 和 100A 四种，适用于 380V 以下交流、220V 以下直流的电气设备中。

组合开关的选择主要依据电源种类、电压等级、所需触点数和电动机容量。

4. 行程开关

行程开关主要用于限位触断或触通，所以又称限位开关。

行程开关的种类很多，机床常用的有 LX2、LX19、JLXK1、LXW-11、JLXW-11 等型号。LX19 及 JLXK1 型行程开关都备有常开、常闭触点各一对，并有自动复位和不能自动复位两种类型。LXW-11 及 JLXW-11 型是微动开关，体积小、动作灵敏，在机床中使用较多。JW2 型组合行程开关，最多可具有常开、常闭触点各五对，在组合机床中也常被采用。普通行程开关的允许操作频率为 1200～2400 次/h，机电寿命为 $1 \times 10^6 \sim 2 \times 10^6$ 次。行程开关的选择主要依据机械位置对开关的要求及触点数目的要求。

5. 断路器

断路器俗称自动开关或空气开关。断路器既能接通或分断正常工作电流，也能自动分断过载或短路电流，分断能力大，有欠电压和过载短路保护作用，因此在机械设备上的使用越来越广泛。电气控制系统中常用的断路器有 DZ10 系列、DZ5-10 系列、DZ5-50 系列等，适用于交流 50Hz 或 60Hz、电压 550V 以下、直流电压 220V 以下的电路中，用作不频繁地接通和分断电路。断路器的选择应考虑其主要参数：额定电压、额定电流和允许切断的极限电流。其允许切断的极限电流应略大于电路的短路电流。

二、熔断器的选择

熔断器种类有很多，其结构也不同。熔断器的型号有 RL1 系列（表示螺旋式熔断器），RC1 系列（表示插入式熔断器），RT0 系列（表示有填料封闭管式熔断器）等。机床电器中常用的是 RL1 及 RC1 系列，其技术参数列于表 4-8 和表 4-9 中。

表 4-8　RL1 系列熔断器的技术参数

型　　号	熔断器额定电流/A	熔体额定电流/A
RL1-15	15	2，4，5，6，10，15
RL1-60	60	20，25，30，35，40，50，60
RL1-100	100	60，80，100
RL1-200	200	100，125，150，200

表 4-9　RC1 系列熔断器的技术参数

型　　号	熔断器额定电流/A	熔体额定电流/A
RC1-10	10	1，4，6，10
RC1-15	15	6，10，15
RC1-30	30	20，25，30
RC1-100	100	80，100
RC1-200	200	120，150，200

熔断器的选择，实际上主要是选择其种类、额定电流等级及熔体的额定电流。熔体额定电流的选择是选择熔断器的关键，它取决于负载的性质和额定电流的大小。

对于照明电路等没有冲击电流的负载，应使熔体的额定电流 I_F 等于或稍大于电路的工作电流 I，即

$$I_F \geqslant I \tag{4-6}$$

对于一台异步电动机，熔断体可按下式选择

$$I_F = (1.5 \sim 2.5)I_N \tag{4-7}$$

式中　I_N——电动机的额定电流。

对于多台电动机，由一个熔断器保护，熔体可按下式选择

$$I_F \geqslant I_m/2.5 \tag{4-8}$$

式中 I_{m} ——可能出现的最大电流；

I_{F} ——熔体额定电流。

如果几台电动机不同时起动，则 I_{m} 为容量最大的一台电动机的起动电流和其他各台电动机的额定电流之和。

例如，两台电动机不同时起动，一台电动机额定电流为 14.6A；另一台额定电流为 4.64A，起动电流都为额定电流的 7 倍。则应选熔体的电流为

$$I_{\mathrm{F}} \geqslant \frac{14.6 \times 7 + 4.64}{2.5} \mathrm{A} \approx 42.7 \mathrm{A} \qquad (4-9)$$

可选用 RL1-60 型熔断器，配用 50A 的熔体。

另外，RS3 系列熔断器的发热时间常数很小、熔断时间短、动作快，是无热惯性的快速熔断器，主要作于晶闸管的短路保护之用。

三、交流接触器的选择

接触器用途广泛，根据控制电流性质不同，分为交流接触器和直流接触器两种。机床中应用最多的是交流接触器，如 CJ10、CJ20 系列。

交流接触器的型号如接触器 CJ10-20：CJ 表示交流接触器；10 表示设计序号；20 表示主触点额定电流为 20A。

要想正确地选用接触器，就必须了解接触器的主要技术数据，其主要技术数据如下：

1）电源种类：交流或直流。

2）主触点额定电压、额定电流。

3）辅助触点的种类、数量及触点的额定电流。

4）电磁线圈的电源种类频率和额定电压。

5）额定操作频率（次/h），即允许每小时接通的最多次数。

例如，CJ10 系列接触器的电源为交流，主触点最大电压为 500V，最大电流为 150A。CJ10 系列接触器的技术参数见表 4-10。

表 4-10 CJ10 系列接触器的技术参数

型 号	触点额定电压 /V	主触点额定电流 /A	辅助触点额定电流 /A	额定操作频率 /(次/h)	可控制的电动机功率/kW	
					220V	380V
CJ10-10	500	10	5	600	2.5	4
CJ10-20	500	20	5	600	5.5	10
CJ10-40	500	40	5	600	11	20
CJ10-60	500	60	5	600	17	30
CJ10-100	500	100	5	600	30	50
CJ10-150	500	150	5	600	43	75

注：1. 接触器线圈在其额定电压的 85%~105% 范围内工作。

2. 接触器合闸时间一般为 0.05~0.1s，接触器分闸时间为 0.1~0.4s。

交流接触器的选择主要考虑主触点的额定电流、辅助触点的数量与种类、吸引线圈的电压等级、操作频率等。

（1）主触点电流 I_c 的选择　可按电动机的容量 P_e 计算触点电流 I_c。对 CJ10 系列的触点电流，可按下面经验公式计算

$$I_c = \frac{P_e \times 10^3}{KU_e} \tag{4-10}$$

式中　I_c——接触器主触点电流（A）；

　　　P_e——被控电动机功率（kW）；

　　　U_e——电动机额定线电压（V）；

　　　K——经验常数，一般取 $1 \sim 1.4$。

被选定的接触器要满足的条件：　　　　$I_{ec} \geqslant I_c$ 　　　　　　　　　　　（4-11）

式中　I_{ec}——被选定接触器的额定电流。

（2）接触器触点额定电压 U_{ec} 的选择　通常应使 $U_{ec} \geqslant U_{ex}$（即应大于或等于电路额定电压）。交流接触器触点的额定电压 U_{ec} 一般为 500V 或 380V。

（3）接触器的触点数量、种类等应满足电路的需要

（4）接触器吸引线圈电压　一般应从人身和设备安全角度考虑，可选择低一些，如 127V。但当控制电路简单、所用电器不多时，为了节省变压器，可选用 380V。如 CJ10 系列线圈电压等级为 36V、110V、220V 及 380V 四种。

■ 四、继电器的选择

继电器实质上是一种传递信号的电器，并具有跳跃的输入—输出特性。它可根据不同的输入信号达到不同的控制目的。其输入信号可以是电流、电压等电量，也可以是温度、压力、速度、距离等非电量；而输出常常是触点的动作，用以通断电路。

根据输入量的不同（性质和限定值），继电器有各种功用。选用继电器，就是要满足主电路（输入电路）的动作规范，同时适合控制电路（输出电路）的要求。特择要介绍如下。

1. 热继电器的选择

在机械设备中，热继电器主要用于电动机过载保护。热继电器有两相结构和三相结构之分，一般情况下选用两相结构的热继电器。

机床常用的热继电器有 JR0 系列和 JR10 系列。表 4-11 是 JR0-40 型热继电器的技术参数，它的额定电压为 500V，额定电流为 40A，可以配用的热元件有 10 种电流等级，每一种电流等级的热元件都有一定的电流调节范围。这是因为电动机额定电流不会恰好等于热继电器的额定电流，选择电流调节范围适用的热元件，再调节到与电动机额定电流相等，即可更好地进行过载保护。

热继电器有热惯性。表 4-12 表示热继电器在周围介质温度为 $-30 \sim 40℃$ 时的保护特性。例如，当热继电器通过额定电流时，热继电器长期不动作；当它通过的电流增加到整定电流的 1.2 倍时，在 20min 内动作等。表中"从热态开始"是指电流通过热元件，使热继电器发热到稳定温度（在 30min 内温升变化不超过 1℃）开始计算动作时间。

不同型号的热继电器具有不同的特点：JR0 系列热继电器具有温度补偿、电流调节范围广，且具有电动机断相保护功能；JR15 系列热继电器采用复合加热，也具有温度补偿、电流可调等特点，但不具有电动机断相保护功能。

表 4-11　JR0-40 型热继电器的技术参数

型　号	额定电流/A	热 元 件 等 级	
		额定电流/A	电流调节范围/A
JR0-40	40	0.61	0.4~0.64
		1	0.64~1
		1.6	1~1.6
		2.5	1.6~2.5
		4	2.5~4
		6.4	4~6.4
		10	6.4~10
		16	10~16
		25	16~25
		40	25~40

表 4-12　热继电器保护特性

整定电流倍数	动 作 时 间	备　注
1	长期不动作	
1.2	小于 20min	从热态开始
2.5	小于 2min	从热态开始
6	大于 5s	从冷态开始

热继电器选择是否恰当，往往是能否可靠地对电动机进行过载保护的关键因素。主要是根据电动机额定电流来确定热继电器的型号和热元件的电流等级。例如，电动机额定电流为 14.6A，额定电压为 380V，就可选用 JR0-40 型热继电器，热元件电流等级为 16A，从表 4-11 可知，调节电流范围为 10~16A，可将其电流整定在 14.6A。

如遇到下列情况，选择热继电器热元件的额定电流要比电动机额定电流高：

1）电动机负载惯性转矩非常大，起动时间长。

2）电动机所带动的设备不允许任意停电。

3）电动机拖动的为冲击性负载（如冲床、剪床等）。

2．时间继电器的选择

时间继电器是机电传动控制电路中常用的电器之一。它的类型有很多，按其工作原理可分为电磁式、空气阻尼式、电子式和电动式。

（1）电磁式时间继电器　它是利用电磁惯性原理制成的，其特点是结构简单、寿命长、允许操作频率高，但延时时间短，应用在直流控制电路中。

（2）空气阻尼式时间继电器　它是利用空气阻尼的原理制成的，其特点是工作可靠，且延时范围较宽，可达 0.4~180s，是机床交流控制电路中常用的时间继电器。

（3）电子式时间继电器　它是利用电子电路控制电容器充放电的原理制成的，其特点是体积小，其延时范围可达 0.1s~1h。

（4）电动式时间继电器　它是利用同步电动机的原理制成的，其特点是结构复杂、体积较大，但延时时间长、可调范围宽，可从几秒钟到数十分钟，最长可达数十小时。

机床控制电路中应用较多的是空气阻尼式时间继时器，其型号有 JS7-A、JS16 系列。表 4-13 是 JS7-A 型空气阻尼式时间继电器的技术参数。

表 4-13　JS7-A 型空气阻尼式时间继电器技术参数

型号	触点容量		延时触点数量				瞬时动作触点数量		线圈电压/V	延时整定范围/s	操作频率/(次/h)
	电压/V	额定电流/A	线圈通电后延时		线圈断电后延时						
			常开	常闭	常开	常闭	常开	常闭			
JZ7-1A	380	5	1	1	—	—	—	—	36、127、220、380	0.4~60 及 0.4~180	600
JZ7-2A	380	5	1	1	—	—	1	1			
JZ7-3A	380	5	—	—	1	1	—	—			
JZ7-4A	380	5	—	—	1	1	1	1			

时间继电器的选择，主要考虑控制电路所需延时触点的延时方式、延时范围及瞬时触点的数量，同时也要注意线圈电压等级能否满足控制电路的要求。每一种时间继电器都有其各自的特点，所以应合理选用以发挥其特长。可从以下几个方面考虑如何选择时间继电器：

1）时间继电器按延时方式可分为通电延时型和断电延时型两种，应考虑哪种延时方式的继电器对组成控制电路更为方便。

2）凡对延时要求不高的场合，一般宜用价格较低的电磁式或空气阻尼式时间继电器；反之，对延时要求较高的场合，则宜用电动式或电子式时间继电器。

3）应考虑电源参数变化的影响。电源电压波动大的场合，采用空气阻尼式或电动式时间继电器比采用电子式时间继电器好。

4）应考虑温度变化的影响。通常，温度变化较大处不宜采用空气阻尼式和电子式时间继电器。

5）应考虑适用的操作频率。时间继电器动作过后需要一个复位时间，应比固有动作时间长一些，否则会增大延时误差，甚至不能产生延时；当操作频率过高时，不仅影响电寿命，还会导致延时动作失调。

3. 中间继电器的选择

中间继电器在电路中主要起信号传递与转换作用。可用它实现多路控制，并可将小功率的控制信号转换为大容量的触点动作，以驱动电气执行元件工作。中间继电器触点多，还可以扩充其他电器的控制作用。机床上常用的中间继电器有 JZ7、JZ8 两种系列。JZ7 系列适用于交流 500V、5A 以下的控制电路。其技术参数见表 4-14。

表 4-14　JZ7 系列中间继电器技术参数

型　号	触点额定电压/V	触点额定电流/A	触点数量		线圈额定电压/V	额定操作频率/(次/h)
			常开	常闭		
JZ7-44	500	5	4	4	交流 50Hz：12、36、127、220、380	1200
JZ7-62	500	5	6	2	交流 60Hz：12、36、127、220、380、440	
JZ7-80	500	5	8	0		

JZ8 系列为交直流两用中间继电器，其触点额定电流为 5A，线圈电压有直流 12V、24V、48V、110V、220V、交流 110V、127V、220V、380V 等等级；触点数（常开/常闭）有 6/2、4/4、2/6 等组成形式，而且触点簧片反装可使常开、常闭触点互相转换，以满足设计电路的需要。

中间继电器的选择主要依据控制电路的电压等级，同时还要考虑触点的数量、种类及容量满足控制电路的要求。

五、控制变压器的选择

当机械设备的控制电器较多、电路又比较复杂时，最好采用变压器降压的控制电源提高工作可靠性。控制变压器选择的主要依据是所需变压器容量，以及一、二次电压等级。控制变压器容量的选择步骤如下：

1）控制变压器的容量应能供给由它供电的控制电路在最大工作负载时所需要的功率，以保证变压器在长期工作时不致超过允许温升。

一般可根据下式计算

$$S_b \geqslant K_b \sum S_{xc} \tag{4-12}$$

式中　S_b——变压器所需容量（V·A）；

$\sum S_{xc}$——控制电路在最大负载时，工作的电器所需要的总功率（V·A），对于交流接触器、交流中间继电器和交流电磁铁等，S_{xc} 应取该电器的吸持功率（视在）进行计算；

K_b——变压器容量储备系数，一般可取 $K_b = 1.1 \sim 1.25$，当变压器在最大负载时的工作时间与变压器工作周期之比较小时，K_b 可取较小值。

2）控制变压器的容量应能保证那些已经吸合的交流电磁电器在其他电器起动时仍能可靠地保持吸合，同时又能保证其他电磁电器也能起动吸合。这一条件可用下式表示

$$S_b \geqslant 0.6 \sum S_{xc} + 0.25 \sum S_{jq} + 0.125 K_L \sum S_{dq} \tag{4-13}$$

式中　$\sum S_{jq}$——所有同时起动的交流接触器、交流中间继电器在起动时所需要的总功率（V·A）；

$\sum S_{dq}$——所有同时起动的电磁铁在起动时所需要的总功率（V·A）；

K_L——电磁铁的工作行程 L_g 与额定行程 L_c 之比的修正系数（当 $L_g/L_c = 0.5 \sim 0.8$ 时，取 $K_L = 0.7 \sim 0.8$，当 $L_g/L_c > 0.9$ 时，取 $K_L = 1$）；

$\sum S_{xc}$——按起动时已经吸合的电器所需要的总功率（V·A）。

式（4-13）中的第一项系数 0.6，是按电磁器件起动时，由于负载电流的增加而使变压器的二次电压下降，在下降额定值的 20% 时，所有吸合的电磁电器一般都不致释放而考虑的；第二项系数 0.25 和第三项系数 0.125，是经验系数值，它们是根据交流接触器、继电器和交流电磁铁在保证起动吸合的条件下，变压器的容量一般只需该器件起动功率（视在）的 25% 和 12.5% 来确定的。

3）控制变压器容量的选定。控制变压器所需容量，应由式（4-12）和式（4-13）两式中算出的容量较大值决定。

4）常用交流电磁电器的起动与吸持功率（视在功率）列于表 4-15。由表 4-15 可看出，一般交流接触器和继电器的 $S_{qd}/S_{xc} \approx 6$，而交流电磁铁的 $S_{qd}/S_{xc} \approx 12$。所以，式（4-13）可进一步简化为

$$S_b \geqslant 0.6 \sum S_{xc} + 1.5 \sum S_{xc(qd)} \tag{4-14}$$

式中　$\sum S_{xc(qd)}$——同时起动的交流接触器、继电器和电磁铁等的总吸持功率（视在功率）。

表 4-15　常用交流电磁电器的起动与吸持功率（视在功率）

电器型号	起动功率 $S_{qd}/(V \cdot A)$	吸持功率 $S_{xc}/(V \cdot A)$	S_{qd}/S_{qx}
JZ7	75	12	6.3
CJ10-5	35	6	5.8
CJ10-10	65	11	5.9
CJ10-20	140	22	6.4
CJ10-40	230	32	7.2
CJ10-10	77	14	5.5
CJ10-20	156	33	4.75
CJ10-40	280	33	8.5
MQI-5101	≈450	50	9
MQI-5111	≈1000	80	12.5
MQI-5121	≈1700	95	18
MQI-5131	≈2200	130	17
MQI-5141	≈10000	480	21

习题与思考题

4-1　在继电接触控制中，常用的控制元件有哪些？

4-2　常用的时间继电器有哪些种类？各有什么特点？

4-3　继电接触控制电路设计的主要内容包括哪些？

4-4　电动机的选择主要考虑哪些内容？

4-5　电动机的起动控制电路通常有哪几种形式？

4-6　简化图 4-82 中各继电接触控制电路图。

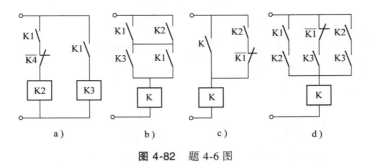

图 4-82　题 4-6 图

4-7　如何选择保护一般照明电路的熔体？如何选择保护一台电动机和多台电动机的熔体？

4-8　拟用按钮、接触器控制异步电动机的起停，并需设有过载与短路保护。某异步电动机的额定功率为 5.5kW，额定电压为 380V，额定电流为 11.25A，起动电流为额定电流的 7 倍。试选择接触器、熔断器、热继电器及电源开关。

第五章 现代电动机驱动与控制技术

随着科学技术的发展，特别是微电子技术、计算机技术、自动化技术、新材料技术的发展，现代电动机驱动与控制技术也得到了迅速发展，如伺服驱动、变频调速、交流逆变以及直线电动机等技术的出现，对进一步提升电动机驱动控制水平起着重大作用。本章在介绍电动机控制基本理论的基础上，重点介绍伺服电动机驱动与控制、直线电动机和电力拖动系统电动机的选择等内容。

第一节 电动机控制基本理论

电动机是实现电能与机械能转换的装置，其能量的转换通过电磁场实现，法拉第电磁感应定律与电磁力定律是实现交流电动机控制的理论基础。

一、法拉第电磁感应定律

法拉第电磁感应定律的基本内容如图 5-1a 所示。当通过某个线圈中的磁通量发生变化时，在该线圈中就会产生与磁通量对时间的变化率成正比的感应电动势，其值为

$$e = \frac{\mathrm{d}\psi}{\mathrm{d}t} = -N\frac{\mathrm{d}\Phi}{\mathrm{d}t} \tag{5-1}$$

式中　ψ——磁链 $\mathrm{d}\psi = N\mathrm{d}\Phi$，即 $\psi = N\Phi$。

在此，设感应电动势 e 的参考方向与磁通 Φ 满足右手螺旋法则，如图 5-1b 所示。当 Φ 增加时，线圈中感应电动势的实际方向与所设正方向相反，具有反抗磁通变化的趋势，故式 (5-1) 中有负号。

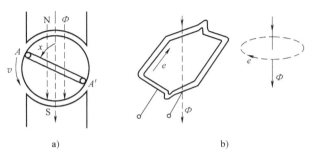

a)　　　　　　　　　　　　　　　　b)

图 5-1　电磁感应定律

一般情况下，磁通 Φ 是时间 t 和线圈对磁场相对位移 x 的函数，即 $\Phi = f(t, x)$。因此，

式（5-1）展开为

$$e = -N \frac{\mathrm{d}\Phi}{\mathrm{d}t} = -N\left(\frac{\partial\Phi}{\partial t} + \frac{\partial\Phi}{\partial x}\frac{\mathrm{d}x}{\mathrm{d}t}\right) \tag{5-2}$$

在式（5-2）中，若 $\frac{\partial\Phi}{\partial x} = 0$，则

$$e_\mathrm{b} = -N\frac{\mathrm{d}\Phi}{\mathrm{d}t} \tag{5-3}$$

e_b 称为变压器电动势。一般变压器的工作原理就基于此，即线圈位置不动，而链绕线圈的磁通量对时间发生变化。

在式（5-2）中，若 $\frac{\partial\Phi}{\partial t} = 0$，则

$$e_\mathrm{v} = -N\frac{\partial\Phi}{\partial x}\frac{\mathrm{d}x}{\mathrm{d}t} = -N\frac{\partial\Phi}{\partial x}v \tag{5-4}$$

e_v 称为速度电动势，在电动机理论中，也称为旋转电动势。一般电动机就是根据这个原理构成的，即可使磁场的大小及分布不变，仅靠磁场与线圈的相对位移来产生变化磁通和感应电动势，并进行能量变换。

为了分析方便，对于速度电动势，也常计算一根导体在磁场中运动的感应电动势，如图 5-2a 所示。单根导体 A 的感应电动势为

$$e_\mathrm{v} = B_\mathrm{x} l v \tag{5-5}$$

式中　B_x——导体所在位置的磁感应强度；

　　　l——导体的有效长度；

　　　v——导体在垂直于磁力线方向上的运动速度。

感应电动势的方向可依照右手法则确定：用手掌对着 N 极磁通，拇指表示导体相对于磁场的运动方向，而四指表示感应电动势的方向，如图 5-2b 所示。

感应电动势的大小由式（5-5）确定，但要求 B_x、v 和 e 三者的空间方向应相互垂直。对于一般的电动机，电动机设计满足该条件。

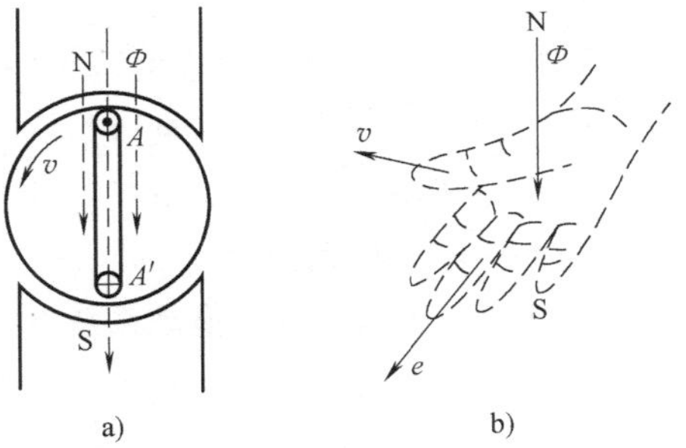

二、电磁力定律

通电导体在磁场中将受到力的作用，这种力称作电磁力。

当电流方向与磁场方向互相垂直时，如图 5-3a 所示，电磁力的大小为

图 5-2　单根导体在磁场中运动的感应电动势

$$f = B_\mathrm{x} l i \tag{5-6}$$

式中　i——导体中的电流。

电磁力的方向用左手法则来判定：手心迎着磁场方向，四指代表电流方向，则大拇指所指方向为电磁力方向，如图 5-3b 所示。同样，要求 B_x、i 和 f 三者的空间方向应相互垂直。

对于一般的电动机，电动机设计满足该条件。

三、电路定律

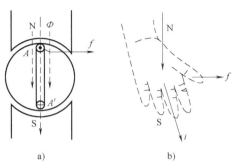

图 5-3 电磁力定律

我们这里的电路定律是指基尔霍夫电压定律，即 $\sum U = 0$ 或 $\sum e = \sum u$。

电压定律表明：任一电路中，沿某一方向环绕回路一周，该回路内所有电动势的代数和等于所有电压降的代数和。回路中各个电量的正、负号这样来确定：先规定电流、电动势和电压的参考方向，然后选定环绕回路一周的参考方向；凡是各电量的参考方向与环绕方向一致的取正号，反之则取负号。

在电路中，通常，感应电动势的参考方向应理解为从低电位指向高电位，即电位升高的方向；电压的参考方向应理解为从高电位指向低电位，即电位降低的方向。这一不同点应予以特别注意。

四、电动机运行的力学基础

使用电动机的根本目的是通过电动机所产生的电磁力带动机械装置（负载）进行旋转或直线运动，因此，习惯上称之为"电力拖动系统"。

研究电动机控制系统，不但需要考虑电动机的电磁问题，而且还涉及诸多的机械运动问题。因此，需要熟悉电动机传动系统所涉及的力学问题与计算公式。

1. 转矩平衡方程

电力拖动系统是建立于牛顿运动定律基础上的机电系统，对于转动惯量固定不变的旋转运动，牛顿第二定律的表示形式为

$$M = M_f + J \frac{d\omega}{dt} \tag{5-7}$$

式中　M——电动机的输出转矩（N·m）；

　　M_f——负载转矩（N·m）；

　　J——转动惯量（kg·m^2），当质量 m 的物体绕半径 r 进行回转时，$J = mr^2$；

　　ω——电动机角速度（rad/s），当以电动机转速 n（r/min）表示时，$\omega = 2\pi n/60$。

式（5-7）又称为电力拖动系统的转矩平衡方程。

电动机输出的机械功率为

$$P = M\omega \tag{5-8}$$

当功率单位为 kW、转矩单位为 N·m、角速度用电动机转速 n（r/min）表示时，式（5-8）可以转换为

$$P = M \frac{2\pi}{60} n \frac{1}{1000} \approx \frac{1}{9550} Mn \quad （kW） \tag{5-9}$$

这就是电动机的输出功率—转矩转换公式，如果已知电动机的额定功率、额定转速，就可以计算出其额定输出转矩。

2. 机械特性

图 5-4a 所示的电动机输出转矩（或功率）与转速之间的相互关系称为电动机的机械特性，即 $M=f(n)$ 或 $P=f(n)$。对于感应电动机，为了方便分析，机械特性也可以用图 5-4b 所示的 $n=f(M)$ 形式表示。

图 5-4 中，转速 n_e 所对应的点上，电动机输出转矩与功率均达到最大值，它是电动机的最佳运行点，该点对应的转速 n_e、转矩 M_e、功率 P_e 称为电动机的额定转速、额定转矩、额定功率。

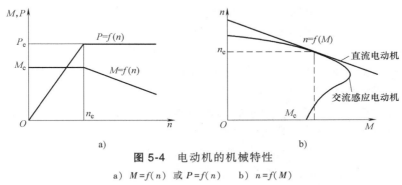

图 5-4　电动机的机械特性

a）$M=f(n)$ 或 $P=f(n)$　b）$n=f(M)$

3. 电力拖动系统的稳定运行条件

电力拖动系统的稳定运行与电动机的机械特性及负载特性有关。

对于图 5-5 所示的机械特性，在恒转矩负载下，特性段 CC' 为稳定工作区，而特性段 $C'C''$ 为不稳定工作区。

例如，当电动机工作于稳定工作区的 A 点时，电动机的输出转矩与负载转矩相等（同为 M_f），由转矩平衡方程 $M-M_f=J\dfrac{\mathrm{d}\omega}{\mathrm{d}t}$ 可知，这时的加速转矩 $M'-M_f=0$，电动机转速将保持 n_1 不变。如果运行过程中由于某种原因，电动机转速由 n_1 下降到 n_1'，从机械特性可见，此时的电动机输出转矩将由 M_f 增加到 M'，转矩平衡方程中的 $M'-M_f>0$，故 $\dfrac{\mathrm{d}\omega}{\mathrm{d}t}>0$，电动机随即加速，输出转速

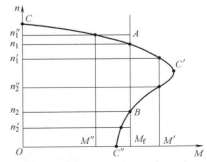

图 5-5　电力拖动系统的稳定运行

随之上升；直到电动机转速回到 n_1、$M'-M_f=0$ 时才停止加速，重新获得平衡。反之，当由于某种原因使电动机转速由 n_1 上升到 n_1'' 时，电动机输出转矩 M'' 将小于 M_f，因此，$M''-M_f<0$、$\dfrac{\mathrm{d}\omega}{\mathrm{d}t}<0$，电动机随即减速，输出转速下降，直到回到 n_1 点后，$M-M_f=0$，重新获得平衡。

但是，电动机工作在不稳定区的 B 点时，虽在电动机输出转矩等于负载转矩（同为 M_f），加速转矩 $M'-M_f=0$，电动机转速可暂时保持 n_2 不变。但是，当由于某种原因，使电动机转速由 n_2 下降到 n_2' 时，从机械特性上可见，此时，电动机输出转矩反而小于 M_f，故 $M-M_f<0$、$\dfrac{\mathrm{d}\omega}{\mathrm{d}t}<0$，电动机将减速，转速进一步下降，如此不断循环，直到停止转动。同样，当由于某种原因，使电动机转速由 n_2 上升到 n_2'' 时，电动机输出转矩反而由 M_f 增加到 M'，

导致 $M'-M_f>0$、$\dfrac{\mathrm{d}\omega}{\mathrm{d}t}>0$，电动机将加速，转速进一步上升，如此不断循环，最终远离 n_2 点。

由此可见，电力拖动系统稳定运行的条件是电动机必须运行在这样的机械特性段上：当转速高于运行转速时，电动机输出转矩必须小于负载转矩；当转速低于运行转速时，电动机输出转矩必须大于负载转矩，以便电动机加速回到平衡点。

■ 五、恒转矩和恒功率调速

人们在选择交流调速装置时，经常涉及恒转矩调速、恒功率调速等概念，这是根据不同负载的特性对调速系统所提出的要求。

1. 恒转矩负载

恒转矩负载是要求驱动转矩不随转速改变的负载。例如，对于图 5-6 所示的起重机，驱动负载匀速提升所需的转矩 $M=Fr$，由于卷轮半径 r 不变，在起重机的提升重量指标确定后，就要求驱动电动机能够在任何转速下都能够输出同样的转矩，这就是恒转矩负载。

再如，对于利用滚珠丝杠驱动的金属切削机床的进给运动，电动机所产生的进给力 F 和输出转矩 M 的关系为 $M=Fh/(2n)$（h 为丝杠导程）。由于丝杠的导程 h 固定不变，所以在机床进给力指标确定后，同样要求驱动电动机能够在任何转速下都能够输出同样的转矩，这也是典型的恒转矩负载。

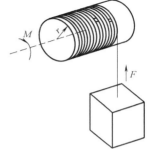

图 5-6　起重机负载

2. 恒功率负载

恒功率负载是要求驱动功率不随转速改变的负载。例如，对于金属切削机床，刀具在单位时间内能切削的金属材料体积 Q 直接代表了机床的加工效率，而 $Q=kP$（k 为单位功率的切削体积），在刀具、零件材料确定后，k 为定值。因此，当机床加工效率指标确定后，就要求带动刀具或工件旋转的主轴电动机能够在任何转速下输出同样的功率，这就是典型的恒功率负载。

但是，由电动机功率-转矩转换公式（5-9）可知，电动机的功率与输出转矩和转速的乘积成正比，当转速很小时，如要保证输出功率不变，就必须有极大的输出转矩，这是任何调速系统都无法做到的。目前，即使是交流主轴驱动系统，电气调速也只能保证在额定转速以上区域实现恒功率调速。为此，对于需要大范围恒功率调速的负载，如机床主轴等，为了扩大其恒功率调速范围，往往需要通过变极调速、增加机械减速装置等辅助手段来扩大电动机的恒功率输出区域。

例如，对于额定转速为 1500r/min、最高转速为 6000r/min 的主电动机，其实际恒功率调速区为 1500~6000r/min，电动机和主轴 1：1 连接时的恒功率调速范围为 4；但如增加图 5-7 所示的传动比为 4：1 的一级机械减速，并在主轴低于额定转速 1500r/min 时自动切换到低速档，就可将主轴的恒功率输出区扩大至 375~6000r/min，主轴的恒功率调速范围成为 16。

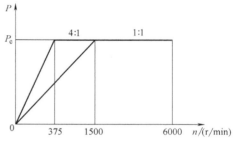

图 5-7　机械变速增加恒功率范围

3. 风机负载

除以上两类负载外，风机、水泵等也是经常需要进行调速的负载，此类负载的特点是转速越高、所产生的阻力越大，负载转矩和转速的关系为 $M = kn^2$，它要求电动机在起动阶段的输出转矩较小，但随着转速的升高，电动机的输出转矩需要以速度的二次方关系递增，此类负载称为风机负载。

以上三类负载的特性如图 5-8 所示。但实际负载往往比较复杂，多数情况是各种负载特性的组合，如对于恒功率负载，它总存在有机械摩擦阻力等非恒功率负载因数。因此，工程上所谓的恒转矩、恒功率和风机负载，只是指负载的主要特性。

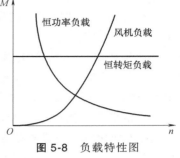

图 5-8　负载特性图

综上所述，所谓恒转矩调速，就是要求电动机的输出转矩不随转速变化的调速方式，而恒功率调速则是要求电动机输出功率不随转速变化的调速方式。

第二节　伺服电动机与控制

随着自动控制理论的发展，到 20 世纪中期，伺服技术的理论及实践趋于成熟，并得到广泛应用。近年来伴随着微电子技术和计算机技术的飞速进步，伺服技术的发展更是如虎添翼，突飞猛进，其应用几乎遍及社会的各个领域。

伺服技术在机械制造行业中用得最多、最广，各种机床运动部分的速度控制、运动轨迹控制、位置控制，多是依靠各种伺服技术来控制的。它们不仅能完成转动控制、直线运动控制，而且能依靠多套伺服技术的配合，完成复杂空间曲线运动的控制，如仿形机床的控制、机器人手臂关节的运动控制等。高精度伺服技术完成的运动精度高、速度快，并可以完成人工操作不可能完成的控制。

伺服技术还大量应用在人工无法操作的场所，如在冶金工业中，电弧炼钢炉、粉末冶金炉等的电极位置控制，水平连铸机的拉坯运动控制，轧钢机轧辊压下运动的位置控制等。在运输行业中，电气机车的自动调速、高层建筑中电梯的升降控制、船舶的自动操舵、飞机的自动驾驶等，都广泛应用各种伺服技术。

在军事上，伺服技术用得更为普遍，如雷达天线的自动瞄准跟踪控制、高射炮及战术导弹发射架的瞄准运动控制、坦克炮塔的防摇稳定控制、防空导弹的制导控制等。

一、直流伺服电动机及其控制

直流伺服电动机是用直流电供电的电动机，当它在机电一体化设备中作为驱动元件时，其功能是将输入的受控电压/电流能量，转换为电枢轴上的角位移或角速度输出。

直流伺服电动机的结构如图 5-9 所示，它由定子、转子（电枢）、换向器和机壳等组成。定子的作用是产生磁场，它分永久磁铁或铁心、线圈（绕组）组成的电磁铁两种形式；转子由铁心、线圈组成，用于产生电磁转矩；换向器由换向片、电刷组成，用于改变电枢绕组的电流方向，保证电枢在磁场作用下连续旋转。

直流伺服电动机的工作原理与普通直流电动机基本相同，给电动机定子的励磁绕组通以直流电（或用永久磁铁），会在电动机中产生极性不变的磁场。当电枢绕组两端加直流控制电压 U_a 时，电枢绕组中便产生电枢电流 I_a。电枢通过导件在磁场中受到电磁力的作用，产生电磁转矩 M，驱动电动机转动起来。电动机旋转后，电枢导件切割磁场磁力线产生感应电动势 E_a，其与 U_a 为反极性串联，称为反电动势。当电动机稳定运行时，电磁转矩与空载阻转矩 M_0 和负载转矩 M_L 相平衡。当电枢控制电压 U_a 或负载转矩 M_L 发生变化时，电动机输出的电磁转矩随之发生变化，电动机将由一种稳定运行状态过渡到另一种稳定运行状态，达到一种新的平衡。

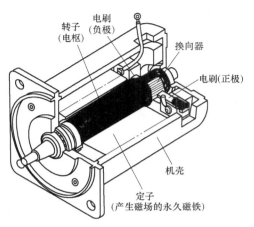

图 5-9 直流伺服电动机结构图

1. 直流伺服电动机的分类及结构特点

（1）稳定性好 具有较好的机械特性，能在较宽的速度范围内稳定运行。

（2）可控性好 具有线性的调节特性，能使转速正比于控制电压的大小。

（3）响应迅速 具有较大的起动转矩和较小转动惯量，能快速起动、加速、减速停止等。

（4）控制功率低、损耗小、转矩大 直流伺服电动机广泛应用在宽调速系统和精确位置控制系统中，其输出功率一般为 1～600W，有的达数千瓦。电压有 6V、9V、12V、24V、27V、48V、110V、220V 等，转速可达 1500～1600r/min，时间常数低于 0.03。

2. 直流伺服电动机的分类与结构

直流伺服电动机的品种很多，按照励磁方式，直流伺服电动机分为电磁式和永磁式两类。电磁式大多是他励式直流伺服电动机；在结构上，直流伺服电动机分为一般电枢式、无刷电枢式、绕线盘式和空心杯电枢式等。为避免电刷与换向器的接触，还有无刷直流伺服电动机。根据控制方式，直流伺服电动机可分为磁场控制和电枢控制方式，永磁直流伺服电动机采用电枢控制方式。各种直流伺服电动机的分类及结构特点见表 5-1。

直流伺服电动机大多用机座号表示机壳外径，国产直流电动机的型号命名包含四个部分。其中，第一部分用数字表示机座号，第二部分用汉语拼音表示名称代号，第三部分用数字表示性能参数序号，第四部分用数字和汉语拼音表示结构派生代号。例如，28SY03-C：28 号机座永磁式直流伺服电动机，第 3 个性能参数序号的产品，SY 系列标准中选定的一种基本安装形式，轴伸型式派生为齿轮轴伸。又如 45SZ27-5J：45 号机座电磁式直流伺服电动机，第 27 个性能参数序号的产品，安装型式为 K5，轴伸型式派生为键槽轴伸。

3. 直流伺服电动机的驱动及控制

直流伺服电动机用直流供电，为调节电动机转速和方向，需要对直流电压的大小和方向进行控制。目前常用晶体管脉宽调速驱动和晶闸管直流调速驱动两种方式。晶闸管直流驱动，主要通过调节触发装置控制晶闸管的导通角（控制电压大小），来移动触发脉冲的相位，从而改变整流电压的大小，使直流电动机电枢电压的变化易平滑调速。但是，由于晶闸管本身的工作原理和电源的特点，在低整流电压输出时，会造成电流的不连续性现象。采用

表 5-1 各种直流伺服电动机的分类及结构特点

分　　类		结　构　特　点
普通型	永磁式伺服电动机	与普通直流电动机相同，但电枢铁心长度与直径之比较大，气隙也较小，磁场由永久磁铁产生，无需励磁电源
	电磁式伺服电动机	定子通常由硅钢片冲制叠压而成，磁极和磁轭整体相连，在磁极铁心上套有励磁绕组，其他同永磁式直流电动机相同
低惯量型	电刷绕组伺服电动机	采用圆形薄板电枢结构，轴向尺寸很小，电枢用双面敷铜的胶木板制成，在敷铜表面上用化学腐蚀或机械刻制的方法加工出印制绕组。绕组导体裸露，在圆盘两面呈放射形分布。绕组散热好，磁极轴向安装，电刷直接在圆盘上滑动，圆盘电枢表面上的裸露导体部分起着换向器的作用
	无槽伺服电动机	电枢采用无齿槽的光滑圆柱铁心结构，电枢制成细而长的形状，以减小转动惯量，电枢绕组直接分布在电枢铁心表面，用耐热的环氧树脂固化成形。电枢气隙尺寸较大，定子采用高磁能的永久磁铁励磁
	空心杯形电枢伺服电动机	电枢绕组用漆包线绕在线模上，再用环氧树脂固化成杯形结构，空心杯电枢内外两侧由定子铁心构成磁路，磁极采用永久磁铁，安放在外定子上
直流转矩伺服电动机		直流转矩伺服电动机的主磁通为径向盘式结构，长、径比一般为 1:5，扁平结构宜于定子安装多块磁极，电枢选用多槽，多换向片和多串联导体数总体结构有分装式和组装式两种。通常，定子磁路有凸极式和稳极式两种
直流无刷伺服电动机		直流无刷伺服由电动机主体、位置传感器、电子换向开关三部分组成。电动机主体由一定极对数的永磁铁转子和一个多向的电枢绕组定子组成，转子磁极有二极或多极结构。位置传感器是一种无机械接触的检测转子位置的装置，由传感器转子和传感器定子绕组串联，各功率元件的导通与截止取决于位置传感器的信号

脉宽调速驱动，其开关频率高（通常达 2000~3000Hz），伺服机构能够响应的频带范围也较宽。与晶闸管直流驱动相比，其输出电流脉动非常小，接近于纯直流。直流电动机参量之间的基本关系如下

电压平衡方程式为

$$U = E_a + I_a R_a \tag{5-10}$$

电枢电动势为

$$E_a = C_n \Phi \tag{5-11}$$

所以有

$$n = \frac{E_a}{C\Phi} = \frac{U - I_a R_a}{C\Phi} \tag{5-12}$$

式中　U——电源电压；

I_a——电枢电流；

R_a——电枢绕组电阻；

E_a——电枢电动势，与电源电压方向相反；

Φ——电动机定子与气隙间的磁通；

C——电磁感应系数（或称反电动势系数），由电动机结构所决定的常数；

n——电动机转速。

由式（5-12）可见，改变直流电动机转速的方法有三种：改变电枢电压 U；改变电动机气隙磁通 Φ；改变电枢回路电阻 R_a，即在回路中串入电阻。

直流电动机的电磁转矩 $M = C_m I_a \Phi$，C_m 为电磁转矩系数（即由电动机结构决定的一个常数）。将电磁转矩公式代入转速公式中，就得到直流电动机的机械特性方程式为

$$n = \frac{U}{C\Phi} - \frac{R_a}{CC_m\Phi^2}M \tag{5-13}$$

对于不同的调速方法，其机械特性是有差别的，下面分别进行讨论。

（1）改变电枢电压调速　在励磁电流保持恒定的条件下，改变电枢电压调速，起动转矩大、机械特性好，具有恒转矩的特性，是目前普遍采用的无级调速方法。图 5-10 所示为电枢电压改变后的机械特性。

调节电枢电压需要有专门的可控直流电源。在数控设备中，目前有两种类型的调压系统：

1）晶闸管-电动机调速系统，称 KZ-D 系统。晶闸管俗称可控硅，是一种可控的整流元件。由晶闸管组成整流电路，利用触发改变晶闸管的导通角，从而改变整流装置输出的直流电压，即可实现对直流电动机转速的平滑调节。

图 5-11 所示为 KZ-D 系统，图中，KZ 为晶闸管整流电路，CF 为晶闸管触发电路，L 为整流线圈。调节电位器上的电压，就改变了触发电路输出脉冲的相移。控制整流电路输出电压的大小，也就控制了电动机的转速。

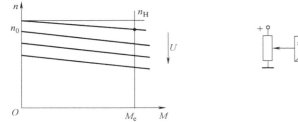

图 5-10　电枢电压改变后的机械特性

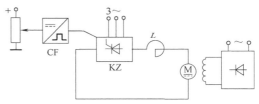

图 5-11　KZ-D 系统

KZ-D 系统的缺点是由于晶闸管的单向导电性，它只能允许一个方向的电流流过，这给系统的可逆运行造成困难。为了实现可逆运行，必须设计成全控整流电路，这就增加了系统的复杂性；另一方面，晶闸管的抗过载能力差，元件容易损坏，如果系统工作在低速状态，由于晶闸管导通角很小，系统的功率因数很低并产生较大的高次谐波电流成分，可能引起电网电压的畸变，造成所谓"电力公害"，在这种情况下，必须采用无功补偿和谐波滤波装置。

2）直流脉冲宽度调制（PWM）。在一些老式的设备中，还采用一种简单的调速方法，这就是在电枢回路中串入可调电阻，改变电阻的阻值也就改变了电枢的端电压。但是这种调速方法耗能大，很不经济。如果在电枢回路中串入功率晶体管或晶闸管，功率晶体管或晶闸管工作在开关状态，那么，在电动机电枢两端就可得到一系列的矩形波，如图 5-12 所示。电动机的工作电压就是矩形波电压的平均值，改变矩形波的脉宽或周期，就改变了平均电压的大小，就可达到控制转速的目的。因此，有三种控制方式：若脉冲周期不变，只改变脉冲宽度 T_1，则称为脉宽调制（PWM）；若脉冲宽度 T_1 不变，只改变脉冲频率（周期），则称为脉冲频率调制（PFM）；检测出电动机电枢电流（或电枢电压），使其在某一数值范围内，在高限值时开关元件关断，在降低到低限值时，开关元件导通，这种工作方式称为两点式控制方式。

若用普通晶闸管，工作频率只有 100~200Hz，输出电流脉动较大、调速范围有限。若

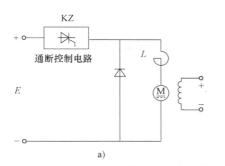
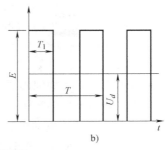

图 5-12 直流脉冲宽度调制 PWM

用大功率晶体管（GTR）或门极关断（GTO）晶闸管，工作频率可达 1～4kHz，有的还更高。目前大多采用 PWM 调制方式，开关频率高、直流电流脉动小、低速性能稳定，调速范围可达 1：10000。系统具有响应快、抗干扰能力强、损耗小、效率高等优点。

（2）改变电枢回路电阻调速 这种方法过去应用较为普遍，如有轨电车或无轨电车的调速系统。这种方法的本质是改变电枢的电压。图 5-13 所示为电枢中串入电阻后，电动机的机械特性曲线。串入电阻越大，机械特性越软。

根据直流电动机的工作原理可知，直流电动机的电磁转矩 $M = C_m I_a \Phi$（式中，Φ 为电动机定子与转子气隙中的磁通）。Φ 增加受到铁芯材料饱和的限制，Φ 降低时，若负载转矩不变，必然引起电枢电流 I_a 的增加，输入功率的增加，因而 Φ 降低受到电动机额定电流的限制。因此，改变磁通调速，通常要求相应地减少负载转矩，保持功率不变，故称为恒功率调速。图 5-14 所示为改变磁通调速时的机械特性。

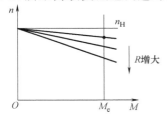
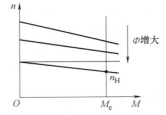

图 5-13 改变电枢回路电阻的机械特性　　**图 5-14 改变磁通调速时的机械特性**

改变电压调速是恒转矩调速。当电压下降时，转速下降，如负载不变，则功率下降，因为 $P = Mn/9550$，转速与功率呈线性关系。机床的主轴传动系统可采用恒功率调速，也可采用恒转矩调速。而机床的进给系统则可看成是恒功率系统，可采用改变磁通调速。无论采用何种调速方法，都是为了得到最大的调速比，使电动机的容量得到充分的利用。

■ 二、交流伺服电动机及其控制

交流电动机无论在数量上、还是装机容量上或应用范围方面，在拖动系统中一直占据着主导地位。这是因为交流电动机具有结构简单、维修方便、工作可靠、价廉等优点。但在调速性能方面却让位给直流拖动系统。随着功率半导体的出现，微电子技术、微型计算机技术的迅速发展，以及现代控制理论的应用，使交流电动机与变频调速系统的理论和实践更加完善。

据统计，1975 年，直流调速系统占可调速系统的 80%，交流调速系统仅占 20%；到 1985 年，交流调速系统占 80%，而直流调速系统仅占 20%；而到 2000 年，交流调速系统占 95%。

1. 交流伺服电动机的种类和结构特点

交流伺服电动机分为两种：同步型和感应型。

同步型（SM）：采用永磁结构的同步电动机，又称为无刷交流伺服电动机。其特点如下：

1）无接触换向部件。

2）需要磁极位置检测器（如编码器）。

3）具有直流伺服电动机的全部优点。

感应型（IM）：指笼型感应电动机。其特点如下：

1）对定子电流的激励分量和转矩分量，分别控制。

2）具有直流伺服电动机的全部优点。

交流伺服电动机采用了全封闭无刷结构，以适应实际生产环境，不需要定期检查和维修。其定子省去了铸件壳体，结构紧凑、外形小、重量轻（只有同类直流电动机重量的 75%～90%）。定子铁心较一般电动机开槽多且深，开槽围绕定子铁心均匀分布，绝缘可靠、磁场均匀。可对定子铁心直接冷却，散热效果好，因而传给机械部分的热量小，提高了整个系统的可靠性。转子采用具有精密磁极形状的永久磁铁，因而可实现高转矩惯量比，动态响应好、运行平稳。转轴安装有高精度的脉冲编码器作为检测元件。

2. 交流伺服电动机的控制方法

（1）异步电动机转速的基本关系式

$$n = \frac{60f}{p}(1-s) = n_0(1-s) \tag{5-14}$$

式中　n——电动机转速（r/min）；

　　　f——电源电压频率（Hz）；

　　　p——电动机磁极对数；

　　　n_0——电动机定子旋转磁场转速或称同步转速（r/min），$n_0 = \frac{60f}{p}$；

　　　s——转差率，$s = \frac{n_0 - n}{n_0}$。

由式（5-11）可见，改变异步电动机转速的方法有三种：

1）改变磁极对数 p 调速。一般所见的交流电动机，磁极对数不能改变，磁极对数可变的交流电动机称为多速电动机。通常，磁极对数设计成 4/2、8/4、6/4、8/6/4 等几种。显然，磁极对数只能成对改变，转速只能成倍改变，速度不可能平滑调节。

2）改变转差率 s 调速。这种方法只适用于绕线转子异步电动机，在转子绕组回路中，串入电阻使电动机机械特性变软、转差率增大。串入电阻越大，转速越低，调速范围通常为 3∶1。

3）改变频率 f 调速。如果电源频率能平滑调节，那么速度也就可能平滑改变。目前，高性能的调速系统大都采用这种方法，并设计出了专门为电动机供电的变频器 VFD。

（2）变频调速器　三相异步电动机定子电压方程为

$$U_1 \approx E_1 = 4.44 f_1 W_1 K_1 \Phi_{\mathrm{m}} \tag{5-15}$$

式中　U_1——定子相电压；

　　　E_1——定子相电动势；

　　　W_1——定子绕组匝数；

K_1——定子绕组基波组系数；

Φ_m——定子与转子间气隙磁通最大值。

在此方程中，W_1K_1 为电动机结构常数。改变频率调速的基本问题，是必须考虑充分利用电动机铁心的磁性能，尽可能使电动机在最大磁通条件下工作，同时又必须充分利用电动机绕组的发热容限，尽可能使其工作在额定电流下，从而获得额定转矩或最大转矩。在减小 f 调速时，由于铁心有饱和，不能同时增加 Φ_m，增大 Φ_m 会导致励磁电流迅速增大，使产生转矩的有功电流相对减小，严重时会损坏绕组。因此，降低 f 调速，只能保持 Φ_m 恒定，要保持 Φ_m 不变，只能降低电压 U_1 且保持 $\dfrac{U_1}{f_1}$ = 常数，这种压（电压）频（频率）比的控制方式，称为恒磁通方式控制，又称为压频比的比例控制。

如果用升高 f 来进行调速（$f_{工作} > f_{额定}$），由于电动机的工作电压 U_1 不能大于额定工作电压 U_0，只能保持电压恒定。

$$U_1 \propto \Phi_m \propto f_1 \text{ 即 } \Phi_m \propto 1/f_1$$

此种控制方式称为弱磁变频调速。

进一步分析得出如下结论：如图 5-15 所示，低于电动机额定频率（基频）的调速是恒转矩变频调速，U_1/f_1 = 常数，高于电动机额定频率的调速，U_1 = 常数，为恒功率调速。

我国电网频率为 50Hz，是固定不变的，而电力拖动的能源大多数取自交流电网，目前国内主要采用晶闸管和功率晶体管组成的静止变频器将工频交流电压整流成直流电压，经过逆变器变换成可变频率的交流电压，这种变频器称为间接变频器，或称交-直-交变频器。另一类变频器没有中间环节，直接将电网的工频电压变换成频率、电压可调的交流电压，称为直接变频器，或称为交-交变频器、循环变频器、相控变频器。

交-直-交变频器根据中间滤波环节的主要储能元件不同，又分成电压型（电容电压输出）和电流型（电感电流输出）两类。图 5-16 所示为交-直-交电压型变频器原理框图。由于电流型变频器的输出电流中含高次谐波分量较大，很少采用脉宽调制方法，通常仅用于低频段，输出波形为方波、多重阶梯波或脉冲调制波。交-交变频器也分为电压型和电流型两种，输出方波或正弦波。

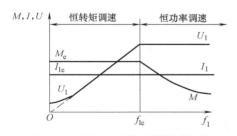

图 5-15　异步电动机变频调速性质

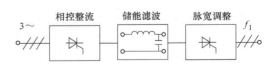

图 5-16　交-直-交电压型变频器原理框图

（3）脉宽调制（PWM）原理　交-直-交变频器输出都有矩形波，含有较大的谐波分量。用矩形波给电动机供电，效率将降低 5%~7%，功率因数下降 8% 左右，电流增大 16% 左右。若用交流滤波消除谐波分量，这不仅不经济，而且使变频器的输出特性变坏，目前广泛采用脉宽调制技术。PWM 变频器输出的是一系列频率可调的脉冲波，脉冲的幅值恒定，宽度可调。根据 U_1/f_1 的比值，在变频的同时改变电压，如按正弦波规律调制，就得到接近于正弦波的输出电压，从而使谐波分量大大减小，提高了电动机的运行性能。

与正弦波等效的矩形脉冲波如图 5-17 所示。图中将正弦波正半周等分成十二等份，每等份可用矩形脉冲来等效。所谓等效，是指在相对应的时间间隔内，正弦波每等份所包含的面积与矩形脉冲的面积相等，系列脉冲波就等效于正弦波。这种用相等时间间隔正弦波的面积来调制脉冲宽度的方法，称为正弦波脉宽调制（SPWM）。显然，单位周期内脉冲数越多，等效的精度越高，谐波的划分越小，输出越接近于正弦波，输出脉冲的频率与变频器开关元件和速度有关。

脉宽调制分为单极性和双极性两种。图 5-18 所示为单极性 SPWM 波形。图中，u_τ 为正弦波基准信号，u_T 为等幅等距的三角波信号，u_τ、u_T 两波曲线的交点，即为相应变流器件换流的开关点，交点间隔为被调制脉冲的宽度。可以看出，随着 u_τ 幅值和频率地变化，调制出的脉冲波 u_d，也会在宽度上和频率上相应地变化，从而保证 u_1/f_1 = 常数。为了获得正弦波的负半周输出，在 u_τ 波形 $\pi \sim 2\pi$ 时间内的输出需进行倒相。应注意在整个调制区间内，$u_\tau < u_T$，这样才能得到正确的开关点。

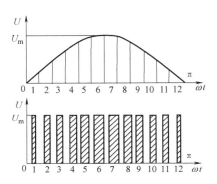

图 5-17 与正弦波等效的矩形脉冲波

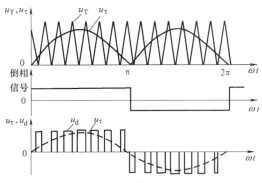

图 5-18 单极性 SPWM 波形

图 5-19 所示为双极性 SPWM 波形。图中，$u_{\tau a}$、$u_{\tau b}$、$u_{\tau c}$ 为三相正弦波基波信号，u_T 为三角波信号。正弦波与三角波的交点为变流器的开关点，调制原理与单极性 SPWM 相同。u_τ、u_T 均为对称的双极性波，故调制出的脉冲波也为双极性，不需要反相器。图中虚线为输出电压的等效正弦波 u_a、u_b、u_c。

如果三角波的频率 f_T 与正弦波基准电压的频率 f_1 的比例为一常数（常数应为 3 的倍数），则在变频时，每半周中的脉冲数相等，且正负半周对称，这种调制方式称为同步式 PWM。否则，称为异步式 PWM，如 f_T = 常数，f_1（u_τ 的频率）发生变化，调制出的每周脉冲是变化的，即为异步式 PWM。同步式 PWM 波形正负半周对称，没有偶次谐波，电动机运行比较稳定。在高频时，受开关频率限制，应逐段减少每周脉冲数。

额定频率以上，为提高电压利用率，应

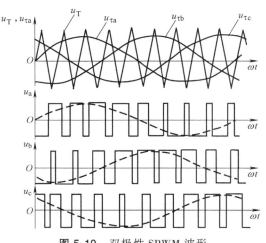

图 5-19 双极性 SPWM 波形

采用矩形波输出。低频时的谐波分量较大，控制比较复杂。异步式 PWM 三角波频率 f_T 不变，随 u_τ 的频率 f_1 升高，自动减少每周脉冲数，所以控制简单。由于正负半周不对称，存在偶次谐波，输出电压波形经常改变，电动机运行不够稳定。在设计中，可采用多种组合的配合方案，如中频段采用同步式调制，低频段采用异步式调制，高于额定频率段采用不调制输出方波。

图 5-20 所示为 u_1/f_1 = 常数时的变频器控制系统框图。由三相整流器提供的直流电压，采用大容量电容滤波后，作为三相输出电路的电源电压。三相输出电路由大功率晶体管组成，PWM 控制基极驱动电路，按调制规律开通或关断功率输出晶体管，三相电动机从而获得频率可调、电压跟随变化的电源电压。PWM 的调制信号由三角波发生器和图形发生器提供。电位器的电压作为速度设定的电压输入，一路通过电压频率转换器（U/f）输出 P_τ，作为图形发生器的频率信号输入；另一路作为转换成的基准电压与电动机电压的反馈值进行比较，经放大后作为图形发生器的控制电压输入。控制电压与输入脉冲频率成比例，因为改变速度设定电压的大小，就改变了图形发生器输出基准信号的信号幅值和频率，通过 PWM 调制，也就改变了三相输出电路各相脉冲的宽窄，也就控制了电动机的转速。

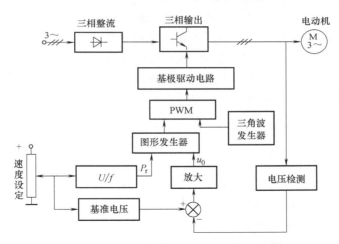

图 5-20　u_1/f_1 = 常数时的变频器控制系统框图

3. 交流伺服电动机的选择

（1）交流伺服电动机的初步选择

1）交流伺服电动机的初选。交流伺服电动机初选时，首先要考虑电动机能够提供负载所需要的转矩和转速。从偏于安全的意义上讲，就是能够提供克服峰值负载所需要的功率。其次，当电动机的工作周期可以与其发热时间常数相比较时，必须考虑电动机的热额定问题，通常用负载的均方根功率作为确定电动机发热功率的基础。

如果要求电动机在峰值负载转矩下以峰值转速不断驱动负载，则电动机功率为

$$P_m = (1.5 \sim 2.5) \frac{M_{LP} n_{LP}}{159 \eta} \tag{5-16}$$

式中　M_{LP}——峰值负载转矩（N·m）；

　　　n_{LP}——电动机峰值负载转速（r/s）；

η——传动装置的效率，初步估算时取 $\eta = 0.7 \sim 0.9$；

1.5~2.5——系数，属经验数据（考虑了初步估算负载转矩有可能取不全面或不精确，以及电动机有一部分功率要消耗在电动机转子上）。

当电动机长期连续地工作在变负载之下时，比较合理的是按负载方均根功率来估算电动机功率，即

$$P_{\mathrm{m}} = (1.5 \sim 2.5) \frac{M_{\mathrm{Lr}} n_{\mathrm{Lr}}}{159\eta} \tag{5-17}$$

式中 M_{Lr}——负载方均根力矩（N·m）；

n_{Lr}——负载方均根转速（r/s）。

估算 P_{m} 出后就可选取电动机了，使其额定功率 P_{N} 满足

$$P_{\mathrm{N}} \geqslant P_{\mathrm{m}} \tag{5-18}$$

初选电动机后，一系列技术数据，诸如额定转矩、额定转速、额定电压、额定电流和转子转动惯量等，均可由产品目录直接查得或经计算求得。

2）发热校核。对于连续工作且负载不变场合的电动机，要求在整个转速范围内，负载转矩在额定转矩范围内。对于长期连续地、周期性地工作在变负载条件下的电动机，根据电动机发热条件的等效原则，可以计算在一个负载工作周期内，所需电动机转矩的方均根值，即等效转矩，并使此值小于连续额定转矩，就可确定电动机的型号和规格。因为在一定转速下，电动机的转矩与电流成正比或接近成正比，所以负载的方均根转矩是与电动机处于连续工作时的热额定值相一致的。因此，选择电动机应满足

$$M_{\mathrm{N}} \geqslant M_{\mathrm{Lr}} \tag{5-19}$$

$$M_{\mathrm{Lr}} = \sqrt{\frac{1}{t} \int_0^t (M_{\mathrm{L}} + M_{\mathrm{La}} + M_{\mathrm{LF}})^2 \, \mathrm{d}t} \tag{5-20}$$

式中 M_{N}——电动机额定转矩（N·m）；

M_{Lr}——折算到电动机轴上的负载方均根转矩（N·m）；

t——电动机工作循环时间（s）；

M_{La}——折算到电动机转子上的等效惯性转矩（kg·m²）；

M_{LF}——折算到电动机上的摩擦力矩（N·m）。

式（5-20）就是发热校核公式。

常见的变转矩-加减速控制计算模型如图 5-21 所示。图 5-21a 为一般伺服系统的计算模型。根据电动机发热条件的等效原则，这种三角形转矩波在加减速时的方均根转矩 M_{Lr} 由下式近似计算

$$M_{\mathrm{Lr}} = \sqrt{\frac{1}{L} \int_0^{t_{\mathrm{p}}} M^2 \, \mathrm{d}t} \approx \sqrt{\frac{M_1^2 t_1 + 3M_2^2 t_2 + M_3^2 t_3}{3t_{\mathrm{p}}}} \tag{5-21}$$

式中 t_{p}——一个负载工作周期的时间（s），即 $t_{\mathrm{p}} = t_1 + t_2 + t_3 + t_4$。

图 5-21b 所示为常用的矩形波负载转矩、加减速计算模型，其 M_{Lr} 由下式计算

$$M_{\mathrm{Lr}} = \sqrt{\frac{M_1^2 t_1 + 3M_2^2 t_2 + M_3^2 t_3}{t_1 + t_2 + t_3 + t_4}} \tag{5-22}$$

式（5-21）和式（5-22）中，只有在 t_p 比温度上升热时间常数 t_{th} 小得多 $\left(t_p \le \dfrac{1}{4} t_{th}\right)$，且 $t_{th} = t_g$ 时才能成立，其中，t_g 为冷却时的热时间常数，通常均能满足这些条件，所以选择伺服电动机的额定转矩 M_N 时，应使

$$M_N \ge K_1 K_2 M_{Lr} \tag{5-23}$$

式中　K_1——安全系数，一般取 $K_1 = 1.2$；

　　　K_2——转矩波形系数，矩形转矩波取 $K_2 = 1.05$，三角转矩波取 $K_2 = 1.67$。

若计算的 K_1、K_2 值比上述推荐值略小时，应检查电动机的温升是否超过温度限值，不超过时仍可采用。

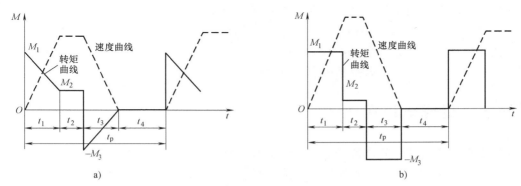

图 5-21　变转矩-加减速控制计算模型

3）转矩过载校核。转矩过载校核的公式为

$$(M_L)_{max} \le (M_m)_{max} \tag{5-24}$$

而

$$(M_m)_{max} = \lambda M_N \tag{5-25}$$

式中　$(M_L)_{max}$——折算到电动机轴上的负载转矩的最大值（N·m）；

　　　$(M_m)_{max}$——电动机输出转矩的最大值（过载转矩）（N·m）；

　　　M_N——电动机的额定转矩（N·m）；

　　　λ——电动机的转矩过载系数，具体数值可向电动机的设计、制造单位了解。对于直流伺服电动机，一般取 $\lambda \le 2.0 \sim 2.5$；对于交流伺服电动机，一般取 $\lambda \le 1.5 \sim 3$。

在转矩过载校核时，需要已知总传动速比，再将负载转矩向电动机轴折算，这里可暂取最佳传动速比进行计算。需要指出，电动机的选择不仅取决于功率，还取决于系统的动态性能要求、稳态精度、低速平稳性、电源是直流还是交流等因素。同时，还应保证最大负载转矩 $(M_L)_{max}$、持续作用时间 Δt，不超过电动机允许过载系数 λ 的持续时间范围。

（2）伺服系统惯量匹配原则　实践与理论分析表明，J_e/J_m 的大小对伺服系统性能有很大的影响，且与交流伺服电动机种类及其应用场合有关，通常分为两种情况：

1）对于采用惯量较小的交流伺服电动机的伺服系统，其比值通常推荐为

$$1 < J_e/J_m < 3 \tag{5-26}$$

当 $J_e/J_m > 3$ 时，电动机的灵敏度与响应时间会受到很大影响，甚至会使伺服放大器不能在正常调节范围内工作。

小惯量交流伺服电动机的惯量低达 $J_{\mathrm{m}} \approx 5 \times 10^{-5} \mathrm{kg \cdot m^2}$，其特点是转矩惯量比（转矩/惯量）大、时间常数小、加减速能力强，所以其动态性能好、响应快。但是，使用小惯量电动机时容易发生对电源频率的响应共振，当存在间隙、死区时，容易造成振荡或蠕动，这才提出了"惯量匹配原则"，并有了在数控机床伺服进给系统采用大惯量电动机的必要性。

2）对于采用大惯量交流伺服电动机的伺服系统，其比值通常推荐为

$$0.25 \leqslant J_{\mathrm{e}}/J_{\mathrm{m}} \leqslant 1 \tag{5-27}$$

大惯量是相对小惯量而言的，其数值 $J_{\mathrm{m}} = 0.1 \sim 0.6 \mathrm{kg \cdot m^2}$。大惯量宽调速伺服电动机的特点是惯量大、转矩大，且能在低速下提供额定转矩，常常不需要传动装置而与滚珠丝杠直接相连，而且受惯性负载的影响小、调速范围大，热时间常数有的长达 100min，比小惯量电动机的热时间常数 2~3min 长得多，并允许长时间过载，即过载能力强。其次，由于其特殊构造使其转矩波动系数很小（<2%）。因此，采用这种电动机能获得优良的低速范围的速度刚度和动态性能，在现代数控机床中应用较广。

第三节　直线电动机

在要求产品高精度、高密度、小型化的今天，要求生产机械及测量装置中所用的直线驱动器能高速、高精度。例如，表面贴装设备、高精度三维测量器、OA 机器、以机器人为代表的 FA 机器等都要求驱动器具有微米级定位精度。如在快速记录仪中，伺服电动机改用直线电动机后，可以提高仪器的精度和频带宽度；在雷达系统中，用直线自整角机代替电位器进行直线测量，可提高精度、简化结构。直线电动机传动主要具有下列优点：

1）直线电动机由于不需要中间传动机械，所以使整个机械得到简化，提高了精度，减少了振动和噪声。

2）快速响应。用直线电动机驱动时，由于不存在中间传动机构惯量和阻力力矩的影响，所以加速和减速时间短，可实现快速起动和正反向运行。

3）仪表用的直线电动机，可以省去电刷和换向器等易损零件，提高可靠性，延长寿命。

4）直线电动机由于散热面积大，容易冷却，所以允许较高的电磁负载，可提高电动机的容量定额。

5）装配灵活性大，往往可将电动机和其他机件合成一体。

直线电动机的分类见表 5-2。现在使用较为普遍的是直线感应电动机（LIM）、直线直流电动机（LDM）和直线步进电动机（LSM）三种。

表 5-2　直线电动机的分类

名　称	缩写	英文名	名　称	缩写	英文名
直线脉冲电动机	LPM	Linear Pulse Motor	直线振荡驱动器	LOM	Linear Oscillation Actuator
直线感应电动机	LIM	Linear Induction Motor	直线电泵	LIP	Linear Electric Pump
直线直流电动机	LDM	Linear DC Motor	直线电磁螺旋管	LES	Linear Electric Solenoid
直线步进电动机	LSM	Linear Synchronous Motor	直线混合电动机	LHM	Linear Hybrid Motor

一、直线感应电动机（LIM）

直线感应电动机最初是以用于超高速列车为目的，LIM 的研究近来得到发展，LIM 具有高速、直接驱动、免维护等优点，现多用于 FA（工厂自动化）装置，主要用于自动搬运装置。

LIM 的动作原理与旋转式感应电动机相同，在结构上可以理解为把旋转式感应电动机展开为直线状。LIM 的直线力的利用有地上一次式和地上二次式两种，可根据搬运的目的、用途加以选用。

直线感应电动机可以看作是由普通的旋转式感应电动机直接演变而来的。图 5-22a 表示一台旋转的感应电动机，设想将它沿径向剖开，并将定、转子沿圆周方向展成直线，如图 5-22b 所示，这就得到了最简单的平板型直线感应电动机。由定子演变而来的一侧称作初级，由转子演变而来的一侧称作次级。直线电动机的运动方式可以是固定初级，让次级运动，此称为动次级；相反，也可以固定次级而让初级运动，则称为动初级。

工作原理如图 5-23 所示。当初级的多相绕组中通入多相电流后，会产生一个气隙基波磁场，但是这个磁场的磁感应强度波 B_ζ 是直线移动的，故称为行波磁场。显然，行波的移动速度与旋转磁场在定子内圆表面上的线速度是一样的，即 v_s，称为同步速度，且

$$v_s = 2f\tau \tag{5-28}$$

式中　τ——极距（mm）；

　　　f——电源频率（Hz）。

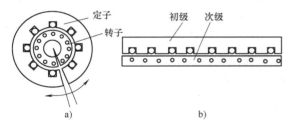

图 5-22　直线电动机的形成

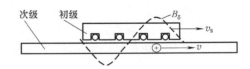

图 5-23　直线电动机的工作原理

在行波磁场切割下，次级导条将产生感应电动势和电流，所有导条的电流和气隙磁场相互作用，便产生切向电磁力。如果初级是固定不动的，那么次级就顺着行波磁场运动的方向做直线运动。若次级移动的速度用 v 表示，则较差率为

$$s = \frac{v_s - v}{v_s} \tag{5-29}$$

次级移动速度为

$$v = (1-s)v = 2f\tau(1-s) \tag{5-30}$$

式（5-30）表明直线感应电动机的速度与电动机极距及电源频率成正比，因此，改变极距或电源频率，都可改变电动机的速度。

与旋转电动机一样，改变直线电动机初级绕组的通电相序，就可改变电动机运动的方向，因而可使直线电动机做往复直线运动。

图 5-23 中，直线电动机的初级和次级长度是不相等的。因为初、次级要做相对运动，

假定开始时初、次级正好对齐，那么在运动过程中，初、次级之间的电磁耦合部分将逐渐减少，影响正常运行。因此，在实际应用中，必须把初、次级做得长短不等。根据初、次级间相对长度，可把平板型直线电动机分成短初级和短次级两类，如图 5-24 所示。由于短初级结构比较简单，制造和运行成本较低，故一般常用短初级，只有在特殊情况下才采用短次级。

图 5-24 所示的平板型直线电动机仅在次级的一侧具有初级，这种结构称单边型。单边型除了产生切向力外，还会在初、次级间产生较大的法向力，这在某些应用中是不希望有的。为了更充分地利用次级和消除法向力，可以在次级的两侧都装上初级，这种结构称为双边型，如图 5-25 所示。

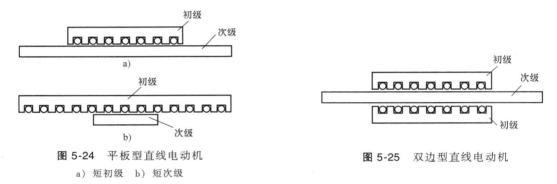

图 5-24 平板型直线电动机
a）短初级 b）短次级

图 5-25 双边型直线电动机

除了上述的平板型直线感应电动机外，还有管形直线感应电动机。如果将图 5-26a 所示的平板型直线电动机的初级和次级以箭头方向卷曲，就可成为管形直线感应电动机，如图 5-26b 所示。

此外，还可把次级做成一片铝圆盘或铜圆盘，并将初级放在次级圆盘靠近外径的平面上，如图 5-27 所示。次级圆盘在初级移动磁场的作用下，形成感应电流，并与磁场相互作用，产生电磁力，使次级圆盘能绕其轴线做旋转运动，这就是圆盘形直线感应电动机的工作原理。

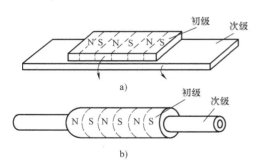

图 5-26 管形直线感应电动机的形成

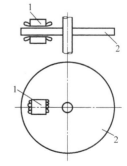

图 5-27 圆盘形直线感应电动机
1—初级 2—次级

二、直线直流电动机

直线直流电动机（LDM）主要有两种类型：永磁式和电磁式。永磁式的推力小，但运行平稳，多用在音频线圈和功率较小的自动记录仪表中，如记录仪中笔的纵横走向的驱动、摄影机中快门和光圈的操作机构、电能表试验中的探测头、电梯门控制器的驱动等，电磁式的驱动功率较大，但运动平稳性不好，一般用在驱动功率较大的场合。

　　直线直流电动机以永磁式、长行程的直线直流无刷电动机（LDBLM）为代表。因为这种电动机没有换向器，具有无噪声、无干扰、易维护和寿命长等优点。永磁式直线直流电动机的结构如图 5-28 所示。在线圈的行程范围内，永久磁铁产生的磁场强度分布很均匀。当可动线圈中通入电流后，通有电流的导体在磁场中就会受到电磁力的作用。这个电磁力可由左手法则来确定。只要线圈受

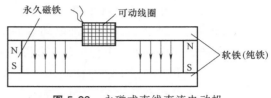

图 5-28　永磁式直线直流电动机

到的电磁力大于线圈支架上存在的静摩擦力，就可使线圈产生直线运动。改变电流的大小和方向，即可控制线圈运动的推力和方向。

　　当功率较大时，上述直线电动机中的永久磁铁所产生的磁通可改为由绕组通入直流电励磁产生，这就成为电磁式直线直流电动机。图 5-29 所示为这种电动机的典型结构，其中，图 5-29a 所示为单极电动机，图 5-29b 所示为两极电动机。此外，还可做成多极电动机。由图可见，当环形励磁绕组通上电流时，便产生了磁通，它经过电枢铁心、气隙、极靴端板和外壳形成闭合回路，如图中虚线所示。电枢绕组是在管形电枢铁心的外表面用漆包线绕制而成的。对于两极电动机，电枢绕组应绕成两半，两半绕组绕向相反，串联后接到低压电源上。当电枢绕组通入电流后，载流导体与气隙磁通的径向分量相互作用，在每极上便产生轴向推力。若电枢被固定不动，磁极就沿着轴线方向做往复直线运动（图示的情况）。当把这种电动机应用于短行程和低速移动的场合时，可省掉滑动的电刷；但若行程很长，为了提高效率，应与永磁式直线直流电动机一样，在磁极端面上装上电刷，使电流只在电枢绕组的工作段流过。

　　图 5-29 所示的电动机可以看作管形的直流直线电动机。这种对称的圆柱形结构具有许多优点。例如，它没有线圈端部，电枢绕组得到完全利用；气隙均匀，消除了电枢和磁极间的吸力。

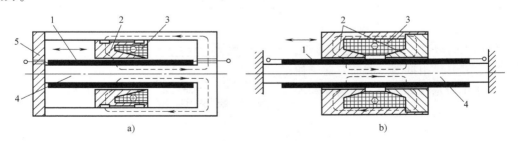

a)　　　　　　　　　　　　　　　b)

图 5-29　电磁式直线直流电动机

a) 单级　b) 两级

1—电枢绕组　2—极靴　3—励磁绕组　4—电枢铁心　5—非磁性端板

三、直线步进电动机

　　近年来，随着自动控制技术和微处理器应用的发展，希望有一种直线运动的高速、高精

度、高可靠性的数字直线随动系统调节装置，用来取代过去那种由旋转运动转换而来的直线驱动方式，直线步进电动机就可满足这种要求。此外，直线步进电动机在不需要闭环控制的条件下，能够提供一定精度、可靠的位置和速度控制。这是直流电动机和感应电动机不能做到的。因此，直线步进电动机具有直接驱动、容易控制、定位精确等优点。直线步进电动机主要可分为反应式和永磁式两种。

图5-30所示为永磁式直线步进电动机的结构和工作原理。其中，定子用铁磁材料制成如图所示那样的"定尺"，其上开有矩形齿槽，槽中填满非磁材料（如环氧树脂），使整个定子表面非常光滑。动子上装有两块永久磁钢A和B，每一磁极端部装有用铁磁材料制成的Π形极片。每块极片有两个齿（如 a 和 c），齿距为 $1.5t$，这样，当齿 a 与定子齿对齐时，齿 c 便对准槽。同一磁钢的两个极片间隔的距离刚好使齿 a 和 a' 能同时对准定子的齿，即它们的间隔是加 kt，k 代表任一整数（1、2、3、4、…）。

磁钢B与A相同，但极性相反，它们之间的距离应等于 $(k\pm1/4)t$。这样，当其中一个磁钢的齿完全与定子齿和槽对齐时，另一磁钢的齿应处在定子的齿和槽的中间。

在磁A和磁钢B的两个Π形极片上分别装有控制绕组。如果某一瞬间，A相绕组中通入直流电流 i_A，并假定箭头指向左边的电流为正方向，如图5-30a所示。这时A相绕组所产生的磁通在齿 a、a' 中与永久磁钢的磁通相叠加，而在齿 c、c' 中却相抵消，使齿 c、c' 全部去磁，不起任何作用。在这过程中，B相绕组不通电流，即 $i_B=0$，磁钢B的磁通量在齿 d 和 d'、b 和 b' 中大致相等，沿着动子移动方向，各齿产生的作用力互相平衡。

概括来说，这时只有齿 a 和 a' 在起作用，它使动子处在如图5-30a所示的位置上。为了使动子向右移动（即从图5-30a移到图5-30b的位置），就要切断加在A相绕组的电源，使 $i_A=0$，同时给B相绕组通入正向电流 i_B。这时，在齿 b 和 b' 中，B相绕组产生的磁通与磁钢的磁通相叠加，而在齿 d、d' 中却相抵消。因而，动子便向右移动半个齿宽（即 $t/4$），使齿 b 和 b' 移到与定子齿相对齐的位置。如果切断电流 i_B，并给A相绕组通上反向电流，则A相绕组及磁钢上产生的磁通在齿 c、c' 中相叠加，而在齿 d、d' 中相抵消。动子便向右又移动 $t/4$，使齿 c、c' 与定子齿相对齐，如图5-30c所示。

同理，如切断电流 i_A，给B相绕组通上反向电流，动子又向右移动 $t/4$，

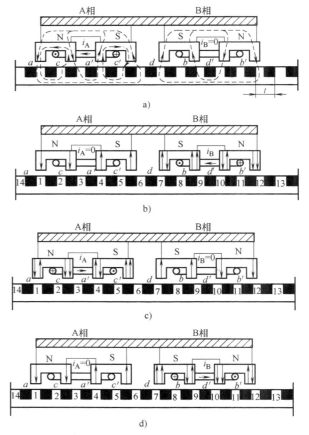

图5-30 永磁式直线步进电动机的结构和工作原理

使齿 d 和 d' 与定子齿相对齐，如图 5-30d 所示。这样，经过图 5-30 所示的四个阶段后，动子便向右移动了一个齿距 t。如果还要继续移动，只需要重复前面次序通电。

相反，如果想使动子向左移动，只需把四个阶段倒过来，即从图 5-30d、c、b 到 a。为了减小步距，削弱振动和噪声，这种电动机可采用细分电路驱动，使电动机实现微步距移动（10μm 以下）。还可用两相交流电控制，这时需在 A 相和 B 相绕组中同时加入交流电。如果 A 相绕组中加正弦电流，则在 B 相绕组中加余弦电流。当绕组中电流变化一个周期时，动子就移动一个齿距；如果要改变移动方向，可通过改变绕组中的电流极性来实现。采用正、余弦交流电控制的直线步进电动机，因为磁拉力是逐渐变化的（这相当于采用细分无限多的电路驱动），可使电动机的自由振荡减弱。这样，既有利于电动机起动，又可使电动机平滑移动，振动和噪声也很小。

上面介绍的是直线步进电动机的原理。如果要求动子做平面运动，这时应将定子改为一块平板。其上开有 x、y 轴方向的齿槽，定子齿排成方格形，槽中注入环氧树脂，而动子是由两台上述那样的直线步进电动机组合起来制成的，如图 5-31 所示。其中一台保证动子沿着 x 轴方向移动；与它正交的另一台保证动子沿着 y 轴方向移动。这样，只要设计适当的程序控制语言，借以产生一定的脉冲信号，就可以使动子在 xy 平面上做任意几何轨迹的运动，并定位在平面上任何一点，这就成为平面步进电动机了。

反应式直线步进电动机的工作原理与旋转式步进电动机相同。图 5-32 所示为一台四相反应式直线步进电动机的结构原理，它的定子和动子都由硅钢片叠成，定子上、下两表面都开有均匀分布的齿槽；动子是一对具有 4 个极的铁心，极上套有四相控制绕组，每个极的表面也开有齿槽，齿距与定子上的齿距相同。当某相动子齿与定子齿对齐时，相邻相的动子齿轴线与定子齿轴线错开 1/4 齿距。上、下两个动子铁心用支架刚性连接起来，可以一起沿定子表面滑动。为了减少运动时的摩擦，在导轨上装有滚珠轴承，槽中用非磁性塑料填平，使定子和动子表面平滑。显然，当控制绕组按 A—B—C—D—A 的顺序轮流通电时（图中所示为 A 相通电时动子所处的稳定平衡位置），根据步进电动机一般原理，动子将以 1/4 齿距的步距向左移动，当通电顺序改为 A—D—C—B—A 时，动子则向右移动。与旋转式步进电动机相似，通电方式可以是单拍制，也可以是双拍制（双拍制时，步距减半）。

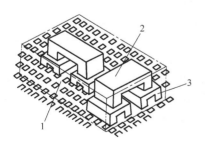

图 5-31 平面步进电动机
1—平台 2—磁钢 3—磁极

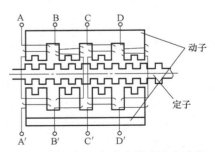

图 5-32 四相反应式直线步进电动机

第四节 电力拖动系统中电动机的选择

电力拖动系统中电动机的选择，首先是在各种工作制下，电动机额定功率的选择，同时还要确定电动机的类型、外部结构形式、额定电压与额定转速等。

一、确定电动机功率的方法与步骤

正确选择电动机的额定功率具有重要的意义。拖动生产机械时，电动机额定功率过大，电动机就经常处于轻载状态，电动机本身的容量得不到充分发挥，变成"大马拉小车"，不仅增大投资，而且运行的效率和功率因数都会降低，从而增加运行费用；反过来，电动机额定功率比生产机械要求的小，那便是"小马拉大车"，电动机处于过载状态，发热过大，造成电动机损坏或寿命降低，还会造成起动困难。

1. 确定电动机额定功率应考虑的主要因素

确定电动机额定功率时，主要考虑两个因素：一个是电动机的发热；另一个是电动机的短时过载能力。对于笼型异步电动机，还应考虑起动能力。

电动机的发热，是由于在实现能量变换过程中，在电动机内部产生损耗并变成热量使电动机的温度升高。在电动机中，耐热最差的是绕组的绝缘材料。若电动机运行时的温度不超过绝缘材料的最高允许温度，绝缘材料的寿命可达 20 年以上，即电动机的寿命可达 20 年以上。但如果电动机过载等因素引起电动机的温度超过最高允许温度，绝缘材料加速老化、变脆，将缩短电动机的寿命。一般，温度每超过最高允许温度 8℃，电动机的寿命就减少一半，称为 8℃率。如果温度超过太多，绝缘材料会碳化而使绝缘性能大大降低，甚至失去绝缘性能（击穿）引起短路从而烧毁电动机的绕组。

在研究电动机发热时，常把电动机温度与周围环境温度之差称为温升，用 τ 表示，单位为 K，$1K = 1℃$。国家标准规定：标准环境温度为 40℃，电动机铭牌上所标的温升即指所用绝缘材料的最高允许温度 θ_{max} 与 40℃之差，称为额定温升：$\tau_{max} = \theta_{max} - 40$。

在电动机中，不同等级的绝缘材料，其最高允许温升是不同的。电动机中常用绝缘材料分为 5 个等级（A、E、B、F、H，A 级和 E 级现已很少使用），它们的最高允许温度和温升：B 级绝缘 130℃和 90K；F 级绝缘 155℃和 115K；H 级绝缘 180℃和 140K。一般电动机常采用 E 级绝缘和 B 级绝缘。

. 由上述分析可见，绝缘材料的最高允许温升是一台电动机带负载能力的限度，而电动机的额定功率就代表了这一限度。也就是说，电动机的额定功率是根据电动机发热时其温升不超过绝缘材料的最高允许温升来确定的。此外，电动机的温升变化规律与其工作特点有关，因此，同一台电动机在不同工作状态时的额定功率大小也是不相同的。

电动机额定功率 P_N 就是指电动机在标准环境温度 40℃和规定的工作方式下运行时，其温度不超过绝缘材料的最高允许温升时能够输出的最大机械功率。因此，若电动机工作环境温度低于 40℃，电动机能够输出的机械功率大于额定功率 P_N；若高于 40℃，则电动机能够输出的机械功率小于额定功率 P_N。

选择电动机额定功率时，除了考虑发热和温升外，有时还要考虑电动机的过载能力是否满足要求，因为各种电动机的短时过载能力都是有限的。校验电动机的过载能力，应满足

$$M_{1max} < \lambda_M M_N \tag{5-31}$$

式中　M_{1max}——电动机在工作中承受的短时最大负载转矩；

　　　λ_M——电动机的转矩允许过载倍数。

对于直流电动机，过载能力受换向所允许的最大电流值的限制。一般 Z2 型和 Z 型直流

电动机在额定磁通下，$\lambda_M = 1.5 \sim 2$；专为起重机、轧钢机、冶金辅助机械设计的 ZZJ 型电动机以及同步电动机，$\lambda_M = 2.5 \sim 3$。

对于异步电动机，λ_M 取决于最大转矩倍数 λ_m，有

$$\lambda_M = 0.9K_v^2\lambda_m \tag{5-32}$$

式中　K_v——电压波动系数，$K_v = 0.85 \sim 0.9$；

　　　0.9——余量系数。

对于笼型异步电动机，有时还需要校验起动能力，使

$$M_{st} = K_M M_N \geqslant M_L \tag{5-33}$$

式中　K_M——最大负载转矩波动系数，$K_M = 0.87 \sim 0.93$。

2. 确定电动机额定功率方法和步骤

确定电动机额定功率的方法有负载图法、统计法、类比法和能量消耗指标法等。其中，负载图法是确定电动机额定功率的最基本方法，本节仅介绍以负载图来确定额定功率的方法。

负载图法首先要知道生产机械的工作情况，也就是先画出相应的负载图（生产机械在生产过程中的功率或转矩与时间的变化关系图，称为生产机械的负载图；电动机在生产过程中的功率、转矩或电流与时间的变化关系图，称为电动机的负载图）；然后根据生产机械的负载图或者经验数据，预选一台容量适当的电动机；再用该电动机的数据和生产机械的负载图，求出电动机的负载图；最后按电动机的负载图从发热、过载能力和起动能力进行校验。如果不合适（电动机的功率过大或过小），就要另选一台电动机，重新进行计算，直到合适为止。电动机额定功率的选择一般分成三步：

第一步，计算负载功率 P_L。

第二步，根据负载功率，预选电动机的额定功率及其他参数。

第三步，校核预选电动机。一般先校核发热温升，再校核过载能力，必要时校核起动能力。都通过了，预选的电动机便选定了；若通不过，从第二步开始重新进行，直到通过为止。

在满足生产机械要求的前提下，电动机额定功率越小越经济。

二、电动机的发热及冷却

电动机由许多物理性质不同的部件组成，内部的发热和传热关系很复杂，为了研究方便，把电动机看成一个在任何时候各部分温度均相同的均匀整体，而且表面各点散热能力也相同。在发热过程中，电动机所产生的热量可以分成两部分：一部分储存在电动机内部使其温度升高；另一部分散发到周围空气中去。这样，电动机的热平衡方程式为

$$Qdt = Cd\tau + A\tau dt \tag{5-34}$$

式中　Q——电动机每秒产生的热量（J）；

　　Qdt——电动机在 dt 时间内所产生的总热量；

　　C——电动机的热容，即电动机温度每升高 1K 时所需的热量（J/K）；

　　$Cd\tau$——使电动机温度升高 $d\tau$ 的热量；

　　A——电动机的散热系数，即电动机比周围环境高 1K 时，单位时间内散出的热量（J/K·s）；

$A\tau \mathrm{d}t$——电动机温升 τ 在 $\mathrm{d}t$ 时间内从表面散走的热量。

把式（5-34）两边除以 $\mathrm{d}t$ 后，可得

$$T_{\mathrm{H}}\frac{\mathrm{d}\tau}{\mathrm{d}t}+\tau=\tau_{\mathrm{s}} \tag{5-35}$$

式中 T_{H}——电动机的温升时间常数（s），$T_{\mathrm{H}}=\dfrac{C}{A}$；

τ_{s}——电动机的稳定温升（K），$\tau_{\mathrm{s}}=\dfrac{Q}{A}$。

设初始条件 $t=0$、$\tau=\tau_{\mathrm{t}}$，则式（5-35）的解为

$$\tau=\tau_{\mathrm{s}}+(\tau_1-\tau_{\mathrm{s}})\,\mathrm{e}^{\frac{t}{T_{\mathrm{H}}}} \tag{5-36}$$

按式（5-36）画出 $\tau=f(t)$ 曲线，如图 5-33a 中曲线 2 对应 $\tau_{\mathrm{i}}=0$。可见，电动机的温升按指数规律变化，发热过程开始时，由于温升较小，散发出去的热量较小，大部分热量被电动机吸收，因而温升 τ 增长较快；其后，随着温度升高，散发的热量不断增长，而电动机发出的热量则由于负载不变而维持不变，而电动机吸收的热量不断减小，温升曲线趋于平缓；最后，发热量与散热量相等，电动机的温度不再升高，温升达到稳定值 τ_{s}。一般经过（3~4）T_{H}，即可认为电动机已达到稳定温升 τ_{s}。

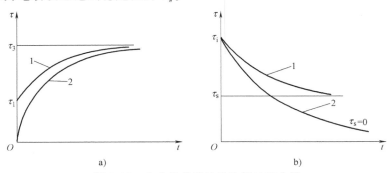

图 5-33 电动机的发热及冷却过程曲线

a) 电动机的发热过程曲线   b) 电动机的冷却过程曲线

电动机达到稳定温升 τ_{s} 后，如果减小它的负载或停止运行，则电动机的 $\sum p$ 和 Q 将随之减小或为 0，散热量大于发热量，电动机温升下降，直到达到新的稳定温升。这个温升下降的过程称为电动机的冷却过程。

电动机冷却过程的温升变化规律的方程与式（5-36）相同，只是初始温升和稳定温升要由冷却过程的具体条件来确定。冷却过程的温升 $\tau=f(t)$ 曲线如图 5-33b 中曲线 1 所示，曲线 2 对应 $\tau_{\mathrm{s}}=0$。

对于采用自扇冷却式的电动机，在电动机断电后，装在电动机轴上的风扇停转，冷却条件恶化，散热系数 A 减小，使温升时间常数由电动机通电时候的 T_{H} 增加为 T_{H}'，通常 $T_{\mathrm{H}}'=(2~3)T_{\mathrm{H}}$。对于采用风扇冷却式的电动机，则写为 $T_{\mathrm{H}}'=T_{\mathrm{H}}$。

▣ 三、不同工作制的负载电动机额定功率选择

国家标准把电动机的工作制分为连续工作制、周期工作制、短时工作制等共 10 种工作

制。在此仅介绍常用的四种工作制负载的电动机额定功率选择。

1. 连续工作制负载电动机的额定功率选择

连续工作制是指电动机工作时间 $t_R > (3 \sim 4) T_H$，温升可以达到稳态值 τ_s，也称为长期工作制。通风机、水泵、机床的主轴、纺织机、造纸机等很多连续工作的生产机械都应使用连续工作制电动机。

连续工作制负载分为两类：恒定负载（或基本恒定）和周期性变化负载（$t_c < 10\text{min}$，$FS \geqslant 70\%$）。连续工作制负载应选用连续工作制电动机。

（1）恒定负载连续工作制电动机的额定功率选择　在环境温度为 40℃，海拔不超过 1km 的条件下，连续工作制电动机在额定功率下工作时，其温升不会超过额定值。因此，只需电动机额定功率 P_N 稍大于负载功率即可，不需要进行发热校核。即

$$P_N \geqslant P_L \tag{5-37}$$

为了充分利用电动机，在非标准环境温度（$\theta_0 \neq 40℃$）下连续运行到稳定温升时，电动机的温度都应等于绝缘材料允许的最高温度 θ_{max}。

环境温度 $\theta_0 = 40℃$ 时，电动机输出额定功率 P_N 时，其稳定温升 τ_{sN} 为

$$\tau_{sN} = \theta_{max} - 40 = C_1 \frac{\sum p_N}{A} \tag{5-38}$$

式中　C_1——Q 与 $\sum p$ 之间的比例系数；

$\sum p_N$——电动机输出额定功率时的损耗 （p_{CuN} 为电动机输出功率铜损，p_0 为不变损耗

（空载损耗），$\alpha = \dfrac{p_0}{p_{CuN}}$），$\sum p_N = p_{CuN} + p_0 = p_{CuN}(1 + \alpha)$。

环境温度 $\theta_0 \neq 40℃$ 时，电动机输出功率 P 时，其稳定温升 τ_s 为

$$\tau_s = \theta_{max} - \theta_0 = C_1 \frac{\sum p}{A} \tag{5-39}$$

式中　$\sum p$——电动机输出功率 P 时的损耗，$\sum p = p_{Cu} + p_0 = p_{CuN}\left[\left(\dfrac{I}{I_N}\right)^2 + \alpha\right]$。

将式（5-38）与式（5-39）相除可得

$$\frac{\tau_{sN}}{\tau_s} = -\frac{1 + \alpha}{\left(\dfrac{I}{I_N}\right)^2 + \alpha} \tag{5-40}$$

式（5-40）可改写为

$$I = I_N \sqrt{1 - \frac{\Delta \tau}{\tau_{sN}}(1 + \alpha)} \tag{5-41}$$

式中　$\Delta \tau = \theta_0 - 40℃$。

如果电动机的磁通保持不变（对于异步电动机，$\cos\varphi_2$ 近似不变），则有 $M \propto I_1$；如果电动机的转速 n 也保持不变，则有 $P \propto M \propto I$。因此，当环境温度 $\theta_0 \neq 40℃$ 时，电动机的额定 $\Delta \tau > 0$，$P < P_N$，电动机的额定功率降低；反之，电动机的额定功率可以提高。但国家标准规定，在 $0 < \theta_0 < 40℃$ 时，电动机功率一般不予修正。

电动机工作地点的海拔高度对其温升也有影响。原因是海拔高的地区由于空气稀薄，散热条件恶化，致使同样负载下电动机的温升要比平原地区高。国家标准规定，海拔高于

1000m，但低于4000m时，绝缘材料的最高温升在1000m的基础上每超过100m则下降原有温升值的1%。海拔高于4000m时，温升限值应由制造厂与用户协商确定。

（2）周期性变化负载连续工作制电动机的额定功率选择 周期性变化负载连续工作制电动机额定功率的选择步骤：首先，计算出生产机械的负载图，在此基础上预选电动机并作出电动机的负载图，确定电动机的发热情况；最后，进行发热、过载及起动核验。校验通过，说明预选电动机合适，否则应重新选电动机，如此反复进行，直到选好为止。校验电动机发热的依据是电动机的最高温升 τ_m 不超过绝缘材料的最高允许温升 τ_{max}。

下面介绍校验发热的平均损耗法、等效法及特殊情况下等效法的修正。

1）平均损耗法。电动机拖动周期性变化负载（$t_c < 10min$，$FS \geqslant 70\%$）连续运行，按生产机械负载图根据预选电动机绘制出电动机的负载图，如图5-34所示。经过一段较长的时间以后，电动机达到一种动态稳定状态，即在一个周期内，周期开始时刻的温升与周期终止时的温升相等，温升在最大值 τ_m 和最小值 τ_{min} 之间变化，由于 $t_c < 10min$，温升变化不大，可以认为一个周期内的平均温升 τ_{av} 与最高温升 τ_m 近似相等，$\tau_{av} = \tau_m$。

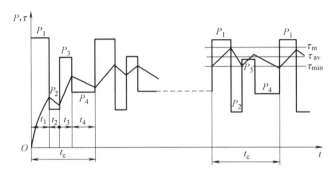

图 5-34 周期性变化连续工作制电动机典型负载及温升

如果散热系数 A 不变，$\sum p \propto \tau$，因此可以用一个周期 t_c 内的平均损耗 $\sum p_{av}$ 来间接反映平均温升 τ_{av}。只要 $\sum p_{av}$ 不超过预选电动机的额定损耗 $\sum p_N$，就能保证电动机的平均温升 τ_{av} 不超过绝缘材料允许的最高温升 τ_{max}。这种检验电动机发热的方法，称为平均损耗法。

用平均损耗法校验电动机发热时，根据电动机的负载图，利用预选电动机的效率曲线 $\eta = f(P)$，求出负载图中各段相应的损耗 $\sum p_k$。因此，一个周期 t_c 内的平均损耗 $\sum p_{av}$ 为

$$\sum p_{av} = \frac{\sum p_1 t_1 + \sum p_2 t_2 + \cdots + \sum p_k t_k + \cdots + \sum p_n t_n}{t_1 + t_2 + \cdots + t_k + \cdots + t_n} \tag{5-42}$$

式中 $\sum p_k$——t_k 时间内输出功率为 P_k 时的损耗。

发热校验通过的条件为

$$\sum p_{av} \leqslant \sum p_N \tag{5-43}$$

当负载为周期性变化负载（$t_c < 10min$，$FS \geqslant 70\%$）、散热能力不变（A 是常数）时，用平均损耗法校验电动机发热是足够准确的。

2）等效法。平均损耗法虽然比较精确，但计算变化负载下对应的损耗却比较麻烦。因此，在工程上通常采用更直接和简单的等效法。

① 等效电流法。在负载图中，t_k 段电动机的损耗 $\sum p_k$ 为

$$\sum p_k = p_0 + p_{Cu} = p_0 + C_2 I_k^2 \tag{5-44}$$

式中　C_2——与绕组电阻有关的常数。

把式（5-39）代入式（5-37），可得

$$\sum p_{av} = \frac{1}{t_c} \sum_{k=1}^{n} (p_0 + C_2 I_k^2) t_k = p_0 + \frac{C_2}{t_c} \sum_{k=1}^{n} I_k^2 t_k \qquad (5\text{-}45)$$

在平均损耗相同的条件下，可用不变的等效电流 I_{eq} 来代替变化的 I_k，于是有

$$\sum p_{av} = p_0 + C_2 I_{eq}^2 = p_0 + \frac{C_2}{t_c} \sum_{k=1}^{n} I_k^2 t_k \qquad (5\text{-}46)$$

$$I_{eq} = \sqrt{\frac{1}{t_c} \sum_{k=1}^{n} I_k^2 t_k} \qquad (5\text{-}47)$$

发热校验通过的条件为

$$I_{eq} \leqslant I_N \qquad (5\text{-}48)$$

等效电流法是在平均损耗法的基础上导出的，因此除要求负载为周期性变化负载（$t_c <$ 10min，$FS \geqslant 70\%$）、散热能力不变（A 是常数）外，还假定不变损耗 p_0 和与绕组电阻有关的系数 C_2 为常数。对于深槽及双笼型异步电动机，在经常起动、制动和反转时，绕组电阻及铁损耗都有较大变化，因此不能用等效电流法校验电动机发热。

② 等效转矩法。如果电动机的磁通保持不变（对于异步电动机，$\cos\varphi_2$ 也近似不变），则有 $M \propto I$，这时可用等效转矩 M_{eq} 代替等效电流 I_{eq}，式（5-47）可改写为

$$M_{eq} = \sqrt{\frac{1}{t_c} \sum_{k=1}^{n} M_k^2 t_k} \qquad (5\text{-}49)$$

发热校验通过的条件为

$$I_{eq} \leqslant I_N \qquad (5\text{-}50)$$

不满足等效电流法的情况以及串励直流电动机等磁通变化的情况，不能采用等效转矩法校验电动机的发热。

③ 等效功率法。在等效转矩法的基础上，如果拖动系统的转速 n 基本不变，则有 $P \propto M$，这时可用等效功率 P_{eq} 代替等效转矩 M_{eq}，式（5-49）可改写为

$$P_{eq} = \sqrt{\frac{1}{t_c} \sum_{k=1}^{n} P_k^2 t_k} \qquad (5\text{-}51)$$

发热校验通过的条件为

$$P_{eq} \leqslant P_N \qquad (5\text{-}52)$$

不满足等效转矩法的情况以及转速 n 变化较大的情况，不能采用等效功率法校验电动机的发热。

2. 短时工作制负载电动机的额定功率选择

短时工作制的负载，应选用专用的短时工作制电动机。在没有专用电动机的情况下，可以选用连续工作制电动机或断续周期工作制电动机。

（1）选用短时工作电动机　如果短时工作制的负载功率 P_1 是变化的，可用等效法计算出工作时间内的等效功率，然后再以等效功率为依据选择电动机的额定功率。在变化的负载下，同时还应进行过载能力与起动能力（对笼型异步电动机）的校验。专为短时工作制设

计的电动机，一般有较大的过载倍数和起动转矩。

1）短时工作制负载时间为标准工作时间（$t_R = t_{RN}$）。选择相同标准工作时间 t_{RN} 的电动机，发热校验通过的条件为

$$P_L \leqslant P_N \tag{5-53}$$

对于某一电动机，对于不同的标准工作时间 t_{RN}，其额定功率有 $P_{10} > P_{30} > P_{60} > P_{90}$，其过载倍数有 $\lambda_{10} < \lambda_{30} < \lambda_{60} < \lambda_{90}$。

2）短时工作制负载时间为非标准工作时间（$t_R \neq t_{RN}$）。当 $t_R \neq t_{RN}$ 时，应把 t_R 下的功率 P_R 换算到 t_{RN} 下的功率 P_{RN}，再按 P_{RN} 选择电动机的额定功率或校验发热。

换算的原则是，t_R 与 t_{RN} 下的能量损耗相等，即发热情况相同。设在 t_R 及 t_{RN} 下的能量损耗分别为 $\sum p_R$ 及 $\sum p_{RN}$，则有

$$\sum p_R t_R = \sum p_{RN} t_{RN} \tag{5-54}$$

将 $\sum p_{RN} = p_0 + p_{CuN} = p_{CuN}(1+\alpha)$ 和 $\sum p_R = p_0 + p_{Cu} = p_{CuN}\left[\left(\dfrac{P_R}{P}\right)^2 + \alpha\right]$ 代入式（5-54）可得

$$P_{RN} = \frac{P_R}{\sqrt{\dfrac{t_{RN}}{t_R} + \alpha\left(\dfrac{t_{RN}}{t_R} - 1\right)}} \tag{5-55}$$

式中 α——电动机额定运行的损耗比，其值与电动机的类型有关，$\alpha = p_0/p_{CuN}$。对于普通直流电动机，$\alpha = 1 \sim 1.3$；对于普通三相笼型异步电动机，$\alpha = 0.5 \sim 0.7$；对于小型三相绕线型异步电动机，$\alpha = 0.4 \sim 0.6$。

当 $t_R = t_{RN}$ 时，有

$$P_{RN} = P_R \sqrt{\frac{t_R}{t_{RN}}} \tag{5-56}$$

（2）选用连续工作制电动机 为了充分利用电动机，选择电动机额定功率的原则应是，在短时工作时间 t_R 内达到的温升 τ_R，恰好等于电动机连续运行并输出额定功率时的稳定温升 τ_s，即电动机绝缘材料允许的最高温升 τ_{max}。由此可得

$$\tau_R = C_1 \frac{\sum p_L}{A}\left(1 - e^{-\frac{t_s}{\tau_u}}\right) = \tau_s = C_1 \frac{\sum p_N}{A} \tag{5-57}$$

式中 $\sum p_L$ 和 $\sum p_N$——连续工作制电动机短时工作输出功率为 P_L 时的损耗和额定损耗。

将 $\sum p_N = p_0 + p_{CuN} = p_{CuN}(1+\alpha)$ 和 $\sum p_L = p_0 + p_{Cu} = p_{CuN}\left[\left(\dfrac{P_R}{P}\right)^2 + \alpha\right]$ 代入（5-57），可得

$$P_{NR} = P_L \sqrt{\frac{1 - e^{-\frac{t_R}{T_H}}}{1 + \alpha e^{-\frac{t_R}{T_H}}}} \tag{5-58}$$

式（5-58）即短时工作制负载选择连续工作制电动机时，额定功率的计算公式。

当工作时间 $t_R < (0.3 \sim 0.4)T_H$ 时，按式（5-58）计算得到的 P_N 将比 P_L 小很多，因此，发热问题不大。这时决定电动机额定功率的主要因素是电动机的过载能力和起动能力（对笼型异步电动机），往往只要过载能力和起动能力足够大，就不必考虑发热问题。在这种情

况下，连续工作制电动机额定功率可按下式确定，即

$$P_{\text{N}} \geq \frac{P_{\text{L}}}{\lambda_{\text{m}}} \tag{5-59}$$

最后校验电动机的起动能力。

（3）选用断续周期工作制电动机　专用的断续周期工作制电动机具有较大的过载能力，可以用来拖动短时工作制负载。负载持续率（FS）与短时工作制负载工作时间 t_{R} 之间的对应关系：$t_{\text{R}} = 30\text{min}$ 相当于 $FS = 15\%$；$t_{\text{R}} = 60\text{min}$ 相当于 $FS = 25\%$；$t_{\text{R}} = 90\text{min}$ 相当于 $FS = 40\%$

四、电动机类型、结构形式、额定电压、额定转速的选择

1. 电动机类型的选择

电动机种类的选择，首先考虑的是电动机的性能应能满足生产机械的要求，优先选用结构简单、工作可靠、价格便宜、维修方便的电动机。从这个意义上讲，交流电动机优于直流电动机，异步电动机优于同步电动机，笼式异步电动机优于绕线转子异步电动机。

当生产机械负载平稳，对起动、制动和调速性能要求不高时，如普通机床、水泵、风机等，可选用笼型异步电动机；像空压机、传送带运输机等要求有较好的起动性能，可选用深槽和双笼型异步电动机；像电梯、起重机等起动和制动频繁，对调速也有一定的要求，可选用绕线转子异步电动机。

对于功率较大又不要求调速的生产机械，如大功率水泵、空压机等，为了提高电网的功率因数，可选用同步电动机。

对要求起动转矩大、机械特性软的生产机械，如电机车、挖掘机等，可选用串励直流电动机。

对调速范围要求较宽，且需平滑调速的机械，如轧钢机、龙门刨床、精密车床等，可选用直流电动机或变频调速交流电动机。

2. 电动机结构形式的选择

电动机的结构形式按其安装位置的不同可分为卧式与立式两种。卧式电动机的转轴是水平安放的，立式电动机的转轴则与地面垂直，两者的轴承不同，因此不能随便混用。在一般情况下应选用卧式；立式电动机的价格较高，只有为了简化传动装置，又必须垂直运转时才被采用（如立式深井水泵及钻床等）。按轴伸个数分，有单轴伸和双轴伸两种，多数情况下采用单轴伸。

为了防止电动机被周围的媒介质所损坏，或因电动机本身的故障引起灾害，根据不同的环境选择适当的防护形式。电动机的外壳防护形式分为以下几种。

（1）开启式　这种电动机价格便宜，散热条件好，但容易浸入水汽、铁屑、灰尘、油垢等影响电动机的寿命及正常运行，因此只能用于干燥及清洁的环境中。

（2）防护式　这种电动机一般可防滴、防雨、防溅及防止外界物体从上面落入电动机内部，但不能防止潮气及灰尘的侵入，因此适用于干燥和灰尘不多且没有腐蚀性和爆炸性气体的环境。它们的通风冷却条件较好，因为机座下面有通风口。

（3）封闭式　这类电动机又可分为自扇冷式、他扇冷式及密封式三类。第一类和第二类可用在潮湿、多腐蚀性灰尘、易受风雨侵蚀等环境中；第三类一般用于浸入水中的机械

（如潜水泵电动机），因为密封，所以水和潮气均不能侵入，这种电动机价格较高。

（4）防爆式　这类电动机应用在有爆炸危险的环境（如在瓦斯矿的井下或油池附近等）中。对于湿热地带或船用电动机，还有特殊的防护要求。

3. 电动机额定电压的选择

电动机的额定电压应根据额定功率和所在系统的配电电压及配电方式综合考虑。

对于交流电动机，其额定电压应与供电电网的电压相一致。一般车间的低压电网为 380V，因此，中、小型异步电动机都是低压的，额定电压为 220V/380V（△/丫联结）及 380V/660V（△/丫联结）两种，后者可用于丫/△联结起动。当电动机功率较大，供电电压为 6000V 及 10000V 时，可选用 3000V 或 6000V，甚至 10000V 的高压电动机，此时可以省铜并减小电动机的体积。

直流电动机的额定电压也要与电源电压互相配合。当直流电动机由单独的直流发电机供电时，电动机额定电压常用 110V、220V 或 440V；大功率电动机可提高到 600~800V，甚至达到 1000V。

4. 电动机额定转速的选择

额定功率相同的电动机，额定转速越高，则电动机的尺寸、质量和成本越小，效率也高，因此选用高速电动机较为经济。但由于生产机械速度一定，电动机转速越高，势必加大传动机构的传速比，使传动机构复杂起来，因此，必须综合考虑电动机与生产机械两方面的各种因素。选择电动机的额定转速，一般可分下列情况讨论：

1）电动机连续工作的生产机械，很少起动、制动或反转。此时可从设备的初期投资、占地面积和维护费用等方面，就几个不同的额定转速（不同的传速比）进行全面比较，最后确定合适的传速比和电动机的额定转速。

2）电动机经常起动、制动及反转，但过渡过程的持续时间对生产率影响不大，如高炉的装料机械的工作情况即属此类。此时除考虑初期投资外，主要根据过渡过程能量损耗为最小的条件，来选择传速比及电动机的额定转速。

3）电动机经常起动、制动及反转，过渡过程的持续时间对生产率影响较大。属于这类情况的有龙门刨工作台的主拖动。此时主要根据过渡过程持续时间为最短的条件来选择电动机的额定转速。

习题与思考题

5-1　简述实现交流电动机控制的理论基础。

5-2　简述电动机传动系统所涉及的力学问题及其计算公式。

5-3　直流和交流伺服电动机各有哪些特点？

5-4　直流和交流伺服控制常用哪些方式？

5-5　交流伺服电动机选择的原则是什么？

5-6　目前直线电动机主要应用的机型有哪些？各有什么特点？

5-7　恒转矩调速和恒功率调速有何区别？如何实现这两种调速？

5-8　简易数控机床的纵向（z 轴）进给系统，通常是采用伺服电动机驱动滚珠丝杠，带动装有刀架的拖板做往复直线运动，其工作原理如图 5-35 所示，其中，工作台为拖板。已

知拖板重量 $G = 2000\text{N}$，拖板与贴塑导轨间的摩擦系数 $\mu = 0.06$，车削时最大切削负载 $F_z = 2150\text{N}$（与运动方向相反），y 向切削分力 $F_y = 2F_z = 4300\text{N}$（垂直于导轨），要求导轨的进给速度 $v_1 = 10 \sim 500\text{mm/min}$，快速行程速度 $v_2 = 300\text{mm/min}$，滚珠丝杠的名义直径 $d_0 = 32\text{mm}$，导程 $L = 6\text{mm}$，丝杠总长 $l = 1400\text{mm}$，拖板最大行程为 1150mm，定位精度 $\pm 0.01\text{mm}$，试选择合适的步进电动机，并检查其起动特性和工作速度。

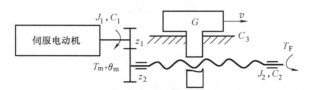

图 5-35 伺服电动机驱动滚珠丝杠传动原理

5-9 确定电动机额定功率时应考虑哪些主要因素？

5-10 试述周期性变化负载连续工作制电动机的额定功率选择有哪几种方法？各有什么优缺点？

第六章 可编程序控制器原理

可编程序控制器（PLC），是在继电接触器逻辑控制基础上发展而来的，由于其特殊的性能，有逐步取代继电接触控制的趋势，在电气传动控制领域已得到广泛应用。虽然工业自动控制中使用的 PLC 种类很多，不同厂家的产品各有特点，但作为工业标准控制设备，PLC 在结构组成、工作原理和编程方法等许多方面是基本相同的。

第一节 概述

一、PLC 的产生

20 世纪 60 年代末，美国最大的汽车制造商通用汽车公司（GM），为了适应汽车型号不断更新的需要，想寻找一种方法，尽可能减少重新设计继电接触器控制系统和接线的工作量、降低成本、缩短周期，于是设想把计算机的功能完备、灵活性、通用性好等优点和继电接触器控制系统的简单易懂、操作方便、价格便宜等优点结合起来，制造一种新型的工业控制装置。为此，1968 年，美国通用汽车公司公开招标，要求制造商为其装配线提供一种新型的通用控制器，提出了十项招标指标：

1）编程简单，可在现场修改程序。

2）维护方便，采用插件方式。

3）可靠性高于继电接触器控制系统。

4）设备体积要小于继电器控制柜。

5）数据可以直接送给管理计算机。

6）成本可与继电接触器控制系统相竞争。

7）输入量是 115V 交流电压。

8）输出量为 115V 交流电压，输出电流在 2A 以上，能直接驱动接触器、电磁阀等。

9）系统扩展时，原系统只需做很小的变动。

10）用户程序存储器容量能扩展到 4KB。

美国数字设备公司（DEC）中标，于 1969 年研制成功了一台符合要求的控制器，在通用汽车公司的汽车装配线上试验获得成功。由于这种控制器适于工业环境、便于安装、可重复使用、通过编程来改变控制规律，完全可以取代继电接触器控制系统，因此在短时间内，该控制器的应用很快就扩展到其他工业领域。美国电气制造商协会，于 1980 年把这种控制器正式命名为可编程序控制器（PLC）。为使这一新型工业控制装置的生产和发展规范化，国际电工委员会（IEC）制定了 PLC 的标准，给出 PLC 的定义如下：PLC 是一种数字运算操作的电子系统，专为在工业环境下应用而设计。它采用可编程的存储器，用来在其内部存储执行逻辑运算、顺序控制、定时、计数和算术运算等操作指令，并通过数字式和模拟式的输入和输出，控制各种类型的机械或生产过程。

随着微电子技术的发展，20 世纪 70 年代中期出现了微处理器和微型计算机（简称微机），人们将微机技术应用到 PLC 中，使得它能更多地发挥计算机的功能，不仅用逻辑编程取代硬连线逻辑，还增加了运算、数据传送和处理等功能，使其真正成为一种电子计算机工业控制设备。国外工业界在 1980 年正式命名其为可编程序控制器（Programmable Controller，PC）。但由于它和个人计算机（Personal Computer）的简称容易混淆，所以现在仍将其称为 PLC。

二、PLC 的发展

PLC 经过几十年的发展，已经发展到了第四代。其发展过程大致如下。

第一代在 1969~1972 年。这个时期是 PLC 发展的初期，该时期的产品，CPU 由中小规模集成电路组成，存储器为磁芯存储器。其功能也比较单一，仅能实现逻辑运算、定时、计数和顺序控制等功能，可靠性比以前的顺序控制器有较大提高，灵活性也有所增加。

第二代在 1973~1975 年。该时期是 PLC 的发展中期，随着微处理器的出现，该时期的产品已开始使用微处理器作为 CPU，存储器采用半导体存储器。其功能进一步发展和完善，能够实现数字运算、传送、比较、PID 调节、通信等功能，并初步具备自诊断功能，可靠性有了一定提高，但扫描速度不太理想。

第三代在 1976~1983 年。PLC 进入大发展阶段，这个时期的产品已采用 8 位和 16 位微处理器作为 CPU，部分产品还采用了多微处理器结构。其功能显著增强，速度大大提高，并能进行多种复杂的数学运算，具备完善的通信功能和较强的远程 I/O 能力，具有较强的自诊断功能并采用了容错技术。在规模上向两极发展，即向小型、超小型和大型发展。

第四代为 1983 年到现在。这个时期的产品除采用 16 位以上的微处理器作为 CPU 外，内存容量更大，有的已达数兆字节；可以将多台 PLC 连接起来，实现资源共享；可以直接用于一些规模较大的复杂控制系统；编程语言除了可使用传统的梯形图、流程图等外，还可以使用高级语言；外设多样化，可以配置 CRT 和打印机等。

进入 20 世纪 80 年代以来，随着大规模和超大规模集成电路等微电子技术的迅猛发展，以 16 位和 32 位微处理器构成的微机化 PLC 得到了惊人的发展，使 PLC 在概念、设计、性能价格比以及应用等方面都有了新的突破。不仅控制功能增强，功耗、体积减小，成本下降，可靠性提高，编程和故障检测更为灵活方便，而且远程 I/O 和通信网络、数据处理以及图像显示也有了长足的发展，所有这些已经使 PLC 应用于连续生产的过程控制系统中，使之成为今天自动化技术的三大支柱之一。

三、PLC 的基本功能

PLC 在工业中的广泛应用是由其功能决定的，其功能主要有以下几个方面。

1. 开关量的逻辑控制

逻辑控制功能实际上就是位处理功能，是 PLC 的最基本功能之一，用它来取代继电接触器控制系统，实现逻辑控制和顺序控制。PLC 根据外部现场（开关、按钮或其他传感器）的状态，按照指定的逻辑进行运算处理后，控制机械运动部件进行相应的操作。另外，在 PLC 中，一个逻辑位的状态可以无限制使用，逻辑关系的修改和变更也十分方便。

2. 定时控制

PLC 中有许多供用户使用的定时器，并设置了计时指令，定时器的设定值可以在编程时设定，也可以在运行过程中根据需要进行修改，使用方便灵活。同时，PLC 还提供了高精度的时钟脉冲，用于准确的实时控制。

3. 计数控制

PLC 为用户提供了许多计数器，计数器计数到某一数值时，产生一个状态计数器信号（计数值到），利用该状态信号实现对某个操作的计数控制。计数器的设定值可以在编程时设定，也可以在运行过程中根据需要进行修改。

4. 步进控制

PLC 为用户提供了若干个移位寄存器，可以实现由时间、计数或其他指定逻辑信号为转步条件的步进控制。即在一道工序完成以后，在转步条件控制下，自动进行下一道工序。有些 PLC 还专门设置了用于步进控制的步进指令，编程和使用都很方便。

5. 数据处理

PLC 的数据处理功能，可以实现算术运算、逻辑运算、数据比较、数据传送、数据移位、数制转换、译码编码等操作。中、大型 PLC 数据处理功能更加齐全，可完成开方、PID 运算、浮点运算等操作，还可以和 CRT、打印机相连，实现程序、数据的显示和打印。

6. 回路控制

有些 PLC 具有 A/D、D/A 转换功能，可以方便地完成对模拟量的控制和调节。通常，模拟量为 4~20mA 的电流，或（1~5V)/(0~10V）的电压；数字量为 8 位或 12 位的二进制数。

7. 通信联网

有些 PLC 采用通信技术，实现远程 I/O 控制、多台 PLC 之间的同位链接、PLC 与计算机之间的通信等。利用 PLC 同位链接，可以把数十台 PLC 采用同级或分级的方式连成网络，使各台 PLC 的 I/O 状态相互透明。采用 PLC 与计算机之间的通信连接，可以用计算机作为上位机，下面连接数十台 PLC 作为现场控制机，构成"集中管理、分散控制"的分布式控制系统，以完成较大规模的复杂控制。

8. 监控

PLC 设置了较强的监控功能。利用编程器或监视器对有关部分的运行状态进行监视。

9. 停电记忆

操作人员可以对 PLC 内部的部分存储器所使用的 RAM 设置停电保持器件（如备用电池等），以保证断电后这部分存储器中的信息能够长期保存。利用某些记忆指令可以对工作状态进行记忆，以保持 PLC 断电后的数据内容不变。PLC 电源恢复后，可以在原工作基础上继续工作。

10. 故障诊断

PLC 可以对系统构成、某些硬件状态、指令的合法性等进行自诊断，发现异常情况，发出报警并显示错误类型，如发生严重错误，则自动中止运行。PLC 的故障自诊断功能，大大提高了 PLC 控制系统的安全性和可维护性。

四、PLC 的特点

1. 编程、操作简易方便、程序修改灵活

目前，PLC 的编程可采用与继电接触器电路极为相似的梯形图语言，直观易懂，只要熟悉继电接触器电路，都能极快地进行编程、操作和程序修改，深受现场电气技术人员的欢迎。近几年发展起来的其他的编程语言（如功能图语言、汇编语言和 BASIC 等计算机通用语言）也都使编程更加方便，并且适宜于不同的人员。

2. 体积小、功耗低

由于 PLC 是将微电子技术应用于工业控制设备的新型产品，其结构紧凑、坚固、体积小、重量轻、功耗低。

3. 抗干扰能力强、稳定可靠

由于 PLC 采用大规模集成电路，元器件的数量大大减少，故障率低、可靠性高，而且 PLC 本身配有完善的自诊断功能，可迅速判断故障，从而进一步提高了可靠性。PLC 通过设置光耦合电路、滤波电路和故障检测与诊断程序等一系列硬件和软件的抗干扰措施，有效地屏蔽了一些干扰信号对系统的影响，极大地提高了系统的可靠性。

4. 采用模块化结构，扩充、安装方便，组合灵活

由于 PLC 已实现了产品系列化、标准化和通用化，用 PLC 组成的控制系统在设计、安装、调试和维修等方面，表现了明显的优越性。由于 PLC 按模块化结构和标准单元结构进行设计，用户可以灵活地扩充、缩小或更换模块数量、规格及连接方式。根据需要，可在极短时间内设计并实现一个工业控制系统，大大缩短了设计调试周期。

5. 通用性好、使用方便

由于 PLC 中的继电器是"软元件"，其接线也是用程序实现的软接线，可以根据需要灵活组合。一旦控制系统的硬件配置确定以后，用户可以通过修改应用程序来适应生产工艺的变化，实现不同的控制。

6. 修复时间短、维护方便、输入/输出时接口功率大

由于 PLC 采用插件结构，当 PLC 的某一部分发生故障时，只要将该模块更换，就可继续工作。平均修复时间为 10min 左右。一般 PLC 平均无故障率为 3~5 年，使用寿命在 10 年以上。输入/输出模块可直接与 AC220V、110V 和 DC24V、48V 输入/输出信号相连接，输出可直接驱动 2A 以下的负载。而且，PLC 也有 TTL 和 CMOS 电平输入/输出模块。

第二节　PLC 的基本构成

一、PLC 的硬件组成

PLC 实质是一种专用于工业控制的微机，其硬件结构与微型计算机基本相同，主要由 CPU、存储器、输入/输出接口和编程器四部分组成，如图 6-1 所示。

1. CPU

与微型计算机的作用一样，CPU 是 PLC 的核心，其主要作用可概括如下：

1）接收并存储从编程器输入的用户程序。

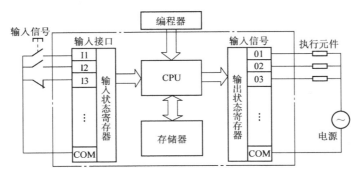

图 6-1 ▪ PLC 的组成框图

2）用扫描方式采集现场输入装置的状态和数据，并存入相应的数据寄存器中。

3）诊断电源及 PLC 内部电路的工作状态和编程过程中的语法错误。

4）执行用户程序。从程序存储器中逐条取出用户程序，经过解释程序解释后逐条执行。完成程序规定的逻辑和算术运算，产生相应的控制信号去控制输出电路，实现程序规定的各种操作。因此，CPU 的性能对 PLC 的整机性能有着决定性的影响。

早期的 PLC 采用 1 位微处理器作为 CPU，功能有限，主要用作顺序控制。随着微机技术的发展和对 PLC 控制功能的要求不断提高，目前大多数中小型 PLC 均采用 8 位和 16 位的微处理器做 CPU。例如，在小型的 PLC 中，普遍采用 8 位的 Z80A，而中型 PLC 多采用 16 位的 8086 或 M68000 等。

单片机的出现，为提高中小型 PLC 的性能价格比提供了基础。单片机把微机的基本单元（如 CPU、存储器、I/O 接口、计数器、定时器等）集成在一个芯片上，内部资源丰富，功能齐全。如常用的 8051 单片机，芯片内包括了一个功能很强的中央处理机，4KB 的 ROM，128 个字节的 RAM，4 个 8 位的并行口，1 个全双工的串行口，2 个 16 位的定时器/计数器，1 个位处理功能很强的布尔处理机。这样一片 8051 芯片就可代替一台 TP801 单板机的功能。

目前，国际上生产 PLC 的厂家很多，它们主要分布在美国、日本和欧洲各国。无论哪个厂家的产品，就其技术而言大同小异，可概括有如下特点：

1）可靠性高。单片机一般是专为工业现场应用生产的，能在较恶劣的现场环境下工作；另外，由于单片机集成度高，用它作为 PLC，可以减少元器件的数量和连接线；而且单片机的总线在芯片内部，不易受干扰；单片机应用系统体积小，容易采取屏蔽等措施。因此，采用单片机，有利于提高可靠性。

2）MCS-51 系列单片机有强大的逻辑处理（位处理）功能，用它制成的 PLC 能充分发挥逻辑处理功能强的特色。

3）MCS-51 系列单片机具有加、减、乘、除指令，CPU 的时钟频率高达 12MHz，单字节乘除法运算仅需 $4\mu s$，运算速度快，有利于提高 PLC 的速度。

4）单片机中有众多的 I/O 接口可供使用，为 PLC 的设计提供了便利条件，也有利于扩展 PLC 的功能。例如，利用它的通信接口，可以方便地处理 PLC 的通信程序。

5）用单片机做的 PLC，结构紧凑、元器件少、体积小，如汇川 H_{1U}-1208MR 型 PLC 尺寸为 93mm×90mm×75mm，易于装入被控设备中，为机电设备的一体化创造了良好的条件。

6）单片机生产批量大、价格便宜，有利于降低 PLC 的造价。

2. 存储器

PLC 的存储器用来存放程序和数据，分为系统程序存储器和用户程序存储器两大部分。

（1）系统程序存储器　系统程序包括监控程序、解释程序、故障自诊断程序、标准子程序库及其他各种管理程序等。系统程序关系到 PLC 的性能，由厂方提供，一般都固化在 ROM 或 EPROM 中，用户不能直接存取。

（2）用户程序存储器　用户程序存储器主要用来存储通过编程器输入的用户程序，中小型 PLC 的容量一般在 8KB 以下。用户程序存储器一般又分为程序存储区和数据存储区，数据存储区存放输入/输出信息、中间运算结果、运行参数（如计数定时的时间常数）等。目前，常用的存储器有 CMOSRAM、EPROM 和 EEPROM。

CMOSRAM 是一种低功耗的随机存储器，常用锂电池作为后备电源。交流电源正常工作时，锂电池被充电。一旦交流电源断电，锂电池将维持供电，保存 RAM 中的数据，使 RAM 中的数据不致因停电而丢失。锂电池的寿命是 5~10 年，若经常带负载，可维持 1~3 年。

EPROM 是一种常用的可改写的只读存储器，将调试好的用户程序写入 EPROM 中，可长期使用。写入时加高电压，不用时，用紫外线照射，即可擦除。

EEPROM 是一种新型的可改写的只读存储器，写入程序时，不用加高电压擦除不用的程序，通电信号控制即可，使用非常方便。

3. 输入/输出接口

输入/输出接口是 CPU 与工业现场装置之间的连接部件，是 PLC 的重要组成部分。与微机的 I/O 接口工作于弱电的情况不同，PLC 的 I/O 接口是按强电要求设计的，即其输入/输出接口可以接收强电信号，其输出接口可以直接和强电设备相连接。

通常，各厂家都将 I/O 部分做成可供选取、扩充的模块组件。用户可根据自己的需要选取不同功能、不同点数（1 点相当于微机 I/O 口的 1 位）的 I/O 组件，方便地组成自己需要的控制系统。

为便于检查，每个 I/O 点都接有指示灯，某点接通时，相应的指示灯就发光指示。用户可以方便地检查各点的通断状态。

（1）输入接口　输入接口的功能是采集现场各种开关接点的状态信号，并将其转换成标准的逻辑电平送给 CPU 处理。

一般的输入信号多为开关量信号，各种开关量输入接口的基

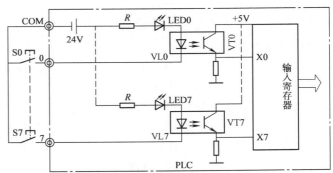

图 6-2　直流开关量输入接口电路

本结构大同小异。图 6-2 所示一种直流开关量的输入接口电路，图中，0~7 为 8 个输入接线端子，COM 为输入公共端，24V 直流电源为 PLC 内部专供输入接口用的电源，S0~S7 为现场外接的开关。内部电路中，发光二极管（LED）为输入状态指示灯，R 为限流电阻，为 LED 和光电耦合器提供合适的工作电流。以 0 输入点为例说明输入电路的工作原理。

当开关 S0 合上时，24V 电源经 R、LED0、VL0、S0 形成回路，LED0 发光指示该路接通，同时光耦合器的 VL0 发光，VT0 受光照饱和导通，X0 输出高电平。S0 未合上时，电路不通，LED0 不亮，光电耦合器不导通，X0 = 0，无信号输入到 CPU。

电路中，光电耦合器的作用有三种：

1）实现现场与 PLC 主机的电气隔离，以提高抗干扰能力，因该器件的发光二极管 VL0 与光电晶体管 VT0 之间是靠光线耦合传递信息的，在电气上彼此绝缘，一些干扰电信号不易串入。

2）避免外电路出故障时，外部强电侵入主机，损坏主机。

3）电平变换。现场开关信号可能有各种电平，光电耦合器将它们变换成 PLC 主机要求的标准逻辑电平。如图 6-2 所示，当 S0 未按下时，VT0 不导通，X0 点为零电平；当 S0 按下时，VT0 饱和导通，忽略 VT0 的饱和电压降，X0 点为近似 5V 高电平，它与外电路的输入电平无关。

图 6-3 所示为交流开关量输入接口电路，图中只画了 1 路输入。与直流输入电路的主要区别是增加了一组桥式整流器。输入的交流信号经整流后得到直流分量，再去驱动光电耦合器，交流电源 AC 一般由现场供给。

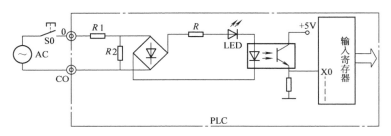

图 6-3　交流开关量输入接口电路

在机械设备中，除开关量外，还常遇到一些模拟量，如温度、压力、位移和速度等。对这些模拟量进行采集时，必须经模/数转换器将模拟量转换成数字量，才能被 PLC 的 CPU 接收。

（2）输出接口　为适应不同的负载，输出接口有多种方式。常用的有晶体管输出方式、继电器输出方式和晶闸管输出方式。晶体管输出方式用于直流负载，继电器输出方式可用于直流负载，也可用于交流负载；晶闸管输出方式用于交流负载。

1）晶体管输出方式。晶体管输出接口电路如图 6-4 所示：

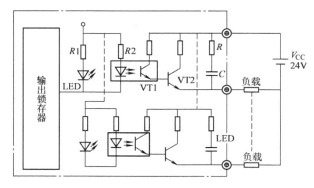

图 6-4　晶体管输出接口电路

图中，LED 为该输出点的状态指示灯，R1、R2 为 LED 与光电耦合器的限流电阻，光电耦合器的作用与输入接口相同。RC 为噪声吸收网络，吸收感性负载的自感电动势和其他的外来干扰，保护晶体管免受反电动势等的击穿。

晶体管 VT2 起开关作用，平时 VT2 截止，负载上不通电；当 PLC 在该点输出一低电平信号时，光电耦合器工作，VT2 饱和导通，相当于开关闭合，负载通电动作。

2）继电器输出方式。图 6-5 所示为继电器输出的接口电路。当 PLC 在该点输出零电平时，继电器 KA 通电，其常开触点闭合，负载通电。因继电器本身有电气隔离作用，该电路不再设光电耦合器。

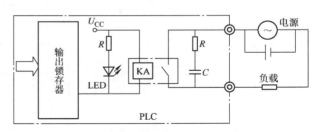

图 6-5　继电器输出的接口电路

3）晶闸管输出方式　图 6-6 所示为晶闸管输出的接口电路，其中，双向晶闸管为光控晶闸管与发光二极管一起组成的光电耦合器件。当 PLC 在该输出点输出零电平时，发光二极管导通发光，双向晶闸管受光照导通，负载工作。有些 PLC 还具有模拟输出接口，用于需要模拟信号驱动的负载。

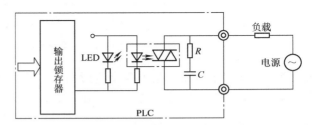

图 6-6　晶闸管输出的接口电路

（3）编程器　编程器是开发、维护 PLC 控制系统的必备设备。编程器通过电缆与 PLC 相连，其主要功能如下：

1）通过编程器向 PLC 输入用户程序。

2）在线监视 PLC 的运行情况。

3）完成某些特定功能。如将 PLC、RAM 中的用户程序写入 EPROM，或转储到盒式磁带上；给 PLC 发出一些必要的命令，如运行、暂停、出错、复位等。

编程器是专用的，不同型号的 PLC 都有自己专用的编程器，不能通用。PLC 正常工作时，不一定需要编程器。因此，多台同型号的 PLC 可以只配一个编程器。编程器有便携式和 CRT 智能式两大类。

1）便携式编程器　便携式编程器体积小、重量轻、可随身携带，便于在生产现场使用。编程器由键盘、LED 显示器 或 LCD、工作方式选择开关、外接口（盒式磁带机、打印机等）等组成。图 6-7 所示为某一编程器面板布置图。编程器的左侧为显示部分，上面三个数码管用于显示用户程序的步序号；中间部分用于显示指令符；下面三个数码管为数据显示，用于指示器件号或常数值。

数字键：0~9。

指令键：每个指令键上标有指令符号，与一条指令相对应，便于程序的输入；数字键与部分指令键组成复合键。

操作键：供用户程序调试、编辑时使用。

2）CRT 智能式编程器　便携式编程器显示较简单，不能同时显示很多内容，功能有限，不适于调试、编辑大型程序。CRT 智能式编程器可弥补这一不足。PLC 的 CRT 编程器一般都由个人计算机（如 IBM—PC）改装而成，由于个人计算机有丰富的软硬件资源可供利用，改装成的编程器一般都具有很强的功能。比如采用人机对话方式进行编程，用屏幕编

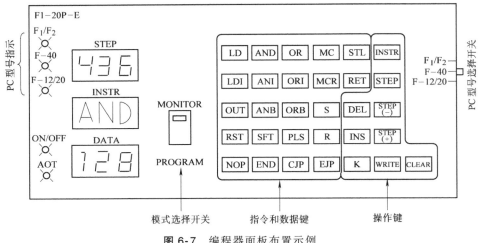

图 6-7 编程器面板布置示例

辑功能来调试程序，在屏幕上显示梯形图等，比便携式编程器更为方便直观，特别是在调试、编辑一些大型程序时，更会显示出其优越性。

二、PLC 的工作过程

与普通微机类似，PLC 也是由硬件和软件两大部分组成的，在软件的控制下，PLC 才能正常地工作。

软件分为系统软件和应用软件两部分。系统软件一般用来管理、协调 PLC 各部分的工作，翻译、解释用户程序，进行故障诊断等，是厂商为充分发挥 PLC 的功能和方便用户而设计的，通常都固化在 ROM 中，与主机和其他部件一起提供给用户。

应用软件是为解决某个具体问题而编制的用户程序，它是针对具体任务编写的，是专用程序。一台 PLC 配上不同的应用软件，就可完成不同的控制任务。

PLC 的基本工作过程如下：

1）输入现场信息。在系统软件的控制下，顺次扫描各输入点，读入各输入点的状态。

2）执行程序。顺次扫描程序中的各条指令，根据输入状态和指令内容进行逻辑运算。

3）输出控制信号。根据逻辑运算的结果，向各输出点发出相应的控制信号，实现所要求的逻辑控制功能。

上述过程执行完后，又重新开始，反复地执行。每执行一遍所需的时间称为一个扫描周期，PLC 一个扫描周期通常为 10～40ms。

在实际应用中，大多数机械设备的工作过程可分为一系列不断重复的顺序操作，PLC 的工作方式与此相似。因此，PLC 的程序可与机器的动作一一对应，比较简单、直观，程序容易编写和修改。某步操作需要修改时，只需对程序做相应的修改就可以了，不容易出错，从而大大减小了软件的开发费用，缩短了软件的开发周期。

为了提高工作的可靠性，及时接收外来的控制命令，PLC 在工作期间，除完成上述三步操作外，通常还要进行故障自诊断，完成与编程器等的通信。因此，整个扫描过程如图 6-8 所示，每次扫描开始，先执行一次自诊断程序，对各输入/输出点、存储器和 CPU 等进行诊断，诊断的方法通常是测试出各部分的当前状态，并与正常的标准状态进行比较，若两者一致，说明各部分工作正常；若不一致，则认为有故障，此时 PLC 立即启动关机程序，保留现行工作状态，并关断所有输出点，然后停机。

诊断结束后，如未发现故障，PLC 将继续向下扫描，检查是否有编程器等的通信请求。如果有，则进行相应的处理，比如接收编程器发来的命令，把要显示的状态数据、出错信息送给编程器显示等。

处理完通信后，PLC 继续向下扫描，输入现场信息，顺序执行用户程序，输出控制信号，完成一个扫描周期。然后又从自诊断开始，进行第二轮扫描。PLC 就这样不断反复循环，实现对机器的连续控制，直到接收到停机命令，或停电、出现故障等才停止工作。

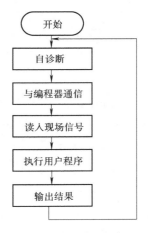

图 6-8 PLC 扫描过程

三、PLC 的内部等效继电器电路

如上所述，PLC 是一种专用微机，其硬件结构与微机基本相同。但在目前，它主要用于完成较复杂的继电接触控制系统的功能。因此，在实际应用中，不必从计算机的角度去研究，而是将 PLC 的内部结构等效为一个继电器系统。

1. 等效原理

先看一个例子，如图 6-9 所示，图 6-9a 是一个继电器控制电路，图 6-9b 是用触发器组成的等效电路。在图 6-9a 中，按下 SB1，KA 线圈通电，常开触点吸合，负载 HL 通电工作，按下停止按钮 SB2，KA 线圈断电，负载也被断开。在图 6-9b 中，按下起动按钮 SB1，RS 触发器被置 1，Q = 1，经反相驱动器使光电耦合器导通，负载 HL 通电工作。按下停止按钮 SB2 后，触发器被置成 0 态，负载断电。

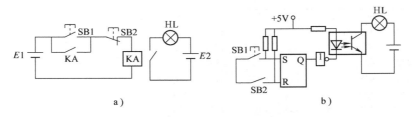

图 6-9 继电器与触发器等效电路

a）继电器控制电路 b）等效的触发器电路

可见，两者在控制功能上是完全等效的，因此，一个触发器可以等效为一个继电器。PLC 内部有很多存储器，一个存储器单元由 8 位寄存器（触发器）组成，就可以等效成 8 个继电器。应该说明的是，这种等效继电器的通断是由软件控制的，因此也叫软继电器。

实际上，在 PLC 的存储器中，专门设置了一个区域，可等效一个继电器阵列，其中包括若干输入继电器 X、输出继电器 Y、辅助继电器 M、时间继电器 T、计数继电器 C 等，用户使用这些继电器，通过编程来实现所需要的逻辑控制功能。表 6-1 是 F-40 型 PLC 的内部等效继电器及地址号表。不同型号的 PLC，所含等效继电器的数目是不相同的。

表 6-1　F-40 型 PLC 内部等效继电器及地址号

继电器	基本单元		扩展单元	
	地址号	数　目	地址号	数　目
输入继电器 X	400～413	12	414～427	12
	500～513	12	514～527	12
输出继电器 Y	430～437	8	440～447	8
	530～537	8	540～547	8
时间继电器 T	450～457	8		
	550～557	8		
	（0.1～999S）			
计数继电器 C	460～467	8		
	560～567	8		
	（1～999 次）			
辅助继电器 M	100～277	128		
	300～377	64		
特殊继电器 M	70.71.72.76.77			

表 6-1 中，地址号采用 3 位八进制数表示，前两位为存储器单元地址，第三位为存储单元的位地址。例如，输入继电器的地址号包括 400～413：40 单元的 0～7 共 8 位（400～407）及 41 单元的 0～3（410～413）等 4 位，共 12 位，等效成 12 个输入继电器。

从表 6-1 中可以看出，输入继电器 X、输出继电器 Y、时间继电器 T、计数继电器 C 都分布在 400～567（八进制）的存储区内，而辅助寄存器分布在 100～377 的存储单元中。部分等效继电器在存储区中的分布见表 6-2。

表 6-2　部分等效继电器在存储器中的分布

单元地址	地址号								继电器名称
	0	1	2	3	4	5	6	7	
40	400	401	402	403	404	405	406	407	输入继电器 400～413
41	410	411	412	413	414	415	416	417	输入继电器扩展输入 414～427
42	420	421	422	423	424	425	426	427	
43	430	431	432	433	434	435	436	437	输出继电器 430～437
44	440	441	442	443	444	445	446	447	输出继电器扩展输出 440～447
45	450	451	452	453	454	455	456	457	时间继电器 450～457
46	460	461	462	463	464	465	466	467	计数继电器 460～467
47	470	471	472	473	474	475	476	477	未用
50	500	501	502	503	504	505	506	507	输入继电器 500～513
51	510	511	512	513	514	515	516	517	输入继电器扩展输入 514～527
52	520	521	522	523	524	525	526	527	
53	530	531	532	533	534	535	536	537	输出继电器 530～537
54	540	541	542	543	544	545	546	547	输出继电器扩展输出 540～547
55	550	551	552	553	554	555	556	557	时间继电器 550～557
56	560	561	562	563	564	565	566	567	计数继电器 560～567
57	570	571	572	573	574	575	576	577	未用

2. 等效继电器

（1）输入继电器　F-40 型 PLC 共 24 个输入继电器，其地址号为 400～413 和 500～

513，另可扩展 24 个输入继电器，地址号为 414～427 和 514～527。输入继电器与 PLC 的输入端子相连，用于接收外部开关或传感器发来的信号，其受外部输入信号控制，不能由内部的程序指令驱动。输入继电器可以提供多对常开（动合）触点和常闭（动断）触点，供编程使用。

（2）输出继电器　F-40 型 PLC 共 16 个输出继电器，其地址号为 430～437 和 530～537，还可扩展 16 个输出继电器，地址号为 440～447 和 540～547。输出继电器有一对对外输出的触点和多对供内部使用的触头。对外输出的触点与 PLC 的输出端子相连，用以控制外接负载的动作。

（3）辅助继电器　PLC 中设有大量的辅助继电器，它相当于继电接触控制系统中的中间继电器，其触点不能直接驱动外部负载。辅助继电器中又有普通辅助继电器（100～277）128 个，掉电保持功能辅助继电器（300～377）64 个。后者在断电之后再行供电时，仍能保持断电前的状态。

辅助继电器除作为中间继电器使用外，还可作为移位寄存器使用。通常由同一单元的 8 位辅助寄存器组成一个移位寄存器。某单元一经选作移位寄存器，就不能再做它用。实际应用中，利用移位寄存器可以方便地进行顺序控制。

（4）时间继电器　时间继电器又叫作定时器，F-40 型 PLC 共有 16 个时间继电器，其地址号为 450～457 和 550～557。每个定时器的定时值 K 为 0.1～999s，起动定时器后，即以 0.1s 为单位开始递减。到定时器减为 0 时，定时器的常开触点接通，常闭触点断开。定时器通常备有多对常开和常闭触头，供定时操作使用。

（5）计数继电器　F-40 型 PLC 共 16 个计数继电器（又称计数器），地址号为 460～467 和 560～567。每个计数器的计数值都是 1～999 个数。起动计数器后，每来一个脉冲，计数值减 1，当设定的计数值 K 减到 0 时，计数器的输出触点动作。当计数器的计数脉冲为周期信号时，计数器可作为定时器使用。

各种继电器的符号约定：─┤├─为常开（动合）触点，─┤╱├─为常闭（动断）触点，─○─为继电器的线圈。综上所述，可画出 PLC 的等效电路，如图 6-10 所示。

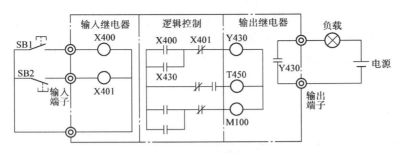

图 6-10　PLC 的等效电路

上述各种继电器中，除提供触点输出的输出继电器外，都是用软件实现的。它们都有许多用软件可实现的常开触点和常闭触点，这些触点只能供编程时使用，图 6-10 中，逻辑控制部分就是用编程触点构成的控制回路，它是虚拟的，无实际连线，这是需要特别注意的。

3. 特殊继电器的功能

F 系列的 PLC 中，有 5 个特殊的辅助继电器，地址号为 70、71、72、76、77，其功能如下：

M70：PLC 运行时，其触点闭合。因此其触点常接一指示灯，用来指示 PLC 是否还在运行。

M71：PLC 运行后的第一个扫描周期得电，以后便失电。即在第一扫描周期输出一个脉冲。编程中，常用这个信号来给计数器或移位寄存器复位。

M72：PLC 运行后，其触点以 0.1s 的周期断开、闭合，断开、闭合的时间均为 50ms，可提供周期为 0.1s 的连续脉冲输出。

M76：当用于掉电保护的锂电池电压不足时，M76 通电，相应的指示灯亮，告诉用户于一个月内更换锂电池，否则市电停电时将造成 RAM 中的程序丢失。

M77：M77 通电时，关断全部输出。因此，常用它作为设备的总停控制。例如，可用急停按钮、安全开关等作为它的输入信号。

第三节　PLC 的指令系统和编程

一、PLC 的编程语言

PLC 是专为工业自动控制而开发的装置，其主要使用对象是广大电气技术人员及操作维护人员。为了满足他们的传统习惯和掌握能力，通常 PLC 不采用微机的编程语言，而常常用面向控制过程、面向问题的"自然语言"编程。IEC 的 PLC 编程语言标准（IEC61131-3）中有 5 种编程语言（见图 6-11）：顺序功能图（Sequential Function Chart）、梯形图（Ladder Diagram）、功能模块图（Function Block Diagram）、指令表（Instruction List）和结构文本（Structured Text）。其中，顺序功能图（SFC）、梯形图（LD）和功能模块图（FBD）是图形编程语言，指令表（IL）和结构文本（ST）是文字语言。

1. 顺序功能图（SFC）

这是一种位于其他编程语言之上的图形语言，用来编制顺序控制程序。顺序功能图提供了一种组织程序的图形方法，在顺序功能图中，可以用别的语言嵌套编程。步、转换和动作是顺序功能图中的三种主要元件，如图 6-12 所示。顺序功能图用来描述开关量控制系统的功能，根据它可以很容易地画出顺序控制的梯形图程序。

图 6-11　PLC 的编程语言　　　　　　　　　　图 6-12　顺序功能图实例

2. 梯形图（LD）

梯形图是使用最多的 PLC 图形编程语言。梯形图与继电器控制电路图很相似，直观易懂，很容易被熟悉继电器控制的电气人员掌握，特别适用于开关量逻辑控制。图 6-13 所示为用西门子 S7-200 系列 PLC 中的 3 种编程语言来表示同一逻辑关系。西门子的说明书中将指令表称为语句表。

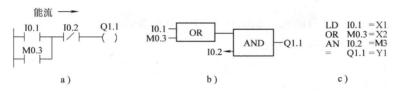

图 6-13 用 3 种编程语言来表示同一逻辑关系

a）梯形图 b）功能模块图 c）指令表

梯形图由触点、线圈和应用指令等组成。触点代表逻辑输入条件，如外部的开关、按钮和内部条件等。线圈通常代表逻辑输出结果，用来控制外部的指示灯、交流接触器和内部的输出标志位等。

在分析梯形图中的逻辑关系时，为了借助继电器电路图的分析方法，可以想象左右两侧垂直母线之间有一个左正右负的直流电源电压（有时省略右侧的垂直母线），当图 6-13a 中 I0.1 与 I0.2 的触点接通，或 M0.3 与 I0.2 的触点接通时，有一个假想的"能流"（Power Flow）流过 Q1.1 的线圈。利用能流这一概念，可以更好地理解和分析梯形图，能流只能从左到右流动。

图 6-14a 中的电路不能用触点的串并联来表示，能流可能从两个方向流过触点 5（经过触点 1、5、4 或经过触点 3、5、2），无法将该图转换成指令表，应将它改画为图 6-14b 所示梯形图。使用编程软件可以直接生成和编辑梯形图，并将它下载到 PLC 中去。

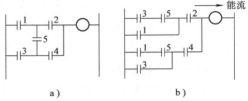

图 6-14 梯形图

a）错误的梯形图 b）改正后的梯形图

3. 功能模块图（FBD）

这是一种类似于数字逻辑门电路的编程语言，有数字电路基础的人很容易掌握。该编程语言用类似与门、或门的方框来表示逻辑运算关系，方框被"导线"连在一起，信号自左向右流动。图 6-13a 中的控制逻辑与图 6-13b 中的相同。有的微型 PLC 模块（如西门子公司的"LOGO！"逻辑模块）使用功能模块图语言，除此之外，国内很少有人使用功能模块图语言。

4. 指令表（IL）

PLC 的指令是一种与微机汇编语言中的指令相似的助记符表达式，由指令组成的程序叫作指令表程序。指令表程序较难阅读，其中的逻辑关系很难一眼看出，所以在设计时一般使用梯形图语言。如果使用手持编程器，必须将梯形图转换成指令表后再写入 PLC。在用户程序存储器中，指令按步序号顺序排列。

5. 结构文本（ST）

结构文本是为 IEC61131-3 标准而创建的一种专用的高级编程语言。与梯形图相比，它能实现复杂的数学运算，编写的程序非常简洁和紧凑。

除了提供几种编程语言供用户选择外，标准还允许编程者在同一程序中使用多种编程语言，这使编程者能选择不同的语言来适应特殊的工作。

二、梯形图的主要特点

梯形图在形式上类似于继电器控制电路，它由触点符号（─┤├─ ─┤╱├─）和继电器线圈符号（─○─）等符号根据一定的逻辑关系组成。

梯形图与继电器控制电路在电路的结构形式、元件的符号以及逻辑控制功能等方面是相同的，但它们又有很多的不同之处：

1）梯形图按自上而下、从左到右的顺序排列。每个继电器线圈为一个逻辑行，即一层阶梯。每一逻辑行起于左母线，然后是接点的各种连接，最后终于继电器线圈（有的还加上一条右母线），整个图形呈阶梯形。

2）梯形图中的继电器不是继电器控制电路中的物理继电器，它实质上是存储器中的每一位触发器，因此称为"软继电器"。相应的触发器为"1"态，表示继电器线圈通电，即常开触点闭合，常闭触点打开。

梯形图中的继电器线圈是广义的，除了输出继电器、辅助继电器线圈外，还包括计时器、计数器、移位寄存器以及各种算术运算的结果等。

3）梯形图中，一般情况下（除有跳转指令和步进指令等的程序段外），某个继电器线圈只能出现一次，而继电器触点则可无限引用，既可是常开触点，也可是常闭触点。

4）梯形图是 PLC 形象化的编程手段，梯形图两端的母线是没有任何电源可接的，梯形图中没有真实的物理电流流动，而只是"概念"电流，就是上面说的"能流"，是用户程序中满足输出执行条件的形象表示。"能流"只能从左向右流动，层次改变只能先上后下。

5）输入继电器供 PLC 接收外部输入信号，而不能由内部其他继电器的触点驱动。因此，梯形图中只出现输入继电器的触点，而不出现输入继电器的线圈。输入继电器的触点表示相应的输入信号。

6）输出继电器供 PLC 作为输出控制用。它通过开关量输出模块对应的输出开关（晶体管、双向晶闸管或继电器触点）去驱动外负载。因此，当梯形图中输出继电器线圈满足接通条件时，就表示在对应的输出点上有输出信号。

7）PLC 的内部继电器不能作为输出控制用，其触点只能供 PLC 内部使用。

8）当 PLC 处于运行状态时，PLC 开始按照梯形图符号排列的先后顺序（从上到下、从左到右）逐一处理，也就是说，PLC 对梯形图是按扫描方式顺序执行程序。因此不存在几条并列支路同时动作的因素，这在设计梯形图时可减少许多约束关系的联锁电路。

第四节 H_{2U} 系列 PLC 梯形图中的编程元件

虽然 PLC 已获得广泛的应用，但是直至目前，还没有一种可以让各个厂家生产的 PLC 互相兼容的编程语言，指令系统也是各个厂家自成体系，有所差异。如西门子 S5 系列采用结构化编程方式；美国 A-B 公司的 PLC-5 系列采用梯形图编程方式；日本的微型小型 PLC 在编程时，采用梯形图和指令表并重的方式。本节主要以汇川公司生产的 H_{2U} 系列 PLC 为例，详细介绍 PLC 的指令系统和采用梯形图或指令表的编程方式。

一、输入继电器与输出继电器

H_{2U} 系列 PLC 梯形图中编程元件的名称由字母和数字组成，它们分别表示元件和元件号，如 X020、T032。输入继电器和输出继电器的元件用八进制数表示，八进制只有 0~7 这 8 个数字符号，遵循"逢 8 进 1"的运算规则。例如，八进制数 X017 和 X020 是两个相邻的整数。表 6-3 给出了 H_{2U} 系列 PLC 的输入/输出继电器元件号。

表 6-3 H_{2U} 系列 PLC 的输入/输出继电器元件号

型号	H_{2U}-1010M	H_{2U}-1616M	H_{2U}-2416M	H_{2U}-3624M	H_{2U}-3232M	H_{2U}-4040M	H_{2U}-6464M	扩展时
输入	X000~X011	X000~X017	X000~X027	X000~X043	X000~X037	X000~X047	X000~X077	X000~X087
	10 点	16 点	24 点	36 点	32 点	40 点	64 点	72 点
输出	Y000~Y011	Y000~Y017	Y000~Y017	Y000~Y027	Y000~Y037	Y000~Y047	Y000~Y077	Y000~Y087
	10 点	16 点	16 点	24 点	32 点	40 点	64 点	72 点

1. 输入继电器（X）

输入继电器是 PLC 接收外部输入的开关量信号的窗口。PLC 通过光电耦合器，将外部信号的状态读入并存储在输入映像寄存器中。输入端可以外接常开触点或常闭触点，也可以接多个触点组成的串并联电路或电子传感器（或接近开关）。在梯形图中，可以多次使用输入继电器的常开触点和常闭触点。

图 6-15 所示为一个 PLC 控制系统示意图，X0 端子外接的输入电路接通时，它对应的输入映像寄存器为 1 状态，断开时为 0 状态。输入继电器的状态唯一地取决于外部输入信号的状态，不可能受用户程序的控制，因此在梯形图中绝对不能出现输入继电器线圈。

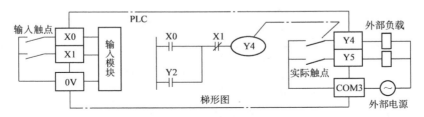

图 6-15 PLC 控制系统示意图

因为 PLC 只是在每一扫描周期开始时读取输入信号，输入信号为 ON 或 OFF 的持续时间应大于 PLC 的扫描周期。如果不满足这一条件，可能会丢失输入信号。

2. 输出继电器（Y）

输出继电器是 PLC 向外部负载发送信号的窗口。输出继电器用来将 PLC 的输出信号传送给输出模块，再由后者驱动外部负载（继电器型输出模块中对应的硬件继电器的常开触点闭合，使外部负载工作）。输出模块中的每一个硬件继电器仅有一对常开触点，但是在梯形图中，每一个输出继电器的常开触点和常闭触点，都可以多次使用。

二、辅助继电器（M）

辅助继电器是用软件实现的，它不能接收外部的输入信号，也不能直接驱动外部负载，是一种内部的状态标志，相当于继电器控制系统中的中间继电器。

辅助继电器中有一类保持用继电器，即使在 PLC 的电源断电时，也能储存 ON/OFF 状态，其储存的数据和状态由锂电池保护，当电源恢复供电时，能使控制系统继续掉电前的控制。辅助继电器的地址分配见表 6-4。

其中，M8000~M8255 为特殊继电器。它主要的功能有 PLC 状态、时钟、标记、PLC 方式、步进、中断禁止、出错检测等。常用特殊继电器如下：

1）M8000（运行监视）。当 PLC 运行时，M8000 为 ON（接通）。

2）M8002（初始化脉冲）。当 PLC 开始运行时，M8002 为 ON，接通时间为一个扫描周期。

3）M8005。锂电池电压异常降低时工作。

4）M8012。提供振荡周期为 100ms 的脉冲，可用于计数和定时。

5）M8013。提供振荡周期为 1s 的脉冲。

6）M8014。提供振荡周期为 1min 的脉冲。

7）M8020。零标记，减法运算结果等于 0 时为 ON。

8）M8021。借位标记，减法运算为负的最大值以下时为 ON。

9）M8022。进位标记，运算发生进位时为 ON。

其余可见《使用手册》。

表 6-4　辅助继电器等的地址分配

辅助继电器（M）	M0~M499 500 点 通用	（M500~M1023） 524 点保存用 继电器用于停电保持 主→从（M800~M899） 从→主（M900~M999）		（M1024~M3071） 2074 点 停电保存用	（M8000~M8255） 156 点 特殊用
状态继电器（S）	S0~S499 500 点 - - - - - - - 初始用 S0~S9 返回原点用 S10~S19		（S500~S899） 400 点 掉电保持用		（S900~S999） 100 点 报警用
定时器（T）	T0~T199 200 点　100ms 子程序用 - - - - T192~T199	T200~T245 46 点 10ms		（T246~T249） 4 点 1ms 积算	（T250~T255） 6 点 100ms 积算
计数器（C）	16 位　向上			32 位　可逆	32 位　高速可逆计数最大 6 点
	C0~C99 100 点 通用	C100~C199 100 点 保持用	C200~C219 20 点 通用	C220~C234 15 点 掉电通用	C235~C245 1 相单向 计数输入	C246~C250 1 相双向 计数输入	C251~C255 2 相 计数输入
数据寄存器（D、V、Z）	D0~D199 200 点 通用	D200~C511 312 点 保持用		D512~C7999 7488 点 保持用	D8000~D8195 196 点 特殊用	V7~V0 Z7~Z0 16 点 变址用
嵌套指针	N0~N7 8 点 主控用	P0~P127 128 点 跳转子程序用 分支指针		I00~I50 6 点 输入中断指针	I6~I8 3 点 定时中断指针	I010~I060 6 点 计数中断指针
常数	K	16 位　-32768~32767		32 位　-2147483648~2147483647	
	H	16 位　0~FFFFH		32 位　0~FFFFFFFFH	
	E	浮点数	32 位　$1.175×10^{-38}~3.042×10^{32}$		

三、状态继电器（S）

状态继电器是一种用于编制顺序控制步进梯形图的继电器，它与步进指令 STL 结合使用。在不作为步进序号时，也可作为辅助继电器使用，还可以作为信号器，用于外部故障诊断。状态继电器的地址分配见表 6-4。

状态继电器的使用举例。某机械手先后有下降、夹紧等动作，其顺序功能图如图 6-16 所示。如果起动信号 X000 为 ON，则状态继电器 S20 被置位（变为 ON），控制下降的电磁阀 Y000 动作。下限位开关 X001 为 ON 时，状态继电器 S21 被置位，控制夹紧的电磁阀 Y001 动作。随着动作的转移，前一状态继电器自动变为 OFF 状态。不对状态继电器使用步进梯形图指令时，可以把它当作普通辅助继电器（M）使用。

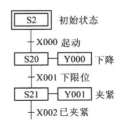

图 6-16　顺序功能图

四、定时器（T）

PLC 中的定时器相当于继电器控制系统中的通电延时时间继电器。它将 PLC 内的 1ms、10ms、100ms 等时钟脉冲进行加法计数，当达到设定值时，定时器的输出触点动作。定时器利用时钟脉冲可定时的时间范围为 0.001 ~ 3276.7s。定时器的地址分配见表 6-4。其中，T192 ~ T199 也可用于中断子程序内；T250 ~ T255 为 100ms 累积定时器，其当前值是累积数，定时器线圈的驱动输入为 OFF 时，当前值被保持，作为累积操作使用。

五、计数器（C）

常用的计数器有以下几种。

1. 内部计数用计数器

它是一种通用/停电保持用计数器。16 位加法计数器的计数范围为 1 ~ 32767；32 位可逆计数器的计数范围为 -2147483648 ~ 2147483648，利用特殊辅助继电器 M8200 ~ M8234，指定增量/减量的方向。该计数器的应答频率通常在 10Hz 以下。

2. 高速计数器

32 位的高速计数器可用于可逆计数，计数脉冲从 X000 ~ X007 输入，高速计数器与 PLC 的运算无关，最高响应频率为 60kHz。计数器的地址分配见表 6-4。

对于定时器的计时线圈或计数器的计数线圈，必须设定常数 K，也可指定数据寄存器的地址号，用数据寄存器中的数据作为定时器、计数器的设定值。常数 K 的设定范围和实际设定值见表 6-5。

表 6-5　定时器和计数器的设定范围和实际设定值

定时器、计数器	K 的设定范围	实际设定值
1ms 定时器	1 ~ 32767	0.001 ~ 32.767s
10ms 定时器	1 ~ 32767	0.01 ~ 327.67s
100ms 定时器	1 ~ 32767	0.1 ~ 3276.7s
16 位计数器	1 ~ 32767	（同左）
32 位计数器	-2147483648 ~ 2147483647	（同左）

六、数据寄存器

数据寄存器是存储数值、数据的软元件，H_{2U} 系列 PLC 的数据寄存器全部为 16 位（最高位为正负位），用两个寄存器组合可以处理 32 位的数值。数据寄存器被用于定时器、计数器的设定值的间接指定和应用指令中。数据寄存器的地址分配见表 6-4。

应该说明的是，以上所讲的内容都是以 H_{2U} 系列 PLC 为例的。各种类型的 PLC，其元件地址号分配都不相同，其功能也各有特点，在使用时应仔细阅读相应的《使用手册》。

第五节 H_{2U} 系列 PLC 的常用逻辑指令

H_{2U} 系列 PLC 共有 27 条基本逻辑指令，此外还有 100 多条应用指令。仅用基本逻辑指令，便可以编制出开关量控制系统的用户程序。

一、基本逻辑指令

1. 取指令和输出指令

取指令和输出指令的符号、名称、功能、梯形图和可用软元件见表 6-6。

表 6-6 取指令和输出指令

符号	名称	功　能	梯　形　图	可用软元件
LD	取	输入母线和常开触点连接	⊣├─○	X、Y、M、S、T、C
LDI	取反	输入母线与常闭触点连接	⊣/├─○	X、Y、M、S、T、C
OUT	输出	线圈驱动	⊣├─○	Y、M、S、T、C

注：1. LD 指令用于将常开触点接到母线上；LDI 指令用于将常闭触点接到母线上。此外，用指令与后面讲到的 ANB 指令组合，在分支起点处也可使用。

2. OUT 指令是对输出继电器（Y）、辅助继电器（M）、状态继电器（S）、定时器（T）、计数器（C）的线圈的驱动指令，对输入继电器（X）不能使用。

3. OUT 指令可多次并联使用。

LD、LDI、OUT 指令的应用如图 6-17 所示。

在图 6-17 中，当输入端子 X000 有信号输入时，输入继电器 X000 的常开触点 X000 闭合，输出继电器的线圈 Y000 得电，其外部常开触点闭合；当输入端子 X001 有信号输入时，输入继电器 X001 的常闭触点断开，中间继电器 M100 和定时器 T0 的线圈都不得电；若输入端子 X001 无信号输入，则输入继电器 X001 的常闭触点保持闭合，中间继电器 M100 和定时器 T0 的

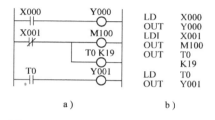

图 6-17 LD、LDI、OUT 指令的应用
a）梯形图 b）指令表

线圈得电，定时器 T0 开始计时，因 $K = 19$，T0 为 100ms 定时器，所以 1.9s 后，定时器 T0

的常开触点闭合，输出继电器的线圈 Y001 得电，其外部常开触点闭合，即可使负载动作。

2. 串联和并联指令

串联和并联指令的符号、名称、功能、梯形图和可用软元件见表 6-7。

表 6-7　串联和并联指令

符号	名称	功　能	梯　形　图	可用软元件
AND	与	常开触点串联连接		X、Y、M、S、T、C
ANI	与非	常闭触点串联连接		X、Y、M、S、T、C
OR	或	常开触点并联连接		X、Y、M、S、T、C
ORI	或非	常闭触点并联连接		X、Y、M、S、T、C

注：1. AND、ANI 指令用于 LD、LDI 指令后与一个常开或常闭触点的串联，串联的数量无限制；OR、ORI 指令用于 LD、LDI 指令后与一个常开或常闭触点的并联，并联的数量无限制。

　　2. 当串联的是两个或两个以上的并联触点或并联的是两个或两个以上的串联触点时，要用到下面讲述的块与（ANB）或块或（ORB）指令。

AND、ANI 指令的应用如图 6-18 所示。

在图 6-18 中，触点 X000 与 X001 串联，当 X000 与 X001 都闭合时，输出继电器线圈 Y000 得电，当 X002 和 X003 都闭合时，线圈 Y001 也得电。在指令 OUT Y001 后，通过触点 M12 对 Y002 使用 OUT 指令，称为终接输出。即当触点 X002、X003 都闭合，且 M12 也闭合时，线圈 Y002 得电。这种终接输出可多次重复使用。

OR、ORI 指令的应用如图 6-19 所示。

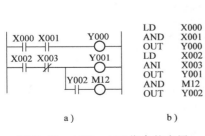

图 6-18　AND、ANI 指令的应用
a）梯形图　b）指令表

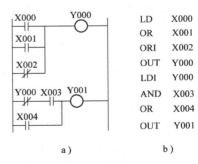

图 6-19　OR、ORI 指令的应用
a）梯形图　b）指令表

在图 6-19 中，只要触点 X000、X001 或 X002 中任一触点闭合，线圈 Y000 就得电。线圈 Y001 的得电只依赖于触点 Y000、X003 和 X004 的组合，它相当于触点的混联，当触点

Y000 和 X003 同时闭合或 X004 闭合时，线圈 Y001 得电。

3. 块与和块或指令

块与和块或指令的符号、名称、功能和梯形图见表 6-8。

表 6-8　块与和块或指令

符　　号	名　称	功　能	梯　形　图
ANB	块与	并联电路块的串联	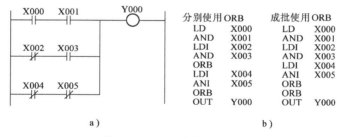
ORB	块或	串联电路块的并联	

注：1. 两个或两个以上触点并联的电路称为并联电路块；两个或两个以上触点串联的电路称为串联电路块。建立电路块用 LD 或 LDI 指令开始。

　　2. 当一个并联电路块和前面的触点或电路块串联时，需要用块与（ANB）指令；当一个串联电路块和前面的触点或电路块并联时，需要用块或（ORB）指令。

　　3. 若对每个电路块分别使用 ANB、ORB 指令，则串联或并联的电路块没有限制；也可成批使用 ANB、ORB 指令，但重复使用次数限制在 8 次以下。

ORB 指令的应用如图 6-20 所示。

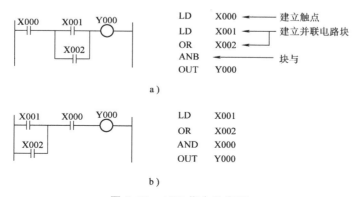

图 6-20　ORB 指令的应用
a) 梯形图　b) 指令表

ANB 指令的应用如图 6-21 所示。若将图 6-21a 中的梯形图及指令表改画成图 6-21b 所示形式，梯形图的功能不变，但可使指令简化。

图 6-21　ANB 指令的应用
a) 不合理的梯形图及指令表　b) 改良后的梯形图及指令表

ANB、ORB 指令的混合使用如图 6-22 所示。

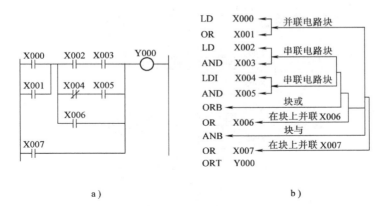

图 6-22　ANB、ORB 指令的混合使用

a）梯形图　b）指令表

4. 主控指令和主控复位指令的符号、名称、功能和梯形图（表 6-9）

表 6-9　主控指令和主控复位指令

符　号	名　称	功　能	梯　形　图	备　注
MC	主控	公共串联触点的连接	⊣⊢ MC N Y,M	M 除特殊辅助继电器
MCR	主控复位	公共串联触点的复位	MCR N	

注：1. 主控指令中的公共串联触点相当于电气控制中一组电路的总开关。MC 指令有效，相当于总开关接通。

2. 通过更改软元件 Y、M 的地址号，可多次使用 MC 指令。

3. 在 MC 指令内再采用 MC 指令，就称为主控指令的嵌套，相当于在总开关后接分路开关。嵌套级 N 的地址号按顺序增加，即 N0→N1→N2→…→N7。采用 MCR 指令返回时，则从 N 地址号大的嵌套级开始消除，但若使用 MCR N0，则嵌套级一下子回到 0。

MC、MCR 指令的应用如图 6-23 所示。

在图 6-23 中，当触点 X000 闭合时，触点 M100 闭合，从 MC 到 MCR 间的指令有效。若此时触点 X001、X002 闭合，则输出继电器线圈 Y000 得电，定时器线圈 T0 得电，1s 后触点 T0 闭合。当触点 X000 断开时，从 MC 到 MCR 间的指令无效。若此时触点 X001、X002 闭合，线圈 Y000、T0 均不得电，线圈 Y002 也不会在 1s 后得电，而线圈 Y001 在 MCR 指令之后，不受 MC 指令的影响，当触点 X001 闭合时，仍会得电。

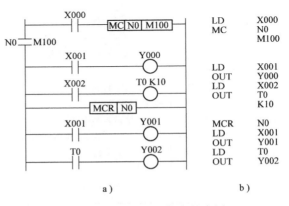

图 6-23　MC、MCR 指令的应用

a）梯形图　b）指令表

含有嵌套的 MC、MCR 指令的应用如图 6-24 所示。

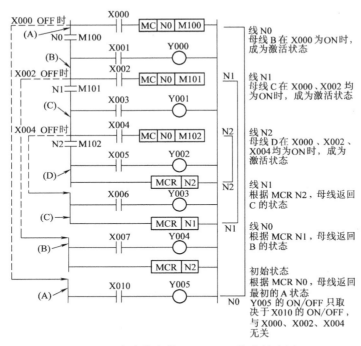

图 6-24 含有嵌套的 MC、MCR 指令的应用

5. 脉冲检测和脉冲输出指令

脉冲检测和脉冲输出指令的符号、名称、功能、梯形图和可用软元件见表 6-10。

表 6-10 脉冲检测和脉冲输出指令

符 号	名 称	功 能	梯 形 图	可用软元件
LD	取脉冲	上升沿检测运算开始		X、Y、M、S、T、C
LDF	取脉冲	下降沿检测运算开始		X、Y、M、S、T、C
ORP	或脉冲	上升沿检测并联连接		X、Y、M、S、T、C
ORF	或脉冲	下降沿检测并联连接		X、Y、M、S、T、C
ANDP	与脉冲	上升沿检测串联连接		X、Y、M、S、T、C
ANDF	与脉冲	下降沿检测串联连接		X、Y、M、S、T、C
PLS	上沿脉冲	上升沿微分输出	PLS	Y、M
PLF	下沿脉冲	下降沿微分输出	PLF	Y、M

注：1. 在脉冲检测指令中，P 代表上升沿检测，它表示在指定的软元件触点闭合（上升沿）时，被驱动的线圈得电一个扫描周期 T；F 代表下降沿检测，它表示指定的软元件触点断开（下降沿）时，被驱动的线圈得电一个扫描周期 T。

     2. 在脉冲输出指令中，PLS 表示在指定的驱动触点闭合（上升沿）时，被驱动的线圈得电一个扫描周期 T；PLF 表示在驱动触点断开（下降沿）时，被驱动的线圈得电一个扫描周期 T。

脉冲检测和脉冲输出指令可用图 6-25 形象地说明。波形图中的高电平表示触点闭合或线圈得电。

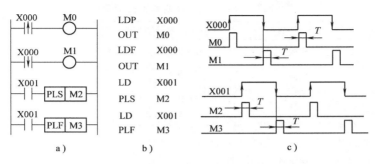

图 6-25　脉冲检测和脉冲输出指令的应用
a）梯形图　b）指令表　c）波形图

6. 置位和复位指令

置位和复位指令的符号、名称、功能、梯形图和可用软元件见表 6-11。

表 6-11　置位和复位指令

符　号	名　称	功　能	梯　形　图	可用软元件
SET	置位	动作保持	├┤├─┤SET │─┤	Y、M、S
RST	复位	清除动作保持寄存器清零	├┤├─┤RST │─┤	Y、M、S、T、C、D

置位与复位指令的应用如图 6-26 所示。

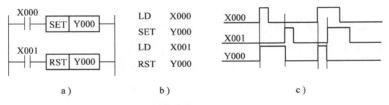

图 6-26　置位和复位指令的应用
a）梯形图　b）指令表　c）波形图

1）在图 6-26a 中，触点 X000 一旦闭合，线圈 Y000 得电；触点 X000 断开后，线圈 Y000 仍得电。触点 X001 一旦闭合，则无论触点 X000 闭合还是断开，线圈 Y000 都不得电。其波形图如图 6-26c 所示。

2）对于同一软元件，SET、RST 指令可多次使用，顺序先后也可任意，但以最后执行的一行有效。在图 6-26 中，若将第一阶与第二阶梯形图对换，则当 X000、X001 都闭合时，因为 SET 指令在 RST 指令后面，所以线圈 Y000 一直得电。

3）对于数据寄存器 D，也可使用 RST 指令。

4）积累定时器 T246~T255 的当前值复位和触点复位也可用 RST 指令。

7. 进栈、读栈和出栈指令

进栈、读栈和出栈指令的符号、名称、功能、梯形图和可用软元件见表6-12。

表6-12 进栈、读栈和出栈指令

符　　号	名　　称	功　　能	梯　形　图	可用软元件
MPS	进栈	进栈		
MRD	读栈	读栈	MPS MRD MPP	元
MPP	出栈	出栈		

注：1. PLC中有11个存储器，它们用来存储运算的中间结果，称为栈存储器。使用一次MPS指令，将此时刻的运算结果送入栈存储器的第一段；再使用一次MPS指令，则将原先存入的数据依次移到栈存储器的下一段，并将此时刻的运算结果送入栈存储器的第一段。

2. 使用MRD指令，是读出最上段所存的最新数据，栈存储器内的数据不发生移动。

3. 使用MPP指令，各数据依次向上移动，并将最上段的数据读出，同时该数据在栈存储器中消失。

4. MPS指令可反复使用，但最终MPS指令和MPP指令数要一致。

MPS、MRD、MPP指令的应用如图6-27所示。

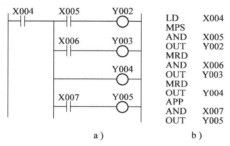

```
LD    X004
MPS
AND   X005
OUT   Y002
MRD
AND   X006
OUT   Y003
MRD
OUT   Y004
APP
AND   X007
OUT   Y005
```

a）　　　　　b）

图6-27 MPS、MRD、MPP指令的应用

a）梯形图　b）指令表

8. 取反、空操作和程序结束指令

取反、空操作和结束指令的符号、名称、功能、梯形图和可用软元件见表6-13。

表6-13 取反、空操作和结束指令

符　　号	名　　称	功　　能	梯　形　图	可用软元件
INV	取反	运算结果取反	X000 X001 —(Y000)	无
NOP	空操作	无动作	NOP	无
END	结束	输入/输出处理， 返回到程序开始	END	无

注：1. INV（Inverse）指令在梯形图中用45°的短斜线来表示，它将执行该命令之前的运算结果取反。运算结果如为0，将它变为1；运算结果为1，则变为0。INV指令可用于OUT指令，也可以用于LDP、LDF、ANDP等脉冲指令。

2. 用便携式编程器输入INV指令时，先按NOP键，再按P/I键。

3. 在将全部程序清除时，全部指令成为空操作。

4. 在PLC反复进行输入处理、程序执行、输出处理时，若在程序中插入END指令，那么，以后的其余程序不再执行，而直接进行输入处理；若程序中没有END指令，则要处理到最后的程序步。在调试中，可在各程序段中插入END指令，依次检查各程序段的动作。

5. 程序开始的首次执行，从执行END指令开始。

END 指令的应用如图 6-28 所示。

9. 定时器和计数器

（1）定时器的应用　如图 6-29 所示，T0 是普通定时器，当触点 X000 闭合时，定时器 T0 开始计时，10s 后触点 T0 闭合，线圈 Y000 得电；若触点 X000 断开，无论在定时中途，还是在定时时间到后，定时器 T0 被复位。T250 是累积型定时器，当触点 X001 闭合时，定时器 T250 开始计时，在计时过程中，即使触点 X001 断开或停电，定时器 T250 仍保持已计时的时间；当触点 X001 再次闭合时，定时器 T250 在原计时时间的基础上继续计时，直到 10s 时间到。若触点 X002 闭合，定时器 T250 被复位。

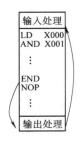

图 6-28　END 指令的应用

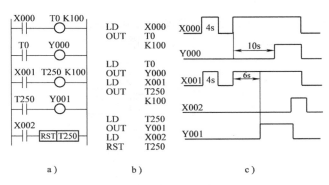

图 6-29　定时器的应用
a）梯形图　b）指令表　c）波形图

（2）计数器的应用　如图 6-30 所示，C0 是普通计数器，利用触点 X011 从断开到闭合的变化，驱动计数器 C0 计数。触点 X011 闭合一次，计数器 C0 的当前值加 1，直到其当前值为 5，触点 C0 闭合。以后即使继续有计数输入，计数器的当前值也不变。当触点 X010 闭合时，执行 RST C0 指令，计数器 C0 被复位，当前值为 0，触点 C0 断开，输出继电器线圈 Y001 失电。

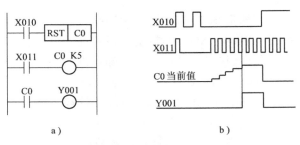

图 6-30　计数器的应用
a）梯形图　b）波形图

普通计数器和停电保持用计数器的不同之处在于，在切断 PLC 的电源后，普通计数器的当前值被清除，而停电保持用计数器则可保持在存储计数器在停电前的计数值。当恢复供电后，停电保持用计数器可在上一次保存的计数值上累计计数，因此，它是一种累计计数器。

以上讲述了 H_{2U} 系列 PLC 基本指令中的最常用的指令。在小型的、独立的工业控制中，使用这些指令，已基本能完成控制要求。

二、应用指令和步进指令

1. 常用的应用指令

应用指令共有 128 条，因篇幅有限，本节只介绍 9 条，其余可详见《编程手册》。

应用指令的操作码有一个统一的格式，如图 6-31 所示。图中，1、2、3 为操作码，4 为操作数。操作数有两种：通过执行指令不改变其内容的操作数称为源，用 $\boxed{S \cdot}$ 表示；通过执行指令改变其内容的操作数称为目标，用 $\boxed{D \cdot}$ 表示。源和目标的用法在后文中结合实例进行说明。

（1）条件跳转指令（CJ） CJ 指令的功能号为 00。其功能是在条件成立时，跳过不执行的部分程序。CJ 指令的应用如图 6-32 所示。图中，P8 为操作数，它表示当条件成立时，所要跳转到的位置。

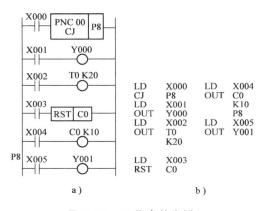

图 6-32 CJ 指令的应用
a）梯形图　b）指令表

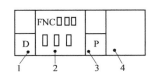

图 6-31 应用指令的格式
1—D 表示使用 32 位指令　2—应用指令的功能号及指令符号
3—P 表示脉冲执行指令的指令符号　4—操作数

在触点 X000 未闭合时，梯形图中的输出线圈 Y000、Y001、定时器、计数器都分别受到触点 X001、X002、X003、X004、X005 的控制。当触点 X000 闭合时，跳转条件成立，在 CJ 指令到标号间的梯形图都不被执行。具体表现：输出线圈 Y000 无论触点 X001 的闭合与否，都保持触点 X000 闭合前的状态；定时器 T0 停止计时，即触点 X002 闭合，定时器不计时，触点 X002 断开，定时器也不复位；计数器 C0 停止计数，触点 X003 闭合不能复位计数器，触点 X004 的通断也不能使计数器计数。由于线圈 Y001 在标号 P8 后面，所以不受 CJ 指令的影响。若采用 CJP 指令，则表示为执行条件跳转的脉冲指令，在 X000 由断开到闭合变化之后，只有一次跳转有效。

当 CJ 指令和 MC 指令一起使用时，应遵循如下规则：

1）当要求由 MC 外跳转到 MC 外时，可随意跳转。

2）当要求由 MC 外跳转到 MC 内时，跳转与 MC 的动作有关。

3）当要求由 MC 内跳转到 MC 内时，若主控断开，则不跳转。

4）当要求由 MC 内跳转到 MC 外时，若主控断开，不跳转；若主控接通，则跳转，但 MCR 无效。

由于 MC 指令和 CJ 指令一起使用较为复杂，建议初学者最好不要同时使用，以避免出现一些意想不到的问题。

（2）比较指令（CMP） CMP 指令的功能号为 10。其功能是将两个源数据字进行比较，所有的源数据均按二进制处理，并将比较的结果存放于目标软元件中。其中，两个数据字可以是以 K 为标志的常数，也可以是计数器、定时器的当前值，还可以是数据寄存器中存放的数据。目标软元件为 Y、M、S。比较指令的应用如图 6-33 所示。在图中，当触点 X000 闭合时，将常数 10 和计数器 C20 中的当前值进行比较。目标软元件选定为 M0，则 M1、M2 即被自动占用。当常数 10 大于 C0 的当前值时，触点 M0 闭合；当常数 10 等于 C20 的当前值时，触点 M1 闭合；当常数 10 小于 C20 的当前值时，触点 M2 闭合。当触点 X000 断开时，不执行 CMP 指令，但以前的比较结果被保存，可用 RST 指令复位清零。

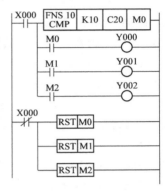

图 6-33 CMP 指令的应用

（3）传送指令（MOV） MOV 指令的功能号为 12。其功能是将源的内容传送到目标软元件中。作为源的软元件，可以是输入、输出继电器 X、Y，辅助继电器 M，定时器 T（当前值），计数器 C（当前值）和数据寄存器 D。以上软元件除输入继电器 X 外，都可以作为目标软元件。MOV 指令的应用如图 6-34 所示。

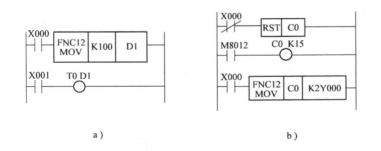

a)   b)

图 6-34 MOV 指令的应用

a）利用 MOV 指令间接设定定时器的值   b）利用 MOV 指令读出计数器的当前值

在图 6-34a 中，当触点 X000 闭合时，MOV 指令将常数 100 传送到数据寄存器 D1，作为定时器 T0 的设定值。在图 6-34b 中，当触点 X000 闭合时，MOV 指令将计数器的当前值送到输出继电器 Y000～Y007 输出。图 6-34b 中 K2Y000，是将位元件组合成字元件的一种表示方法。在 PLC 中，像 X、Y、M、S 这些只处理闭合/断开信号的软元件称为位元件；把 T、C、D 处理数值的软元件称为字元件。位元件可通过组合来处理数据，它以 Kn 与开头的软元件地址号的组合来表示。当采用 4 位单位时，$n=1$ 表示 4 个连续的位元件来代表 4 位二进制数，即一个字。上例中的 K2Y000 表示 Y000～Y007，即将计数器 C0 的当前值在 Y000～Y007 上以二进制的形式输出。

（4）二进制加法指令（ADD）和减法指令（SUB）　ADD 指令的功能号为 20。其功能是将 2 个源数据进行代数相加，将相加结果送入目标所指定的软元件中。各数据的最高位为符号位，0 表示正，1 表示负。16 位加法运算时，若运算结果大于 32767，则进位继电器在 M8022 动作；若运算结果小于或等于 -32768，则借位继电器 M8021 动作。ADD 指令的应用如图 6-35 所示，当触点 X000 闭合时，常数 K120 和数据寄存器 D0 中存储的数据相加，并把结果送入目标数据寄存器 D1。

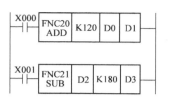

图 6-35　ADD、SUB 指令的应用

SUB 指令的功能号为 21。其功能是将 2 个源数据进行代数相减，将相减结果送入目标所指定的软元件中。数据符号和进位、借位标志同二进制加法指令。SOB 指令的应用如图 6-35 所示。当触点 X001 闭合时，数据寄存器 D2 中存储的数减去常数 180，并把结果送入目标数据寄存器 D3。

（5）位右移指令（SFTR）和位左移指令（SFTL）　SFTR 指令的功能号为 34，SFTL 指令的功能号为 35。SFT 指令的功能是对 $n1$ 位（目标移位寄存器的长度）的位元件进行 $n2$ 位的位左移或位右移。SFTR 指令的应用如图 6-36 所示。

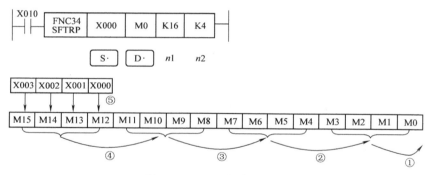

图 6-36　SFTR 指令的应用

在图 6-36 中，SFTRP 指令中 "P" 表示脉冲执行指令，若触点 X010 闭合一次，则执行一次位右移指令。若使用 SFTR 指令，则为连续执行指令，在每个扫描周期内，都执行一次右移指令。图中，$n1 = 16$，表示被移位目标寄存器的长度为 16 位，即 M0~M15；$n2 = 4$，表示在移位中移入的源数据为 4 位，即 X000~X003。位右移时，M0~M3 中的低 4 位首先被移出，M4~M7、M8~M11、M12~M15、X000~X003 以 4 位为一组，依次向右移动。

位左移也有相同的功能，所不同的是在移位时，最高的 $n2$ 位首先被移出，低位的数据以 $n2$ 位为一组向左移动，最后源数据数从低 $n2$ 位移入。

（6）特殊功能模块读出指令（FROM）和特殊功能模块写入指令（TO）　FROM 指令的功能号为 78。其功能是将特殊单元（用 $m1$ 编号）中第 $m2$ 号缓冲存储器（BFM）的内容读到 PLC，如图 6-37 所示。它的作用是在触点 X000 闭合时，从特殊单元（模块）No.1 的缓冲存储器（BFM）#29 中读出 16 位数据传送到 PLC 的 K4M0 中。$m1$ 表示特殊单元或模块的编号，它由靠近基本单元开始，以 No.1、No.2、No.3、…顺序排列，图中所示 K1 即为 No.1；$m2$ 表示缓冲存储器号码，其号码为 #0~#31，其内容根据各设备的控制目的决定，图中 K29 即为 #29；D · 表示目标地址，图中 K4M0 如 MOV 指令中所述，为位元件的组合，

K4M0 为 M0~M15 共 16 位，即 16 位数据的存放空间；n 表示传送点数，图中 K1 表示传送点数为 1。

TO 指令的功能号为 79，其功能是由 PLC 对特殊单元的缓冲存储器写入数据。如图 6-38 所示，它的作用是在触点 X000 闭合时，由 PLC 的数据寄存器 D0 对特殊单元（模块）No.1 的缓冲存储器（BFM）#12 写入数据。图中 m1、m2 的表示方法同 FROM 指令，S·表示源数据地址，图中为数据寄存器 D0。

图 6-37　FROM 指令的应用　　　　　　图 6-38　TO 指令的应用

2. 步进指令（STL）和返回指令（RET）

STL 指令是利用内部软元件进行工序步进式控制的指令。RET（指令）是状态（S）流程结束，用于返回主程序（母线）的指令。按一定规则编写的步进梯形图（STL 图）也可作为状态转移图（SFC 图）处理，从状态转移图反过来也可形成步进梯形图。

1）步进状态的地址号不能重复，如图 6-39 中的 S0、S1、S2。

2）如果某状态的 STL 触点闭合，则与其相连的电路动作；如果该 STL 触点断开，则与其相连的电路停止动作。

3）在状态转移的过程中，在一个扫描周期的时间内，两个相邻状态会同时接通。为了避免不能同时接通的一对触点同时输出，可在程序上设置互锁触点，如图 6-39 中的常闭触点 Y000、Y001。也因为这个原因，同一个定时器不能使用在相邻状态中。因为两个相邻状态在状态转移时，有一个同时接通的时间，致使定时器线圈不能断开，当前值不能复位。

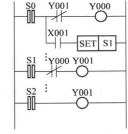

图 6-39　STL 指令的应用

4）在步进梯形图中，可使用双重线圈，不会出现同名双线圈输出的问题。如图 6-39 所示，状态 S1 时，线圈 Y001 得电；状态 S2 时，线圈 Y001 也得电。

5）状态的转移可使用 SET 指令。如图 6-39 中的 SET S1，其中触点 X001 是状态转移条件。

实际的 STL 图和 SFC 图如图 6-40 所示。SFC 图形如机械控制的状态流程图。在 SFC 图中，方框表示一个状态，起始状态用双线框表示；方框右侧表示在该状态中被驱动的输出继电器；方框与方框之间的短横线表示状态转移条件；不属于 SFC 图的电路采用助记符 LAD0T 和 LAD1。

至此，已经介绍了 H₂U 系列 PLC 的大部分基本指令和部分应用指令、步进指令。这些指令是工业控制中的常用指令。各厂商生产的 PLC，虽然编程指令不一样，但这些指令基本相同，具有很强的通用性，读者在上述指令的基础上，很容易掌握其他 PLC 的指令和编程方法。

3. 编程注意事项

由于梯形图是一种程序表示的形式，并非由硬件构成的控制电路，因此，在画梯形图时，

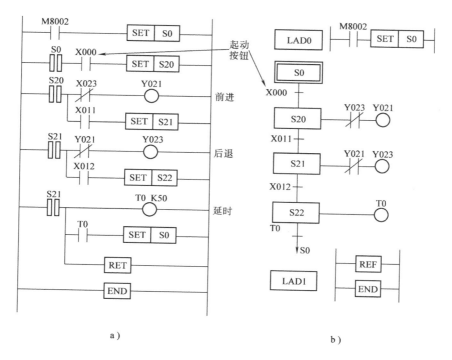

图 6-40 实际的 STL 图和 SFC 图

a）STL 图　b）SFC 图

应注意和普通控制电路的不同之处。

（1）双线圈输出　如果在同一程序中，同一元件的线圈使用了两次或者多次，称为双线圈输出。对于输出继电器来说，在扫描周期结束时，真正输出的是最后一个线圈 Y000 的状态，如图 6-41a 所示。

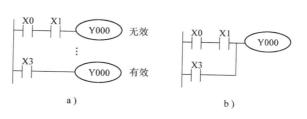

图 6-41　双线圈输出

Y000 的线圈的通断状态除了对外部负载起作用外，通过它的触点，还可能对程序中其他元件的状态产生影响。因为 PLC 是循环执行程序的，最上面和最下面的区域中，Y000 的状态相同。如果两个线圈的通断状态相反，不同区域中的 Y000 的触点状态也是相反的，可能使程序运行异常。所以，一般应避免出现双线圈输出现象，例如将图 6-41a 改为 6-41b 所示形式。

（2）程序的优化设计　在设计并联电路时，应将单个触点的支路放在下面；设计串联电路时，应将单个触点放在右边，否则将多使用一条指令，如图 6-42 所示。

建议在有线圈的并联电路中将单个线圈放在上面，将 6-42a 的电路改为图 6-42b 的电路，可以避免使用入栈指令 MPS 和出栈指令 MPP。

（3）不能编程的电路及转换　桥式电路如图 6-43a 所示，从图中看出，该电路的目的是在触点 A 与 B 闭合，触点 C 与 D 闭合，触点 A、E 与 D 闭合，或触点 C、E 与 B 闭合时，线圈 F 得电。但梯形图没有此类表示方法，可将图 6-43a 转换成图 6-43b 所示形式，这样才

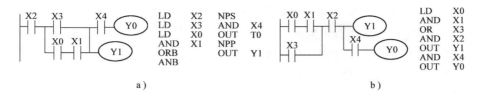

图 6-42 梯形图的优化设计

a) 不好的梯形图 b) 好的梯形图

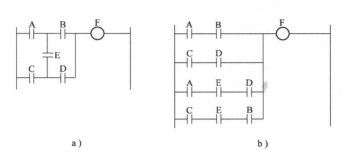

图 6-43 梯形图的优化设计

a) 原桥式电路 b) 转换后的梯形图

能正确地写入 PLC 存储器。

（4）编程元件的位置 输出类元件（例如 OUT、MC、SET、RST、PLS、PLF 和大多数应用指令）应放在梯形图的最右边，它们不能直接与左侧母线相连。有的指令（如 END 和 MCR 指令）不能用触点驱动，必须直接与左侧母线或临时母线相连。

第六节 PLC 控制系统设计

任何一种电气控制系统都是为了实现被控对象（生产设备或生产过程）的工艺要求，以提高生产效率和产品质量。因此，在设计 PLC 控制系统时，应遵循以下基本原则：

1）最大限度地满足被控对象的控制要求。

2）在满足控制要求的前提下，力求使控制系统简单、经济，使用及维修方便。

3）保证控制系统的安全、可靠。

4）考虑到生产的发展和工艺的改进，在选择 PLC 容量时，应适当留有余量。

一、PLC 控制系统设计的基本内容

PLC 控制系统是由 PLC 与用户输入、输出设备连接而成的。其系统设计的基本内容应包括如下内容：

1）选择用户输入设备（按钮、操作开关、限位开关、传感器等），输出设备（继电器、接触器、信号灯等执行元件）以及由输出设备驱动的控制对象（电动机、电磁阀等）。

2）PLC 是 PLC 控制系统的核心部件。PLC 的选择，应包括机型的选择、容量的选择、

I/O 模块的选择、电源模块的选择、分配 I/O，绘制 I/O 连接图等。

3）设计控制程序。包括设计梯形图、指令表（即程序清单）或控制系统流程图。

4）必要时还需设计控制台（柜）。

5）编制控制系统的技术文件。包括说明书、电气图及电气元件明细表等。在 PLC 控制系统的电气图中，还包括程序图（梯形图），可以称它为"软件图"。便于用户维修或修改程序。

二、PLC 控制系统的设计步骤

PLC 控制系统的设计步骤如图 6-44 所示。

1）根据生产的工艺过程分析控制要求，如需要完成的动作（动作顺序、动作条件、必要的保护和联锁等）、操作方式（手动、自动、连续、单周期、单步等）。

2）根据控制要求确定所需的用户输入、输出设备。据此确定 PLC 的 I/O 点数。

3）选择 PLC。

4）分配 PLC 的 I/O 点，设计 I/O 连接图（这一步也可以结合步骤2）进行）。

5）进行 PLC 程序设计，同时用编程器将程序键入到 PLC 的用户程序存储器中，并检查键入的程序是否正确。

6）对程序进行调试和修改，直到满足要求为止。

7）待控制台及现场施工完成后，就可以进行联机调试，或检查接线直到满足要求时为止。

8）编制技术文件。

三、PLC 的选择

PLC 的品种繁多，功能日趋完善，其结构形式、容量、指令系统、编程方法、价格各不相同，适用场合也各有侧重。因此，合理选择 PLC，对于提高 PLC 控制系统的技术经济指标起着重要作用。

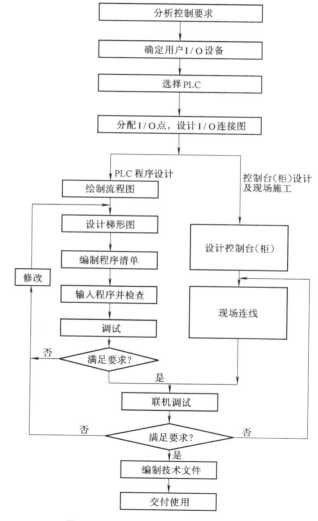

图 6-44　PLC 控制系统的设计步骤

PLC 的选择包括机型的选择、I/O 模块的选择、电源模块的选择等几个方面。

1. 机型的选择

机型选择的基本原则应是在满足功能要求的前提下，保证可靠、维护使用方便以及最佳功能价格比。具体应考虑以下几个方面：

1）结构合理。对于工艺过程比较固定、环境条件较好（维修量较小）等场合，选用模块式结构 PLC。

2）功能相当。当设备为开关量控制时，对其控制速度无须考虑，一般的低档机就能满足要求。

当设备以开关量控制为主，带少量模拟量控制时，可选择带 A/D、D/A 转换，加减运算，数据传输功能的低档机。

对于控制比较复杂、控制功能要求更高的工程项目，例如要实现 PID 运算、闭环控制、通信联网等，可视控制规模及复杂程度，选用中档或高档机。其中，高档机主要用于大规模过程控制、全 PLC 的分布式控制系统以及整个工厂的自动化等。

3）机型统一。应尽量做到机型统一。因为统一机型的 PLC，其模块可互为备用，便于备品备件的采购和管理；其功能及编程方法统一，有利于技术力量的培训、技术水平的提高和功能的开发；其外部设备通用，资源可共享，配以上位机后，可把控制各独立系统的多台 PLC 连成一个多级分布式控制系统，互相通信，集中管理。

4）是否在线编程。PLC 的特点之一是使用方便灵活。当被控设备的工艺过程改变时，只需用编程器重新修改程序，就能满足新的控制要求，给生产带来很大的方便。离线编程的 PLC 的特点是主机与编程器共用一个 CPU，在编程时 CPU 将失去对现场的控制；在线编程的 PLC 的特点是主机与编程器各有一个 CPU，可随时通过编程器修改程序，主机在一个扫描周期结束后与编程器通信，主机将在下一个扫描周期按照新输入的程序控制现场。

是否在线编程，应根据被控设备工艺要求的不同来选择。对于产品定型的设备和工艺不常变动的设备，应选用离线编程的 PLC；反之，可考虑选用在线编程的 PLC。

5）PLC 处理速度应满足实时控制要求。PLC 工作时，信号输入到输出控制存在滞后，即输入量的变化一般要经过一个扫描周期。对于一般工业设备是允许的，但有些设备的实时要求较高，就不允许有这种滞后，滞后时间应控制在几十微秒之内，即不超过常规继电器的动作时间，否则就失去了采用 PLC 控制的意义。

2. 容量的选择

PLC 的容量包括用户存储器的存储容量和 I/O 点数两方面。PLC 的容量除满足控制要求外，还应留有适当的裕量备用。通常，一条逻辑指令占存储器一个字节。计数、计时、移位及算术运算、数据传送等指令占存储器两个字节。器件占用内存容量大致如下：

开关量输入：10～20 字节/点。

开关量输出：5～10 字节/点。

定时器或计数器：25 字节外。

寄存器：15 字节外。

模拟量：100～150 字节/点。

与计算机通信接口：300 字节以上/个。

通常根据经验去确定每个 I/O 点及有关参数。

在选择存储容量时，一般可按实际需要的 25% 考虑裕量，进而确定总存储容量。

3. I/O 模块的选择

估计对用户总存储容量一般推荐：

对于 I/O 模块，除了点数选择外，还要考虑其相应的电路和性能。不同的 I/O 模块，其电路和性能不同，它直接影响着 PLC 的应用范围和价格，应该根据实际情况合理选择。

（1）输入模块的选择　输入模块的作用是接收现场的输入信号，并将输入的高电平信号转换为 PLC 内部的低电平信号。

输入模块的种类，按电压分类有直流 5V/12V/24V/48V/60V；按形式不同，分为汇点输入式和分隔输入式两种。

选择输入模块应注意：

1）电压的选择。应根据现场设备与模块之间的距离来考虑。通常输出电压为 5V、12V、24V，其传输距离不宜太远。如 5V 模块最远不得超过 10m，距离较远的设备应选择较高电压的模块。

2）同时接通的点数。高密度的输入模块，如 32 点、64 点，同时接通的点数取决于输入电压和环境温度。一般来讲，同时接通的点数不要超过输入点数的 60%。

3）门槛电平。为了提高系统的可靠性，必须考虑门槛电平的大小。门槛电平越高，抗干扰能力越强，传输距离越远。

（2）输出模块的选择　电路输出模块的作用是将 PLC 的输出信号传递给外部负载，并将 PLC 内部的低电平信号转换为外部所需电平的输出信号。

输出模块按输出方式不同，分为继电器输出、晶体管输出和双向晶闸管输出三种。此外，输出电压和输出电流也各有不同。

选择输出模块应注意：

1）输出方式的选择。继电器输出模块的价格便宜、电压范围较宽、导通电压降小，但它属于有触点元件，其动作速度较慢、寿命较短，因此适用于不频繁通断的负载。当驱动感性负载时，其最大通断频率不得超过 1Hz。

对于频繁通断的低功率因数的电感负载，应采用无触点开关元件，即选用晶体管输出或双向晶闸管输出（交流输出）。

2）输出电流。输出模块的输出电流必须大于负载电流的额定值，用户应根据实际负载电流的大小选择模块的输出电流。

3）同时接通的点数。输出模块同时接通点数的电流累计值必须小于公共端所允许通过的电流值。例如一个 220V、2A 的 8 点的输出模块，每个点当然可通过 2A 的电流，但公共端所允许通过的电流不可能是 2A×8 = 16A，通常要比这个值小得多，因此选择输出模块时，还应考虑同时接通的点数。一般来讲，同时接通的点数不要超过输出点数的 60%。

（3）电源模块的选择　电源模块的选择很简单，只需考虑输出电流。电源模块的额定输出电流必须大于 CPU 模块、专用模块等消耗电流的总和。

第七节　开关量控制系统梯形图设计方法

一、梯形图的经验设计法

用经验设计法设计比较简单的开关量继电器电路是比较方便的，即在一些典型电路的基础上，根据被控对象对控制系统的具体要求，不断修改和完善梯形图。有时需要多次反复调试和修改梯形图，增加一些触点或中间编程元件，最后才能得到一个较为满意的结果。

这种方法没有普遍的规律可以遵循，具有很大的试探性和随意性，最后的结果不是唯一的，设计所用的时间、设计的质量与设计者的经验有很大的关系，一般用于较简单的梯形图（如手动程序）的设计。一些电工手册中给出了大量常用的继电器控制电路，在用经验法设计梯形图时，可以参考这些电路。下面先介绍经验设计法中一些常用的基本电路。

1. 起动、保持和停止电路

起动、保持和停止电路（简称起保停电路），在梯形图中经常用到，现在将它重画在图 6-45 中。图中的起动信号 X001 和停止信号 X002（例如起动按钮和停止按钮提供的信号）持续为 ON 的时间一般都很短，这种信号称为短信号。起保停电路最主要的特点是具

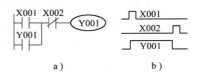

图 6-45 起保停电路

有"记忆"功能，当起动信号 X001 变为 ON 时（波形图中用高电平表示），X001 的常开触点接通，如果这时 X002 为 OFF（X002 的常闭触点接通），Y001 的线圈"通电"，它的常开触点同时接通。放开起动按钮，X001 变为 OFF（用低电平表示），其常开触点断开，"能流"经 Y001 的常开触点和 X002 的常闭触点流过 Y001 的线圈，Y001 仍为 ON，这就是所谓的"自锁"或"自保持"功能。当 X002 为 ON 时，它的常闭触点断开，停止条件满足，使 Y001 的线圈"断电"，其常开触点断开。以后即使放开停止按钮，X002 的常闭触点恢复接通状态，Y001 的线圈仍然"断电"。这种功能也可以用 SET（置位）和 RST（复位）指令来实现。在实际电路中，起动信号和停止信号可能是由多个触点组成的串、并联电路提供的。

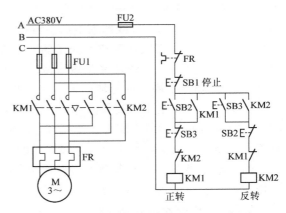

图 6-46 三相异步电动机正反转控制电路

2. 三相异步电动机正反转控制电路

图 6-46 所示为三相异步电动机正反转控制电路，图 6-47 是功能与它相同的 PLC 控制系统的外部接线图和梯形图，其中，KM1 和 KM2 分别是控制正转运行和反转运行的交流接触器。

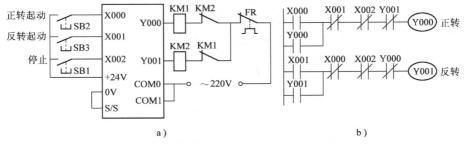

图 6-47 三相异步电动机正反转 PLC 控制系统
a）外部接线图 b）梯形图

在梯形图中，用两个起保停电路分别控制电动机的正转和反转。按下正转起动按钮 SB2，X000 变为 ON，其常开触点接通，Y000 的线圈"得电"并自保持，使 KM1 的线圈通电，电动机开始正转运行。按下停止按钮 SB1，X002 变为 ON，其常闭触点断开，使 Y000 的线圈"失电"，电动机停止运行。

在梯形图中，将 Y000 和 Y001 的常闭触点分别与对方的线圈串联，可以保证它们不会同时为 ON。因此，KM1 和 KM2 的线圈不会同时通电，这种安全措施在继电器电路中称为"互锁"。除此之外，为了方便操作且保证 Y000 和 Y001 不会同时为 ON，在梯形图中还设置了"按钮联锁"，即将反转起动按钮 X001 的常闭触点与控制正转的 Y000 的线圈串联，将正转起动按钮 X000 的常闭触点与控制反转的 Y001 的线圈串联。设 Y000 为 ON，电动机正转，这时如果想改为反转运行，可以不按停止按钮 SB1，直接按反转起动按钮 SB3，X001 变为 ON，它的常闭触点断开，使 Y000 线圈"失电"，同时 X001 的常开触点接通，使 Y001 的线圈"得电"，电动机由正转变为反转。

梯形图中的互锁和按钮联锁电路，只能保证输出模块中与 Y000 和 Y001 对应的硬件继电器的常开触点不会同时接通。由于切换过程中电感的延时作用，可能会出现一个接触器还未断弧，另一个却已合上的现象，从而造成瞬间短路故障。可以用正反转切换时的延时来解决这一问题，但是这一方案会增加编程的工作量，也不能解决下述的接触器触点故障引起的电源短路事故：如果因主电路电流过大或接触器质量不好，某一接触器的主触点被断电时产生的电弧熔焊而被黏结，其线圈断电后主触点仍然是接通的，这时如果另一接触器的线圈通电，仍将造成三相电源短路事故。为了防止出现这种情况，应在 PLC 外部设置由 KM1 和 KM2 的辅助常闭触点组成的硬件互锁电路，如图 6-47a 所示。假设 KM1 的主触点被电弧熔焊，这时它与 KM2 线圈串联的辅助常闭触点处于断开状态，因此 KM2 的线圈不可能得电。

图 6-47 中的 FR 是作为过载保护用的热继电器，异步电动机长期严重过载时，经过一定延时，热继电器的常闭触点断开，常开触点闭合。其常闭触点与接触器的线圈串联，过载时接触器线圈断电，电动机停止运行，起到保护作用。

有的热继电器需要手动复位，即热继电器动作后要按一下它自带的复位按钮，其触点才会恢复原状，即常开触点断开，常闭触点闭合。这种热继电器的常闭触点可以像图 6-46 那样接在 PLC 的输出回路，仍然与接触器的线圈串联，这种方案可以节约 PLC 的一个输入点。

有的热继电器有自动复位功能，即热继电器动作后电动机停转，串联在主回路中的热继电器的热元件冷却，热继电器的触点自动恢复原状。如果这种热继电器的常闭触点仍然接在 PLC 的输出回路，电动机停转一段时间后会因热继电器的触点恢复原状而自动重新运转，可能会造成设备和人身事故。因此，有自动复位功能的热继电器的常闭触点不能接在 PLC 的输出回路，必须将它的触点接在 PLC 的输入端（可接常开触点或常闭触点），用梯形图来实现电动机的过载保护。如果用电子式电动机过载保护器来代替热继电器，也应注意它的复位方式。

3. 钻床刀架运动控制系统的设计

图 6-48 所示为钻削加工时刀架的运动示意图。刀架开始时在限位开关 X004 处，按下起动按钮 X000，刀架左行，开始钻削加工。到达限位开关 X003 所在位置时停止进给，钻头继续转动，进行无进给切削。6s 后，定时器 T0 的定时时间到，刀架自动返回起始位置。

在电动机正反转控制梯形图的基础上，设计出满足要求的 PLC 外部接线图和梯形图（见图 6-49）。为使刀架的进给运动自动停止，将左限位开关 X003 的常闭触点与控制进给的 Y000 的线圈串联。为了在左限位开关 X003 处进行无进给切削，用 X003 的常开触点来控制定时器 T0 的线圈，T0 的定时时间到时，其常开触点闭合，给控制 Y001 的起保停电路提供起动信号，使 Y001 的线圈通电，刀架自动返回。刀架离开 X003 所在位置后，X003 的常开触点断开，T0 被复位。刀架

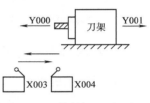

图 6-48　钻削加工时刀架的运动示意图

回到 X004 所在位置时，X004 的常闭触点断开，使 Y001 的线圈断电，刀架停在起始位置。

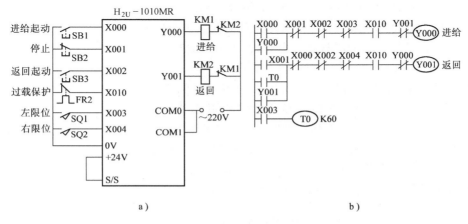

图 6-49　钻孔刀架运动 PLC 控制系统

a）外部接线图　b）梯形图

4. 常闭触点输入信号的处理

有些输入信号只能由常闭触点提供，图 6-49a 所示为控制电动机运行的继电器电路图，SB1 和 SB2 分别是起动按钮和停止按钮，如果将它们的常开触点接到 PLC 的输入端，梯形图中触点的类型与图 6-50a 完全一致。如果接入 PLC 的是 SB2 的常闭触点，按图 6-50b 中的 SB2，其常闭触点断开，X001 变为 OFF，它的常开触点断开，显然在梯形图中应将 X001 的常开触点与 Y000 的线圈串联，如图 6-50c 所示，但是这时在梯形图中所用的 X0011 的触点类型与 PLC 外接 SB2 的常开触点时刚好相反，与继电器电路图中的习惯也是相反的。建议尽可能用常开触点作为 PLC 的输入信号。

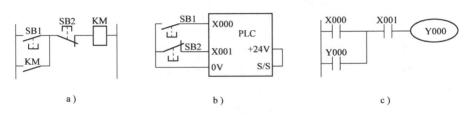

图 6-50　常闭触点输入电路

a）电气原理图　b）接线图　c）梯形图

如果某些信号只能用常闭触点输入，可以按输入全部为常开触点来设计，然后将梯形图中相应的输入继电器的触点改为相反的触点，即常开触点改为常闭触点，常闭触点改为常开触点。

二、时序控制系统梯形图设计方法

1. 定时范围的扩展

由于 H_{2U} 系列 PLC 单个定时器的最长定时时间只能为 3276.7s，无法适应更长定时的需要。为了解决这个问题，需要更长的定时时间时，常采用以下方式来扩展定时长度。

（1）多个定时器的组合　图 6-51a 所示为两个定时器组合的控制程序。当触点 X000 闭合时，定时器 T0 的线圈得电，开始计时；2000s 时间到，触点 T0 闭合，定时器 T1 的线圈得电，开始计时；2500s 时间到，触点 T1 闭合，输出线圈 Y000 得电，定时器被驱动。从 X000 闭合到 Y000 得电，总计经历了 4500s 的时间，单个定时器的计时时间被扩展。若要延时更长的时间，可使用多个定时器。当触点 X000 断开时，所有定时器被依次恢复，输出继电器失电。

（2）利用计数器的定时器　需要更长的定时时间还可使用图 6-51b 所示的电路。当 X002 为 OFF 时，T0 和 C0 处于复位状态，它们不能工作。X002 为 ON 时，其常开触点接通，T0 开始定时，3000s 后，100ms 定时器 T0 的定时时间到，其当前值等于设定值，它的常闭触点断开，使它自己复位，复位后 T0 的当前值变为 0，同时它的常闭触点接通，使它自己的线圈重新"通电"，又开始定时。T0 将这样周而复始地工作，直到 X002 变为 OFF。从上面的分析可知，图 6-51b 中最上面一行电路是一个脉冲信号发生器，脉冲周期等于 T0 的设定值。

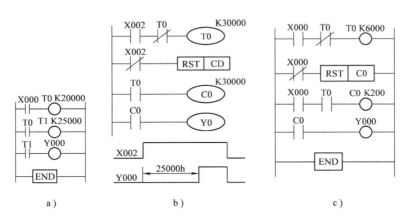

图 6-51　定时器和计数器控制程序

a）两个定时器组合　b）利用计数器的定时器　c）计数器和定时器的组合

产生的脉冲列送给 C0 计数，计满 30000 个数（即 25000s）后，C0 的当前值等于设定值，它的常开触点闭合。设 T0 和 C0 的设定值分别为 K_T 和 K_C，对于 100ms 定时器，总的定时时间 T 为

$$T = 0.1 K_T K_C$$

如以特殊辅助继电器 M8014 的触点向计数器提供周期为 1min 的时钟脉冲，单个定时器的最长定时时间为 32767min。

（3）计数器和定时器的组合　如果认为 M8014 1min 的脉冲周期不够长，可用一个定时器产生周期较长的脉冲信号，再用它作为计数器的计数信号，获得更长的定时时间，其程序如图 6-51c 所示。

2. 闪烁电路

设开始时图 6-52 中的 T0 和 T1 均为 OFF，X000 的常开触点接通后，T0 的线圈"通电"，2s 后定时时间到，T0 的常开触点接通，使 Y000 变为 ON，同时 T1 的线圈"通电"，开始定时。3s 后 T1 的定时时间到，它的常闭触点断开，使 T0 的线圈"断电"，T0 的常开触点断开，使 Y000 变为 OFF，同时使 T1 的线圈"断电"，其常闭触点接通，T0 又开始定时。以后线圈 Y000 将这样周期性地"通电"和"断电"，直到 X000 变为 OFF，Y000"通电"和"断电"的时间分别等于 T1 和 T0 的设定值。

闪烁电路实际上是一个具有正反馈的振荡电路，T0 和 T1 的输出信号通过它们的触点分别控制对方的线圈，形成了正反馈。

3. 延时接通/断开电路

图 6-53 中的电路用 X000 控制 Y001，要求在 X000 变为 ON 再过 9s 后 Y001 才变为 ON，X000 变为 OFF 再过 7s 后 Y001 才变为 OFF，Y001 由起保停电路来控制。

X000 的常开触点接通后，T0 开始定时，9s 后 T0 的常开触点接通，使 Y001 变为 ON。X000 为 ON 时常闭触点断开，使 T1 复位，X000 变为 OFF 后 T1 开始定时，7s 后 T1 的常闭触点断开，使 Y001 变为 OFF，T1 也被复位。

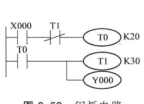

图 6-52　闪烁电路

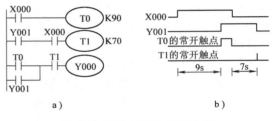

a)　　　　　　　　　　　b)

图 6-53　延时接通/断开电路
a）梯形图　b）时序图

4. 使用定时器和区间比较指令（ZCP）设计时序控制电路

时序控制电路一般只有一个起动命令信号，在起动命令的上升沿之后，各输出量的 ON/OFF 状态根据预定的时间自动发生变化，最后回到初始状态。

图 6-54 中的电路对输出量的控制是通过对定时器当前值使用区间比较指令（ZCP）来实现的。以图 6-54 中的第 2 条 ZCP 指令为例，T0 的当前值（以 0.1s 为单位）与常数 150 和 200 比较，指令中的 M13 用来指定目标元件，共占用连续的 3 个元件（M13~M15）。若 T0 的当前值小于 150，M13 为 ON；若 T0 的当前值大于或等于 150 且小于 200，M14 为 ON；若 T0 的当前值大于 200，M15 为 ON。M14 在 15~20s 区间为 ON。

用接在 X000 输入端的按钮来控制 Y000 和 Y001，需定时的总时间（20s）远远大于按钮按下的时间，所以用控制 M0 的起保停电路来记忆起动命令，用 M0 的常开触点来控制 T0 的线圈。T0 的定时时间到时，其常闭触点断开，使 M0 的线圈断电，T0 停止定时。T0 的设定值应略大于 20s，本例中为 20.1s，以保证 M14 被复位，如果 T0 的设定值为 K200，将出现 Y000 在 20s 之后不能被 OFF 的异常现象。

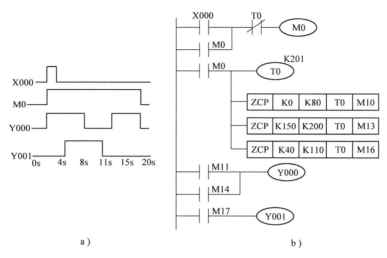

a)   b)

图 6-54 时序控制系统
a) 时序图 b) 梯形图

以对 Y001 的控制为例，Y001 在 4~11s 之间为 ON（高电平），T0 是 100ms 定时器，4s 和 11s 分别对应定时器的当前值 40 和 110，图 6-54 中的第 3 条 ZCP 指令使目标元件 M17 在 4~11s 之间为 ON，所以可以用 M17 来控制 Y001。由 Y000 的波形可知，Y000 在 0~8s 和 15~20s 两段时间内为 ON，可用两条 ZCP 指令来控制 Y001。在 0~8s 区间，第 1 条 ZCP 指令使 M11 为 ON，在 15~20s 区间，第 2 条 ZCP 指令使 M14 为 ON，所以将 M11 和 M14 的常开触点并联后来控制 Y001 的线圈，就可以得到如图 6-55a 所示的 Y000 的波形。

5. 使用多个定时器"接力"定时的时序控制电路

可用多个定时器"接力"定时来控制时序控制电路中输出继电器的工作。按下起动按钮 X000 后，要求 Y000 和 Y001 按图 6-55a 中的时序工作，图中用 T0、T1 和 T2 来对三段时间定时。起动按钮提供给 X000 的是短信号，为了保证定时器的线圈有足够长的"通电"时间，用起保停电路控制 M0。按下起动按钮 X000 后，M0 变为 ON，其常开触点使定时器 T0 的线圈"通电"，开始定时。3s 后，T0 的常开触点闭合，使 T1 的线圈"通电"，T1 开始定时。4s 后，T1 的常开触点闭合，使 T2 的线圈"通电"，……。各定时器以"接力"

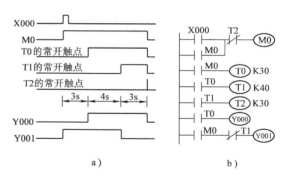

a)   b)

图 6-55 使用多个定时器"接力"
定时的时序控制电路
a) 波形图 b) 梯形图

的方式依次对各段时间定时，如图 6-55b 所示，直至最后一段定时结束。T2 的常闭触点断开，使 M0 变为 OFF；M0 的常开触点断开，使 T0 的线圈"断电"；T0 常开触点断开，又使 T1 的线圈"断电"，……，这样所有的定时器都被复位，系统回到初始状态。控制 Y000 和 Y001 的输出电路可根据波形图来设计。由

图 6-55 可知，Y000 的波形与 T0 的常开触点的波形相同，所以用 T0 的常开触点来控制 Y000 的线圈。Y001 的波形可由 T1 的常开触点的波形取反后，再与 M0 的波形相 "与" 而得到，即 $Y001 = M0 \cdot \overline{T1}$，用常闭触点可以实现取反，"与" 运算可用触点的串联来实现，所以 Y001 可用 M0 的常开触点和 T1 的常闭触点组成的串联电路来驱动。

三、根据继电器电路图设计梯形图的方法

1. 基本方法

用 PLC 改造继电器控制系统时，因为原有的继电器控制系统经过了长期使用和考验，已经被证明能完成系统要求的控制功能，而继电器电路图与梯形图在表示方法和分析方法上有很多相似之处，所以可以根据继电器电路图来设计梯形图，即将继电器电路图 "转换" 为具有相同功能的 PLC 的外部硬件接线图和梯形图。因此，根据继电器电路图来设计梯形图是一条捷径。使用这种设计方法时应注意，梯形图是 PLC 的程序，是一种软件，而继电器电路是由硬件元器件组成的。梯形图和继电器电路有很大的本质区别，例如在继电器电路图中，各继电器可以同时动作；而 PLC 的 CPU 是串行工作的，即 CPU 同时只能处理 1 条指令。根据继电器电路图设计梯形图时，有很多需要注意的地方。

这种设计方法一般不需要改动控制面板，保持了系统原有的外部特性，操作人员不用改变长期形成的操作习惯。

在分析 PLC 控制系统的功能时，可以将它想象成一个继电器控制系统中的控制箱，其外部接线图描述了这个控制箱的外部接线，梯形图是这个控制箱的内部 "线路图"，梯形图中的输入继电器和输出继电器是这个控制箱与外部世界联系的 "接口继电器"，这样就可以用分析继电器电路图的方法来分析 PLC 控制系统了。在分析时，可以将梯形图中输入继电器的触点想象成对应外部输入器件的触点或电路，将输出继电器的线圈想象成对应外部负载的线圈。外部负载的线圈除了受梯形图的控制外，还可能受外部触点的控制。

图 6-56a 所示为某摇臂钻床的继电器电路图。钻床的主轴电动机用接触器 KM1 控制，摇臂的升降电动机用 KM2 和 KM3 控制，摇臂的松开和夹紧电动机用 KM4 和 KM5 控制。图 6-56b 和图 6-56c 是实现具有相同功能的 PLC 控制系统的外部接线图和梯形图。

由图 6-56 可以看出，将继电器电路图转换为功能相同的 PLC 的外部接线图和梯形图的步骤如下：

1）了解和熟悉被控设备的工艺过程和机械的动作情况，根据继电器电路图分析和掌握控制系统的工作原理，这样才能做到在设计和调试控制系统时心中有数。

2）确定 PLC 的输入信号和输出负载，画出 PLC 的外部接线图。

继电器电路图中的交流接触器和电磁阀等执行机构用 PLC 的输出继电器来控制，它们的线圈接在 PLC 的输出端。按钮、控制开关、限位开关、接近开关等用来给 PLC 提供控制命令和反馈信号，它们的触点接在 PLC 的输入端。继电器电路图中的中间继电器和时间继电器的功能用 PLC 内部的辅助继电器和定时器来完成，它们与 PLC 的输入继电器和输出继电器无关。

画出 PLC 的外部接线图后，同时也确定了 PLC 的各输入信号和输出负载对应的输入继电器和输出继电器的元件号。例如图 6-56 中，控制摇臂上升的按钮 SB3 接在 PLC 的 X000 输入端子上，该控制信号在梯形图中对应的输入继电器的元件号为 X000。在梯形图中，可以将 X000 的触点想象为 SB3 的触点。

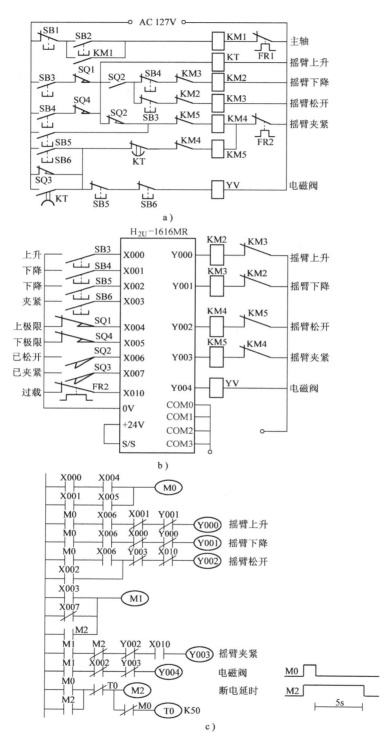

图 6-56 根据某摇臂钻床的继电器电路设计梯形图的过程原理图

a）某摇臂钻床的继电器电路图　b）PLC 控制系统的外部接线图

c）该摇臂钻床的梯形图和断电延时的波形图

3）确定与继电器电路图的中间继电器、时间继电器对应的梯形图中的辅助继电器（M）和定时器（T）的元件号。

第2）和第3）建立了继电器电路图中的元件和梯形图中的元件号之间的对应关系。为梯形图的设计打下了基础。

4）根据上述对应关系画出梯形图。

2. 设计注意事项

根据继电器电路图设计梯形图时应注意以下问题。

（1）应遵守梯形图语言中的语法规定　例如在继电器电路图中，触点可以放在线圈的左边，也可以放在线圈的右边，但是在梯形图中，线圈和输出类指令（如RST、SET和应用指令等）必须放在电路的最右边。

（2）设置中间单元　在梯形图中，若多个线圈都受某一触点串并联电路的控制，为了简化电路，可设置用该电路控制的辅助继电器，如图6-56c梯形图中的M0和M1，它们类似于继电器电路中的中间继电器。

（3）分离交织在一起的电路　在继电器电路中，为了减少使用的元器件且少用触点，从而节省硬件成本，各个线圈的控制电路往往互相关联，交织在一起。如果将图6-56a不加改动地直接转换为梯形图，要使用大量的进栈（MPS）、读栈（MRD）和出栈（MPP）指令，转换和分析这样的电路都比较麻烦。可以将各线圈的控制电路分离开来设计，如图6-56c梯形图所示，这样处理可能会多用一些触点，因为没有用堆栈指令，与直接转换的方法相比，所用的指令数相差不会太大。即使多用一些指令，也不会增加硬件成本，对系统的运行也不会有什么影响。

设计梯形图时以线圈为单位，分别考虑继电器电路图中每个线圈受到哪些触点和电路的控制，然后画出相应的等效梯形图电路。

（4）常闭触点提供的输入信号的处理　设计输入电路时，应尽量采用常开触点，如果只能使用常闭触点，梯形图中对应触点的常开/常闭类型应与继电器电路图中的相反。例如图6-56b PLC的输入电路中，限位开关SQ1的常闭触点接在X004端子上，继电器电路图中SQ1的常闭触点在梯形图中对应的是X004的常开触点。

（5）梯形图电路的优化设计　为了减少指令表的指令条数，在串联电路中，单个触点应放在电路块的右边，在并联电路中，单个触点应放在电路块的下面。

（6）时间继电器瞬动触点的处理　除了延时动作的触点外，时间继电器还有在线圈通电或断电时马上动作的瞬动触点。对于有瞬动触点的时间继电器，可以在梯形图中对应的定时器的线圈两端并联辅助继电器，后者的触点相当于时间继电器的瞬动触点。

（7）断电延时的时间继电器的处理　图6-56a中的KT属于线圈断电后开始延时的时间继电器。FX系列PLC设有相同功能的定时器，但是可以用线圈通电后延时定时器来实现断电延时功能（见图6-56c中的波形图）。

（8）外部联锁电路的设立　为了防止控制正反转的两个接触器同时动作，造成三相电源短路，应在PLC外部设置硬件联锁电路。图6-56a中的KM2与KM3、KM4与KM5的线圈分别不能同时通电，除了在梯形图中设置与它们对应输出继电器的线圈串联的常闭触点组成的软件互锁电路外，还应在PLC外部设置硬件互锁电路。

（9）热继电器过载信号的处理　如果热继电器属于自动复位型热继电器，其触点提供的过载信号必须通过输入电路提供给 PLC（见图 6-56b 中的 FR2），用梯形图实现过载保护。如果属于手动复位型热继电器，其常闭触点可以在 PLC 的输出电路中与控制电动机的交流接触器的线圈串联，如图 6-56 所示。

（10）尽量减少 PLC 的输入信号和输出信号 PLC 的价格与 I/O 点数有关，减少 I/O 点数是降低硬件费用的主要措施。

一般只需要同一输入器件的一个常开触点或常闭触点给 PLC 提供输入信号，在梯形图中，可以多次使用同一输入继电器的常开触点和常闭触点。

在继电器电路图中，如果几个输入元件触点的串并联电路只出现一次或总是作为一个整体多次出现，可以将它们作为 PLC 的一个输入信号，只占 PLC 的一个输入点。

某些器件的触点如果在继电器电路图中只出现一次，并且与 PLC 输出端的负载串联（如手动复位型热继电器的常闭触点），不必将它们作为 PLC 的输入信号，可以将它们放在 PLC 外部的输出回路，仍与相应的外部负载串联。

继电器控制系统中某些相对独立且比较简单的部分，可以用继电器电路控制，这样同时减少了所需的 PLC 的 I/O 点。

例如，图 6-56a 中控制主轴电动机的交流接触器 KM1 的电路相当简单，它与别的电路也没有什么联系，像这样的电路没有必要用 PLC 来控制，建议仍然用继电器电路来控制。

（11）外部负载的额定电压 PLC 的继电器输出模块和双向晶闸管输出模块一般只能驱动 AC220V 的负载，如果系统原来交流接触器的线圈电压为 380V，应将线圈换成 220V 的，或在 PLC 外部设置中间继电器。

第八节　顺序控制梯形图设计方法

一、概述

所谓顺序控制，就是按照生产工艺预先规定的顺序，画出顺序功能图。然后根据顺序功能图画出梯形图。有的 PLC 编程软件为用户提供了顺序功能图（SFC）语言，在编程软件中生成顺序功能图后便完成了编程工作。

顺序控制设计法中，将当前步进入下一步的信号称为转换条件，转换条件可以是外部的输入信号，如按钮、指令开关、限位开关的接通/断开等；也可以是 PLC 内部产生的信号，如定时器、计数器常开触点的接通等，转换条件还可能是若干个信号的与、或、非逻辑组合。

顺序控制设计法用转换条件控制代表各步的编程元件，让它们的状态按一定的顺序变化，然后用代表各步的编程元件去控制 PLC 的各输出继电器。

顺序功能图（Sequential Function Chart，SFC）是描述控制系统的控制过程、功能和特性的一种图形，也是设计 PLC 顺序控制程序的有力工具。顺序功能图并不涉及所描述的控制功能的具体技术，它是一种通用的技术语言，可以供进一步设计和不同专业的人员之间进行技术交流之用。

1993 年 5 月公布的 IEC PLC 标准（IEC1131）中，顺序功能图被定为 PLC 位居首位的编程语言。顺序功能图主要由步、有向连线、转换、转换条件和动作（或命令）组成。

1. 步与动作

（1）步 顺序控制设计最基本的思想是将系统的一个工作周期划分为若干个顺序相连的阶段，这些阶段称为步（Step），可以用编程元件（例如辅助继电器 M 和顺序控制继电器 S）来代表各步。步是根据输出量的状态变化来划分的，在任何一步之内，各输出量的 ON/OFF 状态不变，但是相邻两步输出量总的状态是不同的。步的这种划分方法使代表各步的编程元件的状态与各输出量的状态之间有着极为简单的逻辑关系。

送料小车开始停在左侧限位开关 X002 处（见图 6-57），按下起动按钮 X000，Y002 变为 ON，打开储料斗的闸门，开始装料。同时用定时器 T0 定时，10s 后关闭储料斗的闸门，Y000 变为 ON，开始右行。碰到限位开关 X001 后停下来卸料（Y003 为 ON），同时用定时器 T1 定时；5s 后 Y001 变为 ON，开始左行，碰到限位开关 X002 后返回初始状态，停止运行。

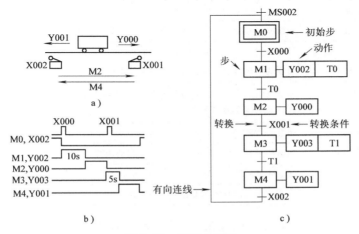

图 6-57 顺序功能图

根据 Y000~Y003 的 ON/OFF 状态的变化，显然一个工作周期可以分为装料、右行、卸料和左行这 4 步，另外还应设置等待起动的初始步，分别用 M0~M4 来代表这 5 步。图 6-57a 是小车运动的空间示意图，图 6-57b 是有关编程元件的波形图（时序图），图 6-57c 是描述该系统的顺序功能图，图中用矩形方框表示步，方框中可以用数字表示该步的编号，一般用代表该步编程元件的元件号作为步的编号，如 M0 等，这样在根据顺序功能图设计梯形图时较为方便。

（2）初始步 与系统的初始状态相对应的步称为初始步，初始状态一般是系统等待起动命令的相对静止状态。初始步用双线方框表示，每一个顺序功能图至少应该有一个初始步。

（3）活动步 当系统正处于某一步所在的阶段时，该步处于活动状态，称该步为"活动步"。步处于活动状态时，相应的动作被执行；处于不活动状态时，相应的非存储型动作停止执行。

（4）与步对应的动作或命令 可以将一个控制系统划分为被控系统和施控系统，例如在数控车床系统中，数控装置是施控系统，而车床是被控系统。对于被控系统，在某一步中要完成某些"动作"；对于施控系统，在某一步中则要向被控系统发出某些"命令"。为了叙述方便，下面将命令或动作统称为动作，并用矩形框中的文字或符号表示，该矩形框应与相应步的符号相连。

如果某一步有几个动作，则可以用图6-58中的两种画法来表示，但是并不隐含这些动作之间的任何顺序。说明命令的语句应清楚地表明该命令是存储型的还是非存储型的。例如，某步的存储型命令"打开1号阀并保持"，是

图6-58 多个动作的表示方法

指该步为活动步时1号阀打开，该步为不活动步时1号阀继续打开；非存储型命令"打开1号阀"，是指1号阀在该步为活动步时打开，为不活动步时关闭。

除以上的基本结构之外，还可以使用动作的修饰词对结构进行修饰，见表6-14。

表6-14 动作的修饰词

N	非存储型	当步变为不活动步时，动作终止
S	置位（存储）	当步变为不活动步时，动作继续，直到动作被复位
R	复位	被修饰词S、SD、SL或DS，起动的动作被终止
L	时间限制	步变为活动步时动作被起动，直到步变为不活动步或设定时间到
D	时间延时	步变为活动步时延时定时器被起动，如果延时之后步仍然是活动的，动作被起动和继续，直到步变为不活动步
P	脉冲	步变为活动步，动作被起动并执行一次
SD	存储与时间延时	在时间延时之后动作被起动，一直到动作被复位
DS	延时与存储	在延时之后如果步仍然是活动的，动作被起动直到被复位
SL	存储与时间限制	步变为活动步时动作被起动，一直到设定的时间到或动作被复位

在图6-57c中，定时器T0的线圈应在M1为活动步时"通电"，M1为不活动步时断电。从这个意义上来说，T0的线圈相当于步M1的一个动作，所以将T0作为步M1的动作来处理。步M1下面的转换条件T0由在指定时间到时闭合的T0的常开触点提供。因此动作框中的T0对应的是T0的线圈，转换条件T0对应的是T0的常开触点。

2. 有向连线与转换条件

（1）有向连线 在顺序功能图中，随着时间的推移和转换条件的实现，将会发生步的活动状态的进展，这种进展按有向连线规定的路线和方向进行。在画顺序功能图时，将代表各步的方框按它们成为活动步的先后顺序排列，并用有向连线将它们连接起来。步的活动转换习惯的进展方向是从上到下或从左到右，这两个方向的有向连线上的箭头可以省略。如果不是上述的方向，应在有向连线上用箭头注明进展方向。在可以省略箭头的有向连线上，为了更易于理解也可以加箭头。

如果在画图时，有向连线必须中断（例如在复杂的图中，或用几个图来表示一个顺序功能图时），应在有向连线中断处标明下一步的标号和页数。

（2）转换条件 转换用有向连线上与有向连线垂直的短划线来表示，转换将相邻两步分隔开。步的活动状态的进展是由转换的实现来完成的，并与控制过程的发展相对应。

转换条件是与转换相关的逻辑命题，转换条件可以用文字语言、布尔代数表达式或图形符号标注在表示转换的短线旁边，使用最多的是布尔代数表达式。

为了便于将顺序功能图转换为梯形图，最好用代表各步的编程元件的元件号作为步的代

号，并用编程元件的元件号来标注转换条件和各步的动作或命令。

二、基本结构与转换规则

1. 步的分类

按照步的进展形式，步可以分为单序列结构、选择序列结构和并行序列结构。

（1）单序列结构　单序列由一系列相继激活的步组成，每一步后面只有一个转换条件；每个转换条件后面也只有一步，如图 6-59 所示，当步 1 为活动步且条件 a 满足时，步 2 激活，步 1 退出。

（2）选择序列结构　选择序列的开始是分支。某一步后面有两或两个以上的步，当满足不同的转换条件时转向不同的步。如图 6-60 所示，当步 4 为活动步时，条件 c 和条件 f 谁先满足就执行其后面的步而不执行另一个步，比如此时条件 c 满足，则执行步 5，退出步 4，步 7 将不被执行。

选择序列的结束是合并。几个选择序列的分支合并到同一个序列上，各个序列上的步在各自转换条件满足时转换到同一个步。图 6-60 中当步 6 为活动步且条件 e 满足时，则执行步 9 执行；当步 8 为活动步且条件 h 满足时，也执行步 9。

（3）并行序列结构　并行序列的开始是分支。当转换条件的实现导致几个序列同时激活时，这些序列称为并行序列。并行序列的分支只允许有一个转换条件，标在表示同步的水平双线上面。如图 6-61 所示，当步 10 为活动步且条件 i 满足时，步 11 和步 13 同时激活而成为活动步，并且退出步 10。并行序列的结束是合并。当并行序列上的各步都是活动步且某一个转换条件满足时，同时转换到同一个步。并行序列的合并只允许有一个转换条件，标在表示同步的水平双线下面。图 6-61 中，当步 12 和步 14 同时为活动步且条件 l 成立时，程序转向步 15，同时步 12 和步 14 变为非活动步。

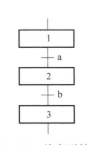

图 6-59　单序列结构

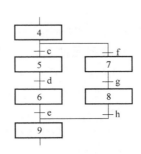

图 6-60　选择序列结构

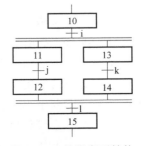

图 6-61　并行序列结构

2. 顺序控制设计法的本质

经验设计法实际上是试图用输入量 X 直接控制输出量 Y，如图 6-62a 所示，如果无法直接控制，或为了实现记忆、联锁、互锁等功能，只好被动地增加一些辅助元件和辅助触点。由于不同系统的输出量 Y 与输入量 X 之间的关系各不相同，以及它们对联锁、互锁的要求千变万化，不可能找出一种简单通用的设计方法。顺序控制设计法则是用输入量 X 控制代表各步的编程元件（如辅助

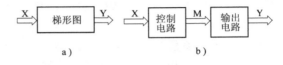

图 6-62　信号关系图

a）直接控制输出　b）利用 M 控制输出

继电器 M），再用它们控制输出量 Y，如图 6-62b 所示。任何复杂系统代表步的辅助继电器的控制电路，其设计方法都是相同的，并且很容易掌握。由于代表步的辅助继电器是依次变为 ON/OFF 状态的，实际上已经基本解决了经验设计法中的记忆、联锁等问题。

不同的控制系统的输出电路都有其特殊性，因为步 M 是根据输出量 Y 的 ON/OFF 状态划分的，M 与 Y 之间具有很简单的相等或"与"的逻辑关系，输出电路的设计极为简单。由于以上原因，顺序控制设计法具有简单、规范和通用的优点。

三、顺序控制梯形图的编程方法

根据系统的顺序功能图设计梯形图的方法，称为顺序控制梯形图的编程方法。自动控制程序的执行对硬件可靠性的要求是很高的，如果机械限位开关、接近开关、光电开关等不能提供正确的反馈信号，自动控制程序是无法成功执行的。在这种情况下，为了保证生产的进行，需要切换到手动工作方式，在调试设备时也需要在手动状态下对各被控对象进行独立的操作。因此除了自动程序外，一般还需要设计手动程序。

较复杂控制系统的梯形图一般采用图 6-63 所示的典型结构。X010 是自动/手动切换开关，当它为 ON 时，将跳过自动程序，执行手动程序；为 OFF 时，将跳过手动程序，执行自动程序。公用程序用于处理自动程序和手动程序的相互切换，自动程序和手动程序都需要完成的任务也可以用公用程序来处理。

开始执行自动程序时，要求系统处于与自动程序的顺序功能图中初始步对应的初始状态。如果开机时系统没有处于初始状态，则应进入手动工作方式，用手动操作使系统进入初始状态后，再切换到自动工作方式，也可以设置使系统自动进入初始状态的工作方式。

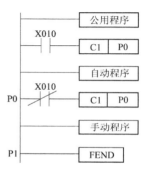

图 6-63 自动/手动程序

系统在进入初始状态之前，还应将与程序功能图的初始步对应的编程元件置位，为转换的实现做好准备，并将其余各步对应的编程元件置为 OFF 状态，这是因为在没有并行序列或并行序列未处于活动状态时，同时只能有一个活动步。

以下主要介绍使用三菱公司的 STL（步进梯形）指令的编程方法。STL 指令是用于设计顺序控制程序的专用指令，该指令易于理解，使用方便。如果读者使用三菱的 PLC，建议优先采用 STL 指令来设计顺序控制程序。同时还将介绍使用起保停电路的编程方法，这种编程方法的通用性很强，可用于各个厂家的 PLC。

（1）STL 指令 步进梯形指令（Step Ladder Instruction）简称 STL 指令，FX 系列 PLC 还有一条使 STL 指令复位的 RET 指令。利用这两条指令，可以很方便地编制顺序控制梯形图程序。

STL 指令使编程者可以生成流程和工作与程序功能图非常接近的程序。顺序功能图中的每一步对应一小段程序，每一步与其他步是完全隔离开的。使用者根据它的要求将这些程序段按一定的顺序组合在一起，就可以完成控制任务。这种编程方法可以节约编程的时间，并能减少编程错误。

用 H_{2U} 系列 PLC 的状态继电器编制顺序控制程序时，一般应与 STL 指令一起使用。S0~S9 用于初始步，S10~S19 用于自动返回原点。使用 STL 指令的状态继电器的常开触点称为 STL

触点，它是一种"胖"触点，从图 6-64 可以看出程序功能图与梯形图之间的对应关系，STL 触点驱动的电路块具有三个功能：对负载的驱动处理、指定转换条件和指定转换目标。

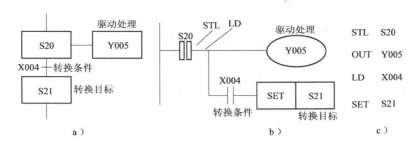

图 6-64 STL 指令
a）程序功能图 b）梯形图 c）指令表

STL 触点通常是与左母线相连的常开触点，当某一步为活动步时，对应的 STL 触点接通，它右边的电路被处理，直到下一步被激活。STL 程序区内，可以使用标准梯形图的绝大多数指令和结构，包括应用指令。某一 STL 触点闭合后，该步的负载线圈被驱动。当该步后面的转换条件满足时，转换实现，即后续步对应的状态继电器被 SET 或 OUT 指令置位，后续步变为活动步；同时，与原活动步对应的状态继电器被系统程序自动复位，原活动步对应的 SET 触点断开。

系统的初始步应使用初始状态继电器 S0~S9，它们应放在顺序功能图的最上面，在由 STOP 状态切换到 RUN 状态时，用一个扫描周期的初始化脉冲 M8002 来将初始状态继电器置为 ON，为以后步活动状态的转换做好准备。需要从某一步返回初始步时，应对出事状态继电器使用 OUT 指令。

H_{2U} 有 524 点断电保持状态继电器（S0~S523）。在由 STOP 状态转换到 RUN 状态时，应使用 M8002 的常开触点和区间复位指令（ZRST）来将初始步以外的其余各步的状态继电器复位。

（2）单序列的编程方法 图 6-65 中，旋转工作台用凸轮和限位开关来实现运动控制。在初始状态时，左限位开关 X003 为 ON，按下起动按钮 X000，Y000 变为 ON，电动机驱动工作台沿顺时针正转，转到右限位开关 X004 所在位置时暂停 5s（用 T0 定时）；定时时间到时，Y001 变为 ON，工作台反转，回到限位开关 X003 所在的初始位置时停止转动，系统回到初始状态。

工作台一个周期内的运动由图中自上而下的 4 步组成，它们分别对应于 S0、S20、S21、S22，S0 是初始步。

在梯形图的第二行中，S0 的 STL 触点和 X000 的常开触点组成的串联电路代表转换实现的两个条件，S0 的 STL 触点闭合表示转换 X000 的前级步 S0 是活动步，X000 的常开触点闭合表示转换条件满足。在初始步时按下起动按钮 X000，两个触点同时闭合，转换实现的两个条件同时满足。此时置位指令 SET S20 被执行，后续步 S20 变为活动步，同时系统程序自动地将前级步 S0 复位为不活动步。

S20 的 STL 触点闭合后，该步的负载被驱动，Y000 的线圈通电，工作台正转。限位开关 X004 动作时，转换条件得到满足，下一步的状态继电器 S21 被置位，进入暂停步，同时

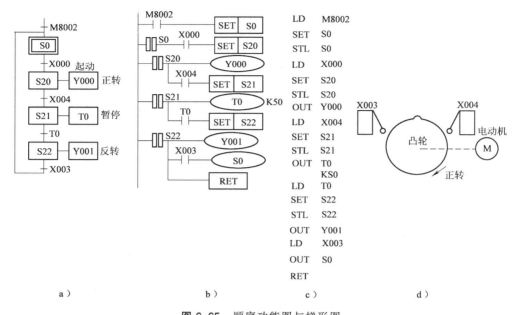

图 6-65　顺序功能图与梯形图

a）功能图　b）梯形图　c）指令表　d）工作示意图

前级步的状态继电器 S20 被自动复位，系统将这样一步一步地工作下去。在最后一步，工作台反转，返回限位开关 X003 所在的位置时，用 OUT S0 指令使初始步对应的 S0 变为 ON 并保持，系统返回并停止在初始步。

　　在图 6-65 中梯形图的结束处，一定要使用 RET 指令，才能使 LD 点回到左母线上，否则系统将不能正常工作。

　　使用 STL 指令应注意以下问题：

　　1）与 STL 触点相连接的触点应使用 LD 或 LDI 指令，即 LD 点移到 STL 触点的右侧，该点成为临时母线。下一条 STL 指令的出现意味着当前 STL 程序区的结果和新的 STL 程序区的开始。RET 指令表示整个 STL 程序区的结束，LD 点返回左母线。各 STL 触点驱动的电路一般放在一起，最后一个 STL 电路结束时一定要使用 RET 指令，否则将出现"程序错误"信息，PLC 不能执行用户程序。

　　2）STL 触点可以直接驱动或通过别的触点驱动 Y、M、S、T 等元件的线圈和应用指令。STL 触点右边不能使用入栈（MPS）指令。

　　3）由于 CPU 只执行活动步对应的电路块，使用 STL 指令时允许双线圈输出，即不同的 STL 触点可以分别驱动同一编程元件的一个线圈。但是，同一元件的线圈不能同时在活动步的 STL 区内出现，在有并行序列的顺序功能图中，应特别注意这一个问题。

　　4）在步活动状态的转换过程中，相邻两步的状态继电器会同时 ON 一个扫描周期，可能会引发瞬时的双线圈问题。为了避免同时接通的两个输出（如控制异步电动机正反转的交流接触器线圈）同时动作，除了在梯形图中设置软件互锁电路外，还应在 PLC 外部设置由常闭触点组成的硬件互锁电路。

　　定时器在下一次运行之前，首先应将它复位。同一定时器的线圈可以在不同的步中使用，但是如果用于相邻的两步，在步的活动状态转换时，该定时器的线圈不能断开，当前值不能复位，否则将导致定时器的非正常运行。

5）OUT 指令与 SET 指令均可用于步活动状态的转换，将原来活动步对应的状态寄存器复位，此外还有自保持功能。

SET 指令用于将 STL 状态继电器置位为 ON 并保持，以激活对应的步。如果 SET 指令在 STL 区内，一旦当前的 STL 步被激活，原来活动步对应的 STL 线圈被系统程序自动复位。SET 指令一般用于驱动状态继电器元件号比当前步状态继电器元件号大的 STL 步。

在 STL 区内的 OUT 指令，用于顺序功能图中的闭环和跳步，如果想跳回已经处理过的步，或向前跳过若干步，可对状态继电器使用 OUT 指令，如图 6-66 所示。OUT 指令还可以用于远程跳步，即从顺序功能图中的一个序列跳到另外一个序列，如图 6-67 所示。以上情况虽然可以使用 SET 指令，但最好使用 OUT 指令。

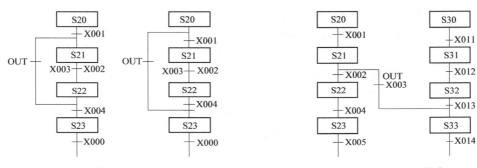

图 6-66　顺序功能图中的跳步　　　　　图 6-67　远程跳步

6）STL 指令不能与 MC-MCR 指令一起使用。在 FOR-NEXT 结构中，子程序和中断程序汇总，不能有 STL 程序块，STL 程序块不能出现在 FEND 指令之后。

STL 程序块中，可使用最多 4 级嵌套的 FOR-NEXT 指令，虽然并不禁止在 STL 触点驱动的电路块中使用 CJ 指令，但是可能引起附加的和不必要的程序流程混乱。为了保证程序易于维护和快速差错，建议不要在 STL 程序块中使用跳步指令。

7）并行序列或选择序列中分支处的支路数不能超过 8 条，路的支路数不能超过 16 条。

8）在转换条件对应的电路中，不能使用 ANB、ORB、MPS、MRD 和 MPP 指令。可用转换条件对应的复杂电路来驱动辅助继电器，再用后者的常开触点来作为转换条件。

9）与条件跳步指令（CJ）类似，CPU 不执行处于断开状态的 STL 触点驱动的电路块中的指令，在没有并行序列时，同时只有一个 STL 触点接通，因此使用 STL 指令可以显著缩短用户程序的执行时间，提高 PLC 的输入、输出响应速度。

10）M2800～M3071 是单操作标志，当图 6-68 中 M2800 的线圈通电时，只有它后面第一个 M2800 的边沿检测触点（2 号触点）能工作，而 M2800 的 1 号和 3 号脉冲触点不会动作。M2800 的 4 号触点是使用 LD 指令的普通触点，M2800 的线圈通电时，该触点闭合。

借助单操作标志，可以用一个转换条件实现多次转换。在图 6-69 中，当 S20 为活动步，X0 的常开触点闭合时，M2800 的线圈通电，M2800 的第一个上升沿检测出一个扫描周期，实现了步 S20 到步 S21 的转换。X0 的常开触点下一次由断开变为接通时，因为 S20 是不活动步，不执行图中的第一条 LDP M2800 指令，S21 的 STL 触点闭合一个扫描周期，系统由步 S21 转换到步 S22。

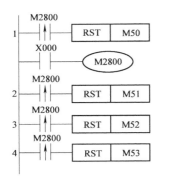

图 6-68　单操作标志

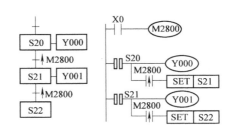

图 6-69　单操作标志的使用

（3）选择序列的编程方法　复杂的控制系统顺序功能图由单序列、选择序列和并行序列组成，掌握了选择序列和并行序列的编程方法，就可以将复杂的顺序功能图转换为梯形图。

选择序列和并行序列编程的关键在于对它们的分支与合并的处理，转换实现的基本规则是设计复杂系统梯形图的基本准则。

图 6-70 所示为自动门控制系统的顺序功能图和梯形图。人靠近自动门时，感应器 X000 为 ON，Y000 驱动电动机高速开门，碰到开门减速开关 X001 时，变为低速开门。碰到开门

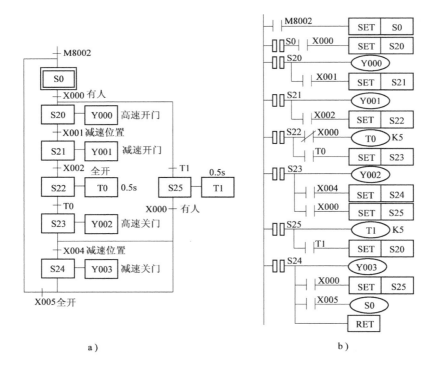

a）　　　　　　　　　b）

图 6-70　自动门控制系统

a）顺序功能图　b）梯形图

极限开关 X002 时电动机停转，开始延时。若在 0.5s 内感应器检测到无人，Y002 起动电动机高速关门。碰到关门减速开关 X004 时，改为低速关门，碰到关门极限开关 X005 时电动机停转。

在关门期间若感应器检测到有人，停止关门，T1 延时 0.5s 后自动转换为高速开门。

1）选择序列分支的编程方法。图 6-70 中的步 S23 之后有一个选择序列的分支。当步 S23 是活动步（S23 为 ON 时），如果转换条件 X000 为 ON（检测到有人），将转换到步 S25；如果转换条件 X004 为 ON，将转换到步 S24。

如果在某一步的后面有 N 条选择序列的分支，则该步的 STL 触点开始的电路块中应有 N 条分别指明各转换条件和转换目标的并联电路。例如步 S23 之后有两条支路，两个转换条件分别为 X004 和 X000，可能分别进入步 S25 和步 S24，在 S0 的 STL 触点开始的电路块中，有两条分别由 X004 和 X000 作为置位条件的串联支路。

STL 触点具有与主控指令（MC）相同的特点，即 LD 点移到了 STL 触点的右端，对选择序列的分支所对应电路的设计，是很方便的。用 STL 指令设计复杂系统的梯形图时，更能体现其优越性。

2）选择序列合并的编程方法。图 6-70 中的步 S20 之前有一个由两条支路组成的选择序列的合并，当 S0 为活动步，转换条件 X000 得到满足时，或者步 S25 为活动步，转换条件 T1 得到满足时，都将使步 S20 变为活动步，同时系统程序将步 S0 或步 S25 复位为不活动步。

在梯形图中，由 S0 和 S25 的 STL 触点驱动的电路块中均有转换目标 S20，对它们的后续步 S20 的位置（将它变为活动步）是用 SET 指令实现的，对相应前级步的复位（将它变为不活动步）是由系统程序自动完成的。其实在设计梯形图时，没有必要特别留意选择序列的合并如何处理，只要正确地运用每一步的转换条件和转换目标，就能"自然地"实现选择序列的合并。

（4）并行序列的编程方法　图 6-71 重新给出了专用钻床控制系统的顺序功能图，

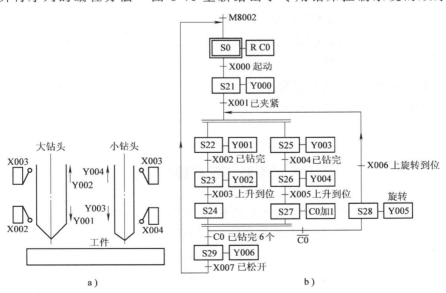

图 6-71　组合钻床的顺序功能图

a）工作示意图　b）顺序功能图

图 6-72 是用 STL 指令编制的梯形图。

图 6-71 中，分别由 S22~S24 和 S25~S27 组成的两个单序列是并行工作的，设计梯形图时应保证这两个序列同时开始工作和同时结束，即两个序列的第一步 S22 和 S25 应同时变为活动步，两个序列的最后一步 S24 和 S27 应同时变为不活动步。

并行序列分支的处理是最简单的，在图 6-72 中，当步 S21 是活动步且转换条件 X001 为 ON 时，步 S22 和 S25 同时变为活动步，两个序列开始同时工作。在梯形图中，用 S21 的 STL 触点和 X001 的常开触点组成的串联电路来控制 SET 指令对 S22 和 S25 同时置位，系统程序将前级步 S21 变为不活动步。

图 6-72 中，并列序列合并处的转换有两个前级步 S24 和 S27，根据转换实现的基本规则，当它们均为活动步并且转换条件满足时，将实现并行序列的合并。当大、小孔未钻好时，C0 的常闭触点闭合，转换条件 $\overline{C0}$ 满足，将转换到步 S28，即该转换的后续步 S28 变为活动步（S28 被置位），系统程序自动地将该转换的前级步 S24 和 S27 同时变为不活动步。在梯形图中，用 S24、S27 的 STL 触点（均对应 STL 指令）和 C0 的常闭触点组成的串联电路使 S28 置位。

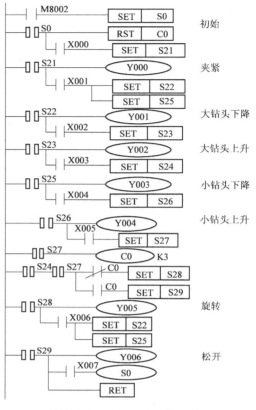

图 6-72　组合钻床的梯形图

在图 6-72 中，S27 的 STL 触点出现了量词，如果不涉及并行序列的合并，同一状态继电器的 STL 触点只能在梯形图中使用一次。串联的 STL 触点的个数不能超过 8 个，换句话说，一个并行序列中的序列数不能超过 8 个。当大、小孔钻好时，C0 的常开触点闭合，转换条件 C0 满足，将转换到步 S29。

习题与思考题

6-1　PLC 由哪些部分组成？各有什么功能？

6-2　PLC 有几种输出类型？各有何特点？

6-3　PLC 的扫描工作方式分为哪几个阶段？各阶段分别完成什么任务？

6-4　PLC 的编程元件，如输入继电器、输出继电器、内部继电器、定时器、计数器的物理含义是什么？为什么 PLC 的编程元件的触点可以无限次重复使用？

6-5　绘出下列指令程序的梯形图。

1	LD 400	10	ORB
2	AND 401	11	ANB
3	LD 402	12	LD 100
4	ANI 403	13	AND 101
5	ORB	14	ORB
6	LD 404	15	AND
7	AND 405	16	OUT 464
8	LD 406	17	END
9	AND 407		

6-6 写出图 6-73 梯形图的指令程序。

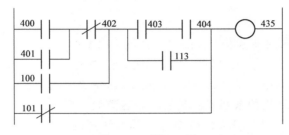

图 6-73 题 6-6 图

6-7 设计一个异步电动机丫-△起动控制的梯形图,并写出指令程序。

第七章 单片微型计算机原理

第一节 概述

随着 ISI、VLSI 技术的高速发展，微型计算机正向着两个方向快速发展：一是高性能的 32 位微型计算机系列正向中、大型计算机发起挑战；二是在一片芯片上集成多个功能部件，构成一台具有一定功能的单片微型计算机（Single-Chip Microcomputer），简称单片机。从微型计算机诞生开始，单片机的系列产品就如雨后春笋般地层出不穷。Intel 公司、Motorola 公司、CI 公司、Rockwell 公司、NEC 公司等世界著名计算机公司都纷纷推出自己的单片机系列产品。现在，已有 4 位、8 位和 16 位单片机的产品，32 位超大规模集成电路单片机也已面世。与此同时，单片机的工作性能得到不断改进和提高。

据统计，在 20 世纪 90 年代，全世界每 6 人就有一片单片机，美国及西欧国家已达人均 4 片。单片机已成为工控领域、军事领域及日常生活中使用最广泛的微型计算机。在我国，以 Intel 的 MCS-51 单片机应用最为广泛。

单片机是在一块芯片上集成了中央处理器（CPU）、存储器（ROM、RAM）、输入/输出（I/O）接口、可编程定时器/计数器等构成一台计算机所必需的功能部件，有的还包含 A/D 转换器等，一块单片机芯片相当于一台微型计算机，其结构如图 7-1 所示，它具有如下特点。

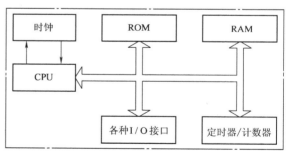

图 7-1　单片微型计算机结构框图

（1）集成度高、功能强　通常微型计算机的 CPU、RAM、ROM 以及 I/O 接口等功能部件分别集成在不同的芯片上。而单片机则不同，它把这些功能部件都集成在一块芯片内。

（2）结构合理　单片机大多采用 Harvard 结构，这是数据存储器与程序存储器相互独立的一种结构，这种结构的好处如下：

1）存储量大。如采用 16 位地址总线的 8 位单片机，可寻址外部 64 位 RAM 和 64KB ROM（包括内部 ROM）。此外，还有内部 RAM（通常为 64~256KB）和内部 ROM（一般为 1~8KB）。正因为如此，单片机不仅可以进行控制，而且还能够进行数据处理。

2）速度快、功能专一。单片机小容量的随机存储器安排在内部，这样的结构极大地提高了 CPU 的运算速度。并且由于单片机的程序存储器是独立的，所以很容易实现程序固化。

（3）抗干扰能力强　单片机的各种功能部件都集成于一块芯片上，其布线极短，数据均在芯片内部传送，增强了抗干扰能力，运行可靠。

（4）指令丰富　单片机的指令一般有数据传送、算术运算、逻辑运算、控制转移等，有些还具有位操作指令。例如，在 MCS-51 系列单片机中，专门设有布尔处理器。

第二节　单片机的应用和发展

单片机的应用打破了人们的传统设计思想。原来需要使用模拟电路、脉冲数字电路等来实现的功能，在应用了单片机以后无须使用诸多的硬件，可以通过软件来解决问题。目前单片机已成为自动控制等领域的先进控制手段，在人们日常生活中也得到了非常广泛的应用。

一、单片机的应用

1. 工业过程控制中的应用

单片机的 I/O 口线多、操作指令丰富、逻辑操作功能强大，特别适用于工业过程控制。单片机可作主机控制，也可作分布或控制系统的前端机。单片机具有丰富的逻辑判断和位操作指令，因此广泛用于开关量控制、顺序控制以及逻辑控制。例如，锅炉控制，电动机控制，交通信号灯控制，数控机床以及军事上的雷达、导弹控制等。

2. 家用、民用电器中的应用

单片机价格低廉、体积小巧、使用方便，广泛应用在生活中的诸多场合，如洗衣机、电冰箱、空调器、电饭煲、视听音响设备、大屏幕显示系统、电子玩具、楼屋防盗系统等。

3. 智能化仪器、仪表中的应用

单片机可应用于各类仪器、仪表和设备中，大大提高了测试的自动化程度与精度，如智能化的示波器、计价器、电能表、水表、煤气表等。

4. 计算机网络、外设及通信技术中的应用

单片机中集成了通信接口，因而能在计算机网络以及通信设备中广泛应用。如 Intel 公司的 8044，它由 8051 单片机与 SDLC 通信接口组合而成，用高性能的串行接口单元 SW 代替传统的 UART，其传送距离可达 1200m，传送速率为 $2.4 \sim 4.6$Mbit/s。此外，单片机还在小型背负式通信机、自动拨号无线电话、程控电话、无线遥控等方面均有广泛的应用。

二、单片机的发展概况

单片机的发展主要分为四个阶段。

1. 4 位单片机（1971~1974 年）

它的特点是价格低廉、结构简单、功能单一、控制能力较弱，如 Intel 公司的 4004。

2. 低、中档 8 位机（1974~1978 年）

此类单片机为 8 位机的早期产品，如 Intel 公司的 MCS-48 单片机，Rockwell 公司的 R6500 单片机，Zilog 公司的 Z8 系列单片机等。

3. 高档 8 位机（1978~1982 年）

此类单片机有串行 I/O 口，有多级中断处理，定时器/计数器为 16 位，片内 RAM、ROM 容量增大，寻址范围达 64KB，片内还可带有 A/D 转换接口。如 Intel 公司的 MCS-51、

Motorola 公司的 6801 等。

4. 16 位单片机和超 8 位单片机 （1982 年～目前）

这个阶段单片机的特点是不断完善高档 8 位机，并同时发展 16 位单片机及专用类型的单片机。16 位单片机的 CPU 为 16 位，片内 RAM 和 ROM 的容量进一步增大，如片内 RAM 为 256B，ROM 为 8KB，片内带高速 I/O 部件，多通道 10 位 A/D 转换部件，中断处理 8 级，片内带监视器（Watchdog），以及 PWM（Pulse Width Modulation，脉冲宽度调制）、SPI 串行接口等。现在，32 位单片机也已进入实用阶段。

总之，单片机的发展趋势向着大容量、高性能与小容量、低廉化，外围电路内装化以及 I/O 接口的增强和能耗降低等方向发展。

第三节　MCS-51 单片机的组成及工作原理

一、MCS-51 单片机的结构与特点

MCS-51 单片机是一种单片机系列的名称，由 Intel 公司研制开发，是目前国内广泛应用的单片机，属于这一系列的单片机型号有许多种，但它们的基本组成和基本性能都是相同的。

1. MCS-51 单片机的基本组成

MCS-51 单片机是在一块芯片中集成了 CPU、ROM、RAM、定时器/计数器和多种功能的 I/O 端口等一台计算机所需要的基本功能部件。图 7-2 所示为 MCS-8051 单片机的基本结构框图。

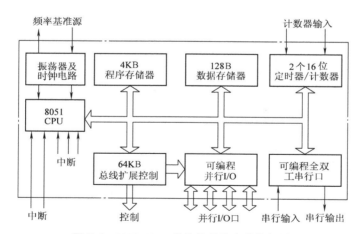

图 7-2　MCS-8051 单片机的基本结构框图

单片机内部包含如下几个部件：

1）1 个 8 位 CPU。

2）1 个片内振荡器及时钟电路。

3）4KB 程序存储器。

4）128B 数据存储器。

5）2个16位定时器/计数器。

6）1个可编程全双工串行口。

7）4个8位可编程并行I/O口。

8）64KB外部数据存储器和64KB程序存储器扩展控制电路。

9）5个中断源，2个优先级嵌套中断结构。

以上各部分通过总线相连接。

2. MCS-51单片机处理器及内部结构

MCS-51单片机处理器及内部结构如图7-3所示。和一般微处理器相比，除了增加了接口部分外，基本结构是相似的，有的只是部件名称不同。例如，图中的程序状态字（Program Status Word，PSW）就相当于一般微处理器中的标志寄存器（Flag Register，FR）。但也有明显不同的地方，如图中的数据指针（Data Pointer，DPTR）是专门为指示存储器地址

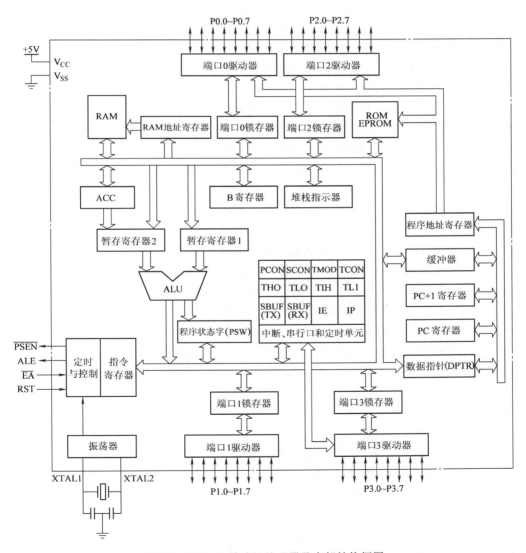

图 7-3 MCS-51单片机处理器及内部结构框图

而设置的寄存器。

（1）运算器 运算器的功能是进行算术运算和逻辑运算，可以实现对半字节（4 位）、字节等数据进行操作。它能完成加、减、乘、除、加 1、减 1、BCD 码十进制调整等算术运算及与、或、异或、非、移位等逻辑操作。MCS-51 单片机的运算器还包括一个布尔处理器，专门用来进行位操作。它以进位标志 C 为位累加器，可执行置位、清零、取反、等于 1 转移、等于、转移以及进位标志位与其他可寻址位之间进行数据传送等位操作，也可使进位标志位与其他可寻址位之间进行逻辑与、或操作。

（2）程序计数器（Program Counter，PC） MCS-51 单片机的程序计数器（PC）用来存放即将要执行指令的地址，共 16 位。可对 64KB 的程序存储器直接寻址。若系统的程序存储器在片外，执行指令时，PC 的低 8 位经 P0 口送出，高 8 位由 P2 口送出。一般情况下，程序总是按顺序执行的，因此当 PC 中的内容（地址）被送到地址总线后，程序计数器的内容便自动增加，从而又指向下一条要执行指令的地址。所以，PC 是决定程序执行顺序的关键性寄存器，是任何一个微处理器都不可缺少的。PC 中的内容除了通过增量操作自动改变之外，也可通过指令或其他硬件的原因来接收地址信息，从而使程序做大范围的跳变。这时程序就不再按顺序操作了，而是发生了转移或分支。

（3）指令寄存器 指令寄存器用于存放指令代码。CPU 执行指令时，将从程序存储器中读取的指令代码送入指令寄存器，经译码后由定时和控制电路发出相应的控制信号，完成指令的功能。

（4）工作寄存器区 通用工作寄存器相当于 CPU 内部的小容量存储器，用来存放参加运算的数据、中间结果或地址。由于工作寄存器就在 CPU 内部，所以数据通过寄存器和运算器之间的传递比存储器和运算器之间的传递要快得多。MCS-51 的内部 RAM 中，开辟了 4 个通用工作寄存器区，每个区有 8 个工作寄存器，共 32 个通用寄存器，以适应多种中断或子程序嵌套的情况。

（5）专用寄存器区 专用寄存器区也可称为特殊功能寄存器区。MCS-51 的 CPU 根据程序的需要访问有关的专用寄存器，从而正确地发出各种控制命令，完成指令规定的操作。这些专用寄存器控制的对象为中断、定时器计数器、串行通信口、并行 I/O 口等。

（6）堆栈 MCS-51 单片机的堆栈安排在内部 RAM 中，它的位置通过堆栈指针（Stack Pointer，SP）来设置，其深度可达 128B。

（7）标志寄存器 标志寄存器是用来存放 ALU 运算结果的各种特征。例如，可以用这些标志来表示运算结果是否溢出、是否有进位或借位等。程序在执行过程中，经常需要根据这些标志来决定下一步应当如何操作。MCS-51 单片机的专用寄存器（PSW）用来存放各种标志。

3. MCS-51 单片机的性能

MCS-51 单片机已有十多个产品型号，其主要性能见表 7-1。

表中列出的单片机在性能上略有差异，其中，8051、8751、8031、80C51、87C51、80C31 都称为 51 子系列；而 8052、8752、8032、80C252、87C252、80C232 则称为 52 子系列，它是 MCS-51 系列单片机中的一个子系列，其性能要优于 51 子系列。型号中的"C"表示所用工艺为 CMOS，故具有低功耗的特点，如 8051 功耗约为 630mW，而 80C51 的功耗只有 120mW。此外，8751、87C51 和 8752、87C252 还具有两级程序保密系统。

表 7-1　MCS-51 系列单片机性能表

型号	片内 ROM		片内 RAM /B	片外 ROM 寻址范围 /KB	片外 RAM 寻址范围 /KB	计数器	中断源	I/O 口	
	掩膜 ROM /KB	EPROM /KB						并行口	串行口（全双工）
8051	4		128	64	64	2×16(位)	5	4×8(位)	1
8751		4	128	64	64	2×16(位)	5	4×8(位)	1
8031			128	64	64	2×16(位)	5	4×8(位)	1
80C51	4		128	64	64	2×16(位)	5	4×8(位)	1
87C51		4	128	64	64	2×16(位)	5	4×8(位)	1
80C31			128	64	64	2×16(位)	5	4×8(位)	1
8052	8		256	64	64	3×16(位)	6	4×8(位)	1
8752		8	256	64	64	3×16(位)	6	4×8(位)	1
8032			256	64	64	3×16(位)	6	4×8(位)	1
80C252	8		256	64	64	3×16(位)	7	4×8(位)	1
87C252		8	256	64	64	3×16(位)	7	4×8(位)	1
80C232			256	64	64	3×16(位)	7	4×8(位)	1

二、MCS-51 单片机的引脚功能

MCS-51 单片机中各种型号芯片的引脚是相互兼容的，而绝大多数都采用 40 引脚的双列直插封装方式。图 7-4a 所示为引脚排列图，图 7-4b 所示为逻辑符号图。40 条引脚的功能简

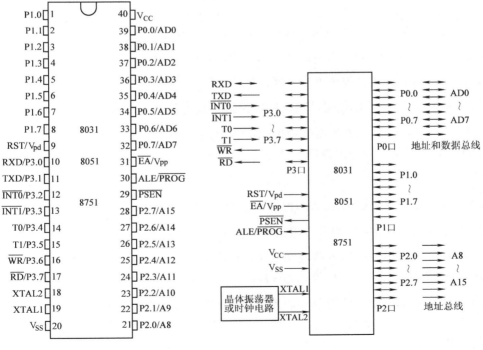

图 7-4　MCS-51 单片机的引脚

要说明如下：

1. 主电源引脚 V$_{CC}$ 和 V$_{SS}$

（1） V$_{CC}$（40）　正常操作时接+5V 电源。

（2） V$_{SS}$（20）　接地。

2. 外接晶体管引脚 XTAL1 和 XTAL2

（1） XTAL1（19）　接外部晶体管和微调电容的一个引脚。在单片机内部，它是反相放大器的输入端，这个放大器构成了片内振荡器。当采用外部振荡器时，对于 HMOS 单片机（如 8051），此引脚应接地；对于 CMOS 单片机（如 80C51），此引脚作为振荡信号的输入端。

（2） XTAL2（18）　接外部晶体管和微调电容的另一个引脚。在单片机内部，它是反相放大器的输出端。当采用外部振荡器时，对于 HMOS 单片机，此引脚接收振荡器信号，即把振荡器信号直接送入内部时钟发生器的输入端；对 CMOS 单片机，此引脚应悬空。

3. 控制或其他电源复用引脚 RST/V$_{pd}$、ALE/$\overline{PROG}$、$\overline{PSEN}$ 和 $\overline{EA}$/V$_{pp}$

（1） RST/V$_{pd}$（9）　当振荡器工作时，在此引脚上出现两个机器周期以上的高电平将使单片机复位。在 V$_{CC}$ 掉电期间，此引脚可接上备用电源，由 V$_{pd}$ 向内部 RAM 提供备用电源，以保持内部 RAM 中的数据。

（2） ALE/$\overline{PROG}$（30）　当访问外部存储器时，地址锁存允许 ALE（Address Latch Enable）信号的输出用于锁存低 8 位地址信息。即使不访问外部存储器，ALE 端仍以不变的频率周期性地发出正脉冲信号。此信号的频率为振荡器的 1/6。但要注意的是，每当访问外部数据存储器时，将少发出一个 ALE 信号。因此，假若要将 ALE 信号直接作为时钟信号，那么程序中必须不出现访问外部数据存储器的指令，否则就不能将 ALE 信号作为时钟信号。ALE 端可以驱动（吸收或输出电流）8 个 LSTFL 电路。对于 EPROM 型单片机（如 8751），在 EPROM 编程期间，此引脚用于输入编程脉冲信号（$\overline{PROG}$）。

（3） $\overline{PSEN}$（29）　该端输出外部程序存储器读选通信号。当 CPU 从外部程序存储器取指令（或数据）期间，在 12 个振荡周期内，将会出现 2 次 $\overline{PSEN}$ 信号（低电平）。但是如果 CPU 执行的是一条访问外部数据存储器指令，那么在执行这条指令所需的 24 个振荡周期内，将会少发出 2 个 $\overline{PSEN}$ 信号，即原来在 24 个振荡周期内应该发出 4 个 $\overline{PSEN}$ 信号，而它仅发出 2 个 $\overline{PSEN}$ 信号。CPU 在访问内部程序存储器时，$\overline{PSEN}$ 端不会产生有效的 $\overline{PSEN}$ 信号。$\overline{PSEN}$ 端同样可以驱动（吸收或输出电流）8 个 LSTFL 电路。

（4） $\overline{EA}$/V$_{pp}$（31）　访问外部程序存储器控制端。当 $\overline{EA}$ 端保持高电平时，单片机复位后访问内部程序存储器，当 PC 值超过 4KB（对 8051/8751）或 8KB（对 8052/8752）时，将自动转向执行外部程序存储器程序。当 $\overline{EA}$ 端保持低电平时，则只访问外部程序存储器，而不管内部是否有程序存储器。

对于 EPROM 型单片机，在 EPROM 编程期间，该引脚用于施加 EPROM 编程电压。

4. 输入/输出引脚

（1） P0.0～P0.7（39～32）　P0 是一个 8 位漏极开路型双向 I/O 口。在访问外部存储器时可作为地址（低 8 位）/数据分时复用总线使用。当 P0 作为地址/数据分时复用总线使用时，在访问存储器期间它能激活内部的上拉电阻。在 EPROM 型单片机编程时，P0 接收指令，而在验证程序时，则输出指令。验证时，要求外接上拉电阻。P0 能以吸收电流的方式驱动 8 个 LSTFL 电路。

（2）P1.0～P1.7（1～8）　P1 是一个内部带上拉电阻的 8 位准双向 I/O 口。在对 EPROM 型单片机编程和验证程序时，它接收低 8 位地址。P1 能驱动（吸收或输出电流）4 个 LSTFL 电路。

在 52 子系列中（如 8052、8032），P1.0 还被用作定时器/计数器 2 的外部计数输入端，即专用功能端 T2。P1.1 被用作专用功能端 T2EX，即定时器 T2 的外部控制端。

（3）P2.0～P2.7（21～28）　P2 是一个内部带上拉电阻的 8 位准双向 I/O 口。在访问外部存储器时，它送出高 8 位地址。在对 PROM 型单片机编程和验证程序期间，它接收高 8 位地址。P2 可以驱动（吸收或输出电流）4 个 LSTFL 电路。

（4）P3.0～P3.7（10～17）　P3 是一个内部带上拉电阻的 8 位准双向 I/O 口。P3 能驱动（吸收或输出电流）4 个 LSTFL 电路。P3 各口线分别具有第二功能，见表 7-2。

表 7-2　P3 各口线的第二功能

口线	第二功能	口线	第二功能
P3.0	RXD（串行口输入）	P3.4	T0（定时器/计数器 0 外部输入）
P3.1	TXD（串行口输出）	P3.5	T1（定时器/计数器 1 外部输入）
P3.2	$\overline{INT0}$（外部中断 0 外部输入）	P3.6	$\overline{WR}$（外部数据存储器写选通）
P3.3	$\overline{INT1}$（外部中断 1 外部输入）	P3.7	$\overline{RD}$（外部数据存储器读选通）

三、单片机内部存储器结构

单片机的存储器包括片内存储器、片外程序存储器和片外数据存储器。片内存储器又包括片内程序存储器（8031、8032、8034 等设有）和片内数据存储器。

程序存储器存放程序指令、常数及表格等；数据存储器存放数据。

1. 程序存储器的结构及运行操作

程序存储器的结构如图 7-5a 所示，对于片内有程序存储器 ROM/EPROM 的单片机 8051 或 8751，当引脚 $\overline{EA}=1$ 时，内部地址（0000H～0FFFH）指向片内；$\overline{EA}=0$ 时，则指向片外。对于由片内无 ROM/EPROM 的单片机 8031 构成应用系统时，必须使 $\overline{EA}=0$。

程序存储器的操作由程序计数器（PC）控制，PC 指向指令操作码单元，则程序执行该指令操作；PC 指向常数、表格单元，则实现取数、查表操作。因此，程序存储器的操作分为程序运行控制和查表操作

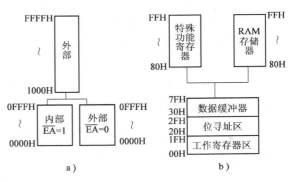

图 7-5　MCS-51 单片机存储器结构
a）程序存储器　b）内部数据存储器

两类。

（1）程序运行控制 程序运行控制有复位控制、中断控制和转移控制。复位控制与中断控制有相应的硬件结构，程序入口地址是固定的，用户不得改动，见表 7-3。

表 7-3 复位、中断控制的程序入口地址

操　　作	入口地址	操　　作	入口地址
复位	0000H	外部中断 INT1	0013H
外部中断 INT0	0003H	定时器中断 T1	001BH
定时器中断 T0	000BH	串行口中断	0023H

转移控制由转移指令给定，包括条件转移和非条件转移指令，如图 7-6 所示。

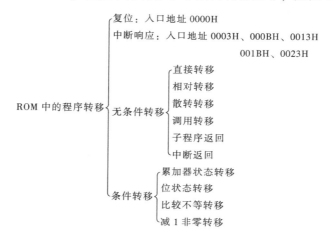

图 7-6 程序运行的转移控制

（2）查表操作 MCS-51 提供了两条查表指令（MOVC）。

● MOVC A，@ A+DPTR 把 A 作为一个无符号变址数据加到 DPTR 上，所得的地址内容送到累加器 A 中。

● MOVC A，@ A+PC 以 PC 为基址寄存器，A 为变址数据，相加后所得地址内容送入累加器 A 中，执行完后 PC 值不变，仍指向下一条指令。

2. 片内数据存储器的结构及操作

片内数据存储器的结构如图 7-7a 所示，由工作寄存器、位寻址区、数据缓冲区组成。堆栈可在 07H 以上不使用的连续单元中任意设置。

片内数据存储器的复位状态及操作方法见表 7-4。

表 7-4 片内数据存储器的复位状态及操作方法

功能单元	地址	复位状态	操作方法
工作寄存器	00H~1FH	指向 1 组	PSW.4，PSW.3 置位选择
堆栈	00H~07H	栈底为 07H	SP 赋值
位寻址区	20H~2FH	随机	置位与位清零
数据缓冲区	30H~7FH	随机	可直接与累加器进行传送、运算、转移等操作

　　片内数据存储器的操作是指令系统中最频繁的操作，特点：片内存储器中任一单元都可以作为直接地址（direct）或间接地址（@ Ri，i = 0，1）的内容与累加器（A）、立即数进行如图 7-7b 所示的操作。片内数据存储器的间接寻址是通过工作寄存器 R0、R1 进行的，标记为@ Ri。

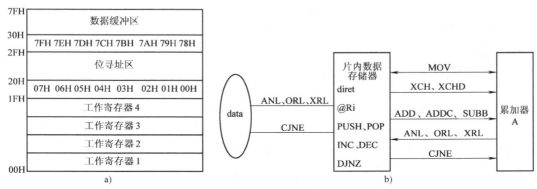

图 7-7　片内数据存储器

a）片内数据存储器的结构　　b）片内数据存储器的操作图示

3. 特殊功能寄存器（SFR）

　　特殊功能寄存器是用于对片内各功能模块进行管理、控制、监视的控制寄存器和状态寄存器，是一个特殊功能的 RAM 区，位于片内数据存储器之上，地址为 80H ~ CDH，特殊功能寄存器的名称、映象地址、位地址及功能标记见表 7-5。

表 7-5　特殊功能寄存器

名　称	标记	地址	位功能标记 d	D6	D5	D4	D3	D2	D1	D0	附注
P0 口锁存器	P0	80H	P0.7	P0.6	P0.5	P0.4	P0.3	P0.2	P0.1	P0.0	
定时/计数控制寄存器	TCON	88H	TF1	TR1	TF0	TR0	IE1	IT1	IE0	IT0	
P1 口锁存器	P1	90H	P1.7	P1.6	P1.5	P1.4	P1.3	P1.2	P1.1	P1.0	
串行口控制寄存器	SCON	98H	SM0	MS1	SM2	REN	TB8	RB8	TI	RI	
P2 口锁存器	P2	A0H	P2.7	P2.6	P2.5	P2.4	P2.3	P2.2	P2.1	P2.0	可位寻址
中断允许寄存器	IE	A8H	EA			ES	ET1	EX1	ET0	EX0	
P3 口锁存器	P3	B0H	P3.7	P3.6	P3.5	P3.4	P3.3	P3.2	P3.1	P3.0	
中断优先级寄存器	IPC	B8H				PS	PT1	PX1	PT10	PX0	
定时/计数器 2 控制寄存器	T2CON*	C8H	TF2	EXF2	RCLK	TCLK	EXEN2	TR2	C/T2	CP/RL2	
程序状态寄存器	PSW	D0H	CY	AC	F0	RS1	RS0	OV		P	
累加器	ACC	E0H									
B 寄存器	B	F0H									
电源控制寄存器	PCON	87H	SMOD								不可位寻址
定时/计数器方式寄存器	TMOD	89H	GATE	C/T	M1	M0	GATE	C/T	M1	M0	
	RCAP2L*	CAH									
	RCAP2H*	CBH									
	TL2*	CCH									
	TH2*	CDH									

在特殊功能寄存器中，有12个寄存器可位寻址，可以对其进行位操作。

操作方法：

（1）位操作指令

SETB bit;　　　　　位置1

CLR bit;　　　　　　位清零

（2）字节操作　将特殊功能寄存器看作是片内数据存储器的直接地址，使用片内数据存储器相同的操作方法，如图7-7b所示。

四、定时器/计数器及中断控制

1. 定时器/计数器

MCS-51单片机有两个16位定时器/计数器T0和T1，由特殊功能寄存器中的TMOD、TCON控制其工作方式和计数。控制字见表7-6、表7-7和表7-8。

表7-6　TMOD控制字

位　数	位　名　称	功　能	使用方法
0	M0	T0方式选择	见表7-7
1	M1	T0方式选择	见表7-7
2	C/T	T0定时或计数选择	"0"定时方式，"1"外部计数方式
3	GATE	T0门控位	见注释
4	M0	T1方式选择	见表7-7
5	M1	T1方式选择	见表7-7
6	C/T	T1定时或计数选择	"0"定时方式，"1"外部计数方式
7	GATE	T1门控位	见注释

注：GATE为"1"，计数受外部电平控制（P3.2为高电平，T0才允许计数，P3.3为高电平，T1才允许计数）；
　　GATE为"0"时，计数不受外部电平控制。

表7-7　定时器/计数器方式选择

M1	M0	方　式	功　能
0	0	0	为13位定时器/计数器，由TL低5位，TH高8位组成
0	1	1	为16位定时器/计数器
1	0	2	常数自动装入8位定时器/计数器，TL为计数器，TH为常数寄存器

表7-8　TCON控制字

位　数	位　名　称	功　能	使用方法
0	IT0	外部中断0	"0"表示电平触发
1	IE0	中断申请标志	
2	IT1	外部中断1	"1"表示边沿触发
3	IE1	中断申请标志	
4	TR0	T0运行控制	"1"启动，"0"停止
5	TF0	T0溢出标志	溢出置"1"，转中断服务程序自动清零
6	TR1	T1运行控制	"1"启动，"0"停止
7	TF1	T1溢出标志	溢出置"1"，转中断服务程序自动清零

8052、8032 单片机除了定时器/计数器 T0、T1 外，还有一个 16 位定时器/计数器 T2。与 T0、T1 一样，T2 可以作为定时器，也可以作计数器使用，它具有三种操作方式：捕捉、自动重新装入、波特率发生器。T2CON 控制字见表 7-9。

表 7-9　T2CON 控制字

位　数	位　名　称	功　能	使用方法
0	CP/RL2	捕捉常数自装志	"1"捕捉方式，"0"常数自装方式
1	C/T	计数器定时器选择	"1"计数，"0"定时
2	TR2	T2 运行控制	"1"启动，"0"停止
3	EXEN2	T2 外部允许标志	"1"T2 工作捕捉或常数自装方式 "0"P1.1 变化对 T2 无影响
4	TCLK	发送时钟标志	"1"T2 溢出脉冲作发送时钟 "0"T1 溢出脉冲作发送时钟
5	RCLK	接收时钟标志	"1"T2 溢出脉冲作接收时钟 "0"T1 溢出脉冲作接收时钟
6	EXF2	T2 外部中断标志	P1.1 负跳变"1"，应用程序清"0"
7	TF2	T2 溢出中断标志	T2 溢出置"1"，应用程序清"0"

2. 中断控制

一般 MCS-51 单片机有 5 个中断源：2 个外部中断（IE0、IE1）；2 个定时器/计数器中断（TF0，TF1）；1 个串行口中断（RI 和 TI 合为一个中断源）。8052、8032 有 6 个中断源，除前述 5 个外，还有 1 个定时器/计数器中断（TF2 和 EXF2 合为 1 个中断源）。中断源请求标志 1E0、IE1、TF0、TF1 锁存在 TCON 的相应位中，见表 7-8；RI、TI 锁存在 SCON 的第 0、1 位中，TF2、EXF2 锁存在 T2CON 中，见表 7-9。

MCS-51 有两个中断优先级，每一个中断源可以编程设定为高优先级或低优先级。中断允许寄存器 IE 以及中断优先级寄存器 IP 控制字见表 7-10 和表 7-11。中断能实现 2 级嵌套，1 个正在被执行的低优先级程序能被高优先级中断源所中断，但不能被同级中断源所中断。同级中断源优先次序是 IE0>TF0>IE1>IFl>RI+TI>TF2+EXF2（最低）。

表 7-10　IE（中断允许寄存器）控制字

位　数	位　名　称	功　能	使用方法
0	EX0	外部中断 0 允许中断	"1"允许，"0"禁止
1	ET0	T0 允许中断	"1"允许，"0"禁止
2	EX1	外部中断 1 允许中断	"1"允许，"0"禁止
3	ET1	T1 允许中断	"1"允许，"0"禁止
4	ES	串行口允许中断	"1"允许，"0"禁止
5	EA	总允许中断	"1"允许，"0"禁止

表 7-11　IP（中断优先寄存器）控制字

位　数	位　名　称	功　能	使用方法
0	PX0	确定外部中断 0 优先级别	"1"高优先，"0"低优先
1	PT0	确定 T0 优先级别	"1"高优先，"0"低优先

（续）

位　数	位　名　称	功　能	使用方法
2	PX1	确定外部中断1优先级别	"1"高优先，"0"低优先
3	PT1	确定T1优先级别	"1"高优先，"0"低优先
4	PS	确定串行口优先级别	"1"高优先，"0"低优先

各中断源服务程序的入口地址是

IE0　　0003H

TF0　　000BH

IEl　　0013H

TFl　　001BH

RI+T1　0023H

TF2+EXF　2002BH

MCS-51单片机只有2个外部中断源输入端INT0（P3.2）和INT1（P3.3），实际使用时往往不够用，这时可以用串行口输入端（P3.0），T0、T1外部计数脉冲输入端（P3.4、P3.5）作为外部中断输入端，也可以用中断和查询相结合的方法来扩大外部中断源输入端的数目。

第四节　MCS-51单片机的指令系统

MCS-51指令系统专用于MCS-51单片机，是一个具有255种操作代码的集合。42种指令功能助记符与各种可能的寻址方式相结合，一共构造出111种指令。111种指令中，单字节指令49种，双字节指令46种，三字节指令仅16种。表7-12为MCS-51单片机指令表。指令系统的功能强弱在很大程度上决定了计算机智能的高低。MCS-51指令系统功能很强，例如，它有四则运算指令、丰富的条件转移指令、位操作指令等，使用灵活方便。

表7-12　MCS-51单片机指令表

助记符	数据送传	代　码	说　明	字节数	振荡周期
MOV	A, Rn	E8~EF	寄存器送A	1	12
MOV	A, direct	E5 direct	直接字节送A	2	12
MOV	A, @Ri	E6~E7	间接RAM送A	1	12
MOV	A, #data	74 data	立即数送A	2	12
MOV	Rn, A	F8~FF	A送寄存器	1	12
MOV	Rn, direct	A8~AF direct	直接字节送寄存器	2	24
MOV	Rn, #data	78~7F data	立即数送寄存器	2	12
MOV	direct, A	F5 direct	A送直接字节	2	12
MOV	direct, Rn	88~8F direct	寄存器送直接字节	2	24
MOV	direct, direct	85 direct direct	直接字节送直接字节	3	24
MOV	direct, @Ri	86~87	间接RAM送直接字节	2	24
MOV	direct, #data	75 direct data	立即数送直接字节	3	24
MOV	@Ri, A	F6~F7	A送间接RAM	1	12

（续）

助记符	数据送传	代 码	说 明	字节数	振荡周期
MOV	@ Ri，direct	A6~A7 direct	直接字节送间接 RAM	2	24
MOV	@ Ri，#data	76~77 data	立即数送间接 RAM	2	12
MOV	DPTR，#atat 16	90 data 15~8 data7~0	16 位常数送数据指针	3	24
MOVC	A，@ A+DPTR	93	由 A+DPTR 寻址的程序存储器字节送 A	1	24
MOVC	A，@ A+PC	83	由 A+PC 寻址的程序存储器字节送 A	1	24
MOVX	A，@ Ri	E2~E3	外部数据（8 位地址）送 A	1	24
MOVX	A，@ DPTR	E0	外部数据（16 位地址）送 A	1	24
MOVX	@ Ri，A	F2~F3	A 送外部数据（8 位地址）	1	24
MOVX	@ DPTR，A	F0	A 送外部数据（16 位地址）	1	24
PUSH	direct	C0 direct	直接安节进栈，SP 加 1	2	24
POP	direct	D0 direct	直接字节退栈，SP 减 1	2	24
XCH	A，Rn	C8~CF	交换 A 和寄存器	1	12
XCH	A，direct	C5 direct	交换 A 和直接字节	2	12
XCH	A，@ Ri	C6~C7	交换 A 和间接 RAM	2	12
XCHD	A，@ Ri	D6~D7	交换 A 和间接 RAM 的低 4 位	2	12
SWAP	A	C4	A 左环移四位（A 的二个半字节交换）	1	12

助记符	算术操作	代 码	说 明	字节数	振荡周期
ADD	A，Rn	28~2F	寄存器加到 A	1	12
ADD	A，direct	25 direct	直接字节加到 A	2	12
ADD	A，@ Ri	26~27	间接 RAM 加到 A	1	12
ADD	A，#data	24 data	立即数加到 A	2	12
ADDC	A，Rn	38~3F	寄存器和进位位加到 A	1	12
ADDC	A，direct	35 direct	直接字节和进位位加到 A	2	12
ADDC	A，@ Ri	36~37	间接 RAM 和进位位加到 A	1	12
ADDC	A，data	34 data	立即数和进位位加到 A	2	12
SUBB	A，Rn	98~9F	A 减去寄存器和进位位	1	12
SUBB	A，direct	95 direct	A 减去直接字节和进位位	2	12
SUBB	A，@ Ri	96~97	A 减去间接 RAM 和进位位	1	12
SUBB	A，data	94data	A 减去立即数和进位位	2	12
INC	A	04	A 加 1	1	12
INC	Rn	08~0F	寄存器加 1	1	12
INC	direct	05 direct	直接字节加 1	2	12
INC	@ Ri	06~07	间接 RAM 加 1	1	12
DEC	A	14	A 减 1	1	12
DEC	Rn	18~IF	寄存器减 1	1	12
DEC	direct	15 direct	直接字节减 1	2	12
DEC	@ Ri	16~17	间接 RAM 减 1	1	12
INC	DPTR	A3	数据指针加 1	1	24
MUL	AB	A4	A 乘以 B	1	48
DIV	AB	84	A 除以 B	1	48
DA	A	D4	A 的十进制加法调整	1	12

（续）

助记符	逻辑操作	代 码	说 明	字节数	振荡周期
ANL	A, Rn	58~5F	寄存器"与"到A	1	12
ANL	A, direct	55 direct	直接字节"与"到A	2	12
ANL	A, @ Ri	56~57	间接RAM"与"到A	1	12
ANL	A, #data	54 data	立即数"与"到A	2	12
ANL	direct, A	52 direct	A"与"到直接字节	2	12
ANL	direct, #data	53 direct data	立即数"与"到直接字节	3	24
ORL	A, Rn	48~4F	寄存器"或"到A	1	12
ORL	A, direct	45 direct	直接字节"或"到A	2	12
ORL	A, @ Ri	46~47	间接RAM"或"到A	1	12
ORL	A, #data	44 data	立即数"或"到A	2	12
ORL	direct, A	42 direct	A"或"到直接字节	2	12
ORL	direct, #data	43 direct data	立即数"或"到直接字节	3	12
XRL	A, Rn	68~6F	寄存器"异或"到A	1	12
XRL	A, direct	65 direct	直接字节"异或"到A	2	12
XRL	A, @ Ri	66~67	间接RAM"异或"到A	1	12
XRL	A, #data	64 data	立即数"异或"到A	2	12
XRL	direct, A	62 direct	A"异或"到直接字节	2	12
XRL	direct, #data	63 direct data	立即数"异或"到直接字节	3	24
CLR	A	E4	清零A		
CPL	A	F4	A取反	1	12
RL	A	23	A左环移	1	12
RLC	A	33	A通过进位左环移	1	12
RR	A	03	A右环移	1	12
RRC	A	13	A通过进位右环移	1	12
助记符	控制转移	代 码	说 明	字节数	振荡周期
ACALL	addr 11	* 1 addr($a_1 \sim a_0$)	绝对子程序调用	2	24
LCALL	addr 16	12 addr(15~8) addr(7~0)	长子程序调用	3	24
RET		22	子程序调用返回	1	24
RETI		32	中断调用返回	1	24
AJMP	addr 11	△1 addr($a_7 \sim a_0$)	绝对转移	2	24
LJMP	addr 16	02 addr(15~8) addr(7~0)	长转移		
SJMP	rel	80 rel	短转移	2	24
JMP	@ A+DPTR	73	相对于DPTR间接转移	1	24
JZ	rel	60 rel	A为零转移	2	24
JNZ	rel	70 rel	A不为零转移	2	24
CJNE	A, direct, rel	B5 direct rel	直接字节与A比较, 不等则转。注a	3	24
CJNE	A, #data, rel	B4 data, rel	立即数与A比较, 不等则转。注a	3	24
CJNE	Rn, #data, rel	B8~BF data, rel	立即数与寄存器比较, 不等则转。注a	3	24

（续）

助记符	控制转移	代　码	说　　明	字节数	振荡周期
CJNE	@ Ri，#data，rel	B6~B7 data，rel	立即数与间接 RAM 比较，不等则转（注 a）	3	24
DJNZ	Rn rel	D8~DF rel	寄存器减1，不为零则转移	2	24
DJNZ	direct，rel	D5 direct rel	直接字节减1，不为零则转移	3	24
NOP		00	空操作	1	12

注：* = $a_{10}a_9a_81$；△ = $a_{10}a_9a_80$；（a）如果第一操作数小于第二操作数则置位 C，否则清 0。

助记符	布尔变量操作	代　码	说　　明	字节数	振荡周期
CLR	C	C3	清零进位	1	12
CLR	bit	C2 bit	清零直接进位	2	12
SETB	C	D3	置位进行	2	12
DETB	bit	D2 bit	置位直接位	2	12
CPL	C	B3	进位取反	1	12
CPL	bit	B2 bit	直接位取反	2	12
ANL	C，bit	82 bit	直接数"与"到进位	2	24
ANL	C，/bit	B0 bit	直接位的反"与"倒进位	2	24
ORL	C，/bit	72 bit	直接位"或"到进位	2	24
ORL	C，/bit	A0 bit	直接位的反"或"到进位	2	24
MOV	C，bit	A2 bit	直接位送进位	2	12
MOV	bit，C	92 bit	进位送直接位	2	24
JC	rel	40 rel	进位为 1 转移	2	24
JNC	rel	50 rel	进位为 0 转移	2	24
JB	bit，rel	20 bit rel	直接位为 1 相对转移	3	24
JNB	bit，rel	30 bit rel	直接位为 0 相对转移	3	24
JBC	bit，rel	10 bit rel	直接位为 1 相对转移然后清"0"该位	3	24

1. 基本概念

指令是 CPU 根据人的意图来执行某种操作的命令。一台计算机所能执行的全部指令的集合称为这个 CPU 的指令系统。

MCS-51 汇编语言指令由操作码助记符字段和操作数字段两部分组成。

操作码字段指示了计算机所要执行的操作，由 2~5 个英文字母表示，如 JZ、MOV、ADDC、LCALL 等。操作数字段指出了参与操作的数据来源和操作结果存放的目的单元。操作数可以是一个常数（立即数），或者是一个数据所在的空间地址，即在执行指令时可以从指定的地址空间取出操作数。

操作码和操作数都有对应的二进制代码，指令代码由若干字节组成。对于不同的指令，指令的字节数不同。

2. 常用符号的意义

- Rn：当前选中的寄存器区的 8 个通用工作寄存器 R0~R7（n = 0~7）。当前选中的通用工作寄存器区由程序状态字 PSW 中的 D3、D4 位（即 RS0、RS1）确定，通用工作寄存器在片内数据存储器中的地址为 00H~1FH。

- Ri：当前选中的寄存器区中可作间接寻址寄存器的 2 个通用工作寄存器 R0、R1（i = 0、1）。

- @ Ri：通过寄存器 R0 或 R1 间接寻址的 8 位内部数据 RAM 单元（0~255），i=0、1。
- direct：8 位内部数据存储器单元地址。可以是一个内部 RAM 单元的地址（0~127）或一个专用寄存器的地址，如 I/O 端口、控制寄存器、状态寄存器等（128~255）。
- #data：8 位立即数，即包含在指令中的 8 位常数。
- #data16：16 位立即数，即包含在指令中的 16 位常数。
- addr11：11 位的目的地址。用于 ACALL 和 AJMP 指令中，目的地址必须放在与下一条指令第一字节同一个 2KB 程序存储器区地址空间之内。
- addr16：16 位的目的地址。用于 LCALL 和 LJMP 指令中，目的地址的范围是 64KB 程序存储器地址空间。
- rel：补码形式的 8 位地址偏移量。用于 SJMP 和所有的条件转移指令中。偏移量相对下一条指令的第一个字节计算，在 -128~127B 范围内取值。
- DPTR：数据指针，可用作 16 位的地址寄存器。
- bit：内部 RAM 或专用寄存器中的直接寻址位。
- A：累加器。
- B：专用寄存器，用于 MUL 和 DIV 指令中。
- C：进位标志或进位位，或布尔处理机中的累加器。
- @：间址寄存器或基址寄存器的前缀，如@ Ri、@ DPTR。
- /：位操作数的前缀，表示对该位操作数先取反再参与操作，但不影响该操作数。
- X：片内 RAM 中的直接地址或寄存器。
- (X)：X 中的内容。
- ((X))：由 X 寻址的单元中的内容。
- ←：箭头左边的内容被箭头右边的内容所代替。

3. **指令分类**

按指令的功能，可以把 MCS-51 的 111 种指令分成下面 5 类：

1）数据传送类（29 条）。

2）算术操作类（24 条）。

3）逻辑操作类（24 条）。

4）控制转移类（17 条）。

5）布尔变量操作类（17 条）。

第五节　单片机的中断系统

单片机的工作都是按照预先设计好的程序进行的。在工业控制中，经常会出现许多复杂的情况，比如掉电故障、外部器件要求工作或工作结束等。这些情况的发生时间是不能够预知的，而这些情况一旦发生，又必须进行处理，即要求 CPU 暂停当前的工作，转而去处理这些紧急事件。处理完以后，再回到原来被中断的地方，继续原来的工作。这一过程的实现需要依靠单片机的中断技术。

所谓中断，是指计算机在执行程序的过程中，由于计算机系统内、外的某种原因使其暂时中止原程序的执行而转去为该突发事件服务，在处理完成后再返回原程序继续执行的过程。

中断的处理要调用中断服务程序，它与子程序的调用不同，主要区别在于中断的发生是随机的，CPU 对中断服务程序的调用是在检测到中断请求信号后自动完成的，而不像子程序的调用是由编程人员事先安排子程序调用语句来实现的。因此，中断又可定义为 CPU 自动执行中断服务程序并返回原程序执行的过程。

在计算机中引入中断有以下优点：

1）可以提高 CPU 的工作效率。计算机有了中断功能以后，CPU 和外设就可以同步工作。CPU 启动外设后就可以继续执行原程序，而外设完成指定的操作后可以向 CPU 发出中断请求，CPU 暂时中止原程序的执行而为外设服务，完成后继续执行原程序。而外设在接收到新的命令或数据后就可以继续与 CPU 并行工作。这样 CPU 不仅可以与多个外设并行工作，而且减少了不必要的等待和查询时间，从而大大提高了 CPU 的工作效率。

2）便于实时处理。有了中断功能后，实时测控现场的各个参数、信息，在任何时刻都可以向 CPU 发出中断申请，要求 CPU 及时处理，这样 CPU 就可以在最短的时间内处理瞬息万变的现场情况。

3）便于故障的及时发现，提高系统的可靠性。计算机运行过程中的各种异常情况，如电源掉电、运算出错等故障可以自行诊断，自己解决而不必停机检查。

中断技术是计算机中一项很重要的技术，是现代计算机必须具备的功能。中断系统能使计算机的功能更强、效率更高、更加方便灵活。中断系统是指能够实现中断功能的硬件电路和软件程序的总和。本节将介绍 MCS-51 单片机的中断系统、响应处理过程及其应用。

一、中断系统的组成

MCS-51 单片机的中断系统由中断源、中断控制电路和中断入口地址电路等部分组成。结构框图如图 7-8 所示。

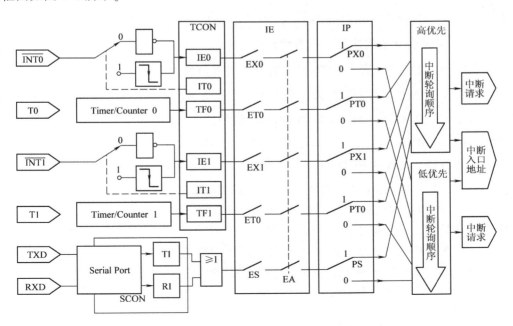

图 7-8 MCS-51 单片机的中断系统结构框图

从 MCS-51 单片机的中断系统结构框图中可看出，中断系统涉及 4 个寄存器：定时器/计数器控制寄存器（Timer/Counter Control，TCON）、串行口控制寄存器（Serial Port Control，SCON）、中断允许寄存器（Interrupt Enable，IE）和中断优先级寄存器（Interrupt Priority，IP），外部中断事件与输入引脚 $\overline{INT0}$、$\overline{INT1}$、T0、T1、TXD、RXD 有关。

二、中断源

MCS-51 单片机中有三类中断源：两个外部中断、两个定时器/计数器中断和一个串行口中断。这些中断源提出中断请求后，会在专用寄存器 TCON 和 SCON 中设置相应的中断标志。

寄存器 TCON 的格式如下：

寄存器名：TCON	位名称	TF1	TR1	TF0	TR0	IE1	IT1	IE0	IT0
地址：088H	位地址	08FH	08EH	08DH	08CH	08BH	08AH	089H	088H

其中与中断有关的位：IE0、IE1 为外部中断请求标志；TF0、TF1 为计数器/定时器中断请求标志；IT0、IT1 为外部中断请求信号类型选择控制位。

SCON 寄存器的格式如下：

寄存器名：SCON	位名称	SM0	SM1	SM2	REN	TB8	RB8	TI	RI
地址：098H	位地址	08FH	08EH	08DH	08CH	08BH	08AH	089H	088H

其中与中断有关的位是串行口发送和接收中断请求标志 TI、RI。

各中断源提出中断请求的过程说明如下。

1. 外部中断

外部中断是通过两个外部引脚 $\overline{INT0}$（P3.2）、$\overline{INT1}$（P3.3）引入的。

$\overline{INT0}$ 为外部中断 0 请求信号。有两种有效的中断请求信号：专用寄存器 TCON 中的 IT0 位（即 TCON.0）置为 0，表示 $\overline{INT0}$ 有效的中断请求信号为低电平；TCON 中的 IT0 位置为 1，表示 $\overline{INT0}$ 有效的中断请求信号为由高电平变为低电平的下降沿。一旦出现有效的中断请求信号，会使 TCON 中的 IE0 位（即 TCON.1）置位，由此向 CPU 提出 $\overline{INT0}$ 的中断请求。

$\overline{INT1}$ 为外部中断 1 请求信号，与 $\overline{INT0}$ 类似，中断请求信号是低电平有效还是下降沿有效，由专用寄存器 TCON 中的 IT1 位（即 TCON.2）来控制。有效的中断请求信号，会使 TCON 中的 IE1 位（即 TCON.3）置为 1，由此向 CPU 提出 $\overline{INT1}$ 的中断请求。

CPU 响应中断后，会自动清除 TCON 中的中断请求标志位 IE0 和 IE1。

需要注意的是，如外部中断请求信号以低电平有效时，CPU 响应中断后，在中断服务程序中，必须安排相应的指令，通知外设及时撤销中断请求信号，否则，CPU 一旦中断返回，低电平有效的中断请求信号又立即使 CPU 再次响应中断，重复执行中断服务程序。但外部中断请求信号以下降沿有效时，不存在这一问题。

2. 定时器/计数器中断

定时器/计数器中断是由其溢出位引入的。当定时器/计数器到达设定的时间或检测到设定的计数脉冲后，会使其溢出位置位。

TF0 和 TF1 分别为定时器/计数器 0 和定时器/计数器 1 的溢出位，它们位于专用寄存器 TCON 的 bit5 和 bit7，即 TF0 为 TCON.5，TF1 为 TCON.7。当定时器/计数器溢出时（即有进位），相应的 TF0 或 TF1 就会置 1，由此向 CPU 提出定时器/计数器的中断请求。CPU 响应中断后，会自动清除这些中断请求标志位。

定时器/计数器的计数脉冲由外部引脚 T0 和 T1 引入时，定时器/计数器就变为计数器。当计数脉冲使得定时器计数溢出时，相应的 TF0 或 TF1 就会置 1，由此向 CPU 提出计数器的中断请求。

另外，对 8052 系列单片机，还有内部定时器 2，其溢出位 TF2 为中断请求信号和标志。

3. 串行口中断

串行口发送一帧串行数据或接收到一帧串行数据后，都会发出中断请求。专用寄存器 SCON 中的 TI（即 SCON.1）和 RI（即 SCON.0）为串行中断请求标志位。

TI 为串行发送中断标志。一帧串行数据发送结束后，由硬件置位。TI 置位既表示一帧信息发送结束，同时也是中断请求信号，可根据需要，用软件查询的方法获得数据已发送完毕的信息，或用中断的方式来发送下一个数据。

RI 为接收中断标志位。接收到一帧串行数据后，由硬件置位，RI 置位既表示一帧数据接收完毕，同时也是中断请求信号，可用查询的方法获知或者用中断的方法获知。

TI、RI 与前面的中断请求标志位 IE0、IE1、TF0、TF1 有不同之处，CPU 响应中断后不会自动清除 TI、RI，只能依靠软件复位。

三、中断控制

中断源出现中断事件后，CPU 是否马上响应还取决于当时的中断控制方式。中断控制主要解决三类问题：

1）中断的屏蔽控制，即什么时候允许或禁止 CPU 响应中断。

2）中断的优先控制，即多个中断请求同时发生时，先响应哪个中断请求。

3）中断的嵌套，即 CPU 正在响应一个中断时，是否允许响应另一个中断请求。

1. 中断的屏蔽控制

MCS-51 单片机的中断屏蔽控制通过中断允许寄存器 IE 来实现。

IE 的格式如下：

寄存器名：IE	位名称	EA	—	ET2	ES	ET1	EX1	ET0	EX0
地址：0A8H	位地址	0AFH	0AEH	0ADH	0ACH	0ABH	0AAH	0A9H	0A8H

其中，EA（Enable All interrupts）是总允许位，如果它等于 0，则禁止所有中断。当 EA 为 1 时，CPU 才有可能响应中断请求。但 CPU 是否允许响应中断请求，还要看各中断源的屏蔽情况，IE 中其他各位的说明如下：

ES（Enables the Serial port interrupt）为串行口中断允许位，ET0（Enables the Timer 0 overflow interrupt）为定时器/计数器 0 中断允许位，EX0（Enables External interrupt 0.）为外部中断 0 中断允许位；ET1 为定时器/计数器 1 中断允许位，EX1 为外部中断 1 中断允许位；ET2 为 8052 系列单片机所特有的定时器 2 中断允许位。

允许位为 0，表示屏蔽相应的中断，即禁止 CPU 响应来自相应中断源提出的中断请求。允许位为 1，表示允许 CPU 响应来自相应中断源提出的中断请求。

IE 中各位均可通过指令来改变其内容。CPU 复位后，IE 各位均被清 0，禁止所有中断。

如果要设置允许 CPU 响应定时器/计数器 1 中断、外部中断 1，禁止其他中断源提出的中断请求，则可以执行如下指令：

MOV	IE，#0	；禁止所有中断，也可省略，因为 CPU 复位后，IE＝0
SETB	ET1	；允许定时器/计数器 1 中断
SETB	EX1	；允许外部中断 1
SETB	EA	；打开总允许位

也可以执行如下指令：

MOV IE，#10001100B ；使 EA（IE.7）、ET1（IE.3）、EX1（IE.2）为 1，其余为 0。

2. 中断的优先控制

如果有多个中断源同时提出请求，CPU 通常可根据中断优先级，响应其中一个中断请求。

MCS-51 单片机的中断优先级分为两级：高优先级和低优先级。通过软件控制和硬件查询来实现优先控制。

对每个中断源，可通过编程设置为高优先级或低优先级中断。具体由优先级寄存器 IP 来实现。

IP 的格式如下：

寄存器名：IP	位名称	—	—	PT2	PS	PT1	PX1	PT0	PX0
地址：0B8H	位地址	0BFH	0BEH	0BDH	0BCH	0BBH	0BAH	0B9H	0B8H

其中，PS 为串行口优先级控制位，PT0、PT1 分别为定时器/计数器 0、定时器/计数器 1 优先级控制位；PX0、PX1 分别为外部中断 0、外部中断 1 优先级控制位。另外，PT2 为 8052 系列单片机所特有的定时器/计数器 2 优先级控制位。

优先级控制位设为 1，相应的中断就是高优先级，否则就是低优先级。CPU 开机复位后，IP 各位均被清 0，所有中断均设为低优先级。

如有多个中断源有中断请求信号，CPU 先响应高优先级的中断。对同一优先级的中断请求，CPU 通过内部硬件查询决定优先次序，这种中断查询顺序（Interrupt Polling Sequence）也称同级内的辅助优先级，MCS-51 同级内的中断查询顺序见表 7-13。

表 7-13 同级内的中断查询顺序

中 断 源	中断标志	中断查询顺序
外部中断 0	IE0	高 ↓ 低
定时器/计数器 0	IT0	
外部中断 1	IE1	
定时器/计数器 1	IT1	
串行口	TI 和 RI	

通过指令设置 IP 各优先控制位，并结合同级内中断查询顺序，可确定 CPU 中断响应的优先次序。

例如，要求定时器/计数器 0 和外部中断 1 为高优先级，其余为低优先级，可用如下程序实现：

```
MOV   IP, #0          ; 设置所有中断源为低优先级
SETB  PT0             ; 设置定时器/计数器 0 为高优先级
SETB  PX1             ; 设置外部中断 1 为高优先级
```

其中，指令 MOV IP, #0 也可省略，因为复位时 IP 会自动清 0。上面程序也可用一条指令完成：

```
MOV   IP, #00000110B  ; 使 PX1（IP.2）、PT0（IP.1）为 1，其余为 0
```

需要说明，当一个系统有多个高优先级中断源时，只要 CPU 响应其中一个高优先级中断，其他中断都不会再响应，所以任何一个高优先级中断都不能保证会被 CPU 及时响应。推荐的做法是，一个系统中只设置一个高优先级中断，或者这些高优先级中断的服务程序能在较短的时间内及时完成，以不影响其他高优先级的中断响应。

例如，要求中断响应的优先次序为：

定时器/计数器 0→外部中断 1→外部中断 0→定时器/计数器 1→串行中断

而硬件决定的同级内辅助优先级为：

外部中断 0→定时器/计数器 0→外部中断 1→定时器/计数器 1→串行中断

比较两者可发现，计数器/定时器 0 和外部中断 1 的优先级需要提高，所以可将它们设置为高优先级，可用如下程序实现：

```
MOV   IP, #0          ; 设置所有中断源为低优先级，也可省略，因为复位时 IP=0
SETB  PT0             ; 设置定时器/计数器 0 为高优先级
SETB  PX1             ; 设置外部中断 1 为高优先级
```

也可用一条指令完成：

```
MOV   IP, #00000110B  ; 使 PX1（IP.2）、PT0（IP.1）为 1，其余为 0
```

3. 中断的嵌套

CPU 工作时，在同一时刻接收到多个中断请求的机会不是很多，更普遍的情况是，CPU 先后接收到多个中断请求，CPU 在响应一个中断请求时，又接收到一个新的中断请求，这就要涉及中断的嵌套问题。

MCS-51 单片机中有两级中断优先级，所以可实现两级中断嵌套。

如果 CPU 已响应一个低优先的中断请求，并正在进行相应的中断处理，此时，又有一个高优先级的中断源提出中断请求，CPU 可以再次响应新的中断请求，但为了使原来的中断处理能恢复，之前还需断点保护，高优先级的中断处理结束，则继续进行原来低优先的中断处理。

如果第二个中断请求的优先级没有第一个优先级高（包括相同的优先级），则 CPU 在完成第一个中断处理之前不会响应第二个中断请求，只有等到中断处理结束，才会响应另一个中断请求。

MCS-51 单片机硬件上不支持多于两级的中断嵌套。另外，在中断嵌套时，为使得第一中断处理能恢复，必须注意现场的保护和 CPU 资源的分配。

四、中断响应

1. 中断请求信号的检测

MCS-51 单片机的中断请求信号是由中断标志、中断允许标志和中断优先标志经逻辑运

算而得到的。

中断标志就是外部中断 IE0 和 IE1、内部定时器/计数器中断 TF0 和 TF1、串行口中断 TI 和 RI。它们直接受中断源控制。

中断允许标志就是外部中断允许位 EX0 和 EX1、内部定时器/计数器中断允许位 ET0 和 ET1、串行口中断允许位 ES 以及总允许位 EA,它们可通过指令来设置的。

中断优先标志就是 PX0 和 PX1、PT0 和 PT1、PS,它们也是通过指令来设置的。

MCS-51 单片机的 CPU 对中断请求信号的检测顺序和逻辑表达式见表 7-14。

CPU 工作时,在每个机器周期中都会去查询中断请求信号。所谓中断,其实也是查询,由硬件在每个机器周期进行查询,不是通过指令查询。

表 7-14　中断请求信号的检测顺序和逻辑表达式

检测顺序	优先级	中断源	中断请求信号的逻辑表达式
1	高	外部中断 0	$IE0 \cdot EX0 \cdot EA \cdot PX0$
2	高	计数器/定时器 0	$IT0 \cdot ET0 \cdot EA \cdot PT0$
3	高	外部中断 1	$IE1 \cdot EX1 \cdot EA \cdot PX1$
4	高	计数器/定时器 1	$IT1 \cdot ET1 \cdot EA \cdot PT1$
5	高	串行口	$(TI+RI) \cdot ES \cdot EA \cdot PS$
6	低	外部中断 0	$IE0 \cdot EX0 \cdot EA \cdot \overline{PX0}$
7	低	计数器/定时器 0	$IT0 \cdot ET0 \cdot EA \cdot \overline{PT0}$
8	低	外部中断 1	$IE1 \cdot EX1 \cdot EA \cdot \overline{PX1}$
9	低	计数器/定时器 1	$IT1 \cdot ET1 \cdot EA \cdot \overline{PT1}$
10	低	串行口	$(TI+RI) \cdot ES \cdot EA \cdot \overline{PS}$

2. 中断请求的响应条件

MCS-51 单片机的 CPU 在检测到有效的中断请求信号时,还必须同时满足下列三个条件,才能在下一机器周期响应中断:

1) 无同级或更高级的中断在服务。

2) 现行的机器周期是指令的最后一个机器周期。

3) 当前正执行的指令不是返回指令 (RETI) 或访问 IP、IE 寄存器等与中断有关的指令。

条件 1) 是为了保证正常的中断嵌套。

条件 2) 是为了保证每条指令的完整性。MCS-51 单片机指令有单周期、双周期、四周期指令等,CPU 必须等整条指令执行完成后才能响应中断。

条件 3) 是为了保证中断响应的合理性。如果 CPU 当前正执行的指令是返回指令 (RETI) 或访问 IP、IE 寄存器的指令,则表示本次中断还没有处理完,中断的屏蔽状态和优先级将要改变,此时,应至少再执行一条指令才能响应中断,否则,可能会使上一条与中断控制有关的指令不能起到应有的作用。

3. 中断响应的过程

中断响应的过程可分为设置标志、保护断点、选择中断入口、进行中断服务和中断返回等部分,如图 7-9 所示。

（1）设置标志 响应中断后，由硬件自动设置与中断有关的标志。例如，将置位一个与中断优先级有关的内部触发器，以禁止同级或低级的中断嵌套。还会复位有关中断标志，如 IE0、IE1、IT0、IT1，表示相应中断源提出的中断请求已经响应，可以撤销相应的中断请求。

另外，响应中断后，单片机外部的 $\overline{INT0}$ 和 $\overline{INT1}$ 引脚状态也不会自动改变。因此，需特别说明，当专用寄存器 TCON 中的 IT0 和 IT1 位（即 TCON.0 和 TCON.1）置为 0 时，外部中断 0 和外部中断 1 的请求信号为低电平有效。即使中断响应后，由硬件复位了 IE0 和 IE1 位，但由于外部的 $\overline{INT0}$ 和 $\overline{INT1}$ 引脚状态仍为低电平，所以中断返回结束后，IE0 和 IE1 又会置为 1，又重新提出中断请求。在这种情况下，需要在中断服务程序中，通过指令控制接口电路来改变 $\overline{INT0}$ 和 $\overline{INT1}$ 引脚状态，以撤销中断请求信号。

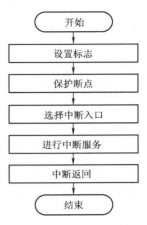

图 7-9　中断响应流程图

（2）保护断点 中断的断点保护是由硬件自动实现的。当 CPU 响应中断后，硬件把当前 PC 寄存器的内容压入堆栈，即执行如下操作：

$(SP) \leftarrow (SP)+1; ((SP)) \leftarrow (PC_{7-0})$

$(SP) \leftarrow (SP)+1; ((SP)) \leftarrow (PC_{15-8})$

（3）选择中断入口 根据不同的中断源，选择不同的中断入口地址送入 PC，从而转入相应的中断服务程序。MCS-51 单片机中各中断源所对应的中断入口地址见表 7-15。

表 7-15　中断源所对应的中断入口地址

中　断　源	中断入口地址	中　断　源	中断入口地址
外部中断 0	0003H	定时器/计数器 1	001BH
定时器/计数器 0	000BH	串行口	0023H
外部中断 1	0013H	定时器/计数器 2	002BH

（4）进行中断服务 由于各中断入口地址间隔较近，通常安排一条转移指令，跳转到相应的中断服务程序。中断服务程序通常还要考虑现场的保护和恢复。不同的中断请求会有不同的中断服务要求，中断服务程序也将各不相同。中断服务程序的设计将在下一节讨论。

（5）中断返回 中断服务程序最后执行中断返回指令 RETI，标志着中断响应的结束。CPU 执行 RETI 指令，将完成恢复断点和复位内部标志工作。

恢复断点操作如下：

$(PC_{15-8}) \leftarrow ((SP)); (SP) \leftarrow (SP)-1;$

$(PC_{7-0}) \leftarrow ((SP)); (SP) \leftarrow (SP)-1;$

这与 RET 指令的功能类似，但绝不能用 RET 指令来恢复断点，因为，RETI 指令还有修改内部标志的功能。RETI 指令会复位内部与中断优先级有关的触发器，表示 CPU 已脱离一个相应优先级的中断响应状态。

4. 中断响应时间

所谓中断响应时间，是指从查询中断请求标志位到转向中断入口地址的时间。MC-51

单片机的最短响应时间为 3 个机器周期。其中一个机器周期用于查询中断请求标志位的时间，而这个机器周期恰好是指令的最后一个机器周期，在这个周期结束后，中断请求被响应，产生 LCALL 指令。而执行这条长调用指令需要两个机器周期，所以总共需要 3 个机器周期。但有时中断响应时间多达 8 个机器周期之长。例如，在中断查询时，正好开始执行 RET、RETI 或访问 IE、IP 指令，则需把当前指令执行完后再继续执行下一条指令，才能进行中断响应。执行 RET、RETI 等指令最长需要 2 个机器周期，但后面跟着的指令假如是 MUL、DIV 乘除指令，则又需要 4 个机器周期，从而形成了最长 8 个机器周期的响应时间。

一般情况下，中断响应时间为 3~8 个机器周期。通常用户不必考虑中断响应时间，只有在精确定时的应用场合才需要考虑中断响应时间，以保证精确的定时控制。

五、中断程序的设计

中断程序的设计主要包括两部分：初始化程序和中断服务程序。

1. 初始化程序

初始化程序主要完成为响应中断而进行的初始化工作，这些工作主要有中断源的设置、中断服务程序中有关工作单元的初始化和中断控制的设置等。

中断源的设置与硬件设计有关，各中断请求标志由寄存器 TCON 和 SCON 中有关标志位来表示，所以中断源初始化工作主要有初始化各中断请求标志和选择外部中断请求信号的类型。

中断服务程序中，可能需要用到一些工作单元（如内部 RAM 和外部 RAM 中的存储单元），这些工作单元常需要有适当的初始值，这可在中断初始化程序中设置。

中断控制的设置包括中断优先级的设置和中断允许的设置，涉及 IP 和 IE 寄存器各位的设置。

2. 中断服务程序

中断服务程序通常由保护现场、中断处理和恢复现场三部分组成，如图 7-10 所示。

MCS-51 单片机所做的断点保护工作是很有限的，只保护了一个断点地址，所以如果在主程序中用到了如 A、PSW、DPTR 和 R0~R7 等寄存器，而在中断程序中又要用它们，这就要保证回到主程序后，这些寄存器还要恢复到没执行中断以前的内容。在运行中断处理程序前，将中断处理程序中有用到的寄存器内容先保存起来，这就是所谓的"保护现场"。

保护 A、PSW、DPTR 等内容时，通常可用压入堆栈（PUSH）指令；保护 R0~R7 等寄存器时，可用改变工作寄存器区的方法。

中断处理就是完成中断请求所要求的处理。由于中断请求各不相同，所以中断处理程序也各不相同，我们在后面的章节中，将结合实例再介绍。

中断处理结束后，将中断处理程序中有用到的寄存器内容恢复到中断前的内容，这就是"恢复现场"。

恢复现场要与保护现场操作配对使用。如用压入堆栈（PUSH）的指令保护现场，则要用弹出堆栈（POP）的指令来恢复现场；如用改变工作寄存器区的方法保护现场，则也要用恢复工作寄存器区的方法来恢复现场。

3. 中断程序举例

现假定一单片机应用系统用到了两个中断源，中断需求见表 7-16。

表 7-16 中断需求

中断源	优先级	中断请求信号	中断处理 所用资源	初始化要求
外部中断 0	低	外部 $\overline{INT0}$ 引脚出 现下跳边沿	A、PSW、DPTR	无
定时器/计数器中断 0	高	定时器/计数器 0 溢出	A、PSW BANK1 中 R0～R7	R4、R5 清 0， R6、R7 置 0FFH

相应的中断服务程序在程序存储器中的位置，如图 7-11 所示。

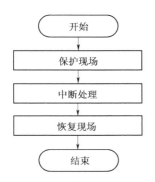

图 7-10 中断服务流程图

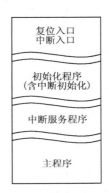

图 7-11 中断服务程序在程序存储器中的位置

复位入口和中断入口的源程序如下：

```
ORG    0000H              ; 定义 RESET 复位入口
LJMP   BOOT               ; 转至启动程序
ORG    0003H              ; 定义 IE0（外部中断 0）中断入口
LJMP   IE0_0              ; 转至 IE0 中断服务程序入口
ORG    000BH              ; 定义 TF0（定时器/计数器 0）中断入口
LJMP   TF0_0              ; 转至 TF0 中断服务程序入口
ORG    0013H              ; 定义 IE1（外部中断 1）中断入口
RETI
ORG    001BH              ; 定义 TF1（定时器/计数器 1）中断入口
RETI                      ; 没有相应的中断服务程序可用
ORG    0023H              ; 定义 TI_RI（串行）中断入口
RETI
```

对没有相应中断服务程序的中断入口（如定时器/计数器 1 和串行中断入口）处，可放置一条 RETI 指令，以防止异常情况所引起中断响应而造成程序的失控现象。

复位入口通常安排一条转移指令，转至启动（BOOT）程序。启动程序完成一系列的初始化工作，其中包括中断初始化程序。一个参考的源程序如下：

```
BOOT：   MOV   SP, #40H       ; 设置堆栈
         LCALL   INI_IE0      ; 调用外部中断 0 初始化子程序
         LCALL   INI_TF0      ; 调用定时器/计数器 0 初始化子程序
```

```
        SETB    EA                      ; 允许所有中断请求，此指令通常放在中断初始
                                         化最后
        LJMP    MAIN                    ; 转至主程序
```

外部中断 0 的初始化子程序如下：

```
INI_IE0：  SETB    IT0                   ; 设置 INT0 为下跳边沿有效
           SETB    EX0                   ; 设置允许中断
           CLR     PX0                   ; 设置低优先级中断
           RET
```

定时器/计数器 0 的初始化子程序如下：

```
INI_TF0：  MOV     PSW, #00001000B       ; 将当前工作寄存器组设为 BANK1
           MOV     A, #00                ; 根据要求初始化 R4 ~ R7
           MOV     R4, A
           MOV     R5, A
           MOV     A, #0FFH
           MOV     R6, A
           MOV     R7, A
           MOV     PSW, #00000000B       ; 将当前工作寄存器组设为 BANK0
           SETB    ET0                   ; 设置允许中断
           SETB    PT0                   ; 设置高优先级中断
           RET
```

外部中断 0 服务程序如下：

```
IE0_0：    PUSH    ACC                   ; 保护现场
           PUSH    PSW
           PUSH    DPL
           PUSH    DPH
           ……                            ; 具体的中断处理程序
           POP     DPH                   ; 恢复现场
           POP     DPL
           POP     PSW
           POP     ACC
           RETI
```

定时器/计数器 0 中断服务程序如下：

```
TF0_0：    PUSH    ACC                   ; 保护现场
           PUSH    PSW
           MOV     PSW, #00001000B       ; 设置当前工作寄存器为 BANK1
           ……                            ; 具体的中断处理程序
           POP     PSW                   ; 恢复现场
           POP     ACC
           RETI
```

通常主程序可以循环体出现，如下所示：

  MAIN：

  ……   ；主程序循环体

  LJMP MAIN

六、外部中断源的扩展

MCS-51 单片机中有三类中断源，其中只有外部中断可通过一定的电路来扩展。外部中断源的扩展要解决如下几个问题：

1）合并外部中断信号，即将多个外部中断信号合并为一个信号，才能接至 $\overline{INT0}$ 或 $\overline{INT1}$。

2）鉴别外部中断信号，即通过输入接口检测外部中断信号，以确定 $\overline{INT0}$ 或 $\overline{INT1}$ 引入的中断信号是由当前哪个中断源发出的。

3）撤销外部中断信号，即在中断服务程序结束前，要撤销原来的中断信号，以免进入不正常的中断嵌套。

需要说明的是，MCS-51 外部中断源的扩展仍有许多限制，较难实现真正的中断优先，不能实现多级的中断嵌套控制。下面介绍几种扩展外部中断的具体方法。

1. 利用"与"逻辑合并外部中断信号

由于 $\overline{INT0}$ 和 $\overline{INT1}$ 的有效信号为低电平或下降沿，所以可利用"与"逻辑合并多个外部中断源。

图 7-12 中，4 个扩展外部中断源 INT0-A、INT0-B、INT0-C 和 INT0-D 为高电平有效信号，通过非门转换为低电平有效信号，其中 74LS05 为 OC 门输出，它们的输出端相连可实现"线与"。当 4 个扩展外部中断源中任何一个出现高电平，都会向单片机的 $\overline{INT0}$ 发出中断信号。

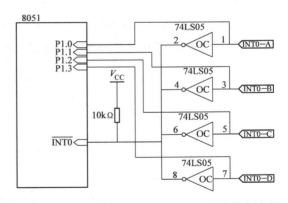

图 7-12　利用 OC 门的"线与"功能扩展外部中断

2. 利用触发器检测外部中断信号

图 7-13 所示为利用 D 触发器检测外部边沿型中断信号来扩展外部中断源的电路，INT0-A、INT0-B 出现上升沿信号，则相应的 Q 端输出低电平，通过二极管组成的与门将中断信号送至 $\overline{INT0}$。在中断服务程序中，可利用 P1.2~P1.3 检测中断信号的来源，利用 P1.0~P1.1 来撤销 INT0-A、INT0-B 发出的中断信号。

图 7-13 所示电路的不足之处是需要专门的控制线来撤销外部中断源发出的中断信号，抗干扰能力较弱。

3. 利用异或门检测外部中断信号

图 7-14 所示为利用异或门检测外部中断信号来扩展外部中断源的电路，外部中断信号

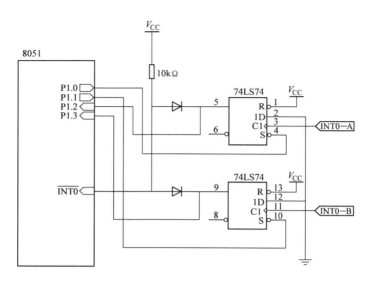

图 7-13 利用 D 触发器检测外部边沿型中断信号

INT0-A、INT0-B、INT0-C、INT0-D 与 P1.0 ~ P1.3 异或后，经"线与"送至 $\overline{\text{INT0}}$。74LS136 是 OC 门输出的异或门，如采用非 OC 门输出的异或门 74LS86，则还需用通过与门接至 $\overline{\text{INT0}}$。

图 7-14 所示电路巧妙地利用异或逻辑，在中断服务程序中，利用单片机的 P1.4~P1.7 来检测中断信号的来源，利用 P1.0~P1.3 来撤销 INT0-A~INT0-D 发出的中断信号。外部中断信号 INT0-A、INT0-B、INT0-C、INT0-D 既可以是电平型的，也可以是边沿型的，并且上升沿和下降沿可同时有效，这些都可以通过软件来确定。

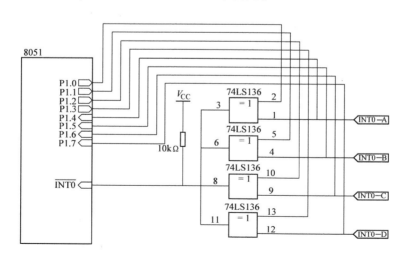

图 7-14 利用异或门检测外部中断信号

现假定 4 个外部扩展的中断源有效信号为边沿型（即上升沿和下降沿同时有效），用 P1.0~P1.3 跟踪当前 4 个中断源的状态，使得 P1.0~P1.3 与 INT0-A~INT0-D 相反，则异或输出为 1，一旦 4 个中断源与 P1.0~P1.3 不同步，如 INT0-A 与 P1.0 相同，则相应的异或输出为 0，从而有一个中断信号送至 $\overline{INT0}$。单片机响应中断后，在中断服务程序中重新使 P1.0 与 INT0-A 同步（使 P1.0 与 INT0-A 的异或输出为 1），以撤销中断信号。通过 P1.0 和 P1.4~P1.7 的比较可鉴别出中断源，转入相应的服务程序。

具体的中断初始化程序如下：

```
INI_IE0: CLR   IT0            ; 设置 INT0 为低电平有效（注意：不能设置为边沿型有效）
         SETB  EX0            ; 设置允许中断
         SETB  PX0            ; 设置高优先级中断
         MOV   P1, #0FFH      ; 初始化 P1 口，假定 INT0-A~INT0-D 初始状态均为"0"
         RET
```

外部中断 0 服务程序如下：

```
IE0_0:   PUSH  ACC            ; 保护现场
         PUSH  PSW
         PUSH  B
         ……                  ; 其他要保护的内容
         MOV   A, P1          ; 读取 P1 口状态，进行中断源判别
         MOV   B, A           ; 将 P1 口状态暂存于 B
         SWAP  A              ; 将 P1.4~P1.7 移至 ACC 的低 4 位
         XRL   A, B           ; 比较 P1.0~P1.3 与 P1.4~P1.7
         JNB   ACC.0, S_INT0_A ; 发现 INT0-A 有变化，则转至相应的中断服务程序
         JNB   ACC.1, S_INT0_B ; 发现 INT0-B 有变化，则转至相应的中断服务程序
         JNB   ACC.2, S_INT0_C ; 发现 INT0-C 有变化，则转至相应的中断服务程序
         JNB   ACC.3, S_INT0_D ; 发现 INT0-D 有变化，则转至相应的中断服务程序
         JMP   IE0_END
S_INT0_A:
         ……                  ; 具体的中断服务程序
         MOV   C, P1.4        ; 取 INT0-A 状态，准备撤销中断信号
         CPL   C              ; 取反
         MOV   P1.0, C        ; 送至 P1.0，使 P1.0 与 INT0-A 的异或值为"1"
         JMP   IE0_END
S_INT0_B:
         ……                  ; 具体的中断服务程序
         MOV   C, P1.5        ; 取 INT0-B 状态，准备撤销中断信号
         CPL   C              ; 取反
         MOV   P1.1, C        ; 送至 P1.1，使 P1.1 与 INT0-B 的异或值为"1"
         JMP   IE0_END
S_INT0_C:
         ……                  ; 具体的中断服务程序
         MOV   C, P1.6        ; 取 INT0-C 状态，准备撤销中断信号
```

```
        CPL   C                    ; 取反
        MOV   P1.2, C              ; 送至 P1.2, 使 P1.0 与 INT0-C 的异或值为 "1"
        JMP   IE0_END
S_INT0_D:
        ……                        ; 具体的中断服务程序
        MOV   C, P1.7              ; 取 INT0-D 状态, 准备撤销中断信号
        CPL   C                    ; 取反
        MOV   P1.3, C              ; 送至 P1.3, 使 P1.0 与 INT0-D 的异或值为 "1"
        JMP   IE0_END
IE0_END:……                        ; 恢复现场
        POP   B
        POP   PSW
        POP   ACC
        RETI
```

上述中断服务程序能正确处理同时多个中断源发出的中断信号, 并以 INT0-A 为高优先级, 当然, 仍不能实现中断嵌套。

第六节　单片机的外部存储器扩展

要实现规模较大、功能较强的单片机应用系统, 如果片内程序数据存储器的容量不够大, 则就需要进行存储器的扩展。扩展系统一般选用片内无程序存储器, 以价格便宜的 8031 作为核心元件, P0 口输出作为低地址 (A0 ~ A7) 与数据共同合用总线。为了将低地址和数据分离, 还必须加片外地址锁存器。P2 口用作高地址总线。常用的地址锁存器芯片有两类:

1) 8D 触发器, 如 74LS273、74LS377、8031 电平从 ALE 端反向加到它的时钟端。
2) 8 位锁存器, 如 74LS373、8282、8031 电平从 ALE 端可以直接加到它的时钟端。

一、程序存储器的扩展

MCS-51 系统中, 除了 8051/8751 内部驻留 4KB 的 ROM/EPROM、8052/8752 内部驻留 8KB 的 ROM/EPROM 外, 其余型号的芯片内部均无程序存储器。因此, 实际应用中就可以利用其能对外部程序存储器 (64KB) 寻址的能力进行外部扩展。

1. 外扩 8KB 的 EPROM

图 7-15 所示为外扩 8KB 程序存储器的硬件连接图。图中, 采用无内部程序存储器的 8031, 将 P0 口作为地址/数据分时复用总线使用, 外部程序存储器选用 EPROM 型 2764。CPU 的取指过程如下: 首先从 P0 口 (低 8 位)、P2 口 (高 8 位) 送出 16 位地址信息, 与此同时, 从 ALE 引脚送出地址锁存允许信号, 该信号送至 74LS373 的使能端, 在 ALE 信号消失时, 将 P0 口送出的低 8 位地址信息锁存到 74LS373 的输出端。由于 74LS373 的输出允许接地, 所以低 8 位地址一直被允许输出, 这样, 由 74LS373 输出的低 8 位地址和 P2 口送出的高 8 位地址, 确定了对外部程序存储器的寻址单元。当 ALE 信号消失后, P0 口就由输

出方式变为输入方式（即浮空状态），等待从程序存储器读出指令。紧接着 CPU 送出外部程序存储器读选通信号（$\overline{PSEN}$），该信号送到了 2764 的 $\overline{OE}$ 和 $\overline{CE}$ 端，即输出允许和片选端。这样 CPU 就从 2764 被选中的单元中读取了相应的指令，从而完成了取指。

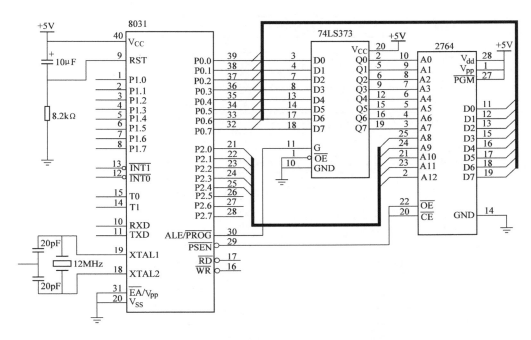

图 7-15　外扩 8KB 程序存储器（EPROM 型 2764）硬件连接图

根据程序设计的需要，采用不同容量的 EPROM 型号，选用 P2 口的若干根或全部地址线，就可以实现不同容量的外部程序存储器的扩展。表 7-17 列出了常用的 EPROM 型号及容量。

表 7-17　EPROM 型号及容量

型　　号	容　　量	型　　号	容　　量
2716	2KB	27128	16KB
2732	4KB	27256	32KB
2764	8KB	27512	64KB

2. 外部程序存储器的操作时序

MCS-51 访问外部存储器的操作时序分为两类：一类是不执行 MOVX 类指令的操作时序，如图 7-16a 所示；另一类是执行 MOVX 类指令的操作时序，如图 7-16b 所示。

在不执行 MOVX 类指令时，P2 口专门用于输出 PCH，P2 口具有输出锁存功能。由于 P2 口在整个取指过程中，地址信息保持不变，所以可以将 P2 口直接接至外部存储器的地址端，无须再加锁存。P0 口则作地址/数据分时复用的双向总线，输出 PCL，输入指令。在这种情况下，当 ALE 由高变低时，PCL 被锁存到低 8 位地址锁存器。同时，$\overline{PSEN}$ 信号在一个机器周期中也是两次有效，选通外部程序存储器，使指令通过 P0 口总线送入 CPU。在这种情况下，ALE 信号以 1/6 的振荡频率出现在 ALE 引脚上，它可以用来作为外部时钟。

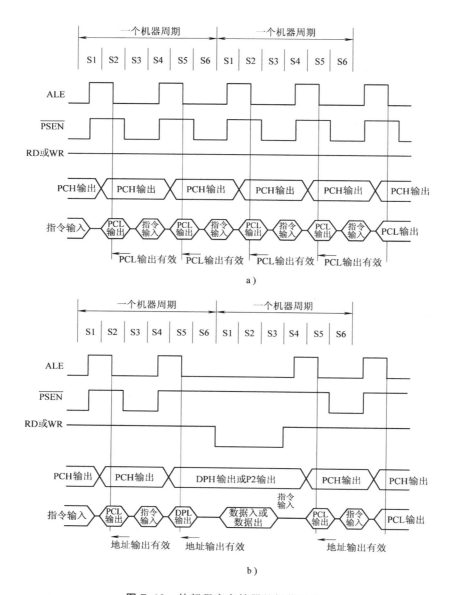

图 7-16 外部程序存储器的操作时序

若系统中接有外部数据存储器，执行 MOVX 类指令时，时序就发生了一些变化。当从外部程序存储器取出的一条是对外部数据存储器操作指令，即 MOVX 类指令。MOVX 类指令是一条单字节双周期指令，在第一个机器周期的 S5 状态 ALE 由高变低时，P0 口上出现的将不再是有效的 PCL，而是有效的外部数据存储器的低 8 位地址。若是通过数据指针DPTR 访问外部数据存储器，则此地址就是 DPL 值（数据指针低 8 位）。同时，在 P2 口出现有效的 DPH 值（数据指针高 8 位）。若是利用工作寄存器 R0、R1 作地址指针去访问，则低 8 位地址就是 R0 或 R1 中的数据，此时由 P0 口送出外部数据存储器的低 8 位地址，同时在 P2 口引脚上出现的是 P2 输出锁存器的内容。另外，由于此时的 16 位地址是针对访问外部 XING 数据存储器而形成的，所以在第一个机器周期的 S6 状态中将不再出现 $\overline{\text{PESN}}$ 信号。紧接着 CPU 要对外部数据存储器进行读操作或写操作。因此在第二个机器周期的 S1 状态中不再出现 ALE 信号，S3 状态中不出现 $\overline{\text{PESN}}$ 信号，随之 CPU 发出读或写信号，P0 口上将出现有效的数据输入或数据输出，完成对外部数据存储器的访问。在第二机器周期的 S4 状态中又将出现 ALE 信号，此时 P0 口又将送出 PCL，随之再出现 $\overline{\text{PESN}}$ 信号，完成一次取指操作，但这是一次无效的取指，读入的操作码将被丢掉。因此执行一条访问外部数据存储器的指令需要两个机器周期。

二、数据存储器的扩展

MCS-51 系统内部具有 128/256 个字节的 RAM，它们可以作为工作寄存器、堆栈、软件标志和数据缓冲器，CPU 对内部 RAM 有丰富的操作指令，因此内部 RAM 是十分有用的资源。在进行系统设计时，我们应合理地分配片内 RAM，充分发挥它们的作用。在诸如数据采集处理的应用系统中，仅仅利用片内 RAM 往往是不够的，在这种情况下，可以运用 MCS-51 的扩展技术来扩展外部数据存储器。

1. 外扩 8KB 静态 RAM

6264 是 8KB×8 位的静态 RAM，图 7-17 所示为 8031 外扩 8KB 静态 RAM（6264）的硬件连接图。8031 的 P0 口作为地址/数据分时复用总线使用，当 CPU 执行一条访问外部数据存储器的指令时，先从 P0 口和 P2 口送出 16 位地址，与此同时送出 ALE 信号，ALE 信号连接到 74LS373 的 G 端，在 ALE 信号的下降沿，将把 P0 口送出的低 8 位地址信息锁存到 74LS373，然后根据指令的需要通过 P0 口对 6264 进行读/写操作。

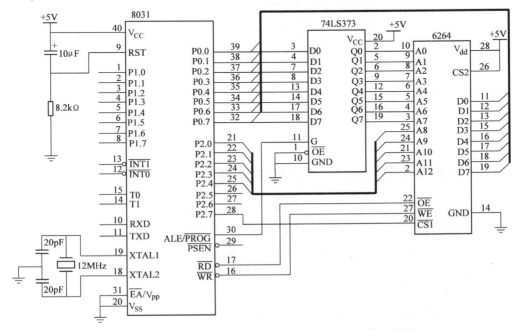

图 7-17　8031 外扩 8KB 静态 RAM（6264）的硬件连接图

2. 外扩 8KB EEPROM

在一些较小的 MCS-51 系统中，有时也采用程序存储器空间和数据存储器合并的方法。例如可以将 8KB 存储器空间的前 4KB 作为 ROM 使用，后 4KB 作为 RAM 使用。图 7-18 所示的电路就是利用 8KB EEPROM 2864 实现了这样的功能。

从图 7-18 中可以看出，$\overline{\text{PSEN}}$ 信号和 $\overline{\text{RD}}$ 信号的出现都能对 2864 进行读操作，而 8031 的 $\overline{\text{WR}}$ 信号接至 2864 的 $\overline{\text{WE}}$ 端，这样，8031 就能对 2864 进行读/写操作。利用编程器将编制好的程序送入 2864 的前 4KB 中，2864 的前 4KB 在系统中成为 ROM，利用 P2.7 和 $\overline{\text{PSEN}}$ 信号对其访问（取指）。2864 的后 4KB 作为 RAM，可以对其进行读/写操作，利用 P1.0 对 2864 进行"忙"否查询。

除了一些小系统外，将 MCS-51 的外部程序存储器空间和外部数据存储器空间合并为一个公共的外部存储器空间的应用场合也很多，如有些单片机开发系统就是采用这种方法处理的，有时还可以采用这样的方法来进行软件加密处理。

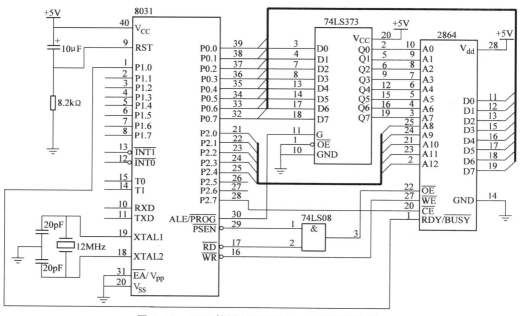

图 7-18　8031 扩展 EEPROM 2864 硬件连接图

第七节　单片机输入输出存储器的扩展

MCS-51 单片机共有四个 8 位并行 I/O 口，但这些 I/O 并不能完全提供给用户使用。对于大多数单片机，可提供给用户使用的 I/O 口只有 P1 口和 P3 口。因此，在大部分的 MCS-51 单片机系统设计中，都不可避免地要进行 I/O 口的扩展。

一、I/O 口扩展概述

1. MCS-51 单片机 I/O 口扩展性能

单片机系统中的 I/O 扩展方法与其扩展性能有关。

在 MCS-51 单片机应用系统中，扩展的 I/O 口采取与数据存储器相同的寻址方式和地址编码，每一个扩展的 I/O 口，根据地址线的选择占用一个片外 RAM 地址，与外部程序储存器无关。

MCS-51 单片机的 I/O 口扩展主要是通过总线（POH）来进行的。利用 P0 口扩展时，须分时使用；要求 P2 口提供较多的片选线（供数据锁存和缓冲）及读/写线，须注意 P0、P2、P3 口的负载问题。

利用 MCS-51 串行口的移位寄存器工作方式（方式 0），可以扩展 I/O 口，这时扩展的 I/O 口不占片外 RAM 地址。

扩展 I/O 口具有软件相依性，选用不同的 I/O 扩展芯片或外部设备时，扩展 I/O 口的操作方式不同，其应用程序也有不同，如入口地址、初始化状态设置、工作方式选择等。例如用 8255 扩展的 I/O 口与用 8155 扩展的 I/O 口，其状态设置及地址选择方式完全不同。

2. I/O 扩展用芯片

MCS-51 单片机系统中 I/O 扩展用芯片主要有通用 I/O 芯片和 TTL/CMOS 锁存器器电路芯片两大类。

MCS-51 单片机属于 Intel 系列，用 Intel I/O 扩展芯片的接口电路最为简洁、可靠。

用 TTL 电路或 CMOS 电路锁存器、三态门电路作为 I/O 口扩展芯片，也是单片机应用系统中经常采用的方法。这些 I/O 扩展用芯片具有体积大、成本低、配置灵活等特点，在扩展单个 8 位输出或输入口时，十分方便。TTL 芯片一般都采用总线（P0）口的扩展方法，不占用单片机的 I/O 口资源，只需一根地址线作片选线用。常用的 74LS 系列芯片有 74LS373、74LS377、74LS273、74LS367 等。在实际电路中，根据芯片特点及输入/输出量的特征，选择合适的扩展芯片。

在 MCS-51 单片机中，还可以利用串行 I/O 口扩展数量较多的并行输入/输出口方法，所用的移位寄存器芯片有扩展输出口的 74LS164 和扩展输入口的 74LS165。

3. FOE1 的扩展方法

根据扩展并行 I/O 时数据线的连接方式，I/O 扩展方式可分为以下三种：

1）总线扩展方法。扩展的并行口的并行数据输入线取自 P0 口。这种方法分时占用 P0 口，不影响 P0 口与其他扩展芯片的连接操作，不会造成单片机硬件的额外开支，因此在 MCS-51 单片机系统的 I/O 扩展中应用广泛，使用的扩展芯片主要是通用 I/O 扩展芯片和 TTL/CMOS 锁存器、三态门电路芯片。

2）串行口扩展方法。这是 MCS-51 单片机串行口在方式 0 工作状态下提供的 I/O 扩展功能方式。为移位寄存器 74LS164 时，可以扩展并行输出口；而接上串入并出的移位寄存器 74LS165 时，则可扩展并行输入口。这种方法只占用串行口，而且通过移位寄存器的级联方式可以扩展多数量的并行 I/O 口。对于不使用串行口的系统，可以采用这种方法，但由于数据的输入/输出用串行移位法，传输速度较慢。

3）通过单片机内 I/O 口的扩展方法。这种方法中，扩展芯片的输入/输出数据线不通过 P0 口，而是通过其他片内 I/O 口，由于要占用有限的片内 I/O 口资源，这种方法在 MCS-51 单片机应用系统中较少使用。

二、带有 I/O 接口和计数器的静态 RAM 8155

Intel 8155 芯片内包含有 256B 的 RAM，2 个 8 位、1 个 6 位的可编程并行 I/O 口和 1 个

14 位递减定时器/计数器。8155 可直接与 MCS-51 单片机接口，不需要增加任何硬件逻辑，因而是 MCS-51 单片机系统中最常用的外围接口芯片之一。

1. 8155 的内部总体结构

8155 的内部总体结构如图 7-19 所示，其中包括两个 8 位并行输入/输出端口、一个 6 位并行输入/输出端口、256B 的静态随机存取存储器 RAM、一个地址锁存器、一个 14 位定时器/计数器以及相应的控制逻辑电路。CPU 访问存储器或 I/O 及定时器/计数器的选择由 IO/$\overline{\text{M}}$ 信号决定。

2. 8155 的引脚功能

8155 共有 40 条引脚，采用双列直插式封装，如图 7-20 所示，各引脚功能如下：

（1）AD7～AD0　地址数据总线。通过它来传送 CPU 与 8155 之间的地址、数据、命令、状态。它可以直接与 MCS-51 单片机的 P0 口相连。在地址锁存允许信号 ALE 的下降沿，将 8 位地址锁存在 8155 的内部地址寄存器中。该地址可以作为访问存储器部分的 8 位地址，也可以是 I/O 接口的通道地址，这将由 I/O 信号来决定。

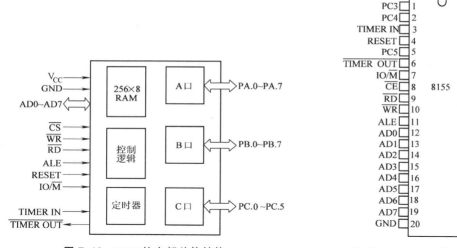

图 7-19　8155 的内部总体结构　　　　图 7-20　8155 I/O 接口地址编码

（2）$\overline{\text{CE}}$　片选信号线，低电平有效。

（3）ALE　地址锁存允许信号。该控制信号由 CPU 发出，在该信号的下降沿，将 8 位地址信息、片选信号以及 IO/$\overline{\text{M}}$ 信号锁存至片内锁存器。

（4）RESET　复位信号线，高电平有效。复位后，各端口被置成输入状态。

（5）IO/$\overline{\text{M}}$　存储器与 I/O 接口选择信号线。高电平表示选择 I/O 接口，低电平表示选择存储器。

当 IO/$\overline{\text{M}}$ = 0 时，AD7～AD0 输入的是存储地址，寻址范围为 00H～0FFH。

当 IO/$\overline{\text{M}}$ = 1 时，AD7～AD0 输入的是 I/O 接口地址，其编码见表 7-18。

（6）$\overline{\text{WR}}$　写信号线，低电平有效。

（7）$\overline{RD}$　读信号线，低电平有效。

根据上面的分析，IO/$\overline{M}$、$\overline{WR}$、$\overline{RD}$、$\overline{CE}$ 信号的不同的组合，其操作的对象见表 7-19。

表 7-18　8155 I/O 接口地址编码

AD7~AD0								寄存器
A7	A6	A5	A4	A3	A2	A1	A0	
×	×	×	×	×	0	0	0	命令/状态寄存器（命令状态口）
×	×	×	×	×	0	0	1	A 口（PA7~PA0）
×	×	×	×	×	0	1	0	B 口（PB7~PB0）
×	×	×	×	×	0	1	1	C 口（PC7~PC0）
×	×	×	×	×	1	0	0	定时器低 8 位
×	×	×	×	×	1	0	1	定时器高 6 位和 2 位计数器方式位

表 7-19　IO/$\overline{M}$、$\overline{WR}$、$\overline{RD}$、$\overline{CE}$ 信号的不同组合的操作对象

$\overline{RD}$	$\overline{WR}$	IO/$\overline{M}$	$\overline{CE}$	操作对象
0	1	0	0	读存储器
1	0	0	0	写存储器
0	1	1	0	读 I/O 端口或计数器
1	0	1	0	写 I/O 端口或计数器
×	×	×	1	禁止

（8）PA7~PA0　A 口输入/输出线。其工作方式和数据的输入/输出由可编程的命令寄存器中的内容决定。

（9）PB7~PB0　B 口输入/输出线。其工作方式和数据的输入/输出由可编程的命令寄存器中的内容决定。

（10）PC5~PC0　C 口输入/输出或控制信号线。这一组共 6 位口线，可作为 I/O 口使用。当 PA、PB 定义为选通方式的 I/O 口时，这 6 位口线又可作为 PA、PB 的控制联络线，其功能如下：

PC0：$INTR_A$（A 口中断信号线）。

PC1：BF_A（A 口缓冲器满信号线）。

PC2：STB_A（A 口选通线）。

PC3：$INTR_B$（B 口中断信号线）。

PC4：BF_B（B 口缓冲器满信号）。

PC5：STB_B（B 口选通线）。

（11）TIMER IN　14 位二进制计数器的输入端。

（12）$\overline{TIMER\ OUT}$　当计数器溢出后，该引脚向外部送出信号，输出信号的波形通过对计数器工作方式的编程决定。

（13）V_{CC}　+5V 电源。

（14）GND　接地。

3. 8155 的控制字、状态字和工作方式

8155 的控制逻辑部件中，设置一个控制命令寄存器和一个状态标志寄存器。8155 的工作方式是由 CPU 写入控制命令寄存器中的控制字来确定的。

（1）8155 的命令字　控制命令寄存器只能写入不能读出。控制命令寄存器的格式如图 7-21 所示。

| M2 | M1 | IEB | IEA | PCⅡ | PCⅠ | PB | PA |

图 7-21　8155 控制命令寄存器格式

其各位的功能如下：

1）位 0（PA）：定义 A 口数据传送的方向（"0"——输入方式，"1"——输出方式）。

2）位 1（PB）：定义 B 口数据传送的方向（"0"——输入方式，"1"——输出方式）。

3）位 3、位 2（PCⅡ、PCⅠ）：定义 C 口的工作方式（"00"——方式 1，"11"——方式 2，"01"——方式 3，"10"——方式 4）。

PC5~PC0 各位的功能见表 7-20。

表 7-20　PCⅡ、PCⅠ的组态

PCⅡ、PCⅠ	00	11	01	10
方式	1	2	3	4
PC0	输入	输出	$INTR_A$	$INTR_A$
PC1	输入	输出	BF_A	BF_A
PC2	输入	输出	STB_A	STB_A
PC3	输入	输出	输出	$INTR_B$
PC4	输入	输出	输出	BF_B
PC5	输入	输出	输出	STB_B

从表 7-20 可以看出，当通过对 PCⅡ、PCⅠ编程定义 C 口的工作方式时，实际上也对 A 口和 B 口的工作方式做了定义。当 PCⅡ、PCⅠ将 C 口定义为方式 1、方式 2 时，C 口工作在基本的输入/输出方式，A 口和 B 口也必定工作在基本的输入/输出方式；当 PCⅡ、PCⅠ将 C 口定义为方式 3 时，A 口则工作在选通的输入/输出方式，B 口工作在基本的输入/输出方式；当 PCⅡ、PCⅠ将 C 口定义为方式 4 时，A 口和 B 口均工作在选通的输入/输出方式。

4）位 4（IEA）：当 A 口工作在选通的输入/输出方式时，该位用来定义允许端口 A 的中断（"0"——禁止，"1"——允许）。

5）位 5（IEB）：当 B 口工作在选通的输入/输出方式时，该位用来定义允许端口 B 的中断（"0"——禁止，"1"——允许）。

6）位 7、位 6（M2、M1）：用来定义定时器/计数器工作的命令。这两位的组态情况见表 7-22。

（2）8155 的状态字　8155 内部设置了一个状态标志寄存器，用来存放 A 口、B 口和定时器中断的状态标志。对于状态标志寄存器，CPU 只能读出，不能写入。状态标志寄存器的格式如图 7-21 所示。

表 7-21　M2、M1 的组态

M2	M1	方　式
0	0	不影响计数器工作，即空操作
0	1	若计数器未启动，则无操作；若计数器已运行，则停止计数
1	0	若计数器未启动，则无操作；若计数器已运行，则计数长度减为 0 时停止计数
1	1	若计数器未启动，装入计数长度和输出波形方式后，立即启动计数器；若计数器正在运行，则完成当前计数值后，按新的长度和方式继续运行

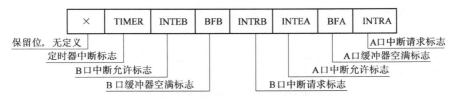

图 7-22　8155 状态标志寄存器的格式

（3）工作方式　8155 的 A 口、B 口可工作于基本的输入/输出方式或选通的输入/输出方式，C 口可以作为输入/输出口线，也可作为 A 口、B 口在选通方式工作时的状态控制线，其工作情况与 8255 的方式 0、方式 1 大致相同，控制信号的含义也基本一样。

4. 定时器/计数器

8155 内部设置了一个 14 位递减计数器，它能对输入计数器的脉冲进行计数，当计满设置的计数值时，$\overline{\text{TIMER OUT}}$ 引脚将输出一个矩形波或脉冲信号。

对计数器进行计数长度设置和输出波形的设置，是通过对两个计数寄存器的计数控制字来确定的，两个计数寄存器的格式如图 7-23 所

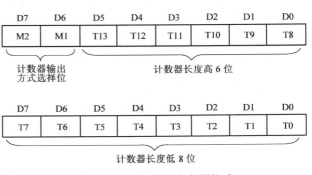

图 7-23　两个计数寄存器格式

示。其中，T0～T13 是计数器的长度，装入的计数长度范围为 2H～3FFFH。M2、M1 用来定义当计数器减为 0 时从 $\overline{\text{TIMER OUT}}$ 引脚输出信号的方式。M2、M1 的选择与输出波形的关系见表 7-22。

表 7-22　M2、M1 的选择与输出波形的关系

M2	M1	方　式	定时器输出波形
0	0	单个方波	
0	1	连续方波	
1	0	单个脉冲	

（续）

M2	M1	方　式	定时器输出波形
1	1	连续脉冲	

计数长度为偶数时，输出的方波是对称的。当计数长度为奇数时，输出的方波不对称，高电平的半个周期比低电平的半个周期多计一个脉冲。

例如，当计数长度为 11 时，输出的方波如图 7-24 所示。

图 7-24　计数长度为 11 时的方波

当选择输出的信号为负脉冲时，其脉冲的宽度为输入的脉冲宽度。

5. MCS-51 单片机与 8155 的接口

MCS-51 单片机可以和 8155 直接连接，不需要外加任何电路。图 7-25 所示为 8031 与 8155 的一种硬件接口电路。8031 的 P0 口与 8155 的 AD7~AD0 相连，当 P0 口送出 8 位地址信息时，通过 ALE 信号直接将地址信息锁存至 8155 内部的地址寄存器中。8155 的 $\overline{CE}$ 端接 P2.7，IO/$\overline{M}$ 端接 P2.6。当 P2.7＝0、P2.6＝1 时，访问 8155 的 I/O 口。当 P2.7＝0、P2.6＝0 时，访问 8155 的 RAM。由此我们可以得到如下的地址编码：

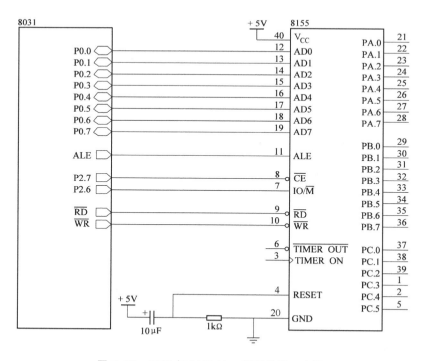

图 7-25　8031 与 8155 的一种硬件接口电路

RAM 地址：　　　　　　3F00H ~ 3FFFH

I/O 口地址：　　　　　命令/状态口：　　7F00H

A 口：	7F01H
B 口：	7F02H
C 口：	7F03H
定时器低 8 位：	7F04H
定时器高 6 位：	7F05H

6. 8155 编程举例

（1）根据图 7-25 所示的电路，若定义 A 口为基本输出方式，B 口、C 口为基本输入方式，将定时器作为方波发生器，对输入的脉冲进行 10 分频，则初始化程序如下：

```
START:    MOV      DPTR，#7F04H      ;指向定时器低 8 位
          MOV      A，#0AH           ;计数值 10（10 分频）
          MOVX     @DPTR，A          ;装入低 8 位
          INC      DPTR             ;指向定时器高 6 位
          MOV      A，#40H           ;设定输出方波
          MOVX     @DPTR，A          ;装入高 6 位
          MOV      DPTR，#7F00H      ;送命令寄存器地址
          MOV      A，#0C1           ;命令字设定
          MOVX     @DPTR，A          ;A 口出，B 口、C 口入，启
                                     动定时器
```

（2）读 8155RAM 的 20H 单元内容，程序如下：

```
          MOV      DPTR，#3F20H      ;指向 8155 RAM 20H 单元
          MOVX     A，@DPTR          ;读入
```

（3）将立即数 5AH 写入 8155 RAM 70 单元，程序如下：

```
          MOV      A，#5AH           ;（A）←5AH
          MOV      DPTR，#3F70H      ;指向 8155 RAM 70 单元
          MOVX     @DPTR，A          ;数据写入 8155 RAM 70 单元
```

习题与思考题

7-1 MCS-51 单片机内部有哪些主要的逻辑部件？

7-2 MCS-51 单片机设有 4 个 8 位并行端口，实际应用中，8 位数据信息由哪一个端口传送？16 位地址线怎样形成？P3 口有何功能？

7-3 试分析 MCS-51 单片机端口的两种读操作（读端口引角和读锁存器），读—修改—写操作是由哪一种操作进行的？结构上的这种安排有何功用？

7-4 MCS-51 单片机内部 RAM 区功能结构如何分配？4 组工作寄存器使用时如何选用？

7-5 设内部 RAM 中 59H 单元的内容为 50H，写出当执行下列程序段后寄存器 A，R0 和内部 RAM 中 50H，51H 单元的内容为何值？

```
          MOV A，59H
          MOV R0，A
          MOV A，#00H
```

MOV @ R0, A

MOV A, #25H

MOV 51H, A

MOV 52H, #70H

7-6 访问外部数据存储器和程序存储器, 可以用哪些指令来实现? 举例说明。

7-7 8051 单片机如何访问外部 ROM 及外部 RAM?

7-8 SICE 通用仿真器的结构特点是什么? 具有哪些开发功能?

7-9 试论述 SICE 通用仿真器调试 MCS-51 应用系统的具体步骤。

第八章　智能控制

第一节　概述

一、智能控制的产生与发展

人工智能（Artificial Intelligence，AI）是研究、开发用于模拟、延伸和扩展人智能的理论、方法、技术的科学。人工智能是计算机科学的一个分支，它企图了解智能的实质，并生产出一种新的能以人类智能相似的方式做出反应的智能机器，其研究包括机器人、语言识别、图像识别、自然语言处理和专家系统等。人工智能从诞生以来，理论和技术日益成熟，应用领域也不断扩大，但没有一个统一的定义。人工智能不是人的智能，但能像人那样思考，也可能超过人的智能。但是，会自我思考的高级人工智能还需要科学理论和工程上的突破。

智能控制起源于 20 世纪 60 年代，是随着非线性、时变复杂被控对象的挑战和计算机、人工智能的发展而产生的。智能控制的发展可以分为四个阶段。

（1）启蒙期　从 20 世纪 60 年代起，自动控制理论和技术的发展已经渐趋成熟，控制界学者为了提高控制系统的自学习能力，开始注意将人工智能技术与方法应用于控制系统。1966 年，门德尔首先主张将人工智能用于空间飞行器的学习控制系统的设计，并提出了人工智能控制的概念。1967 年，利昂德斯和门德尔首先使用"智能控制"一词。1971 年，美国著名华裔科学家傅京孙从学习控制的角度正式提出了创建智能控制这个新兴的学科——这些学术研究活动标志着智能控制的思想已经萌芽。

（2）形成期　20 世纪 70 年代可以看作是智能控制的形成期。从 20 世纪 70 年代初开始，傅京孙等人从控制论角度进一步总结了人工智能技术与自适应、自组织、自学习控制的关系，正式提出了"智能控制就是人工智能技术与控制理论的交叉"这一思想，并创立了人机交互式分级递阶智能控制的系统结构，在核反应堆、城市交通等控制中成功地应用了智能控制系统。这些研究成果为分级递阶智能控制的形成奠定了基础。1974 年，英国工程师曼德尼将模糊集合和模糊语言用于锅炉和蒸汽机的控制，创立了基于模糊语言描述控制规则的模糊控制器，取得了良好的控制效果。1979 年，他又成功地研制出自组织模糊控制器，使得模糊控制器具有了较高的智能。模糊控制的形成和发展，以及与人工智能中的专家系统思想的相互渗透，对智能控制理论的形成起了十分重要的推动作用。

（3）发展期　进入 20 世纪 80 年代以后，由于计算机技术的迅速发展及专家系统技术的逐渐成熟，智能控制和智能决策的研究及应用领域逐步扩大，并取得了一批应用成果。这标志着智能控制系统已从研制、开发阶段转向应用阶段。特别应该指出的是，20 世纪 80 年代中后期，神经网络的研究获得了重要进展，神经网络理论和应用研究为智能控制的研究起到了重要的促进作用。

（4）高潮期 进入 20 世纪 90 年代以来，智能控制的研究势头异常迅猛，每年都有各种以智能控制为专题的大型国际学术会议在世界各地召开，各种智能控制杂志和专刊不断涌现。智能控制研究与应用涉及众多领域，从高技术的航天飞机推力矢量的分级智能控制、空间资源处理设备的高自主控制，到智能故障诊断及重新组合控制，从轧钢机、汽车喷油系统的神经控制，到家电产品的神经模糊控制，都与智能控制联系在一起。如果说智能控制在 20 世纪 80 年代的研究和应用主要面向工业过程控制，那么从 20 世纪 90 年代起，智能控制的应用已经扩大到军事、高科技和日用家电产品等多个领域。

二、智能控制的定义

综上所述，人工智能是研究使计算机来模拟人的某些思维过程和智能行为（如学习、推理、思考、规划等）的学科，主要包括计算机实现智能的原理、制造类似于人脑智能的计算机，使计算机能实现更高层次的应用。人工智能涉及计算机科学、心理学、哲学和语言学等学科，可以说几乎是自然科学和社会科学的所有学科，其范围已远远超出了计算机科学的范畴。人工智能与思维科学的关系是实践和理论的关系，人工智能是处于思维科学的技术应用层次，是它的一个应用分支。从思维观点看，人工智能不仅限于逻辑思维，还要考虑形象思维、灵感思维，才能促进人工智能的突破性的发展。数学常被认为是多种学科的基础科学，数学也进入语言、思维领域，人工智能学科也必须借用数学工具，数学不仅在标准逻辑、模糊数学等范围发挥作用，数学进入人工智能学科后，它们将互相促进而更快地发展。

三、智能控制的特点

智能控制具有下列特点：

1）同时具有以非数学广义模型表示和以数学模型（含计算智能模型与算法）表示的混合控制过程，或者是模仿自然和生物行为机制的计算智能算法。它们也往往是那些含有复杂性、不完全性、模糊性或不确定性及存在已知算法的过程，并加以知识进行推理，以启发式策略和智能算法来引导求解过程。智能控制系统的设计重点在于智能模型或计算智能算法。

2）智能控制的核心在高层控制，即组织级。高层控制的任务在于对实际环境或过程进行组织，即决策和规划，实现广义问题求解。为了实现这些任务，需要采用符号信息处理、启发式程序设计、仿生计算、知识表示及自动推理和决策等相关技术。这些问题的求解过程与人脑的思维过程或生物的智能行为具有一定的相似性，即具有不同程度的"智能"，当然，低层控制级也是智能控制系统必不可少的组成部分。

3）智能控制的实现，一方面要依靠控制硬件、软件和智能的结合，实现控制系统的智能化；另一方面要实现自动控制科学与计算机科学、信息科学、系统科学、生命科学及人工智能的结合，为自动控制提供新思想、新方法和新技术。

4）智能控制是一门边缘交叉学科。实际上，智能控制涉及更多的相关学科。智能控制的发展需要各相关学科的配合与支援，并要求智能控制工程师同时也是知识工程师。

5）智能控制是一个新兴的研究领域。智能控制学科的建立才二十多年，仍处于年轻时期，无论在理论上还是在实践上，都还很不成熟，很不完善，需要进一步探索与开发。

四、智能自主控制

随着科学技术发展和生产的需要，自主控制（特别是用智能化的方法实现自主控制）成为当今的热门研究课题。智能自主控制也是智能控制的一种形式。

1. 智能自主控制系统应该具有如下功能：

1）系统能自动接受控制任务、控制要求和目标，并能对任务、目标和要求自主进行分析、判断、规划和决策。

2）系统能自主感知、检测自身所处的状态信息、环境信息和干扰信息，并能自主进行融合、分析、识别、判断和决策；同时能做出能否执行任务的决策。

3）系统能根据控制任务、目标要求，结合系统所处的当前自身状态信息、环境信息、干扰信息，自主地进行分析、综合，并做出执行任务和如何完成任务的控制决策。

4）系统能根据上述决策自主形成控制指令，自主操控系统状态的行为，并朝着完成控制任务和目标的方向运动。

5）在上述运动过程中，如果出现任务改变，出现事先未预见的环境变化和自身状态变化，或出现系统自身损伤，系统能根据任务改变、新的环境信息和自身状态信息的改变，自主地做出分析、判断，并做出改变系统状态行为的指令，使系统改变自身的状态，或自主进行系统重组，以适应外界环境的变化，或自主进行系统的故障诊断、自修复，以适应完成控制任务和目标的要求，最终自主完成控制任务，达到控制的目标。

2. 智能自主控制系统的一般构成

智能自主控制按上述功能可用图 8-1 表示。图中各功能块反映了以上所述智能自主控制系统的主要功能。智能自主控制的关键是用智能化的方法实现完全无人参与的控制过程，并使系统运行达到预期的目的。

下面以智能自主控制的无人驾驶汽车为例，说明其智能自主控制的过程。

假定要使汽车完成由 A 地去 B 地送货的任务。智能自主控制无人驾驶系统接受这一任务后，其工作程序如下：

第一步，接受任务，分析任务，同时检测系统自身所处状态（是否处于运行准备状态）和汽车目前所处的地理坐标位置。

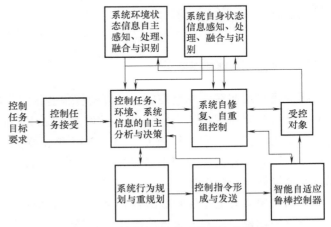

图 8-1 智能自主控制系统的一般构成

第二步，开启环境状态检测识别系统，确定车辆自身的环境坐标位置，即确定车身是否处于地理坐标的道路中间，车头和道路规定的行车方向是否相同。

第三步，将以上检测结果与任务要求相结合，进行决策分析。根据智能自主控制行车系统存储的数字地图，决策、规划出行车路线，选择好行车道路，同时根据规划出的行车路线和道路向行车智能自动驾驶系统发出行车指令，给出行车控制信号。该系统能协调起动发动机，控制油门、方向盘和制动器，按规划的行车路线和所选择的道路行驶。

第四步，在行车过程中，智能自主控制行车系统中的智能自主导航系统，能不断记录行车方向、路线、行车速度和里程，确定车身的地理位置坐标；智能环境状态检测识别系统能确定车身相对周围环境的坐标。如果行车中的地理位置坐标偏离了规划的行车路线，智能自主控制行车系统应能根据车身目前所处的位置，结合系统携带的数字地图重新规划出新的行车路线，并能选好行车道路。如果行车中车身偏离了行车道路中间线，或行车前方出现障碍，则智能自主控制行车系统能通过环境视觉识别系统，给出行车方向修正指令和停车指令，避免行车事故，保持行车任务的正常执行。

第五步，当行车到达终点 B 地时，智能自主控制行车系统的智能导航系统能根据行车规划的终点位置的地理坐标和行车当前的地理位置坐标，判断行车的终点任务是否完成。如果到达行车终点位置，则将停车任务转交给环境状态检测识别系统，由该系统搜索选择停车位置，并将此停车位置与出发前记录在系统数据库中的停车位置环境图像相匹配，若匹配无差，则命令行车智能自动驾驶系统关闭节气门、发动机，并停车。

如果行车过程中，智能自主控制行车系统发生损坏，系统自身应能实现故障自动诊断、自动修复或系统自动重组。这种自动修复和系统自动重组功能往往要求能在车辆行进中完成。

智能自主控制系统的设计是一项复杂的系统工程，有关技术还在发展之中，但是，近年来随着智能传感器、图像识别处理、计算机等技术的快速发展，智能自主控制技术发展很快，智能自主控制的无人驾驶汽车的实际应用指日可待。

第二节　模糊控制

一、模糊控制概况

模糊逻辑控制简称模糊控制，是以模糊集合论、模糊语言变量和模糊逻辑推理为基础的一种计算机数字控制技术。1965 年，美国的 L. A. Zadeh 创立了模糊集合论，1973 年，他给出了模糊逻辑控制的定义和相关定理。1974 年，英国工程师曼德尼首先用模糊控制语句组成模糊控制器，并把它应用于锅炉和蒸汽机的控制，在实验室获得成功。这一开拓性的工作标志着模糊控制论的诞生。

模糊控制实质上是一种非线性控制，属于智能控制的范畴。模糊控制的一大特点是既具有系统化的理论，又有着大量实际应用背景。几十年来，模糊控制无论从理论上还是从技术上，都有了长足的进步，成为自动控制领域中一个非常活跃而又硕果累累的分支。其典型应用涉及生产和生活的许多方面。例如，在家用电器中，有模糊洗衣机、模糊空调、模糊照相机等；在工业控制领域中，有对水净化处理、发酵过程、化学反应釜、水泥窑炉等进行的模糊控制；在专用系统和其他方面，有地铁靠站停车、汽车驾驶、电梯、自动扶梯、蒸汽引擎及机器人的模糊控制等。

二、模糊控制的理论及特点

所谓模糊控制，就是在控制方法上应用模糊集理论、模糊语言变量及模糊逻辑推理的知识来模拟人的模糊思维方法，用计算机实现与操作者相同的控制。该理论以模糊集合、模糊语言变量和模糊逻辑为基础，用比较简单的数学形式直接将人的判断、思维过程表达出来，从而逐渐得到了广泛应用。应用领域包括图像识别、自动控制、语言研究及信号处理等方面。在自动控制领域，以模糊集理论为基础发展起来的模糊控制，为将人的控制经验及推理过程纳入自动控制提供了一条便捷途径。

模糊控制的特点如下：

1）简化系统设计，特别适用于非线性、时变、模型不完全的系统。

2）利用控制法则来描述系统变量间的关系。

3）不用数值而用语言式的模糊变量来描述系统，模糊控制器不必对被控对象建立完整的数学模型。

4）模糊控制器是一种语言控制器，使得操作人员易于使用自然语言进行人机对话。

5）模糊控制器是一种容易控制、掌握的较理想的非线性控制器，具有较佳的适应性、鲁棒性和容错性。

三、模糊控制的原理

在理论上，模糊控制由 N 维关系表示。关系及可视为受约于（0，1）区间的 N 个变量的函数。r 是几个 N 维关系 R_i 的组合，每个 i 代表一条规则 r_i；IF→THEN。输入 x 被模糊化为一个关系 X，对于多输入单输出（MISO）控制，X 为（$N-1$）维。模糊输出 Y 可应用合成推理规则进行计算。对模糊输出 Y 进行模糊判决（解模糊），可得精确的数值输出 y。图 8-2 所示为具有输入和输出的模糊控制原理图。由于采用多维函数来描述 X、Y 和 R，所以，该控制方法需要许多存储器，用于实现离散逼近。

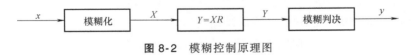

图 8-2 模糊控制原理图

四、模糊控制系统的一般结构

图 8-3 所示为模糊逻辑控制器的一般结构，它由输入定标、模糊化、模糊决策和模糊判决（解模糊）、输出定标等部分组成。比例系数（标度因子）实现控制器输入和输出与模糊推理所用标准时间间隔之间的映射。模糊化（量化）使所测控制器输入在量纲上与左侧信

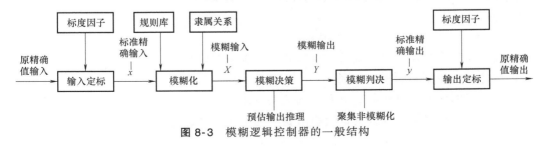

图 8-3 模糊逻辑控制器的一般结构

号（LHS）一致。这一步不损失任何信息。模糊决策过程由推理机来实现，该推理机使所有 LHS 与输入匹配，检测每条规则的匹配程度，并聚集各规则的加权输出，产生一个输出空间的概率分布值。模糊判决（解模糊）把这一概率分布归纳于一点，供驱动器定标后使用。

五、模糊控制系统的工作原理

模糊控制系统的工作原理如图 8-4 所示。其中，模糊控制器由模糊化接口、知识库、推理机、模糊判决接口四个基本单元组成。

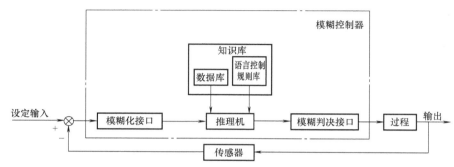

图 8-4 模糊控制系统的工作原理

（1）模糊化接口 测量输入变量（设定输入）和受控系统的输出变量，并把它们映射到一个合适的相应论域的量程，然后，精确的输入数据被变换为适当的语言值或模糊集合的标识符。本单元可视为模糊集合的标记。

（2）知识库 设计应用领域和控制目标的相关知识，它由数据库和语言（模糊）控制规则库组成。数据库为语言控制规则的论域离散化和隶属函数提供必要的定义。语言控制规则标记控制目标和领域专家的控制策略。

（3）推理机 这是模糊控制系统的核心，以模糊概念为基础，模糊控制信息可通过模糊蕴涵和模糊逻辑的推理规则来获取，并可实现拟人决策过程。根据模糊输入和模糊控制规则，模糊推理机求解模糊关系方程，获得模糊输出。

（4）模糊判决接口 起到模糊控制的推断作用，并产生一个精确的或非模糊的控制作用。此精确的或非模糊的控制作用必须进行逆定标（输出定标），这一作用是在对受控过程进行控制之前通过量程变化实现的。

六、模糊控制器设计

模糊逻辑控制器（Fuzzy Logic Controller）简称模糊控制器（Fuzzy Controller），因为模糊控制器的控制规则是基于模糊条件语句描述的语言控制规则，所以模糊控制器又称为模糊语言控制器。

模糊控制器的设计包括以下几项内容：

1）确定模糊控制器的输入变量和输出变量（即控制量）。

2）设计模糊控制器的控制规则。

3）进行模糊化和去模糊化（又称清晰化的方法）。

4）选择模糊控制器的输入变量及输出变量的论域，并确定模糊控制器的参数（如量化因子、比例因子)。

5) 编制模糊控制算法的应用程序。

6) 合理选择模糊控制算法的采样时间。

1. 模糊控制的结构设计

模糊控制器的结构设计是指确定模糊控制器的输入变量和输出变量究竟选择哪些变量作为模糊控制器的信息量,还必须深入研究在手动控制过程中,人如何获取、输出信息,因为模糊控制规则归根到底还是要模拟人脑的思维决策方式。

在确定性自动控制系统中,通常将具有一个输入变量和一个输出变量(即一个控制量和一个被控制量)的系统称为单变量系统;而将多于一个输入变量和输出变量的系统称为多变量控制系统。在模糊控制系统中,可以类似地分别定义为"单变量模糊控制系统"和"多变量模糊控制系统"。所不同的是,模糊控制往往把一个被控制量(通常是系统输出量)的偏差、偏差变化及偏差变化的变化率作为模糊控制器的输入。因此,从形式上看,这时输入量应该是三个,但是人们也习惯于称它为单变量控制系统。

下面以单输入、单输出模糊控制器为例,给出几种结构形式的控制器,如图 8-5 所示。一般情况下,一维模糊控制器用于简单控制,由于这种控制器输入变量只选一个误差,它的动态性能不佳。所以,目前被广泛采用的均为二维模糊控制器,这种控制器以误差和误差的变化为输入变量,以控制量的变化为输出变量。

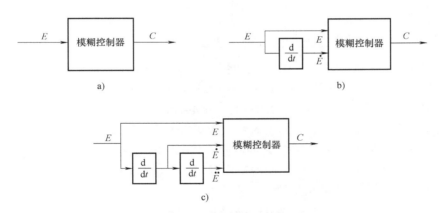

图 8-5 模糊控制的结构

a) 一维模糊控制器 b) 二维模糊控制器 c) 三维模糊控制器

理论上讲,模糊控制器的维数越高,控制越精细。但是,这会使模糊控制规则变得过于复杂,控制算法的实现相当困难。这或许是目前人们广泛设计和应用二维模糊控制器的原因所在。有些情况下,模糊控制器的输出变量可按两种方式给出。

当误差"大"时,则以绝对的控制量输出;而当误差为"中"时,则以控制量的增量(即控制量的变化)为输出。尽管这种模糊控制器的结构及控制算法都比较复杂,但是可以获得较好的上升特性,改善了控制器的动态品质。

2. 精确量的模糊化方法

在确定了模糊控制器的结构之后,就需要对输入量进行采样、量化并模糊化。将精确量转化为模糊量的过程称为模糊化或模糊量化。图 8-4 中所示的输入量均为精确量,必须经过模糊量化处理，变为模糊量，以便实现模糊控制算法。

如果把 [-6, +6] 之间的连续变化量分为七个档次，每个档次对应一个模糊子集，模糊化过程就相当简单了。如果将每一精确量都对应一个模糊子集，就有无穷多个模糊子集，模糊化过程就比较复杂了。

表 8-1 给出了 [-6, +6] 区间的离散化了的精确量与表示模糊语言的模糊量建立一定关系，这样，就可以将 [-6, +6] 之间的任意的精确量用模糊量 y 来表示了。例如-6 附近称为负大，用 NB 表示，-4 附近称为负中，用 NM 表示。如果 $y=-5$，这个精确量没有在任何档次上，再从表 8-1 中的隶属度上选择，由于

$$\mu_{NM}(-5)=0.7 \quad \mu_{NB}(-5)=0.8 \quad \mu_{NB}>\mu_{NM}$$

所以，-5 用 NB 表示。

表 8-1 模糊变量模糊量赋值表

量化等级 隶属度 语言变量	-6	-5	-4	-3	-2	-1	0	1	2	3	4	5	6
PB	0	0	0	0	0	0	0	0	0	0.1	0.4	0.8	1.0
PM	0	0	0	0	0	0	0	0	0.2	0.7	1.0	0.7	0.2
PS	0	0	0	0	0	0	0	0.9	1.0	0.7	0.2	0	0
O	0	0	0	0	0	0.5	1.0	0.5	0	0	0	0	0
NS	0	0	0.2	0.7	1.0	0.9	0	0	0	0	0	0	0
NM	0.2	0.7	1.0	0.7	0.2	0	0	0	0	0	0	0	0
NB	1.0	0.8	0.4	0.1	0	0	0	0	0	0	0	0	0

如果精确量 x 的实际范围为 [0, 6]，将 [0, 6] 区间的精确变量转换为 [-6, +6] 区间变化的变量 y，容易计算出 $y=12[x-(a+b)/2]/(b-a)$。y 值若不属整数，可以把它归为最接近于 y 的整数，例如-5→-4.8、2.7→3、-0.4→0。

应该指出，实际的输入变量（如误差和误差的变化等）都是连续变化的量，通过模糊化处理，把连续量离散为 [-6, +6] 之间有限个整数值的做法是为了使模糊推理合成方便。

一般情况下，如果把 [a, b] 区间的精确量 x，转换为 [-n, +n] 区间的离散量 y（模糊量），其中，n 为不小于 2 的正整数，容易推出

$$y=2n[x-(a+b)/2]/(b-a)$$

对于离散化区间的不对称情况，如 [-n, +m] 的情况，上式可变为

$$y=(m+n)[x-(a+b)/2]/(b-a)$$

3. 模糊控制规则的设计

模糊控制规则的设计是设计模糊控制器的关键，一般包括三部分设计内容：选择描述输入和输出变量的词集，定义各模糊变量的模糊子集，以及建立模糊控制器的控制规则。

（1）选择描述输入和输出变量的词集 模糊控制器的控制规则表现为一组模糊条件语句，在条件语句中描述输入和输出变量状态的一些词汇（如"正大""负小"等）的集合，称之为这些变量的词集（也称为变量的模糊状态）。如何选取变量的词集，研究一下人在日常生活中、人机系统中对各种事物的变量的语言描述。一般说来，人们总是习惯于把事物分为三个等级，如事物的大小可分为大、中、小；运动的速度可分为快、中、慢；年龄的大小可分为老、中、轻；人的身高可分为高、中、矮；产品的质量可分为好、中、次（或一等、

二等、三等）。一般都选用"大、中、小"三个词汇来描述模糊控制器的输入和输出变量的状态。由于人的行为在正、负两个方向判断基本上是对称的，将大、中、小再加上正、负两个方向并考虑变量的零状态，共有七个词汇，即

$$|负大，负中，负小，零，正小，正中，正大|$$

一般用英文字头缩写为 $|NB，NM，NS，NO，PS，PM，PB|$

式中　$N = Negtive$，$B = Big$，$M = Middel$，$S = Small$，$O = 0$，$P = Positive$。

（2）定义各模糊变量的模糊子集　定义一个模糊子集，实际上就是要确定模糊子集隶属函数曲线的形状。将确定的隶属函数曲线离散化，就得到了有限个点上的隶属度，便构成了一个相应的模糊变量的模糊子集。图 8-6 所示的隶属函数曲线表示论域 X 中的元素 x 对模糊变量 A 的隶属程度。

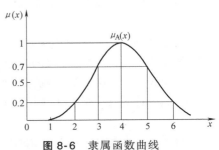

图 8-6　隶属函数曲线

设　$X = |-6,-5,-4,-3,-2,-1,0,1,2,3,4,5,6|$

则　　　　　　$\mu_A(2) = \mu_A(6) = 0.2$；$\mu_A(3) = \mu_A(5) = 0.7$；$\mu_A(4) = 1$

论域 X 内，除 $x = 2$，3，4，5，6外，各点的隶属度均取为零，则模糊变量 A 的模糊子集为

$$A = 0.2/2 + 0.7/3 + 1/4 + 0.7/5 + 0.2/6$$

不难看出，确定了隶属函数曲线后，就很容易定义出一个模糊变量的模糊子集。

实验研究结果表明，用正态型模糊变量来描述人进行控制活动时的模糊概念是适宜的。因此，可以分别给出误差 E、误差变化速率 R 及控制量 C 的七个语言值（BN，NM，NS，NO，PS，PM，PB）的隶属函数。

（3）建立模糊控制器的控制规则　模糊控制器的控制规则基于手动控制策略，而手动控制策略又是人们通过学习、试验以及长期经验积累而逐渐形成的，存储在操作者头脑中的一种技术知识集合。手动控制过程一般是通过对被控对象（过程）的一些观测，操作者再根据已有的经验和技术知识，进行综合分析并做出控制决策，调整被控对象的控制作用，从而使系统达到预期的目标。控制器的控制决策基于某种控制算法的数值运算。利用模糊集合理论和语言变量的概念，可以把用语言归纳的手动控制策略上升为数值运算，于是可以采用微机完成这个任务，从而代替人的手动控制，实现所谓的模糊自动控制。利用语言归纳手动控制策略的过程，实际上就是建立模糊控制的控制规则的过程。手动控制策略一般都可以用条件语句加以描述。

常见的模糊控制语句及其对应的模糊关系 R 概括如下：

1）若 A 则 B（即 if A then B）：

$$R = A \times B$$

例句 1：若水温偏低则加大热水流量。

2）若 A 则 B 否则 C（即 if A then B else C）：

$$R = (A \times B) + (\overline{A} \times C)$$

例句 2：若水温高则加些冷水，否则加些热水。

3）若 A 且 B 则 C（即 if A and B then C）：

$$R = (A \times C) + (B \times C)$$

该条件语句还可表述为:

若 A 则若 B 则 C (即 if A then if B then C)

$$R = A \times (B \times C) = A \times B \times C$$

例句 3:若水温偏低且温度继续下降,则加大热水流量。

4)若 A 或 B 且 C 或 D 则 E (即 if A or B and C or D then E):

例句 4:若水温高或偏高且温度继续上升快或较快,则加大冷水流量。

5)若 A 则 B 且若 A 则 C (即 if A then B and if A then C):

$$R = (A \times B) \cdot (A \times C)$$

该条件语句还可表述为:

若 A 则 B、C (即 if A then B、C)

例句 5:若水温已到,则停止加热水、停止加冷水。

6)若 A_1 则 B_1 或若 A_2 则 B_2 (即 if A_1 then B_1 or if A_2 then B_2):

$$R = A_1 \times B_1 + A_2 \times B_2$$

例句 6:若水温偏高则加大冷水流量或若水温偏低则加大热水流量。

该条件语句还可表述为:

若 A_1 则 B_1 否则若 A_2 则 B_2 (即 if A_1 then B_1 else if A_2 then B_2)

下面以手动操作控制水温为例,总结一下手动控制策略,从而给出一类模糊控制规则。

设温度的误差为 E、温度的误差的变化为 EC,热水流量的变化为 U。假设选取 E 及 U 的语言变量的词集均为

$$|NB、NM、NS、NO、PO、PS、PM、PB|$$

选取 EC 的语言变量词集为

$$|NB、NM、NS、O、PS、PM、PB|$$

现将操作者在操作过程中遇到的各种可能出现的情况和相应的控制策略汇总为表 8-2。

表 8-2　模糊控制规则表

U / EC / E	NB	NM	NS	O	PS	PM	PB
NB	PB	PB	PB	PB	PM	O	O
NM	PB	PB	PB	PB	PM	O	O
NS	PM	PM	PM	PM	O	NS	NS
NO	PM	PM	PS	O	NS	NM	NM
PO	PM	PM	PS	O	NS	NM	NM
PS	PS	PS	O	NM	NM	NM	NM
PM	O	O	NM	NB	NB	NB	NB
PB	O	O	NM	NB	NB	NB	NB

第三节　神经网络控制

一、神经网络概述

人工神经网络(Artificial Neural Networks,ANNs)是一种模仿动物神经网络行为特征,

进行分布式并行信息处理的算法数学模型。这种网络根据系统的复杂程度，通过调整内部大量节点之间相互连接的关系，从而达到处理信息的目的，并具有自学习和自适应的能力。

在工程与学术界也常将人工神经网络简称为神经网络或类神经网络。神经网络是一种运算模型，由大量的节点（或称神经元）相互之间连接构成。每个节点代表一种特定的输出函数，称为激励函数（Activation Function）。每两个节点间的连接都代表一个对于通过该连接信号的加权值，称之为权重，这相当于人工神经网络的记忆。网络的输出根据网络的连接方式、权重值和激励函数的不同而不同。而网络自身通常是对自然界某种算法或者函数的逼近，也可能是对一种逻辑策略的表达。

人工神经网络的构筑理念是受到生物（人或其他动物）神经网络功能的运作启发而产生的。人工神经网络通常通过一个基于数学统计学类型的学习方法得以优化，所以人工神经网络也是数学统计学方法的一种实际应用，通过统计学的标准数学方法，我们能够得到大量的可以用函数来表达的局部结构空间。另一方面，在人工智能学的人工感知领域，我们通过数学统计学的应用可以来做人工感知方面的决策问题（即通过统计学的方法，人工神经网络能够类似人一样具有简单的决策能力和简单的判断能力），这种方法比起正式的逻辑学推理演算，更具有优势。

二、人工神经网络的特点

人工神经网络是由大量处理单元互联组成的非线性、自适应信息处理系统。它是在现代神经科学研究成果的基础上提出的，试图通过模拟大脑神经网络处理、记忆信息的方式进行信息处理。人工神经网络具有四个基本特征。

1. 非线性

非线性关系是自然界的普遍特性，大脑的智慧就是一种非线性现象。人工神经元处于激活或抑制两种不同的状态，这种行为在数学上表现为一种非线性关系。具有阈值的神经元构成的网络具有更好的性能，可以提高容错性和存储容量。

2. 非局限性

一个神经网络通常由多个神经元广泛连接而成。一个系统的整体行为不仅取决于单个神经元的特征，而且可能主要由单元之间的相互作用、相互连接所决定。通过单元之间的大量连接，模拟大脑的非局限性。联想记忆是非局限性的典型例子。

3. 非常定性

人工神经网络具有自适应、自组织和自学习能力。神经网络处理的信息不但可以有各种变化，而且在处理信息的同时，非线性动力系统本身也在不断变化，经常采用迭代过程描写动力系统的演化过程。

4. 非凸性

一个系统的演化方向，在一定条件下将取决于某个特定的状态函数。例如能量函数，它的极值相应于系统比较稳定的状态。非凸性是指这种函数有多个极值，故系统具有多个较稳定的平衡态，这将导致系统演化的多样性。

人工神经网络中，神经元处理单元可用来表示不同的对象，例如特征、字母、概念，或者一些有意义的抽象模式。网络中处理单元的类型分为三类：输入单元、输出单元和隐单元。输入单元接收外部世界的信号与数据；输出单元实现系统处理结果的输出；隐单元是处在输入和输出单元之间但不能被系统外部观察到的单元。神经元间的连接权值反映了单元间的连接强度，信息的表示和处理体现在网络处理单元的连接关系中。

人工神经网络是并行分布式系统，采用了与传统人工智能和信息处理技术完全不同的机理，克服了传统的基于逻辑符号的人工智能在处理直觉、非结构化信息方面的缺陷，具有自适应、自组织和实时学习的特点。

三、生物神经元模型

人脑大约包含 10^{12} 个神经元，共约 1000 种类型，每个神经元与 $10^2 \sim 10^4$ 个其他神经元相连接，形成极为错综复杂而又灵活多变的网络。每个神经元虽然都十分简单，但是，如此大量神经元之间复杂的连接却可以演化出丰富多彩的行为方式。同时，如此大量的神经元与外部感受器之间的多种多样的连接方式，也蕴涵了变化莫测的反应方式。神经元结构的模型如图 8-7 所示。

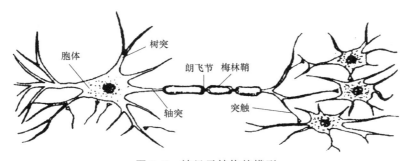

图 8-7 神经元结构的模型

由图 8-5 可以看出，神经元由胞体、树突和轴突构成。胞体是神经元的代谢中心，它本身又由细胞核、内质网和高尔基体组成。内质网是合成膜和蛋白质的基础，高尔基体的主要作用是加工合成物及分泌糖类物质。胞体一般生长有许多树状突起，称为树突，它是神经元的主要接收器。胞体还延伸出一条管状纤维组织，称为轴突，轴突外面可能包有一层厚的绝缘组织，称为髓鞘（梅林鞘），髓鞘规则地分为许多短段，段与段之间的部位称为郎飞节。轴突的作用主要是传导信息，传导的方向是由轴突的起点传向末端。通常，轴突的末端会分出许多末梢，它们同后一个神经元的树突构成一种称为突触的机构。其中，前一个神经元的轴突末梢称为突触的前膜，后一个神经元的树突称为突触的后膜，前膜和后膜两者之间的窄缝空间称为突触的间隙。前一个神经元的信息由其轴突传到末梢之后，通过突触对后面各个神经元产生影响。

从生物控制论的观点来看，神经元作为控制和信息处理的基本单元，具有下列一些重要的功能与特性。

（1）时空整合功能 神经元对于不同时间通过同一突触传入的神经冲动，具有时间整合功能；对于同一时间通过不同突触传入的神经冲动，具有空间整合功能。两种功能相互结合，具有时空整合的输入信息处理功能。所谓整合，是指抑制和兴奋的受体电位或突触电位的代数和。

（2）兴奋与抑制状态 神经元具有两种常规工作状态：一种是兴奋，当传入冲动的时空整合结果使细胞膜电位升高超过被称为动作电位的阈值（约为 40mV）时，细胞进入兴奋状态，产生神经冲动，由轴突输出；另一种是抑制，当传入冲动的时空整合结果使细胞膜电位下降至低于动作电位的阈值时，细胞进入抑制状态，无神经冲动输出。神经元状态满足"0、1"律，即"兴奋、抑制"状态。

（3）脉冲-电位转换　突触界面具有脉冲-电位转换功能。沿神经纤维传递的电脉冲为等幅、恒宽、编码（60~100mV）的离散脉冲信号，而细胞膜电位变化为连续的电位信号。在突触接口处进行数/模转换，这是通过神经介质以量子化学方式实现（电脉冲—神经化学物质—膜电位）的转换过程。

（4）神经纤维传导速度　神经冲动沿神经传导的速度为 1~150m/s，因纤维的粗细、髓鞘的有无而有所不同：有髓鞘的纤维粗，其传导速度在 100m/s 以上；无髓鞘的纤维细，其传导速度可低至数米每秒。

（5）突触延时和不应期　突触对神经冲动的传递存在延时和不应期。在相邻的两次冲动之间需要一个时间间隔，即不应期，在此期间，对激励不响应，不能传递神经冲动。

（6）学习、遗忘和疲劳　由于结构可塑性，突触的传递作用可增强、减弱或饱和，所以细胞具有相应的学习功能、遗忘或疲劳效应（饱和效应）。

随着脑科学和生物控制论研究的进展，人们对神经元的结构和功能有了进一步的了解，神经元并不是一个简单的双稳态逻辑器件，而是超级的微型生物信息处理机或控制机单元。

四、人工神经元模型

人工神经元是对生物神经元的一种模拟与简化，它是神经网络的基本处理单元。图 8-8 所示为一种简化的人工神经元结构。它是一个多输入、单输出的非线性元件。

其输入-输出关系为

$$\begin{cases} I_i = \sum_{j=1}^{n} W_{ij} X_j - \theta_i \\ y_i = f(I_i) \end{cases} \qquad (8\text{-}1)$$

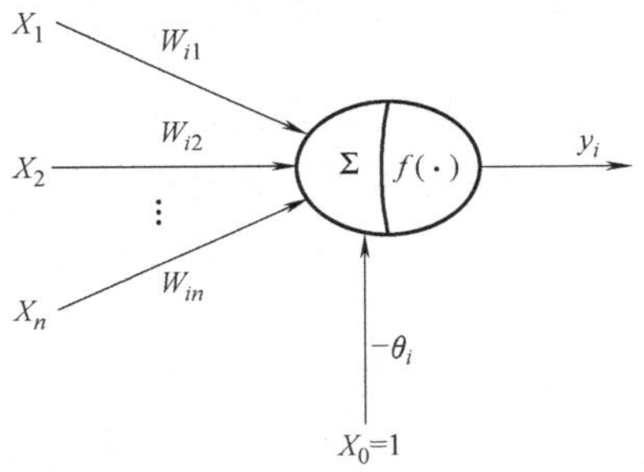

图 8-8　一种简化的人工神经元结构

式中　$X_j (j=1, 2, \cdots, n)$ ——从其他神经元传来的输入信号；

　　　　W_{ij} ——神经元 j 到神经元 i 的连接权值；

　　　　θ_i ——阈值；

　　　　$f(\cdot)$ ——输出激发函数或作用函数。

为方便起见，常把 $-\theta_i$ 看成是恒等于 1 的输入 X_0 的连接权值，因此，式（8-1）可写成

$$I_i = \sum_{j=0}^{n} W_{ij} X_j \qquad (8\text{-}2)$$

式中　$W_{i0} = -\theta_i$，$X_0 = 1$。

输出激发函数 $f(\cdot)$ 又称变换函数，它决定神经元（节点）的输出。该输出为 1 或 0，取决于其输入之和大于或小于内部阈值 θ_i。函数 $f(\cdot)$ 一般具有非线性特性。表 8-3 为几种常见的非线性函数。

表 8-3　几种常见的非线性函数

名　称	特　征	公　式	图　形
阈值	不可微，类阶跃，正	$g(x) = \begin{cases} 1 & (x>0) \\ 0 & (x\leqslant 0) \end{cases}$	
阈值	不可微，类阶跃，零均	$g(x) = \begin{cases} 1(x>0) \\ -1(x\leqslant 0) \end{cases}$	
Sigmoid	可微，类阶跃，正	$g(x) = \dfrac{1}{1+e^{-x}}$	
双曲正切	可微，类阶跃，零均	$g(x) = \tanh(x)$	
高斯	可微，类脉冲	$g(x) = e^{-(x^2/\sigma^2)}$	

五、人工神经网络模型

人工神经网络是以工程技术手段来模拟人脑神经网络结构与特征的系统。利用人工神经元可以构成各种不同拓扑结构的神经网络，它是生物神经网络的一种模拟和近似。目前已有数十种不同的神经网络模型，前馈型神经网络和反馈型神经网络是其中两种典型的结构模型。

1. 前馈型神经网络

前馈型神经网络又称为前向网络，结构如图 8-9 所示，神经元分层排列，有输入层、隐层（也称为中间层，可有若干层）和输出层，每一层的神经元只接收前一层神经元的输入。

从学习的观点来看，前馈型神经网络是一种强有力的学习系统，其结构简单而易于编程；从系统的观点看，前馈型神经网络是一种静态非线性映射，通过简单非线性处理单元的复合映射，可获得复杂的

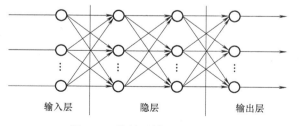

图 8-9　前馈型神经网络结构

非线性处理能力；但从计算的观点看，前馈型神经网络缺乏丰富的动力学行为。大部分前馈型神经网络都是学习网络，它们的分类能力和模式识别能力一般都强于反馈型神经网络。典

型的前馈型神经网络有感知器网络、BP 网络等。

2. 反馈型神经网络

反馈型神经网络结构如图 8-10 所示。如果总节点（神经元）数为 N，那么每个节点有 N 个输入和一个输出，所有节点都是一样的，它们之间都可相互连接。

反馈型神经网络是一种反馈动力学系统，它需要工作一段时间才能达到稳定。Hopfield 神经网络是反馈型神经网络中最简单且应用广泛的模型，它具有联想记忆的功能，如果将 Lyapunov 函数定义为寻优函数，则 Hopfield 神经网络还可以用来解决快速寻优问题。

3. 自组织网络

自组织网络结构如图 8-11 所示。Kohonen 网络是最典型的自组织网络。Kohonen 认为，当神经网络在接收外界输入时，网络将会分成不同的区域，不同区域具有不同的响应特征，即不同的神经元以最佳方式响应不同性质的信号激励，从而形成一种拓扑意义上的特征图，该图实际上是一种非线性映射。这种映射是通过无监督的自适应过程完成的，所以也称为自组织特征图。

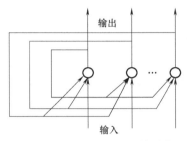

图 8-10　反馈型神经网络结构

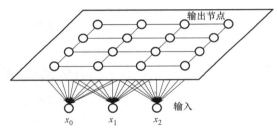

图 8-11　自组织网络结构

六、神经网络的学习算法

神经网络学习算法是神经网络智能特性的重要标志，神经网络通过学习算法，实现了自适组织和自学习的能力。

目前神经网络的学习算法有多种，按有无导师分类，可分为有导师学习（Supervised Learning）、无导师学习（Unsupervised Learning）和再励学习（Reinforcement Learning）等几大类。

在有导师的学习算法中，网络的输出和期望的输出（即导师信号）进行比较，然后根据两者之间的差调整网络的权值，最终使差异变小，如图 8-12 所示。在无导师的学习算法中，输入信号进入网络，网络按照一种预先设定的规则（如竞争规则）自动调整权值，使网络最终具有模式分类等功能，如图 8-13 所示。再励学习是介于上述两者之间的一种学习算法。下面介绍两个基本的神经网络学习算法。

1. Hebb 学习规则

Hebb 学习规则是一种联想式学习算法。生物学家 D. O. Hebbian 基于对生物学和心理学的研究，认为两个神经元同时处于激发状态时，它们之间的连接强度将得到加强，这一论述的数述被称为 Hebb 学习规则，即

$$w_{ij}(k+1) = w_{ij}(k) + I_i I_j \tag{8-3}$$

式中　$w_{ij}(k)$ ——连接从神经元 i 到神经元 j 的当前权值；

　　　　I_i 和 I_j ——神经元 i 和 j 的激活水平。

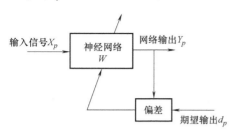

图 8-12　有导师指导的神经网络学习

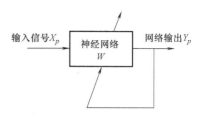

图 8-13　无导师指导的神经网络学习

Hebb 学习规则是一种无导师的学习算法，它只根据神经元连接间的激活水平改变权值，因此，这种算法又称为相关学习或并联学习。

2. Delta 学习规则

假设误差准则函数为

$$E = \frac{1}{2} \sum_{p=1}^{P} (d_p - y_p)^2 = \sum_{p=1}^{P} E_p \tag{8-4}$$

式中　d_p ——期望的输出（导师信号）；

　　　　y_p ——网络的实际输出，$y_p = f(\boldsymbol{W}^{\mathrm{T}} \boldsymbol{X}_p)$，$\boldsymbol{W}$ 为网络所有权值组成的向量，即

$$\boldsymbol{W} = [w_0, w_1, \cdots, w_n]^{\mathrm{T}} \tag{8-5}$$

$$\boldsymbol{X}_p = [x_{p0}, x_{p1}, \cdots, x_{pi}]^{\mathrm{T}} \tag{8-6}$$

式中　p ——训练样本数，$p = 1, 2, \cdots, P$。

神经网络学习的目的是通过调整权值 W，使误差准则函数最小。可采用梯度下降法来实现权值的调整，其基本思想是沿着正的负梯度方向不断修正权值 W，直到 E 达到最小，这种方法的数学表达式为

$$\Delta W = \eta \left(-\frac{\partial E}{\partial W_i} \right) \tag{8-7}$$

$$\frac{\partial E}{\partial W_i} = \sum_{p=1}^{P} \frac{\partial E_p}{\partial W_i} \tag{8-8}$$

其中，

$$E_p = \frac{1}{2} (d_p - y_p)^2 \tag{8-9}$$

令网络输出为 $\theta_p = \boldsymbol{W}^{\mathrm{T}} \boldsymbol{X}_p$，则 $y_p = f(\theta_p)$，则

$$\frac{\partial E_p}{\partial W_i} = \frac{\partial E_p}{\partial \theta_p} \frac{\partial \theta_p}{\partial W_i} = \frac{\partial E_p}{\partial y_p} \frac{\partial y_p}{\partial \theta_p} X_{ip} = -(d_p - y_p) f'(\theta_p) X_{ip} \tag{8-10}$$

W 的修正规则为

$$\Delta w = \eta \sum_{p=1}^{P} (d_p - y_p) f'(\theta_p) X_{ip} \tag{8-11}$$

式 (8-11) 称为 δ 学习规则，又称误差修正规则。

Hebb 学习规则和 Delta 学习规则都属于传统的权值调节方法，而一些更先进的方法是通过 Lyapunov 稳定性理论来获得权值调节律的。

七、神经网络控制的分类

神经网络控制的研究随着神经网络理论研究的不断深入而不断发展。根据神经网络在控制器中的作用不同，神经网络控制可分为两类：一类为神经控制，它是以神经网络为基础而创成的独立智能控制系统；另一类为混合神经网络控制，它是指利用神经网络学习和优化能力来改善传统控制的智能控制方法，如自适应神经网络控制等。

目前，神经网络控制尚无统一的分类方法。综合目前的各种分类方法，可将神经网络控制的结构归结为以下 7 类。

1. 神经网络监督控制

通过对传统控制器进行学习，然后用神经网络控制器逐渐取代传统控制器的方法，称为神经网络监督控制。神经网络监督控制的结构如图 8-14 所示。神经网络控制器（NNC）实际上是一个前馈控制器，它建立的是被控对象的逆模型。神经网络控制器通过对传统控制器的输出进行学习，在线调整网络的权值，使反馈控制输入 $u_p(t)$ 趋近于零，从而使神经网络控制器逐渐在控制作用中占据主导地位，最终取消反馈控制器的作用。一旦系统出现干扰，反馈控制器将重新起作用。因此，这种

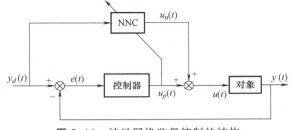

图 8-14　神经网络监督控制的结构

前馈加反馈的监督控制方法，不仅可以确保控制系统的稳定性和鲁棒性，而且还可有效地提高系统的精度和自适应能力。

2. 神经网络直接逆控制

神经网络直接逆控制就是将被控对象的神经网络逆模型直接与被控对象串联起来，以便使期望输出与对象实际输出之间的传递函数为 1。将此网络作为前馈控制器后，被控对象的输出为期望输出。

显然，神经网络直接逆控制的可用性在相当程度上取决于逆模型的准确精度。由于缺乏反馈，简单连接的直接逆控制缺乏鲁棒性。为此，一般应使其具有在线学习能力，即作为逆模型的神经网络连接权值能够在线调整。

图 8-15 所示为神经网络直接逆控制的两种结构方案。图 8-15a 中，NN1 和 NN2 具有完全相同的网络结构，并采用相同的学习算法，分别实现对象的逆控制。图 8-15b 中，神经网络 NN 通过评价函数进行学习，实现对象的逆控制。

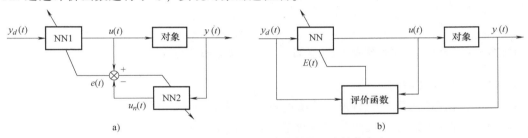

图 8-15　神经网络直接逆控制的两种结构方案

3. 神经网络自适应控制

与传统自适应控制相同，神经网络自适应控制也分为神经网络自校正控制和神经网络模型参考自适应控制两种。自校正控制根据系统正向模型或逆模型的结果调节控制器内部参数，使系统满足给定的指标；而在模型参考自适应控制中，闭环控制系统的期望性能由一个稳定的参考模型来描述。

（1）神经网络自校正控制　神经网络自校正控制分为直接自校正控制和间接自校正控制。直接自校正控制同时使用神经网络控制器和神经网络估计器。间接自校正控制使用常规控制器，神经网络估计器需要较高的建模精度。

1）神经网络直接自校正控制。在本质上同神经网络直接逆控制相同，其结构如图 8-15 所示。

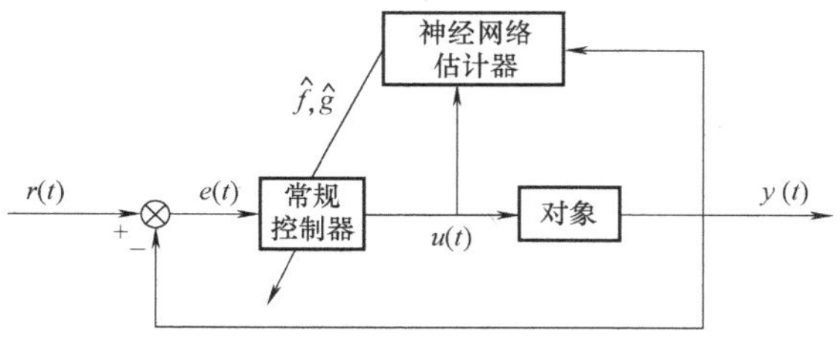

2）神经网络间接自校正控制。其结构如图 8-16 所示，假设被控对象为如下单变量仿射非线性系统。

图 8-16　神经网络间接自校正控制

若利用神经网络对非线性函数 $f(y_i)$ 和 $g(y_i)$ 进行逼近，得到 $\hat{f}(y_i)$ 和 $\hat{g}(y_i)$，则常规控制为

$$u(t) = [r(t) - \hat{f}(y_i)] / \hat{g}(y_i) \qquad (8\text{-}12)$$

式中　$r(t)$——t 时刻的期望输出值。

（2）神经网络模型参考自适应控制　其分为直接模型参考自适应控制和间接模型参考自适应控制两种。

1）直接模型参考自适应控制。如图 8-17 所示，神经网络控制器（NNC）的作用是使被控对象与参考模型输出之差最小。但该方法需要知道对象的 Jacobian 信息 $\dfrac{\partial y}{\partial u}$。

2）间接模型参考自适应控制。如图 8-18 所示，神经网络辨识器（NNI）向神经网络控制器（NNC）提供对象的 Jacobian 信息，以便控制器 NNC 的学习。

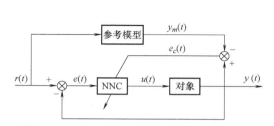

图 8-17　神经网络直接模型参考自适应控制

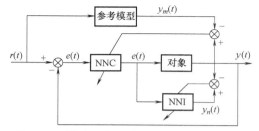

图 8-18　神经网络间接模型参考自适应控制

4. 神经网络内模控制

经典的神经网络内模控制将被控系统的正向模型和逆模型直接加入反馈回路，系统的正向模型作为被控对象的近似模型与实际对象并联，两者输出之差被用作反馈信号，该反馈信号又经过前向通道的滤波器及控制器进行处理。控制器直接与系统的逆模型有关，通过引入

滤波器来提高系统的鲁棒性。图 8-19 所示为神经网络内模控制结构，被控对象的正向模型及控制器均由神经网络来实现，NN2 实现对象的逼近，NNC 实现对象的逆控制。

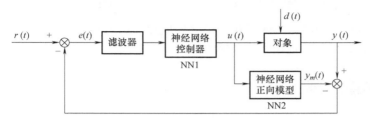

图 8-19 神经网络内模控制结构

5. 神经网络预测控制

预测控制又称为基于模型的控制，是 20 世纪 70 年代后期发展起来的一类新型计算机控制方法，该方法的特征是预测模型、滚动优化和反馈校正。

神经网络预测控制的结构如图 8-20 所示，神经网络预测器建立了非线性被控对象的预测模型，并可在线进行学习修正。利用此预测模型，可以由当前的系统控制信息预测出在未来一段时间（$t+k$）范围内的输出值 $\hat{y}(t+k)$。通过设计优化性能指标，利用非线性优化器可求出优化的控制作用 $u(t)$。

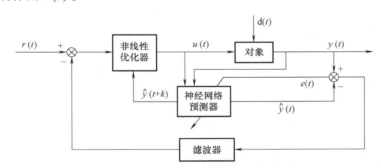

图 8-20 神经网络预测控制的结构

6. 神经网络自适应评判控制

神经网络自适应评判控制通常由两个网络组成，如图 8-21 所示。其中，自适应评判网络在控制系统中相当于一个需要进行再励学习的"教师"，它通过不断的奖励、惩罚等再励学习，使自己逐渐成为一个合格的"教师"，学习完成后，根据系统目前的状态和外部再励反馈

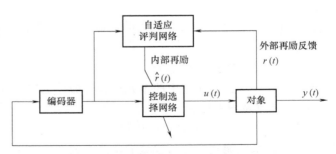

图 8-21 神经网络自适应评判控制结构

信号 $r(t)$ 产生一个内部再励信号 $\hat{r}(t)$，以对目前的控制效果做出评价。控制选择网络相当于一个在内部再励信号 $\hat{r}(t)$ 指导下进行学习的多层前馈型神经网络控制器，该网络进行学习后，根据编码后的系统状态，再允许控制系统集中选择下一步的控制作用。

7. 神经网络混合控制

该控制方法是集成人工智能各分支的优点，由神经网络与模糊控制、专家系统等相结合而形成的一种具有很强学习能力的智能控制系统。其中，由神经网络和模糊控制相结合构成模糊神经网络，由神经网络和专家系统相结合构成神经网络专家系统。神经网络混合控制可使控制系统同时具有学习、推理和决策能力。

第四节　专家控制

一、专家控制概述

专家控制（Expert Control）是智能控制的一个重要分支，又称为专家智能控制。所谓专家控制，是将专家系统的理论和技术同控制理论、方法与技术相结合，在未知环境下，仿效专家的经验，实现对系统的控制。

专家控制试图在传统控制基础上"加入"一个富有经验的控制工程师，以实现控制的功能。它由知识库和推理机构成主体框架，通过对控制领域知识（先验知识、动态信息、目标等）的获取与组织，按某种策略及时选用恰当的规则进行推理输出，实现对实际对象的控制。

二、专家控制的基本原理

1. 结构

专家控制的基本结构如图 8-22 所示。

2. 功能

1）能够满足任意动态过程的控制需要，尤其适用于带有时变、非线性和强干扰的控制。

2）控制过程可以利用对象的先验知识。

3）通过修改、增加控制规则，可不断积累知识，改进控制性能。

4）可以定性地描述控制系统的性能，如超调小、偏差增大等。

图 8-22　专家控制的基本结构

5）对控制性能可进行解释。

6）可通过对控制闭环中的单元进行故障检测来获取经验规则。

3. 与专家系统的区别

专家控制引入了专家系统的思想，但与专家系统存在以下区别：

1）专家系统能完成专门领域的功能，辅助用户决策；专家控制能进行独立实时的自动决策。专家控制比专家系统对可靠性和抗干扰性有着更高的要求。

2）专家系统处于离线工作方式，而专家控制要求在线获取反馈信息，即要求在线工作方式。

4. 知识表示

专家控制将系统视为基于知识的系统，控制系统的知识表示如下。

（1）受控过程的知识

1）先验知识：包括问题的类型及开环特性。

2）动态知识：包括中间状态及特性变化。

（2）控制、辨识和诊断知识

1）定量知识：各种算法。

2）定性知识：各种经验、逻辑和直观判断。

按照专家系统知识库的结构，有关知识可以分类组织，形成数据库和规则库，从而构成专家控制系统的知识源。

数据库包括如下内容：

1）事实。知识的静态数据，如传感器测量误差、运行阈值、报警阈值、操作序列的约束条件、受控过程的单元组态等。

2）证据。测量到的动态数据，如传感器的输出值、仪器仪表的测试结果等。证据的类型是各异的，常常带有噪声、延迟，也可能是不完整的，甚至相互之间有冲突。

3）假设。由事实和证据推导的中间结果，作为当前事实集合的补充，如通过各种参数估计算法推得的状态估计等。

4）目标。系统的性能指标，如对稳定性的要求、对静态工作点的寻优、对现有控制规律是否需要改进的判断等。目标既可以是预定的，也可以是根据外部命令或内部运行状况在线动态建立的。

专家控制的规则库一般采用产生式规则表示，即

IF 控制局势（事实和数据） THEN 操作结论

多条产生式规则构成规则库。

5．专家控制器分类

按专家控制器在控制系统中的作用和功能，可将专家控制器分为以下两种类型。

（1）直接型专家控制器 直接型专家控制器用于取代常规控制器，直接控制生产过程或被控对象，具有模拟（或延伸、扩展）操作工人智能的功能。该控制器的任务和功能相对比较简单，但需要在线、实时控制。

因此，其知识表达和知识库也较简单，通常由几十条产生式规则构成，以便于增删和修改。直接型专家控制器的结构如图 8-23 中的点画线框所示。

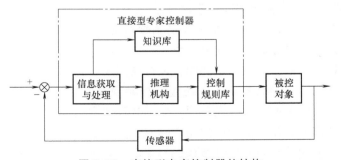

图 8-23 直接型专家控制器的结构

（2）间接型专家控制器 间接型专家控制器用于和常规控制器相结合，组成对生产过程或被控对象进行间接控制的协调、组织等高层决策的智能控制。按照高层决策功能的性

质，间接型专家控制器可分为以下几种类型：

1）优化型专家控制器。它是基于最优控制专家知识和经验的总结和运用。通过设置整定值、优化控制参数或控制器，实现控制器的静态或动态优化。

2）适应型专家控制器。它是基于自适应控制专家知识和经验的总结和运用。根据现场运行状态和测试数据，相应地调整控制律，校正控制参数，修改整定值或控制器，以适应生产过程、对象特性或环境条件的漂移和变化。

3）协调型专家控制器。它是基于协调控制专家和调度工程师知识和经验的总结和运用。用以协调局部控制器或各子控制系统的运行，实现大系统的全局稳定和优化。

4）组织型专家控制器。它是基于控制工程组织管理专家或总设计师知识和经验的总结和运用。用以组织各种常规控制器，根据控制任务的目标和要求，构成所需要的控制系统。

间接型专家控制器可以在线运行也可以离线运行。通常，优化型、适应型专家控制器需要在线、实时、联机运行；协调型、组织型专家控制器可以离线、非实时运行，作为相应的计算机辅助系统。

三、专家控制的关键技术及特点

1. 专家控制的关键技术

1）知识的表达方法。

2）从传感器中识别和获取定量的控制信号。

3）将定性知识转化为定量的控制信号。

4）控制知识和控制规则的获取。

2. 专家控制的特点

1）灵活性。根据系统的工作状态及误差情况，可灵活地选取相应的控制律。

2）适应性。根据专家知识和经验，调整控制器的参数，适应对象特性及环境的变化。

3）鲁棒性。通过利用专家规则，系统可以在非线性、大偏差下可靠地工作。

四、专家控制器的组成和模型

1. 专家控制器的组成

专家控制器通常由知识库、控制规则集、推理机和特征识别与信息处理四个部分组成。图 8-24 所示为一种工业专家控制器的工作原理图。

（1）知识库　知识库用于存放工业过程控制领域的知识，由经验数据库和学习与适应装置组成。经验数据库主要存储经验和事实集；学习与适应装置的功能是根据在线获取的信息，补充或修改知识库内容，改进系统性能，以提高问题求解能力。事实集主要包括控制对象的有关知识，如结构、类型、特征等，还包括控制规则的自适应及参数自调整方面的规则。经验数据包括控制对象的参数变化范围，控制参数的调整范围及其限幅值，传感器的静态、动态特性参数及阈值，控制系统的性能指标或有关经验公式等。

建立知识库的主要问题是如何表达已获得的知识。专家控制器的知识库用产生式规则来建立，这种表达方式有较高的灵活性，每条产生式规则都可独立增删或修改，使知识库的内容便于更新。

（2）推理机　推理机实际上是一个运用知识库中提供的两类知识，基于某种通用的问

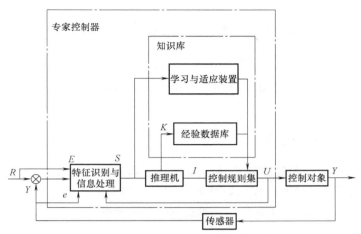

图 8-24 一种工业专家控制器的工作原理图

题求解模型，进行自动推理、求解问题的计算机软件系统。它包括一个解释程序，用于决定如何使用判断性知识来推导新的知识；还包括一个调度程序，用于决定判断性知识的使用次序。推理机的具体构造取决于问题领域的特点，以及专家系统中知识表示和组织的方法。推理机的运行可以基于不同的控制策略：从原始数据和已知条件推断出结论的方法称为正向推理或数据驱动策略；先提出结论或假设，然后寻找支持这个结论或假设的条件或证据，若成功则结论成立，否则再重新假设，这种方法称为反向推理或目标驱动策略；运用正向推理帮助系统提出假设，再运用反向推理寻找证据，这种方法称为双向推理或混合控制。

推理机通过"推理咨询"机构与系统用户相联系，形成了专家系统与系统用户之间的人机接口，系统可以输入并"理解"用户有关领域问题的咨询提问，再向用户输出问题求解的结论，并对推理过程做出解释。人-机之间的交互信息一般要在机器内部表达形式与人可接受的形式（如自然语言、图文等）之间进行转换。

（3）控制规则集 控制规则集是对被控对象的各种控制模式和经验的归纳和总结。由于规则条数不多，搜索空间很小，推理机构就十分简单，采用正向推理方法逐次判别各种规则的条件，满足则执行，否则继续搜索。

（4）特征识别与信息处理 特征识别与信息处理模块的作用是实现对信息的提取与加工，为控制决策和学习适应提供依据。它主要抽取动态过程的特征信息，识别系统的特征状态，对特征信息进行必要的加工。

2. 专家控制器的模型

专家控制器的模型可表示为

$$U = f(E, K, I, S) \tag{8-13}$$

式中 $E(R, e, Y, U)$——专家控制器的输入集；

     U——专家控制器的输出集；

     I——推理机构输出集；

     K——经验知识集；

     S——特征信息输出集；

     f（智能算子）——几个算子的复合运算，$f = g \cdot h \cdot p$，g、h、p 均为智能算子，

其形式为

$$IF \quad A \ THEN \ B \tag{8-14}$$

式中　A——前提或条件；

　　　B——结论。

A 与 B 之间的关系可以是解析表达式、模糊关系或因果关系的经验规则等多种形式。B 还可以是一个子规则集。

五、建造专家系统的步骤

建造一个专家系统，大致需要确认、概念化、形式化、实现和测试五个步骤，如图 8-25 所示。用于问题求解的专门知识的获取过程是建造专家系统的核心，并且与建造系统的每一步都密切相关。因此，从各种知识源获取专家系统可运用知识是建造专家系统的关键环节。

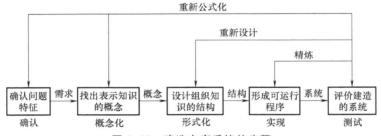

图 8-25　建造专家系统的步骤

1. 确认

在确认过程中，知识工程师与专家一起工作，确认问题领域并定义其范围，还要确定参加系统开发的人员，决定需要的资源（时间、资金、计算工具等），决定专家系统的目标和任务，同时确定具有典型意义的子问题，用以集中解决知识获取过程中的问题。

2. 概念化

在概念化过程中，知识工程师与专家密切配合，深入了解给定领域中问题求解过程需要的关键概念、关系和信息流的特点，并加以详细说明。若能用图形描述这些概念和关系，对建造系统的永久性概念库将是非常有用的。概念化要按问题求解行为的具体例子进行抽象，并且修改，使之包含行为且与行为一致。

3. 形式化

在形式化过程中，根据在概念化期间分离的重要概念、子问题及信息流特性，选择适当的知识工程工具，把它们映射为以该知识工程工具或语言表示的标准形式。形式化过程有三个要素：假设空间、过程的基础模型和数据特征。

4. 实现

在实现过程中，把前一阶段形式化的知识映射到与该问题选择的工具或语言相联系的表达格式中。知识库是通过选择适用的知识获取手段（知识编辑程序、智能编辑程序或知识获取程序）来实现的。

形式化阶段明确了相关领域知识规定的数据结构、推理机及控制策略，因此，通过编码后与相应的知识库组合在一起形成的将是一个可执行的程序——专家系统的原型系统。

5. 测试

测试过程主要是评价原型系统的性能和实现它的表示形式。一旦原型系统能从头到尾运行两三个实例，就要用各种各样的实例来确定知识库和推理机的缺陷。主要由领域专家和系统用户分别考核系统的准确性和实用性，如是否产生有效的结构，功能扩充是否容易，人机交互是否友好，知识水平及可信程度如何，运行效率、速度和可靠性如何等，从而对系统给出客观评价。

建造专家系统时，应当尽早利用上述步骤建造一个可运行的原型系统，并在运行过程中不断测试、修改和完善。经验表明，这种方案往往很有效。

专家控制方法很多，本节主要介绍学习控制和仿人智能控制。

六、学习控制系统

学习是人类的主要智能之一。在人的成长过程中，学习起着十分重要的作用。学习控制正是模拟人类自身各种优良的控制调节机制的一种智能控制方法。

学习作为一种过程，它通过重复各种输入信号，并从外部校正该系统，从而使系统对特定输入具有特定响应。自学习就是不具有外来校正的学习，没有给出关于系统响应正确与否的任何附加信息。因此，学习控制系统可定义如下：学习控制系统是一个能在其运行过程中逐步获得受控过程及环境的非须知信息，积累控制经验，并在一定的评价标准下进行估值、分类、决策和不断改善系统品质的自动控制系统。常见的学习控制系统有如下几种。

1. 基于模式识别的学习控制系统

基于模式识别的学习控制系统结构如图 8-26 所示。该控制系统含有一个模式（特征）识别单元和一个学习（学习与适应）单元。模式识别单元实现对输入信息的提取与处理，提供控制决策和学习与适应的依据；学习与适应单元的作用是根据在线信息来增加和修改知识库的内容，改善系统的性能。

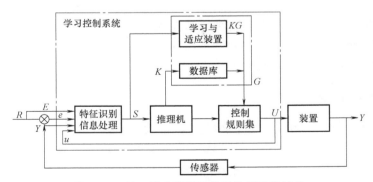

图 8-26 基于模式识别的学习控制系统结构

2. 迭代学习控制系统

迭代学习控制是一种学习控制策略，它通过迭代应用先前试验得到的信息（而不是系统参数模型），以获得能够产生期望输出轨迹的控制输入，改善控制质量。

迭代学习控制系统结构如图 8-27 所示，给出系统的当前输入和当前输出，确定下一个期望输入使得系统的实际输出收敛于期望值。

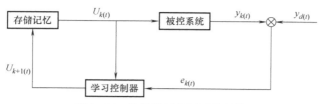

图 8-27 迭代学习控制系统结构

3. 重复学习控制系统

重复控制和迭代控制在控制模式上具有密切关系，它们均着眼于有限时间内的响应，而且都利用偏差函数来更新下一次的输入。不过，它们之间存在一些根本差别：

1）重复控制构成一个完全闭环系统，进行连续运行。

2）两种控制的收敛条件是不同的，而且用不同的方法确定。

3）对于迭代控制，偏差导数被引入更新了的控制输入表达式。

4）迭代控制能够处理控制输入为线性的非线性系统。

4. 基于神经网络的学习控制

神经控制的核心是神经网络控制器（NNC），而神经网络控制的关键是学习（训练）算法。从学习的观点看，神经控制系统自然是学习控制系统的一部分。监督学习神经网络控制器如图 8-28 所示。

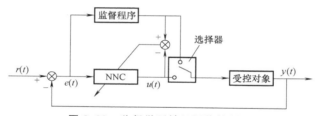

图 8-28 监督学习神经网络控制器

成功实现 NNC 的第一步，就是一定要弄清楚人在控制过程中到底利用了过程及人本身什么信息。实现 NNC 的第二步，就是构造神经网络，包括选取合适的神经网络类型（如多层前馈网络）。第三步就是 NNC 的训练。

七、仿人智能控制

智能控制从某种意义上说就是仿生和拟人控制，即模拟人和生物的控制结构、行为和功能所进行的控制。本节所介绍的仿人智能控制（简称仿人控制）虽未达到上述意义下的控制，但它综合了递阶控制、专家控制和基于模型控制的特点，实际上可以把它看作是一种混合控制。

1. 仿人控制的原理

仿人控制的基本思想就是在模拟人的控制结构的基础上，进一步研究和模拟人的控制行为与功能，并把它用于控制系统，实现控制目标。仿人控制研究的主要目标不是被控对象，而是控制器本身如何对控制结构和行为进行模拟。大量事实表明，由于人脑的智能优势，在许多情况下，人的手动控制效果往往是自动控制无法达到的。

图 8-29 所示为仿人控制系统的一般结构。从图中可见，该控制系统由任务适应层、参数校正层、公共数据库和检测反馈等部分组成。图中，R、Y、E 和 U 分别表示仿人控制系统的输入、输出、偏差信号和控制系统输出。因此，仿人控制是兼顾定性综合和定量分析的混合控制。

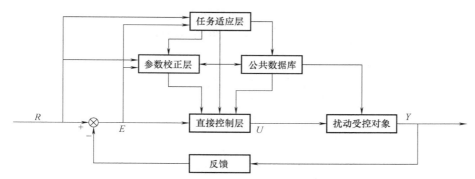

图 8-29 仿人控制系统的一般结构

仿人控制在结构和功能上具有以下基本特征：
1）递阶信息处理和决策机构。
2）在线特征辨识和特征记忆。
3）开闭环结合和定性与定量结合的多模态控制。
4）启发式和直觉推理问题求解。

仿人控制具有递阶的控制结构，遵循"智能增加而精度降低"的原则，不过，它与萨里迪斯的递阶结构理论有些不同。仿人控制认为，其最低层（执行级）不仅有常规控制器结构，而且应具有一定智能，以满足实时、高速和高精度的控制要求。

2. 仿人控制器的原型算法

PID 调节器未能妥善地解决闭环系统的稳定性和准确性、快速性之间的矛盾；采用积分作用消除稳态偏差必然增大系统的相位滞后，降低系统的响应速度；采用非线性控制也只能在特定条件下改善系统的动态品质，其应用范围十分有限。基于上述分析，用"保持"特性取代积分作用，可有效地消除了积分作用带来的相位滞后和积分饱和问题。把线性与非线性的特点有机地融合为一体，使人为的非线性元件能适用于叠加原理，并提出了用"抑制"作用来解决控制系统的稳定性与准确性、快速性之间的矛盾。

在比例调节器的基础上，提出了一种具有极值采样保持形式的调节器，并以此为基础发展成为一种仿人控制器。仿人控制器的基本算法以熟练操作者的观察、决策等智能行为为基础，根据被调量、偏差及变化趋势决定控制策略，因此它接近于人的思维方式。当受控系统的控制误差趋于增大时，仿人控制器增大控制作用，等待观察系统的变化；而当误差有回零趋势，开始下降时，仿人控制器减小控制作用，等待观察系统的变化；同时，控制器不断记录偏差的极值，校正控制器的控制点，以适应变化的要求。仿人控制器的原型算法如下为

$$u = \begin{cases} K_p e + k K_p \sum_{i=1}^{n=1} e_{mi} & (e \cdot \dot{e} > 0 \cup \dot{e} = 0 \cap \dot{e} \neq 0) \\ k K_p \sum_{i=1}^{n} e_{mi} & (e \cdot \dot{e} > 0 \cup \dot{e} \neq 0) \end{cases} \tag{8-15}$$

式中　u——控制输出；

k——抑制系数；

e——误差；

$\dot{e}$——误差变化率；

e_{mi}——误差的第 i 次峰值。

根据式（8-15），可给出如图8-30所示的误差相平面上的特征及相应的控制模态。当系统误差处于误差相平面的第一、三象限（即 $e \cdot \dot{e} < 0$ 或 $\dot{e} = 0$）时，仿人控制器工作于保持控制模态。

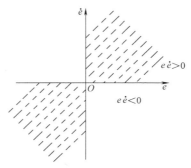

图 8-30 误差相平面上的特征及相应的控制模态

习题与思考题

8-1 简述智能控制发展的四个阶段。

8-2 智能控制的主要特点是什么？

8-3 模糊控制器由哪几部分组成？

8-4 设计模糊控制器的关键，一般包括哪三部分内容？

8-5 人工神经网络的特点是什么？

8-6 神经网络的学习算法有哪几种？各有哪些特点？

8-7 简述专家控制的基本原理以及仿人控制器的原型算法？

第九章　机电传动控制设计范例

第一节　概述

　　现代产品和生产设备是机械制造、电气控制、生产工艺等专业人员共同创造的产物，只有统筹兼顾制造、控制、工艺三者的关系，才能使整机的技术经济指标达到先进水平。机电传动控制系统是现代产品和生产设备的重要组成部分，在机电传动控制设计时，设计的电气系统并不是设计得功能越强、技术越先进越好，而是以满足生产和使用要求为主要目标。控制系统设计的好、坏是以是否能满足功能要求，调试、操作是否方便，运行是否可靠作为主要评价依据的。因此，在满足技术要求前提下，控制系统应力求简单可靠，尽可能采用成熟的技术；而新技术、新工艺、新器件的应用，往往带来生产设备功能的改进、成本的降低、效率的提高、可靠性的增强以及使用的方便，但必须进行充分的调研及必要的论证，有时还应通过试验。

一、电气控制系统的设计与调试

　　电气控制系统设计工作一般分为初步设计和技术设计两个阶段。电控系统设计完成后技术人员往往还要参加安装调试，直到全套设备投入正常生产为止。

1. 初步设计

　　参加设计工作的机械、电气、工艺方面的技术负责人应收集国内外同类产品的有关资料，并对其进行分析研究，对于打算在设计中采用的新技术、新器件，在必要时还应进行试验以确定它们是否经济适用。在初步设计阶段，对电控系统来说，应收集下列资料：

　　1）设备名称、用途、工艺流程、生产能力、技术性能以及现场环境条件（如温度、粉尘浓度、海拔、电磁场干扰及振动情况等）。

　　2）供电电网种类、电压等级、电源容量、频率等。

　　3）电气负载的基本情况，如电动机型号、功率、传动方式、调速、制动等要求。

　　4）需要检测和控制的工艺参数性质、数值范围、精度要求等。

　　5）对电气控制的技术要求，如手动调整和自动运行的操作方法、电气保护及联锁设置等。

　　6）生产设备的电动机、电热装置、控制柜、操作台、按钮站以及检测用传感器、行程开关等元器件的安装位置。

2. 技术设计

　　根据用户确定采用的初步设计方案进行技术设计，主要有下列内容：

1）给出电气控制系统的电气原理图。

2）选择整个系统设备的仪表、电气元器件，并编制明细表，详细列出名称、型号规格、主要技术参数、数量、供货厂商等。

3）绘制电控设备的结构图、安装接线图、出线端子图和现场配线图（表）等。

4）编写技术设计说明书，介绍系统工作原理、主要技术性能指标，以及对安装施工、调试的要求。电气控制设备在制造完成后应在出厂前进行全面的质量检查，并尽可能在实际（模拟）工作条件下进行测试，直至消除所有的缺陷之后才能运到现场进行安装。安装接线完毕之后，还要在严格的生产条件下进行全面调试，保证它们能够达到预期的功能，其中，检测仪表、变频器等应列为重点，PLC 的控制程序更需进行验证，发现问题立即修改，直到正确无误为止。

设计人员参加现场调试，验证自己的设计是否符合客观实际，对积累工作经验、提高设计水平有十分重要的作用。

二、设计过程中应重视的几个问题

1. 制定控制系统技术方案的思路

在进行电控系统的设计时，首先要对项目进行分析，它是定值控制系统还是程序控制系统，或者两者兼而有之？对于定值控制系统，采用简单经济的位式调节还是采用连续调节方式？对于常见的单回路反馈控制系统，主要任务是选择合理的被控变量和操作变量，选择合适的传感变送器以及检测点，选用恰当的调节规律以及相应的调节器、执行器和配套的辅助装置，组成工艺上合理、技术上先进、操作方便、造价经济的控制系统。对于程序控制系统来说，通常采用继电器-接触器控制或 PLC 控制，选用规格适当的断路器、接触器、继电器等开关器件以及变频器、软起动器等电力电子产品，合理配置主令电器——按钮、转换开关及指示灯等，控制电路设计一般应有手动分步调试、系统联动运行两种方式，努力做到安装调试方便、运行安全可靠。

2. 电控系统的元器件选型

电控系统的仪表、电气元器件的选型直接关系到系统的控制精度、工作可靠性和制造成本，必须慎重对待。原则上应该选用功能符合要求、抗干扰能力强、环境适应性好、可靠性高的产品。国内外知名品牌很多，可选的范围很大，其中在已有的工程实践中经常使用、性能良好的产品应作为首选，其次为用户所熟悉或推荐的智能仪表、PLC、变频器、工控组态软件以及当地容易购置的电气产品也应在选用之列。总之，应从技术、经济等方面进行充分比较之后做出最终选择。

3. 电控系统的工艺设计

电控系统要做到操作方便、运行可靠、便于维修，不仅需要有正确的原理性设计，而且还需要有合理的工艺设计。电气工艺设计的主要内容包括总体配置、分部（柜、箱、面板等）装配设计、导线连接方式等方面。

（1）总体布置　电控设备的每一个元器件都有一定的安装位置，有些元器件（如继电器、接触器、控制调节器、仪表等）安装在控制柜中；有些元器件（如传感器、行程开关、接近开关等）应安装在设备的相应部位上；有些元器件（如按钮、指示灯、显示器、指示仪表等）则要安装在操作面板上。对于一个比较复杂的电控系统，需要分成若干个控制柜、操作台、接线箱等，因而系统所用的元器件需要划分为若干组件，在划分时应综合考虑生产流程、调试、操作、维修等因素。一般来说，划分原则如下：

1）功能类似的元器件组合放在一起。

2）尽可能减少组件之间的连线数量，接线关系密切的元器件置于同一组件中。

3）强弱电分离，尽量减少系统内部的干扰影响等。

（2）电气柜内的元器件布置　同一个电器柜内，元器件的布置原则如下：

1）重量、体积大的元器件布置在控制柜下部，以降低柜体重心。

2）发热元器件宜安装在控制柜上部，以避免对其他元器件有不良影响。

3）经常需要调节、更换的元器件安装在便于操作的位置上。

4）外形尺寸和结构类似的元器件放在一起，便于配接线和使外观整齐。

5）电气元件布置不宜过密，要留有一定的间距，采用板前走线槽配线时更应如此。

（3）操作台面板　操作台面板上布置操作件和显示件，通常按下述规律布置：操作件一般布置在目视的前方，元器件按操作顺序由左向右、从上到下布置，也可按生产工艺流程布置，尽可能将高精度调节、连续调节、频繁操作的元器件配置在右侧；急停按钮应选用红色蘑菇按钮并放置在不易被碰撞的位置；按钮应按其功能选用不同的颜色，既增加美观又易于区别；操作件和显示件通常还要附有标示牌，用简明的文字或符号说明它的功能。

显示件通常布置在面板的中上部，指示灯也应按其含义选用适当的颜色，当显示件（特别是指示灯）数量比较多时，可以在操作台的上方设置模拟屏，将指示灯按工艺流程或设备平面图形排布，使操作者可以通过指示灯及时掌握生产设备的运行状态。

（4）组件连接与导线选择　电气柜、操作台、控制箱等部件进出线必须通过接线端子，端子规格按电流大小和端子上进出线数目选用，一般一只端子最多只能接两根导线，若将2~3根导线压入同一棵压接线端内时，可看作一根导线，但应考虑其载流量。

电气柜、操作台内部配件应采用铜芯塑料绝缘导线，截面面积应按其载流量大小进行选择。考虑到机械强度，控制电路通常采用截面面积 $1.5mm^2$ 以上的导线，单芯铜线截面面积不宜小于 $0.75mm^2$，多芯软铜线截面面积不宜小于 $0.5mm^2$；对于弱电线路，截面面积不得小于 $0.2mm^2$。

另外，进行柜内配线时，每根导线的两端均应有标号，导线的颜色为：内部布线一般用黑色；黄、绿、红色分别表示交流电路的第一、第二、第三相；棕色，蓝色分别表示直流电路的正极、负极；黄绿双色铜芯软线是安全用的接地线（PE 线），其截面积不得小于 $2.5mm^2$。

完成的电控设备全套设计工作应包括电气传动控制原理图、工艺图、元器件选型表、安装调试规范要求等。

一般来说，电气控制系统设计工作的实质是控制元器件的"集成"过程，即对于市场上品种繁多、技术成熟、功能不一、价格不同的各种电控产品、检测仪表进行选择，找出最合适的若干元器件组成电控系统，使它们能够相互配套、协调工作，成为一个性能价格比很高的系统，实现预期的目标——生产设备按期调试投产、安全高效运转、能够创造良好的经济效益。因此，设计人员需要不断积累资料、总结经验、吸取一切有用的知识，既要熟悉国内外电气自动化产品的性能、价格和技术发展动态，又要了解所配套设备的生产工艺和操作方法，才能设计出性能优良、造价合理的电控系统。

通常来说，一个完整的电控系统设计资料大体上应该包括安装、调试、操作、维修等方面的说明书和有关技术资料，主电路和控制电路电气原理图，电气元器件明细表，控制柜（台、箱）结构图，内部电气元器件布置及接线图，操作面板布置及接线图，外部安装配线图等。

本节通过几个具体实例的介绍，来加深对机电传动控制课程的学习和提高。

第二节 机械手自动控制的设计

一、设计任务书

为某简易型机械手设计自动控制方案，要求采用 PLC 控制。

二、控制要求与控制方案

1. 控制要求

机械手自动操作，完成将工件由 A 点移向 B 点的动作，如图 9-1 所示。机械手每个工作臂上都有上、下限位和左、右限位开关，而其夹持装置不带限位开关。一旦夹持开始，定时器启动，定时结束，夹持动作随即完成。机械手到达 B 点后，将工件松开的时间也是由定时器控制的，定时结束时，表示工件已松开。

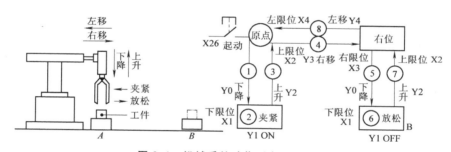

图 9-1 机械手的动作要求示意图

2. 控制方案

本例采用 H_{2U} 型 PLC 控制，有关输入/输出点在 PLC 内的分配，如图 9-2 所示，机械手的动作过程如下：

当按下起动按钮时，机械手从原点开始下降，下降到底时碰到下限位开关（X1 接通），下降停止，同时接通定时器，机械手开始夹紧工件，定时结束时夹紧完成。机械手上升，上升到顶时，碰到上限位开关（X2 接通），上升停止。机械手右移，至碰到右限位开关（X3 接通）时，右移停止。机械手下降，下降到底时，碰到下限位开关（X1 接通），下降停止。同时接通定时器，机械手放松工件，定时结束，工件已松开。机械手上升，上升到顶碰到上限位开关（X2 接通）时，上升停止。机械手左移，到原点碰到左限位开关（X4 接通）时，左移停止。于是机械手动作的一个周期结束。机械手自动控制流程图如图 9-3 所示。图 9-4 是机械手控制的操作面板示例。由图 9-4 可见，此机械手可分为三种控制方式：手动控制方式、自动控制方式、半自动（单周期）控制方式。根据控制面板所设，可将状态转移图分成四块：自动方式状态、手动方式状态、回原点初始状态、初始化状态，如图 9-5 所示。

对状态转移图中几处特殊辅助继电器及特殊功能，说明如下：

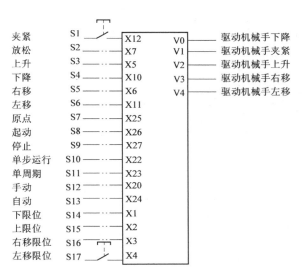

图 9-2　机械手控制 I/O 分配图

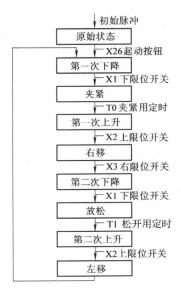

图 9-3　自动控制流程图

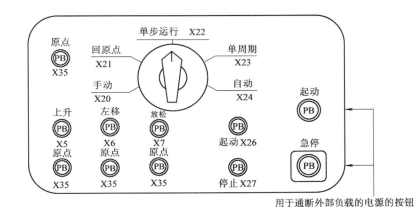

用于通断外部负载的电源的按钮

图 9-4　机械手控制的操作面板示例

（1）M8044（原点位置条件）　此元件在检测到原点时动作。它由原点的各传感器驱动，ON 状态作为自动方式时允许状态转移的条件。

（2）M8041（状态转移开始）　它是一个状态转移标志元件。当它为 ON 状态时，表示自动方式从初始状态开始转移。

（3）M8043（回原点完成）　这是一个标志元件。当它为 ON 时，表示原点状态结束，回原点初始状态的状态元件 S10~S19 都将做回零操作。

（4）M8000（RUN 监控）　只要 RUN 按钮动，它就一直 ON，用此信号来监控 PLC 的工作。

（5）初始状态指令　此指令的功能号为 FNC60。这条指令的内容较复杂。其中，S0 表示手动初始状态，S2 表示自动方式的起始状态，S27 表示自动方式的最终状态。此条指令的动作结果直接影响 M8040、M8041、M8042、M8047 的状态。这条指令等效于图 9-6 所示的电路。其中，M8042 为输入起动时的起动脉冲；M8040 为禁止转移辅助继电器，此辅助继电器接通后就禁止所有的状态转移，所以它的 ON 状态总是出现在手动状态中；M8047 为状态元件监控有效标志辅助继电器，当 M8047 为 ON 时，状态 S0~S899 中正在动作的状态号从最低号开始顺序存入特殊数据寄存器 D8040~D8047，最多可存 8 个状态号。

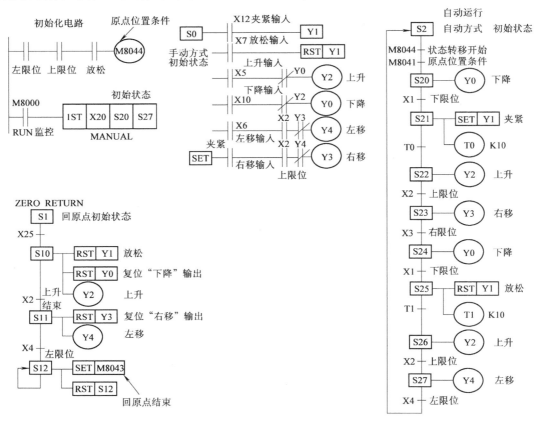

图 9-5　状态转移图

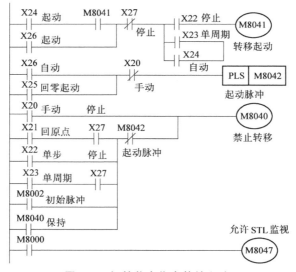

图 9-6　初始状态指令等效电路

机械手状态转移图对应程序如下：

0	LD	X	4
1	AND	X	2
2	ANI	Y	1
3	OUT	M8044	

5	LD	M8000	
6	FNC	60	
		X	20
		S	20
		S	27

13	STL	S	0
14	LD	X	12
15	SET	Y	1

16	LD	X	7
17	RST	Y	1

18	LD	X	5
19	ANI	Y	0
20	OUT	Y	2

21	LD	X	10
22	ANI	Y	2
23	OUT	Y	0

24	LD	X	6
25	AND	X	2
26	ANI	Y	3
27	OUT	Y	4

28	LD	X	11
29	AND	X	2
30	ANI	Y	4
31	OUT	Y	3
	（RET）		

32	LD	S	4
33	AND	X	2
34	SET	S	10

36	STL	S	10
37	RST	Y	1
38	RST	Y	2
39	OUT	Y	2
40	LD	X	2
41	SET	S	11

43	STL	S	11
44	RST	Y	3
45	OUT	Y	4
46	LD	X	4
47	SET	S	12

49	STL	S	2
50	RST	M8041	
52	RST	S	12

54	STL	S	2
55	LD	M8041	
56	AND	M8041	
57	SET	S	20

59	STL	S	20
60	OUT	Y	0
61	LD	X	1
62	SET	S	21

64	STL	S	21
65	SET	Y	1
66	OUT	T	0
		K	10
69	LD	T	0
70	SET	S	22

72	STL	S	22
73	OUT	Y	2
74	LD	X	2
75	SET	S	23

77	STL	S	23
78	OUT	Y	3
79	LD	X	3
80	SET	S	24

82	STL	S	24
83	OUT	Y	0
84	LD	X	1
85	SET	S	25

87	STL	S	25
89	RST	Y	1
89	OUT	T	1
		K	10
92	LD	T	1
93	SET	S	26

95	STL	S	26
96	OUT	Y	2
97	LD	X	2
98	SET	S	20

100	STL	S	27
101	OUT	Y	4
102	LD	X	4
103	OUT	S	2

105	RET	
106	END	

注：（）中的指令不是必需的。

第三节　双恒压供水控制系统的设计

一、工艺过程

PLC 控制的恒压无塔供水系统是一种新的供水方式。恒压供水包括生活用水的恒压控制和消防用水的恒压控制——双恒压供水系统，如图 9-7 所示。

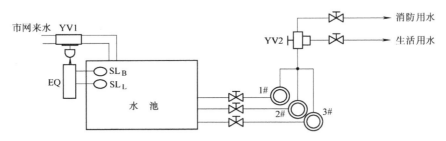

图 9-7　双恒压供水系统

由图 9-7 可见，市网来水用高低水位控制器 EQ 来控制注水阀 YV1，它们自动把水注满储水水池，只要水位低于高水位，则自动往水池中注水。水池的高/低水位信号也直接送给 PLC，作为高/低水位报警用。为了保证供水的连续性，水位上下限传感器高低距离相差不是很大。生活用水和消防用水共用三台泵，平时电磁阀 YV2 处于失电状态，关闭消防管网，三台泵根据生活用水的多少，按一定的控制逻辑运行，使生活用水在恒压状态（生活用水低恒压值）下进行；当有火灾发生时，电磁阀 YV2 得电，关闭生活用水管网，三台泵供消防用水使用，并根据用水量的大小，使消防用水也在恒压状态（消防用水高恒压值）下进行。火灾结束后，三台泵再改为生活用水使用。三泵生活/消防双恒压供水系统的基本要求如下：

1）生活供水时，系统应低恒压值运行；消防供水时，系统应高恒压值运行。

2）三台泵根据恒压的需要，采取"先开后停"的原则接入和退出。

3）在用水量小的情况下，如果一台泵连续运行时间超过 3 h，则要切换为另一台泵，系统具有"倒泵功能"，避免某一台泵工作时间过长。

4）三台泵在起动时要有软起动功能。

5）要有完善的报警功能。

6）对泵的操作要有手动控制功能，手动只在应急或检修时临时使用。

二、控制系统的 I/O 点及地址分配

控制系统输入/输出信号的名称、代码及地址编号见表 9-1。水位上下限信号分别为 I0.1、I0.2，它们在水淹没时为 0，露出时为 1。

表 9-1　输入/输出信号的名称、代码及地址编号

名　称	代　码	地址编号
输　入　信　号		
手动和自动消防信号	SA1	X0
水池水位下限信号	SL_L	X1

（续）

名　　称	代　　码	地址编号
输　入　信　号		
水池水位上限信号	SL_H	X2
变频器报警信号	S_U	X3
消铃按钮	SB9	X4
试灯按钮	SB10	X5
远程压力表模拟量电压值	U_P	Vin1
输　出　信　号		
1#泵工频运行接触器及指示灯	KM1，HL1	Y0
1#泵变频运行接触器及指示灯	KM2，HL2	Y1
2#泵工频运行接触器及指示灯	KM3，HL3	Y2
2#泵变频运行接触器及指示灯	KM4，HL4	Y3
3#泵工频运行接触器及指示灯	KM5，HL5	Y4
3#泵变频运行接触器及指示灯	KM6，HL6	Y5
生活/消防供水转换电磁阀	YV2	Y6
水池水位下限报警指示灯	HL7	Y7
变频器故障报警指示灯	HL8	Y10
火灾报警指示灯	HL9	Y11
报警电铃	HA	Y12
变频器频率复位控制	KA（EMG）	Y13
控制变频器频率电压信号	U_f	VO1

　　从上面分析可以知道，系统共有开关量输入点 6 个、开关量输出点 12 个；模拟量输入点 1 个、模拟量输出点 1 个。如果选用 CPU224 PLC，则需要扩展单元；如果选用 CPU226 PLC，则价格较高，浪费较大。参照汇川 H_{2U} 产品目录及市场实际价格，选用主机为 H_{2U}-1010MR（1010 继电器输出）一台，加上一个扩展模块 H_{2U}-0404ERN（4 继电器输入，4 继电器输出），再扩展一个模拟量模块 H_{2U}-4AM-BD 2AI/2A。这样的配置是最经济的。整个 PLC 系统的配置如图 9-8 所示。

图 9-8　PLC 系统的配置

三、电气控制系统原理图

　　电气控制系统原理图包括主电路图、控制电路图及 PLC 及扩展模块外围接线图。

1．主电路图

图 9-9 所示为电控系统主电路图。三台电动机分别为 M1、M2、M3。接触器 KM1、KM3、KM5 分别控制 M1、M2、M3 的工频运行；接触器 KM2、KM4、KM6 分别控制 M1、M2、M3 的变频运行；FR1、FR2、FR3 分别为三台水泵电动机过载保护用的热继电器；QF1、QF2、QF3、QF4 分别为变频器和三台水泵电动机主电路的隔离开关。FU1 为主电路的熔断器，VVVF 为简单的一般变频器。

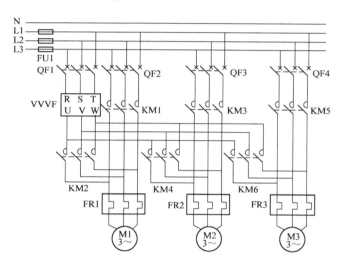

图 9-9　电控系统主电路图

2．控制电路图

图 9-10 所示为电控系统控制电路图。图中，SA 为手动/自动转换开关，SA 的 1 位置为手动控制状态；2 位置为自动控制状态。手动运行时，可用按钮 SB1～SB8 控制三台泵的起/停和电磁阀 YV2 的通/断；自动运行时，系统在 PLC 程序控制下运行。由于电磁阀 YV2 没有触点，所以要使用一个中间断电器 KA1 间接控制 YV2，来实现 YV2 的手动自锁功能。图中的 HL10 为自动运行状态电源指示灯。对变频器频率进行复位时只提供一个控制信号，通过一个中间继电器 KA 的触点对变频器进行复频控制。图中的 Y0～Y7 及 Y10～Y13 为 PLC 的输出继电器触点，它们旁边的 4、6、8 等数字为接线编号。

3．PLC 及扩展模块外围接线图

图 9-11 所示为 PLC 及扩展模块外围接线图。火灾时，火灾信号 SA1 被触动，X0 为 1。本例只是一个教学例子，实际使用时还必须考虑许多其他因素，这些因素主要包括：

1）直流电源的容量。

2）电源方面的抗干扰措施。

3）输出方面的保护措施。

4）系统保护措施。

四、系统程序设计

本程序分为三部分：主程序、子程序和中断程序。逻辑运算及报警处理等放在主程序中。

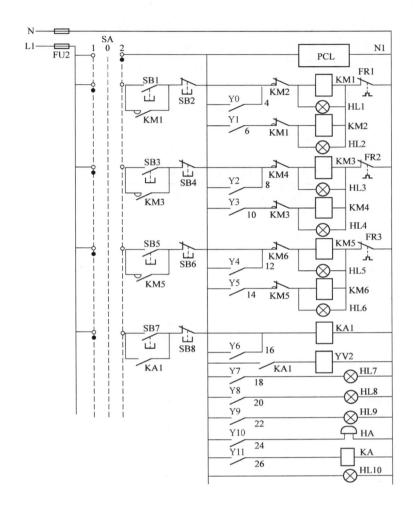

图 9-10 电控系统控制电路图

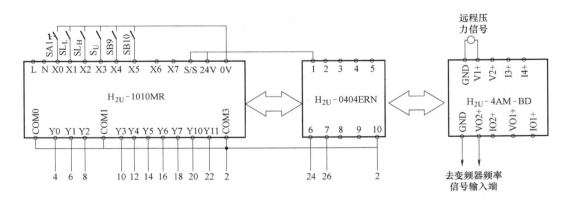

图 9-11 PLC 及扩展模块外围接线图

系统初始化的一些工作放在初始化子程序中去完成，这样可节省扫描时间。利用定时器中断功能实现 PID 控制的定时采样及输出控制。生活供水时，系统设定值为满量程的 70%；消防供水时，系统设定值为满量程的 90%。在本系统中，只是用比例（P）和积分（I）控制，其回路增益和时间常数可通过工程计算初步确定。初步确定的增益和时间常数为

增益 $\quad\quad\quad\quad\quad\quad\quad\quad\quad K = 0.25$

采样时间 $\quad\quad\quad\quad\quad\quad\quad T_s = 0.2s$

积分时间 $\quad\quad\quad\quad\quad\quad\quad T_i = 30min$

程序中使用的 PLC 元器件地址及其功能见表 9-2。

表 9-2 程序中使用的 PLC 元器件地址及其功能

元器件地址	功　　能	元器件地址	功　　能
D100	过程变量标准化值	T38	工频泵减泵滤波时间控制
D104	压力给定值	T39	工频/变频转换逻辑控制
D108	PI 计算值	M0	故障结束脉冲信号
D112	比例系数	M1	泵变频起动脉冲
D116	采样时间	M3	倒泵变频起动脉冲
D120	积分时间	M4	复位当前变频运行泵脉冲
D124	微分时间	M5	当前泵工频运行起动脉冲
D204	变频器运行频率下限值	M6	新泵变频起动脉冲
D208	生活供水变频器运行频率上限值	M2.0	泵工频/变频转换逻辑控制
D212	消防供水变频器运行频率上限值	M2.1	泵工频/变频转换逻辑控制
D250	PI 调节结果存储单元	M2.2	泵工频/变频转换逻辑控制
D300	变频工作泵的泵号	M3.0	故障信号汇总
D301	工频运行泵的总台数	M3.1	水池水位下限故障逻辑
D310	倒泵时间存储器	M3.2	水池水位下限故障消铃逻辑
T33	工频/变频转换逻辑控制	M3.3	变频器故障消铃逻辑
T34	工频/变频转换逻辑控制	M3.4	火灾消铃逻辑
T37	工频泵增泵滤波时间控制	——	——

双恒压供水系统的梯形图程序及程序注释如图 9-12~图 9-16 所示。

对该程序有几点说明：

1）因为程序较长，所以读图时请按网络标号的顺序进行。

2）本程序的控制逻辑设计针对的是较少泵数的供水系统。

3）本程序不是最优设计。

4）本程序已做过大量简化，不能作为实际使用的程序。

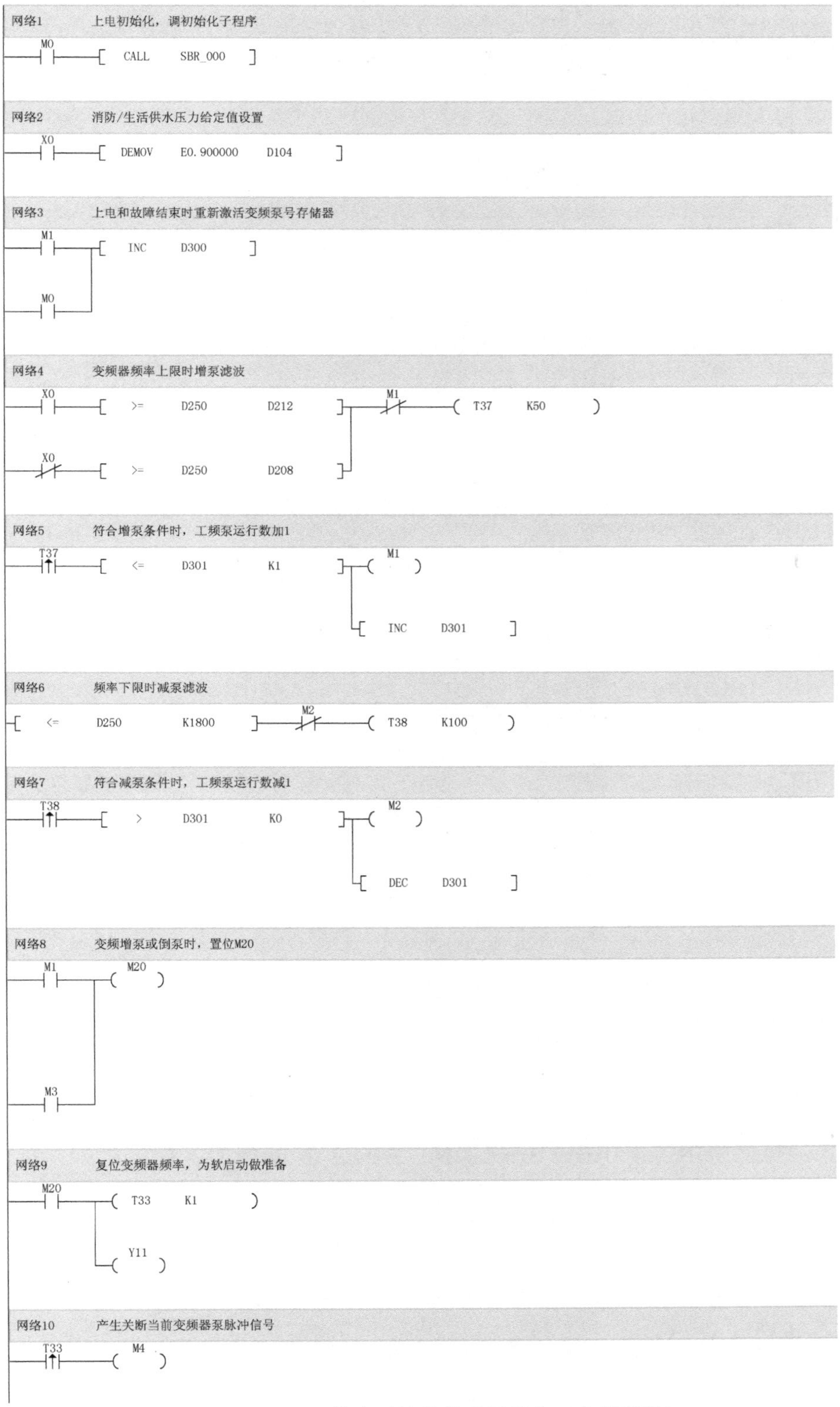

网络1　上电初始化，调初始化子程序

```
 M0
─┤├──────[ CALL    SBR_000 ]
```

网络2　消防/生活供水压力给定值设置

```
 X0
─┤├──────[ DEMOV   E0.900000   D104 ]
```

网络3　上电和故障结束时重新激活变频泵号存储器

```
 M1
─┤├──────[ INC   D300 ]
 M0
─┤├──┘
```

网络4　变频器频率上限时增泵滤波

```
 X0                                    M1
─┤├──────[ >=   D250   D212 ]──┬──┤/├───( T37   K50 )
 X0                            │
─┤/├─────[ >=   D250   D208 ]──┘
```

网络5　符合增泵条件时，工频泵运行数加1

```
 T37                             M1
─┤↑├─────[ <=   D301   K1 ]──┬──( )
                             │
                             └──[ INC   D301 ]
```

网络6　频率下限时减泵滤波

```
                             M2
─[ <=   D250   K1800 ]──────┤/├───( T38   K100 )
```

网络7　符合减泵条件时，工频泵运行数减1

```
 T38                             M2
─┤↑├─────[ >   D301   K0 ]──┬──( )
                            │
                            └──[ DEC   D301 ]
```

网络8　变频增泵或倒泵时，置位M20

```
 M1        M20
─┤├────┬──( )
 M3    │
─┤├────┘
```

网络9　复位变频器频率，为软启动做准备

```
 M20
─┤├────┬──( T33   K1 )
       │
       └──( Y11 )
```

网络10　产生关断当前变频器泵脉冲信号

```
 T33       M4
─┤↑├──────( )
```

图 9-12　双恒压供水系统的梯形图程序（主程序①）

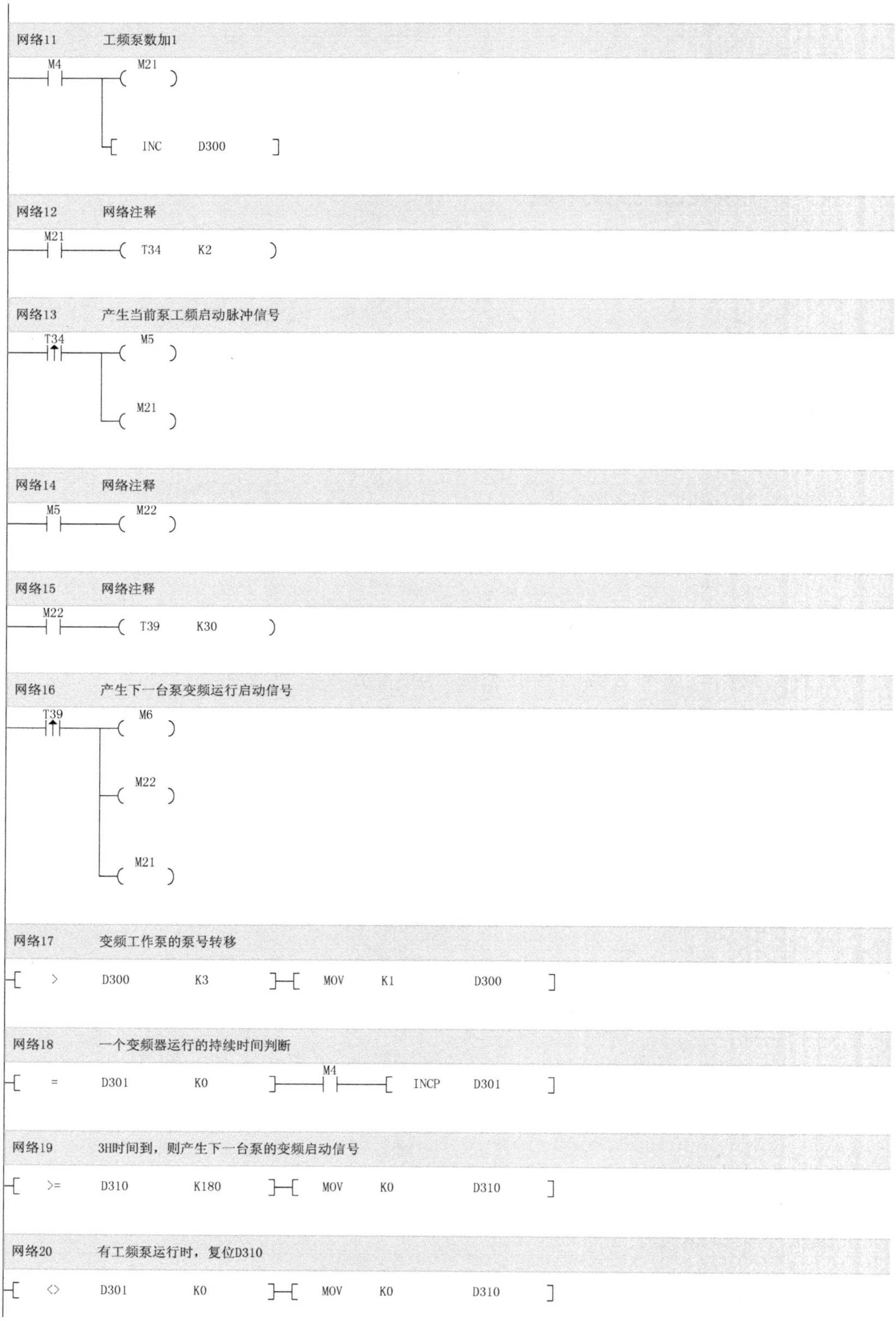

网络11   工频泵数加1

```
M4          M21
├─┤ ├───────( )
            │
            └──[ INC    D300    ]
```

网络12   网络注释

```
M21
├─┤ ├───( T34    K2    )
```

网络13   产生当前泵工频启动脉冲信号

```
T34         M5
├─↑─┬───────( )
    │
    │       M21
    └───────( )
```

网络14   网络注释

```
M5          M22
├─┤ ├───────( )
```

网络15   网络注释

```
M22
├─┤ ├───( T39    K30    )
```

网络16   产生下一台泵变频运行启动信号

```
T39         M6
├─↑─┬───────( )
    │
    │       M22
    ├───────( )
    │
    │       M21
    └───────( )
```

网络17   变频工作泵的泵号转移

```
├─[ >    D300    K3    ]─┤ ├─[ MOV    K1    D300    ]
```

网络18   一个变频器运行的持续时间判断

```
                              M4
├─[ =    D301    K0    ]─┤ ├─[ INCP    D301    ]
```

网络19   3H时间到，则产生下一台泵的变频启动信号

```
├─[ >=    D310    K180    ]─┤ ├─[ MOV    K0    D310    ]
```

网络20   有工频泵运行时，复位D310

```
├─[ <>    D301    K0    ]─┤ ├─[ MOV    K0    D310    ]
```

图 9-13 双恒压供水系统的梯形图程序（主程序②）

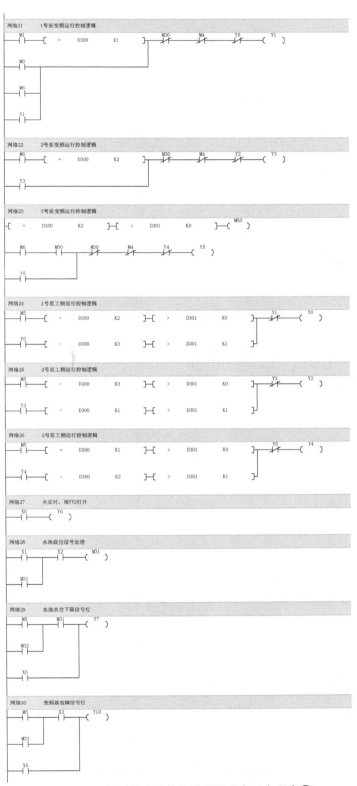

图 9-14 双恒压供水系统的梯形图程序（主程序③）

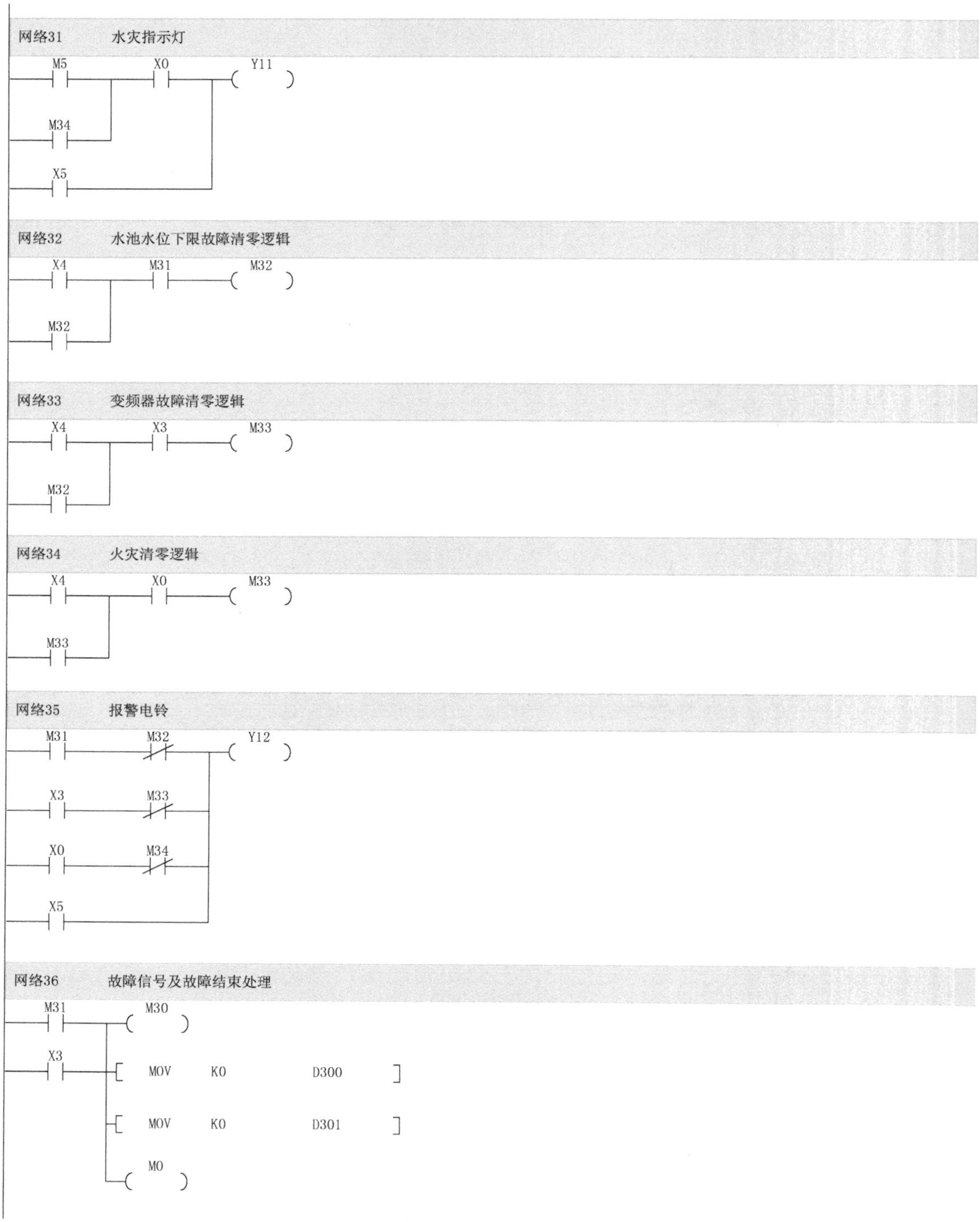

网络31　水灾指示灯

```
  M5        X0           Y11
──┤├────────┤├─────────(     )
  M34
──┤├──┐
  X5  │
──┤├──┘
```

网络32　水池水位下限故障清零逻辑

```
  X4        M31        M32
──┤├────────┤/├───────(   )
  M32
──┤├──┘
```

网络33　变频器故障清零逻辑

```
  X4        X3         M33
──┤├────────┤/├───────(   )
  M32
──┤├──┘
```

网络34　火灾清零逻辑

```
  X4        X0         M33
──┤├────────┤/├───────(   )
  M33
──┤├──┘
```

网络35　报警电铃

```
  M31       M32        Y12
──┤├────────┤/├──┬───(   )
  X3        M33   │
──┤├────────┤/├──┤
  X0        M34   │
──┤├────────┤/├──┤
  X5            │
──┤├────────────┘
```

网络36　故障信号及故障结束处理

```
  M31             M30
──┤├───────┬────(   )
  X3       │
──┤├───────┤──[ MOV    K0         D300    ]
           │
           ├──[ MOV    K0         D301    ]
           │
           │       M0
           └────(   )
```

图 9-15　双恒压供水系统的梯形图程序（主程序④）

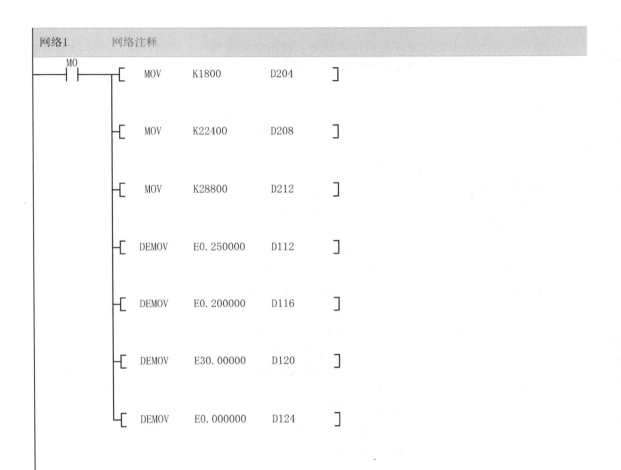

图 9-16　双恒压供水系统的梯形图程序（子程序②）

第四节 机械预缩机预缩量的控制设计

一、预缩量的控制

织物在染整加工中始终处在径向拉伸状态，使织物径向伸长、纬向收缩，这样制成的成品缩水率很高，为此要经过预缩处理才能成为成品。

预缩机通常由进布→给湿→加热→纬向拉宽→三辊预缩→松式烘干→落布等单元组成。预缩加工主要在三辊预缩机上完成，三辊橡胶毯预缩机的构成如图9-17所示。

图9-17中，当织物进入加热辊与胶毯的接触面时，由于胶毯内侧的收缩作用，使紧贴在它上面的织物一起收缩，并被加热辊熨烫，达到预缩效果。显然，由于预缩机的特殊加工工艺，前后两单元机之间不允许设置松紧架之类的检测环节，并且为了达到预定的预缩效果（预缩量），运行中必须能正确地控制预缩单元的进布速度 v_1 与出布速度 v_2 的速差，从而实现工艺所要求的预缩量控制。

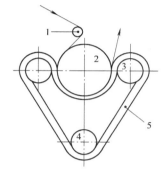

图9-17 三辊橡胶毯预缩机的构成
1—进布加压辊 2—加热承压辊
3—出布辊 4—橡胶毯调节辊
5—橡胶毯

德国门富式机械预缩机采用数字调速系统实现预缩量控制，其控制系统原理如图9-18所示。图中，GD为给定积分器。VFC为压频变换器，它将输入的给定电压转换成给定频率 f_g，作为全机的总给定。f_g 经可控分频器输出各单元机所需的分给定频率 f_{g1}'、f_{g2}'、…，所以，GD、VFC与可控分频器一起构成高精度可调频率源，而 f_{g1} 与反馈频率 f_{f1} 一起加入可逆计数器，其结果经D/A转换输出，构成数字稳速系统。只要调节各单元机的频率给定 f_g'，即可控制各单元机之间的速差。这里把预缩单元作为主令机，其余为从动机。只要调节 W_2，使拉幅单元的频率给定 f_{g2}' 大于预缩单元的频率给定 f_{g3}'，即可实现预缩运行。

图9-18所示的控制系统与热定型机中的超喂控制系统的原理完全一样。实际上预缩控制和超喂控制一样，都是传动单元的速差控制。

二、用 MCS-51 单片机实现预缩量控制

在联合机传动控制中，超喂、欠喂都属于同步运行，只是速差不同，显然用单片机来实现这种控制具有更大的灵活性。

1. 单片机控制同步运行原理

图9-19所示为这种系统的原理框图，图中，M1为主令机，M2为从动机，KZ1、KZ2为原双闭环调速系统，MCS为单片机同步控制板。F1、F2为装在导布辊上的光电脉冲发生器，它将织物的实际线速度 v_1、v_2 转换成相应的频率 f_1、f_2，单片机不断地检测两路频率值，并根据差值（$f_1 - f_2$）输出一个控制量 U_k，控制从动机 M2 跟随主令机 M1。根据算法的不同，可实现无差跟随，或实现"超喂""欠喂"跟随。

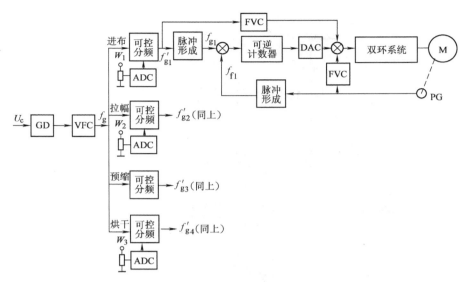

图 9-18　门富式机械预缩机控制系统原理图

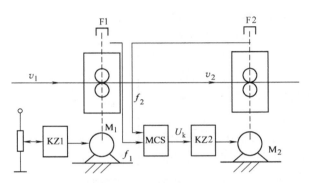

图 9-19　单片机预缩量控制框图

2. 单片机控制的硬件电路

8031 单片机构成的用户系统硬件框图如图 9-20 所示。图中，用 8031 内部的定时计数器 T0、T1 分别对给定频率 f_g 和反馈频率 f_f 进行计数，并定时把 f_g 与 f_f 的值读入单片机，然后求取频差 $\Delta f = (f_g - f_f)$，并进行适当运算后，从 D/A 输出控制电压 U_k，从而控制电动机的转速，使 $f_f = f_g$，实现频率跟踪或织物长度控制，所以，8031 需扩展外部存储器，扩展 D/A 芯片。同时为了显示电动机实际转速或显示瞬时频差 Δf，8031 还扩展了键盘、显示专用接口芯片 8279，相应还扩展了 8253 可编程定时器/计数器芯片，用来产生秒脉冲定时中断信号，以得到正确的转速值。图中的其他环节在下面叙述中逐一介绍。

（1）片外程序存储器　8031 本身没有片内存储器，外接一片 2764 作为片外存储器，其地址的高 8 位接 8031 的 P2 口，低 8 位经地址锁存器 74LS373 与单片机的 P0 口相连，8031 的地址锁存允许端 ALE 与 74LS373 的 S 端相连，用来传递锁存命令，ALE 的下降沿把 P0 口送来的地址锁入 74LS373，而 74LS373 的输出允许端 OE 是接地的，所以其输入输出之间是直通的。8031 的接存储器的输出允许端 OE，用来传递存储器读选通信号。

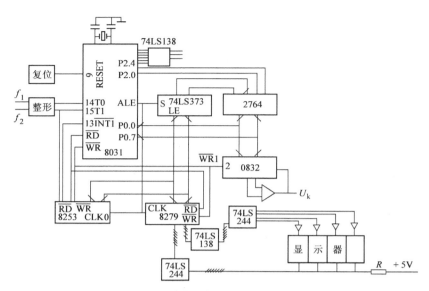

图 9-20 8031 单片机构成的用户系统硬件框图

（2）DAC0832 与 8031 的接口 DAC 0832 是一个具有两级输入数据寄存器的 8 位 D/A 转换芯片。这里仅一路模拟量输出，所以采用单缓冲器工作方式，输出转换时间为 1ms。DAC0832 与 8031 的接口逻辑如图 9-21 所示。

DAC0832 为电流输出，图中 I_{out1} 为电流输出端 1，I_{out2} 为电流输出端 2，R_{fb} 为反馈信号输入端。V_{CC} 为 0832 主电源，可取 5～15V，V_{REF} 为基准电源，为简单起见，这里

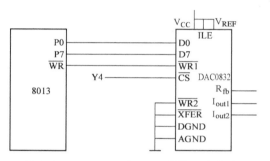

图 9-21 DAC0832 与 8031 的接口点电路

V_{REF} 与 V_{CC} 连在一起，用同一电源供电。这里把模拟地 AGND 与数字地 DGND 连在一起。片选端 $\overline{CS}$ 接系统地址译码器 74LS139 的 Y4 端，这里 $\overline{D/A}$ 芯片的口地址为 8400H。其余控制端：数据允许锁存端 ILE、DAC 寄存器写选通端 $\overline{WR2}$ 以及数据传送端 $\overline{XFER}$ 直接接成有效状态。

（3）8279 及其与 8031 的接口 8279 与 8031 的接口如图 9-22 所示。在本系统中，只利用了 8279 的显示功能，所以只介绍与显示有关的模块功能，没有用到的引脚与模块不再说明。

8279 的显示部分按扫描方式工作，可显示 8 位或 16 位 LED 显示块。按 8279 内部结构，与显示有关的内部电路有如下几个部分，这里简单叙述其功能及使用方法。

I/O 控制线及数据缓冲器：数据缓冲器是三态双向缓冲器，它连接着内部与外部总线，用来传送 CPU 与 8279 之间的命令或数据。I/O 控制线是 CPU 实现对 8279 进行控制的引线，其中，$\overline{CS}$ 是 8279 的片选信号，当 $\overline{CS}=0$ 时，8279 才被允许读出或写入信息；$\overline{WR}$、$\overline{RD}$ 为

来自 CPU 的读、写控制信号；A0 被用来区分信息特性，当 A0＝1 时，表示数据缓冲器输入为指令，而输出为状态字，当 A0＝0 时，输入和输出均为数据。

时序控制逻辑：控制定时寄存器用来存放键盘与显示的工作方式，以及由 CPU 编程决定的其他操作方式。寄存器接收并锁存送来的命令，通过译码后产生相应的控制功能。

定时控制包含了基本计数器，其首级计数器是一个可编程的 N 分频器，分频系数 N 可编程为 2～31 之间的任一数，这样可对 CLK 上输入的时钟进行 N 分频，以得到内部所需的 100kHz 时钟，然后将 100kHz 再进行分频可得到键扫描频率和显示扫描时间。

扫描计数器：扫描计数器有两种工作方式。一种是编码工作方式，这时计数器以二进制方式计数，4 位计数器的状态直接从扫描线 SL0～SL3 上输出，所以必须由外部译码器对 SL0～SL3 进行译码，以产生对键盘和显示器的扫描信号。另一种是译码工作方式，这时对计数器的低 2 位进行译码后从 SL0～SL3 上输出，作为 4 位显示器的扫描信号，所以只有 RAM 的前 4 个字符被显示出来。编码方式中，扫描输出线高电平有效，译码方式中则低电平有效。

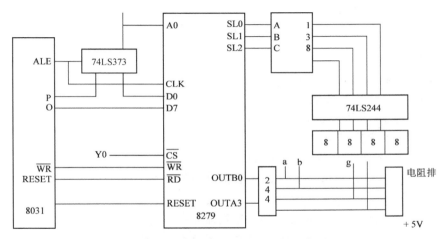

图 9-22 8279 与 8031 的接口电路

显示 RAM 和显示地址寄存器：显示 RAM 用来存储显示数据，容量为 16×8 位，显示过程中，存储的显示数据轮流从显示寄存器输出，显示寄存器的输出与显示扫描相配合，不断从显示 RAM 中读出显示数据，同时轮流驱动被选中的显示器件。显示地址寄存器用来寄存由 CPU 进行读/写显示 RAM 的地址，它可以由命令设定，也可以设置成每次读出或写入后自动递增。

（4）8279 的软件编程 8279 的初始化程序框图及显示器更新的程序框图如图 9-23 所示。

系统通过对 8279 编程写入 8279 的控制命令来选择其工作方式，8279 在编程中设置的控制命令有如下 4 条。

1）键盘/显示方式设置命令字：该命令字用来设定键盘与显示的工作方式。该命令字的格式为

D7	D6	D5	D4	D3	D2	D1	D0
0	0	0	D	D	K	K	K

其中，D7 D6 D5＝000，为命令字特征位；D4 D3 为显示器工作方式选择位；D2 D1 D0 为键

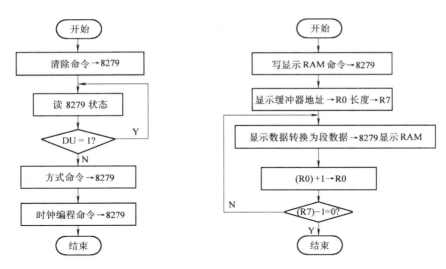

图 9-23 8279 的初始化及显示程序框图

盘/显示方式选择位。

这里，D4 D3 显示方式定义如下：

0　0　为 8 个字符显示，左入口。

0　1　为 16 个字符显示，左入口。

1　0　为 8 个字符显示，右入口。

1　1　为 16 个字符显示，右入口。

所谓左（右）入口，是指显示位置从最左（右）一位开始，依次输入显示字符，逐个向右（左）排列。

键盘/显示方式定义，在本系统中没有用到命令字中的 D2 D1 D0，在此不介绍。

本系统中，命令字中的 D2 D1 D0，该命令字设置为 10H，为 8×8 字符显示，右边输入。

2）程序时钟命令：该命令用来设定对外部输入 CLK 端的时钟进行分频的分频系数 N。N 取值为 2~31。8279 需要 100kHz 的内部时钟信号。该信号来自 8031 的 ALE 端，8031 的晶振频率为 6MHz，而 ALE 的输出频率为晶振的 1/6，所以本系统中取分频系数为 10。

该命令字格式为

D7	D6	D5	D4	D3	D2	D1	D0
0	0	1	P	P	P	P	P

其中，D7 D6 D5 为命令字特征位；D4 D3 D2 D1 D0 为分频系数。

本系统中，该命令字设置为 2AH。

3）写显示 RAM 命令：在 CPU 将要显示的数据写入 8279 的显示 RAM 之前，必须先用该命令来设定将要写入的显示 RAM 的地址。

该命令格式为

D7	D6	D5	D4	D3	D2	D1	D0
1	0	0	AI	A	A	A	A

其中，D7 D6 D5 为命令字特征位；D4 为自动增量特征位，AI = 1，则每次写入后地址自动

增 1，指向下次写入地址；D3 D2 D1 D0 为显示 RAM 缓冲单元。

本系统中该命令字为 90H。

4）清除命令：当 CPU 将清除命令写入 8279 时，显示缓冲器被清成初始状态，同时也能清除键输入标志和中断请求标志。命令字格式为

D7	D6	D5	D4	D3	D2	D1	D0
1	1	0	CD	CD	CD	CF	CA

其中，D7 D6 D5 为命令字特征位；D4 D3 D2 为设定清除显示 RAM 的方式，当 D4 D3 D2 = 100 时，将显示 RAM 全部清零；D1 用来置空 FIFO 存储器，当 D1 = 1 时，在执行清除命令后，FIFO RAM 被置空，使中断输出线复位；D0 为总清特征位，D0 = 1，为总清。

本系统中，该命令字为 0D1H。

（5）8253 的接口与编程　8253 与 8031 的接口比较简单，硬件电路这里不再单独画出。8253 是可编程的定时器/计数器，它有三个独立的 16 位计数器。计数频率为 0~2MHz，每个计数器有 2 个输入和 1 个输出，它们分别是时钟 CLK、门控 GATE 和输出 OUT。当计数器减为零时，OUT 输出相应信号。GATE 输入的信号用来启动计数或禁止计数。

每个计数器都有 6 种工作方式，这 6 种方式的计数减量、门控作用、输出信号的波形都不同。计数器的工作方式及计数常数分别由软件编程来设定，可进行二进制或二~十进制计数或定时操作。工作方式的设定由 CPU 向控制寄存器写入控制字来实现。

控制字格式为

D7	D6	D5	D4	D3	D2	D1	D0
SC1	SC2	RL1	RL0	M2	M1	M0	BCD

（6）接口芯片的地址分配　上述接口的地址经 74LS138 译码器统一分配。8031 与 74LS138 之间的连接如图 9-24 所示。

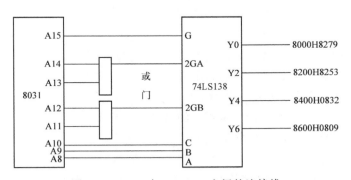

图 9-24　8031 与 74LS138 之间的连接线

可见，74LS138 译码后的地址为 8000H~87FFH。各芯片的地址分配为

8279 芯片：8000H。

8253 芯片：8200H。

0832 芯片：8400H。

0809 芯片：8600H。

（7）其他硬件电路　除上述硬件电路外，系统中还有时钟电路、复位电路、整形电路、

防干扰电路等。

　　时钟电路：石英晶体与其外接电容构成并联谐振回路，接到 8031 的 XTAL1、XTAL2 端构成自激振荡器。

　　图 9-25 所示为系统开关复位电路，图中，R_1、C 构成上电自动复位电路，开关 K 则为手动复位开关。为使输入脉冲宽度和前后沿符合要求，采用 CD40106 作为整形电路。

　　在系统设计中，为了防止受到干扰，系统设计了相应的硬件电路，如图 9-26 所示。这是一个由单稳态电路构成的漏脉冲检测电路，在系统主程序中加入了相应的语句，使 8031 的 P1～P7，引脚每隔 Δt 的时间输出一个脉冲，去触发单稳电路 CD4528，即 8031 的 P1～P7，输出一个频率为 $f=\dfrac{1}{\Delta t}$ 的脉冲列。显然，当系统受到某种干扰且程序不能正常执行或出现"非"运行时，P1～P7 的输出脉冲将丢失或消失。

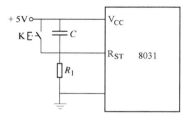

图 9-25　复位电路

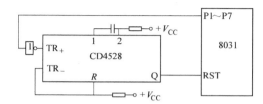

图 9-26　漏脉冲检测电路

　　该系统中，系统程序正常执行一个循环的时间为 4～6ms，即 P1～P7 输出脉冲的周期 $\Delta t=4\sim6$ms，为此设计单稳电路的延迟时间为 7ms，一旦系统程序运行失控，延迟超过 7ms 仍没有触发脉冲到来，则单稳电路输出正跳变信号，使系统复位。

3. 系统软件设计

　　运行过程中，单片机以一定的采样间隔采集给定脉冲 f_1（或主令机编码脉冲）和被控电动机的反馈脉冲 f_2，对其偏差信号 $\Delta f=(f_1-f_2)$ 进行一定运算后，输出控制量 U_k 去控制从动机跟随给定值或主令机。常用的控制算法是 PI 运算，可实现无差调节。

　　采用不同的偏差算式可获得不同的同步方案。例如，若对偏差 Δf 进行 PI 运算，则最后偏差为零，实现 $f_1=f_2$ 的同步方式；若对 $\Delta f=\left[f_1-(f_2+x)\right]$ 进行 PI 运算，则控制的结果是 $f_1=f_2+x$，实现 $f_1>f_2$ 的超喂运行。根据 x 的取值、采样周期以及编码器每周的脉冲数，可计算得到相应的超喂量。反之，根据工艺上所要求的超喂量及已知其他参数，可折算出偏差值 x。同理，若对算式 $\Delta f=\left[f_1-(f_2-x)\right]$ 进行 PI 运算，则可获得欠喂运行。

　　实际控制中，受 8031 单片机字长和运行速度的限制，以及编码器周脉冲数的限制，在编程中采用可变采样周期的运行方式，提高了系统稳定性。具体采样时间由调试确定，一般确定采样周期不大于 10ms。高速时，根据分段范围缩短采样周期；低速时，以自然累计方式自动延长采样周期。实验表明，这种设计思想使系统运行稳定。系统主程序软件流程如图 9-27 所示。

　　图 9-27 中，"转速高位值"是指电动机转速"百"位值，如"7"指 700r/min。为避免计数器溢出，程序中设计了满位保护，一旦计数器计满 255，将产生中断申请，在中断服务程序中，将 8031 的 T1、T0 计数器同时清零。系统有两个中断服务程序：一个是显示转速或

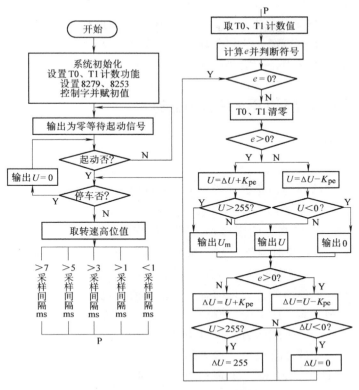

图 9-27 系统主程序软件流程图

显示速差中断服务程序；另一个是满位保护中断服务程序。两个中断服务程序的流程如图
9-28 所示。

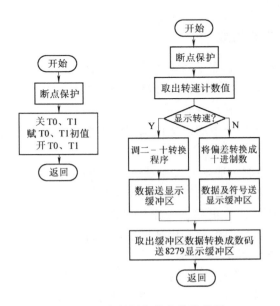

图 9-28 中断服务程序的流程图

显示程序究竟显示的是从动机转速还是主令机与从动机之间的速差，可由操作人员按动与 8031P1~P6。相连的按钮开关来切换。计算机在运行中巡检到 P1~P6 = "0"，则显示速差，否则显示转速。为节省篇幅，这部分软、硬件在前面硬件图及软件流程中均未画出。

上述两个中断服务程序中，设定 T0、T1 满位中断为高级中断，以保证系统正常运行。

第五节 退火炉燃烧过程的模糊控制

一、概述

对退火炉燃烧过程的控制，要求维持稳定的温度以满足生产工艺的要求，保证钢材退火质量。最佳燃烧过程取决于燃料和空气的比例。根据统计分析，燃烧过程中的空气过剩率 $\mu = 1.02 \sim 1.10$ 时，热效率最高，此区域称为最佳燃烧区。μ 值低于此区域会导致不完全燃烧而冒黑烟；反之，μ 值太高时空气过剩，废气将带走过多的热量，同时产生大量的 NO_2、SO_2，污染环境。因此，在燃烧过程中，控制系统应该通过控制燃油和空气的比例来保持最佳的燃烧状态。此外，炉膛内的压力是随着工作情况而变化的，气温和废气组成等都对炉膛内的压力有较大的影响，而炉压又能影响炉温，因此，要维持稳定的炉温，还需对炉膛内的压力进行调节。保持适当的炉膛压力，可以提高热效率，延长窑炉的寿命。因为炉压太高，会引起烟气外冒，炉压太低则会漏风，造成热损失。

综上所述，要保证退火质量，实现最佳燃烧过程，控制系统应包括以下三个组成部分：

1) 温度-燃油空气流量调节回路。
2) 燃油-空气最佳比例调节回路。
3) 炉膛压力调节回路。

二、模糊控制系统的组成

退火炉燃烧过程控制的困难在于对象特性的多变性。退火炉的每炉钢材的品种规格、装炉重量及空间位置都不相同，炉体的升温和降温过程具有不对称的增益特性，燃油的热值也常常变化，所以燃油退火炉控制系统是一个非线性、时变、有噪声干扰、有纯滞后的系统。这类系统的建模使现代控制理论中的最优控制难以应用，而模糊控制正适合应用于这类数学模型未知或多变的过程。

油风比（油/风）的控制，通常是根据烟道废气中的残氧量对其进行校正。这种方法由于受多种条件限制而效果不够理想。因此，利用热效率与油风比之间的峰值特性，采用自寻优控制，自动搜索最佳油风比。根据人的操作经验建立的模糊自寻优方法可以加快搜索过程，提高搜索质量，对不可控因素的干扰具有较好的自适应能力。采用模糊自寻优控制器的退火炉燃烧过程控制系统如图 9-29 所示。

图 9-29 中，FPC 为炉压模糊控制器；FTC 为温度模糊控制器，它根据温度信号对油量和风量进行调节；FAC 为油风比模糊自寻优控制器，它不断发出试探信号，通过对燃油量的测量，搜索最佳油风比。燃料空气控制采用并行结构。

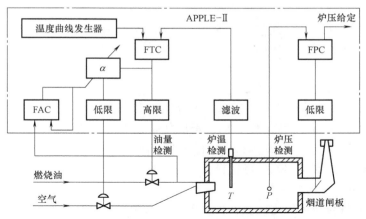

图 9-29 采用模糊自寻优控制器的退火炉燃烧过程控制系统

三、模糊控制器和模糊自寻优控制器

1. 模糊控制器

炉温和炉压控制回路中的模糊控制器的原理框图如图 9-30 所示。图中 e 和 $\dot{e}$ 为误差和误差变化，模糊控制采用常用的控制形式，加以适当的人工修正，见表 9-3。

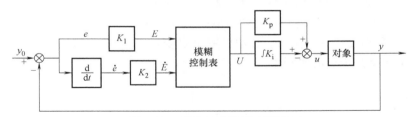

图 9-30 模糊控制器原理框图

表 9-3 人工修正后的模糊控制

E \ EC	-6	-5	-4	-3	-2	-1	0	1	2	3	4	5	6
-6	7	7	7	7	7	7	7	4	4	2	0	0	0
-5	7	7	7	7	7	7	6	4	4	2	0	0	0
-4	7	7	7	7	7	7	4	4	3	1	0	0	0
-3	7	7	7	7	6	4	4	3	1	0	-1	-2	-2
-2	6	6	6	6	4	4	3	1	0	-1	-1	-2	-2
-1	4	4	4	4	3	3	1	0	-1	-2	-2	-3	-3
-0	4	4	3	3	3	2	0	-1	-2	-3	-3	-3	-3
+0	3	3	3	3	2	1	0	-2	-3	-3	-3	-4	-4
+1	3	3	2	2	1	0	-1	-3	-3	-4	-4	-4	-6
+2	2	2	1	1	0	-1	-2	-4	-4	-6	-6	-6	-7
+3	2	2	1	0	-1	-3	-4	-4	-6	-7	-7	-7	-7
+4	0	0	0	-1	-3	-4	-4	-6	-7	-7	-7	-7	-7
+5	0	0	0	-2	-4	4	-6	-7	-7	-7	-7	-7	-7
+6	0	0	0	-2	-4	4	-7	-7	-7	-7	-7	-7	-7

控制表的输出要经过一个输出环节转换为实际控制量，再加到被控对象上进行控制。常用的输出环节有比例输出和积分输出两种形式，前者阶跃响应快，但为有差控制；后者可接近无差控制，但响应较慢，且超调较大。本系统采用两者相结合的比例积分输出结构，具有超调小、暂态时间短的优点。

上述模糊控制器有 4 个可调参数，即量化因子 K_1、K_2，比例系数 K_p 和积分系数 K_i。K_p 和 K_i 用来增大 K_1、K_2，可以提高系统对误差及其变化的分辨率，使控制精度提高，但 K_1、K_2 太大不利于系统的稳定。增大 K_1、K_2，都能使响应速度加快，但可能引起振荡。根据实际调整的经验，可取 $K_1 \approx K_2$，$K_p = (2 \sim 3) K_i$。当 K_1 和 K_2 取值较大时，应适当减少 K_p 和 K_i；若采样周期较长，则 K_p 和 K_i 可选得大一点。在本系统中，FPC 可选得大一些。

2. 油风比模糊自寻优控制器

退火炉的油耗量与油风比之间存在极值关系。这种极值关系受燃料热值变化及油嘴变化的影响，会产生漂移。可以用最小耗油量为指标，对油风比进行自寻优控制。

通常的自寻优步长是固定的。若步长太小，收敛速度过慢，对于一些不可控扰动的响应就难以适应；若步长太大，则搜索损失增大，有时还会引起振荡。为了提高搜索速度，减小搜索损失，可以采用变步长的办法。在离极值点较远处、曲线较陡处，选用大步长；而在极值点附近、曲线平缓处，采用小步长进行搜索。通过模糊逻辑判断可以实现步长的自动改变。

应用模糊集合理论设计的模糊自寻优控制器如图 9-31 所示，它以耗油量为指标，寻找最佳的油风比。在每个采样周期测量油耗量 Δy，根据 Δy 和上一周期寻优步长决定本次寻优步长。ΔY 和 ΔX 分别是耗油增量和步长的模糊语言变量。K_y 为 Δy 的量化因子，K_x 为比例因子，它把 ΔX 转换为步长的实际值。

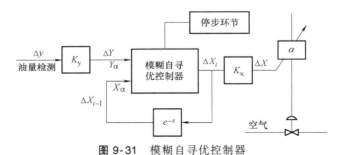

图 9-31 模糊自寻优控制器

ΔY、ΔX 分别为包含 8 个和 6 个语言变量的模糊子集，即

$$\Delta Y = | NB, NM, NS, NO, PO, PS, PM, PB |$$

$$\Delta X = | NB, NM, NS, PS, PM, PB |$$

ΔY 和 ΔX 论域分别规定为 14 和 12 个等级，即

$$Y_\alpha = | -6, -5, \cdots, -0, +0, \cdots, +5, +6 |$$

$$X_\alpha = | -6, -5, \cdots, -1, +1, \cdots, +5, +6 |$$

模糊自寻优控制规则见表 9-4，其中，ΔX_{i-1} 为上一周期寻优步长，ΔX_i 为本次寻优步长。

表 9-4　模糊自寻优控制规则表

ΔXi / ΔXi-1 / ΔY	NB	NM	NS	PS	PM	PB
NB	NB	NB	NB	PB	PB	PB
NM	NM	NB	NB	PB	PB	PB
NS	NS	NM	NM	PM	PM	PS
NO	NS	NS	NS	PS	PS	PS
PO	PS	PS	PS	NS	NS	NS
PS	PS	PM	PM	NM	NM	NS
PM	PM	PB	PB	NB	NB	NM
PB	PB	PB	PB	NB	NB	NB

给定 ΔY 和 ΔX 隶属度赋值表，应用模糊推理合成规则，计算出自寻优控制表，再加上人工修正，可得到模糊自寻优控制表（见表 9-5）。

表 9-5　模糊自寻优控制表

Xαi / Xαi-1 / Yα	-6	-5	-4	-3	-2	-1	1	2	3	4	5	6
-6	-6	-6	-6	-6	-6	-6	6	6	6	6	6	6
-5	-6	-6	-6	-6	-6	-6	6	6	6	6	6	6
-4	-4	-4	-5	-5	-6	-6	6	6	5	5	4	4
-3	-4	-4	-5	-5	-6	-6	6	6	5	5	4	4
-2	-1	-1	-3	-3	-3	-4	4	4	3	3	1	1
-1	-1	-1	-3	-3	-3	-4	4	4	3	3	1	1
0	-1	-1	-1	-1	-1	-1	1	1	1	1	1	1
0	1	1	1	1	1	1	1	-1	-1	-1	-1	-1
1	1	1	3	3	3	4	4	-4	-3	-3	-1	-1
2	1	1	3	3	3	4	4	-4	-3	-3	-1	-1
3	4	4	5	5	6	6	-6	-6	-5	-5	-4	-4
4	4	4	5	5	6	6	-6	-6	-5	-5	-4	-4
5	6	6	6	6	6	6	-6	-6	-6	-6	-6	-6
6	6	6	6	6	6	6	-6	-6	-6	-6	-6	-6

自寻优的过程就是查表运算过程。增加 K_y 和 K_x，可以提高搜索速度，K_x 的值还会影响搜索损失，故可根据对收敛速度的要求选择 K_y，而根据对搜索损失的要求选择 K_x。在实际应用中，为了保证油风比自寻优过程的稳定性，加入了一个停步环节。若由于干扰使炉温出现较大波动，则暂停搜索，以避免出现误动作。

自寻优控制是一种稳态最优比控制，其采样频率应低于对象固定频率的 2~5 倍。因此，油风比自寻优的采样周期应为温度采样周期的 2~5 倍。本系统选取的自寻优采样周期为 3min，即温度调节回路采样周期的 3 倍。

四、应用与讨论

本模糊控制技术已应用于某企业的燃油退火炉，并取得了满意的控制效果。该退火炉的退火工艺曲线如图 9-32a 所示，分升温、保温和降温三个过程。降温为自由降温，不需要控制。

原来采用手动控制的温度记录曲线如图 9-32b 所示，由本图不难看出，手动控制难以达到工艺要求和保证可靠的质量。采用模糊控制系统后，升温跟踪误差在 ±4℃ 以内，温差可达 2℃。图 9-32c 所示为采用模糊控制后的温度记录曲线。温差给定为 1℃，控制精度为 ±0.2℃。

油风比自寻优控制收敛速度很快，一般经过 6~8 个采样周期即可达到最佳值。但由于炉体的原有风机选得过大，油风比达到下限后，空气仍然过剩。即使如此，据初步估计，在保温阶段，采用模糊控制比手动控制可节能 12% 左右，经济效益可观。整个系统运行稳定，没有振荡，在温度控制回路加入 -20% 的阶跃干扰时，温度最大落差为 -10℃，恢复时间约为 10 个采样周期。

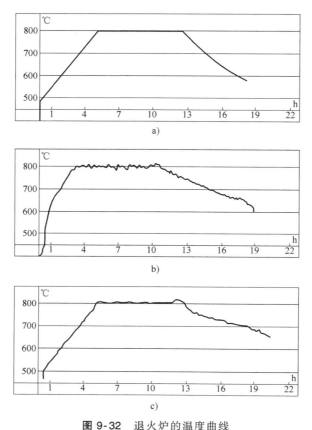

图 9-32　退火炉的温度曲线

a）温度工艺曲线　b）手动控制温度记录曲线　c）模糊控制后温度记录曲线

习题与思考题

9-1　机电传动控制系统设计通常有哪些步骤？设计要注意哪些问题？

9-2　本应用设计实例中，机械手自动控制设计中的控制方案确定的原则是什么？

9-3　本应用设计实例中，双恒压供水控制系统设计是用 PLC 控制的，能否用单片机控制？如果能，请设计用单片机控制系统。

参 考 文 献

[1]　王宗才. 机电传动与控制 [M]. 北京：电子工业出版社，2014.

[2]　秦曾煌. 电工学：上册 [M]. 北京：高等教育出版社，2003.

[3]　程宪平. 机电传动与控制 [M]. 4版. 武汉：华中科技大学出版社，2016.

[4]　熊葵容. 电器逻辑控制技术 [M]. 北京：科学出版社，2002.

[5]　顾树生，王建辉. 自动控制原理 [M]. 北京：冶金工业出版社，2001.

[6]　胡寿松. 自动控制原理 [M]. 北京：科学出版社，2001.

[7]　陈伯时. 电力拖动自动控制系统 [M]. 北京：机械工业出版社，2003.

[8]　张建民. 机电一体化系统设计 [M]. 北京：高等教育出版社，2001.

[9]　芮延年. 机电一体化原理及应用 [M]. 苏州：苏州大学出版社，2004.

[10]　郁有文，常健. 传感器原理及工程应用 [M]. 西安：西安电子科技大学出版社，2000.

[11]　张永惠. 生产机械的变频调速 [M]. 北京：机械工业出版社，2011.

[12]　赵明. 工厂电气控制设备 [M]. 北京：机械工业出版社，2001.

[13]　邓则名，程良伦，邝穗芳. 电器与可编程控制器应用技术 [M]. 2版. 北京：机械工业出版社，2002.

[14]　俞金寿. 过程控制系统和应用 [M]. 北京：机械工业出版社，2003.

[15]　巫传专. 控制电机及其应用 [M]. 北京：电子工业出版社，2008.

[16]　陈伯时. 电力拖动自动控制系统 [M]. 北京：机械工业出版社，2003.

[17]　芮延年. 传感器及检测技术 [M]. 苏州：苏州大学出版社，2004.

[18]　张洪润. 实用自动控制 [M]. 成都：四川科学技术出版社，2003.

[19]　黄立培. 电动机控制 [M]. 北京：清华大学出版社，2003.

[20]　陈立定. 电气控制与可编程控制器 [M]. 广州：华南理工大学出版社，2001.

[21]　张万忠. 可编程控制器应用技术 [M]. 北京：化学工业出版社，2002.

[22]　戴一平. 可编程序控制器技术 [M]. 北京：机械工业出版社，2002.

[23]　廖常初. PLC编程及应用 [M]. 北京：机械工业出版社，2002.

[24]　常斗南. 可编程序控制器原理、应用、实验 [M]. 2版. 北京：机械工业出版社，2002.

[25]　汪晓光. 可编程控制器原理及应用 [M]. 2版. 北京：机械工业出版社，2001.

[26]　蔡美琴，张为民，毛敏. MCS-51系列单片机系统及其应用 [M]. 2版. 北京：高等教育出版社，2004.

[27]　姜长生. 智能控制与应用 [M]. 北京：科学出版社，2007.

[28]　张淑清. 单片微型计算机接口技术及其应用 [M]. 北京：国防工业出版社，2001.

[29]　龚仲华. 交流伺服与变频器应用技术：三菱篇 [M]. 北京：机械工业出版社，2013.

[30]　刘金琨. 智能控制 [M]. 4版. 北京：电子工业出版社，2017.

[31]　付华. 智能检测与控制技术 [M]. 北京：电子工业出版社，2015.

[32]　芮延年. 机电一体化系统设计 [M]. 苏州：苏州大学出版社，2017.

[33]　颜嘉男. 伺服电机应用技术 [M]. 北京：科学出版社，2017.

[34]　蔡文斐. 机电传动控制 [M]. 武汉：华中科技大学出版社，2017.

[35]　冯清秀. 机电传动控制 [M]. 5版. 武汉：华中科技大学出版社，2017.

[36]　基洛卡. 工业运动控制：电机选择、驱动器和控制器应用 [M]. 尹泉，王庆义，等译. 北京：机械工业出版社，2018.

[37]　龚仲华，夏怡. 工业机器人技术 [M]. 北京：人民邮电出版社，2017.